# 대기오염 방지공학

## Air Pollutants Control & Removal Engineering

천만영 · 강병욱 지음

4판

도서출판 동화기술

# 머리말

현재 지구상 모든 나라는 인구증가와 산업화로 인한 대량생산과 대량소비로 자원의 고갈, 기후변화, 미세먼지 등 수많은 대기환경문제를 가지고 있으며 신기술의 개발로 이전에는 경험하지 못했던 새로운 환경문제들이 계속 대두되고 있다. 중국과 몽골에서 발원하는 황사와 대기오염이 우리나라에 악영향을 미치듯이 대기오염물질은 기류를 타고 전 세계적으로 확산되므로 몇몇 국가만의 노력으로 예방될 수 있는 것이 아니기 때문에 대기오염은 수질이나 폐기물 등 타분야 환경문제보다 더욱 심각하다.

지금까지 많은 대기오염물질들의 발생메커니즘을 규명하였고, 이러한 지식을 기반으로 대기오염물질들의 발생을 억제하거나 제거하기 위한 기술들이 개발 및 발전되었다. 이제 맑고 깨끗한 대기환경은 한 국가와 지역의 중요한 자산과 경쟁력이므로 맑고 깨끗한 대기환경을 위한 국가와 지자체의 지속적인 연구·개발과 투자는 이전보다 더 중요한 과제로 대두되었다.

본서는 오랫동안 대학 강단에서 대기오염에 대한 문제를 연구하고 강의한 저자들이 대기오염분야를 전공하거나 관심을 갖고 있는 분들이 쉽게 이해할 수 있도록 저술하였다. 많은 예제와 연습문제를 통하여 내용을 충분히 이해하고 숙지하도록 하여 대기환경기사 시험을 준비하는 수험생들에게도 좋은 교재가 되도록 하였다.

아직 미비한 점이 다소 있지만 새로운 기술개발에 맞추어 앞으로도 계속적인 수정·보완을 약속드리며, 본서의 출간에 많은 도움을 주신 도서출판 동화기술 회장님과 직원 여러분께 따뜻한 감사의 마음을 전합니다.

# 목 차

CHAPTER 1

# 연소공학

연소는 연료 중의 가연성분인 C, H, S 등이 산소와 반응하여 열과 빛을 내는 산화반응으로 연소 시에는 분진(dust), SOx, NOx, 탄화수소(hydrocarbons) 같은 대기오염물질이 다량으로 생성, 배출된다. 연소 시에 생성되는 이러한 대기오염물질들은 연소조건을 개선하여 연소효율을 증가시키면 감소시킬 수 있으며, 연소가 잘 되어 연료의 미연소나 불완전연소분이 줄어들면 발열량이 높아져 연료양도 절감할 수 있다. 또 연소 시 발생되는 대기오염물질이 일정농도 이상이 되면 대기오염물질을 처리한 후 대기로 방출시켜야 하는데 이 때 대기오염방지시설의 용량을 결정하기 위해서는 발생되는 연소배출가스양을 계산할 수 있어야 한다. 이 장에서는 상술한 세 가지 목적을 위하여 연료의 종류, 특성 및 연소에 관한 제반사항을 공부한다.

## 1.1 기초사항

### 1. 온도(temperature)

온도는 물질의 냉온(冷溫)의 정도를 나타내는 척도이며, 다음 세 가지로 구분한다.

#### 1) 섭씨온도(℃)

스웨덴의 Celsius(1701～1744)가 1742년 고안한 것으로 표준대기압(760 mmHg)에서 순수한 물의 어는점과 끓는점을 100 등분하여 순수한 물의 어는점을 0℃, 끓는점을 100℃로 하였다. Celsius도(度)라고도 한다.

#### 2) 화씨온도(°F)

독일의 Fahrenheit(1686～1736)가 17C 초 고안한 것으로 표준대기압(1 atm)에서 순수한 물의 어는점과 끓는점을 180등분하여 어는점을 32°F, 끓는점을 212°F로 하였다. Fahrenheit 도(度)라고도 한다. 섭씨온도(C)와 화씨온도(F)간의 관계는 다음과 같다.

$$F = \frac{9}{5}C + 32 = 1.8C + 32 \tag{1-1}$$

#### 3) 절대온도(absolute temperature, K)

물질의 특이성에 의존하지 않는 온도를 정의한 것으로 1848년 Lord Kelvin에 의하여 도입되었다. 모든 계(system)가 그 최저 에너지 상태에 있는 것이 절대영도

(0 K)이며 물의 3중점을 273.16 K (0.01℃)로 정의하였다. 섭씨온도와의 관계는 아래와 같다.

$$K = 273.15 + C \fallingdotseq 273 + C \tag{1-2}$$

화씨온도와 절대온도와의 관계는 Scotland의 물리학자 Rankine에 의하여 도입되었으며 절대영도는 −459.58°F에 해당한다.

$$R = 459.58 + F \fallingdotseq 460 + F \tag{1-3}$$

**Example 1-1**

20℃를 R로 고치라.

**풀이**

$$F = \frac{9}{5}C + 32 = \frac{9}{5} \times 20 + 32 = 68°F$$

$$R = 460 + F = 460 + 68 = 528\ R$$

**Example 1-2**

100°F를 K로 고치라.

**풀이**

$$F = \frac{9}{5}C + 32$$

$$100\ °F = \frac{9}{5}C + 32, \quad C = 37.8℃$$

$$K = 273.15 + C = 273.15 + 37.8 = 311\ K$$

## 2. 열량(heating value)

### 1) calorie

기체를 함유하지 않는 순수(純水) 1 g을 1기압 하에서 14.5℃에서 15.5℃까지 온도를 올리는데 필요한 열량을 말한다. 일반적으로 1기압 하에서 1 g의 얼음, 물, 수증기를 1℃ 올리는데 필요한 열량은 1 cal이며 4.184 J에 해당한다.

### 2) Btu(British thermal unit)

1 lb (454 g)의 물을 61.5°F에서 62.5°F까지 1°F 승온시키는데 필요한 열량을 말하는 것으로 1 Btu = 252 cal에 해당한다.

## 3. 비열, 열용량 및 엔탈피

### 1) 비열(specific heat)

어떤 물질 1 g을 1℃ 올리는데 필요한 열량을 그 물질의 비열이라 하며 순수한 물의 비열은 1 cal/g·℃로써 모든 물질 중 비열이 가장 크다. 기체는 압력과 부피가 수시로 변하는 특성을 가지고 있으므로 정적비열(定積比熱)과 정압비열(定壓比熱)의 두 가지 비열을 사용하여 표시한다.

① **정적비열**(specific heat at constant volume, $C_v$)

정적비열($C_v$)은 기체의 부피를 일정하게 해놓고 정의한 기체의 비열이다.

② **정압비열**(specific heat at constant pressure, $C_p$)

정압비열($C_p$)은 기체의 압력을 일정하게 해놓고 정의한 기체의 비열이다. $C_p$는 항상 $C_v$보다 크며 $C_p / C_v = \gamma$을 비열비라 한다. 또 $C_p$와 $C_v$간에는 아래의 관계가 성립한다.

$$C_p - C_v = R \tag{1-4}$$

여기서 $R$ : 기체상수

### 2) 열용량(heat capacity)

어떤 물질의 온도를 1℃ 상승시키는데 필요한 열량을 그 물질의 열용량이라 하며 그 물질의 질량이 1 g일 때는 비열, 1 mol일 때는 몰열용량(molar heat capacity)이라 한다. 질량 $m$(g), 비열 $C$(cal/g·℃)인 어떤 물질을 $\Delta t$℃ 올리는데 필요한 열량 $H$는 다음 식으로 주어진다.

$$H = m\,C\Delta t \ \text{[cal]} \tag{1-5}$$

### 3) 엔탈피(enthalpy)

어떤 계가 가지고 있는 열함량을 엔탈피(enthalpy)라고 한다. 어떤 계에서 화학적 변화가 일어나면 일반적으로 열이 발생하거나 흡수되는 열적변화를 가져오는데 정압(定壓)에서의 반응열의 변화를 엔탈피변화(enthalpy change)라 한다.
어떤 계의 압력이 일정할 때 이 계의 정압비열이 $C_p$이고 계의 온도변화량이 $\Delta T$라면 enthalpy 변화량 $\Delta H$는 다음 식과 같다.

$$\Delta H = C_p \Delta T \tag{1-6}$$

대기오염은 주로 대기압에서 화학변화가 일어나므로 계의 열량 변화 $\Delta Q$는 엔탈피의 변화 $\Delta H$와 같다.

## 4. 이상기체 법칙

이상기체(ideal gas)란 기체분자는 질량만을 가지며 부피는 없고, 모든 기체분자 사이에는 어떤 힘도 작용하지 않으며, 기체분자는 완전탄성체라고 가정한 기체로서 실제기체와는 약간의 차이는 있지만 큰 차이는 없기 때문에 편리성을 위하여 실제기체를 이상기체라고 가정하고 이상기체 법칙을 사용하고 있다.

### 1) 보일의 법칙(Boyle's law)

일정한 온도에서 일정량의 기체의 부피는 압력에 반비례 한다.

$$PV = k, \qquad P_1 V_1 = P_2 V_2 \tag{1-7}$$

### 2) 샤를의 법칙(Charles' law)

일정한 압력에서 일정량의 기체의 부피는 절대온도($T$)에 정비례 한다.

$$\frac{V}{T} = k, \qquad \frac{V_1}{T_1} = \frac{V_2}{T_2} \tag{1-8}$$

$t$℃에서 기체의 부피 $V_t$는 온도가 1℃ 증가함에 따라 0℃때 기체 부피 $V_o$의 1/273만큼 증가한다.

$$V_t = V_o\left(1 + \frac{t}{273}\right) = V_o + \frac{V_o t}{273}\ (\text{증가한 부피}) \tag{1-9}$$

**Example 1-3**

20℃에서 부피가 35 ℓ인 기체가 40℃로 승온할 때 증가한 부피는?

**풀이** 증가한 부피 $\Delta V = V_{40} - V_{20}$

$$V_t = V_o\left(1 + \frac{t}{273}\right), \qquad V_{20} = 35 = V_o\left(1 + \frac{20}{273}\right), \qquad V_o = 32.6\,\ell$$

$$V_{40} = V_o\left(1+\frac{40}{273}\right) = 32.6\left(1+\frac{40}{273}\right) = 37.4\ \ell$$

∴ 증가한 부피 $\Delta V = V_{40} - V_{20} = 37.4 - 35.0 = 2.4\ \ell$

### 3) 보일 – 샤를의 법칙(Boyle–Charles' law)

일정량의 기체의 부피는 절대온도에 정비례하고 압력에 반비례한다.

$$\frac{PV}{T} = k, \qquad \frac{P_1 V_1}{T_1} = \frac{P_2 V_2}{T_2} \tag{1-10}$$

### 4) 이상기체 상태방정식(ideal gas equation)

이상기체는 부피, 압력, 절대온도, 기체의 몰수 사이에 다음의 관계가 성립한다.

$$PV = nRT \tag{1-11}$$

여기서 기체상수 $R = 0.08205\ \text{atm}\cdot\ell/\text{mol}\cdot\text{K}$

$= 8.314\ \text{J/mol}\cdot\text{K}$ (1 cal = 4.184 J이므로)

$= 1.987\ \text{cal/mol}\cdot\text{K}$

**Example 1-4**

25℃, 대기압 하에서 $CO_2$ 밀도($kg/m^3$)는 얼마인가?

**풀이** $PV = nRT = \frac{m}{M}RT$ $\qquad \rho = \frac{m}{M}$이므로 $\qquad \rho = \frac{m}{M} = \frac{PM}{RT}$

$$\rho = \frac{PM}{RT} = \frac{1\ \text{atm} \times \frac{44\ \text{g}}{\text{mol}}}{\frac{0.08205\ \text{atm}\cdot\ell}{\text{mol}\cdot\text{K}} \times (273+25)\ \text{K}} \left| \frac{10^3\ \ell}{1\ \text{m}^3} \right| \frac{1\ \text{kg}}{10^3\ \text{g}} = 1.8\ \text{kg/m}^3$$

**Example 1-5**

이상기체 1몰이 0℃, 1기압 하에서 온도가 10℃ 상승했을 때 부피팽창에 의하여 한 일(J)은?

**풀이** 1) 이상기체의 부피의 팽창은 1℃ 상승 시 0℃ 때의 부피의 1/273만큼 증가하므로 증가한 부피

$$\Delta V = \frac{V_o \Delta t}{273} = \frac{22.4 \times 10}{273}\ \ell = 0.8205\ \ell$$

※ $6.022\times10^{23}$를 Avogadro Number($N_A$)라 하며 어떤 물질의 분자수 $6.022\times10^{23}$개를 1몰(mol)이라 한다. 표준상태(0℃, 1 atm)에서 모든 기체 1 mol의 부피는 22.4 ℓ이며, 1 kg-mol의 부피는 22.4 $Sm^3$이다. 여기서 S는 standard condition(표준상태)를 뜻하며, Normal condition(N)으로 표시하기도 한다.

2) 기체가 팽창으로 한 일 $W = P\Delta V$이므로

$$W = P\Delta V = 1\text{ atm} \times 0.8205\,\ell = 0.8205\text{ atm}\cdot\ell$$

3) 기체상수 $R = 0.08205\text{ atm}\cdot\ell/\text{mol}\cdot\text{K} = 8.314\text{ J/mol}\cdot\text{K}$에서 일의 크기는 다음과 같이 구할 수 있다.

$0.08205\text{ atm}\cdot\ell$ : $8.314\text{ J}$

$0.8205\text{ atm}\cdot\ell$ : $x$ $\qquad\therefore\ x = 83.14\text{ J}$

**Example 1-6**

부피 4.3 ℓ인 용기 속에 31℃ 공기가 3 atm으로 채워져 있다 이것을 8 ℓ 용기로 옮겨서 4℃ 냉장고에 넣으면 압력이 얼마로 변하는가?

**풀이** $P_1 = 3\text{ atm},\ V_1 = 4.3\,\ell,\ T_1 = 273 + 31 = 304\text{ K}$

$P_2 = ?,\ V_2 = 8\,\ell,\ T_2 = 273 + 4 = 277\text{ K}$

$$\frac{P_1 V_1}{T_1} = \frac{P_2 V_2}{T_2} \Rightarrow \frac{3\text{ atm} \times 4.3\,\ell}{304\text{ K}} = \frac{P_2 \times 8\,\ell}{277\text{ K}} \qquad \therefore\ P_2 = 1.47\text{ atm}$$

## 5. 잠열(latent heat)과 현열(sensible heat)

### 1) 잠열

온도상승의 효과를 나타내지 않고 다만 물질의 상태간을 변화시키기 위하여 소비되는 열로서 융해열, 기화열 등이 이에 속한다. 0℃때 물의 융해열은 80 cal/g이고, 100℃때 물의 기화열은 539 cal/g이다.

### 2) 현열

가해진 열이 물질의 상태변화에는 사용되지 않고 온드상승에만 소비되는 열이다.

**Example 1-7**

$-20$℃의 얼음 400 g을 120℃의 수증기로 변화시키는데 필요한 열량은 얼마인가?

**풀이** $H = m\,C\Delta t$,  $m = 400$ g  $C = 1$ (cal/g·℃)이므로

1) $-20$℃의 얼음이 0℃ 얼음으로 변하는데 필요한 현열 $= 400 \times 1 \times 20 = 8{,}000$ cal
2) 0℃의 얼음이 0℃ 물로 변하는데 필요한 잠열 $= 400 \times 80 = 32{,}000$ cal
3) 0℃ 물이 100℃ 물이 되는데 필요한 현열 $= 400 \times 1 \times 100 = 40{,}000$ cal
4) 100℃ 물이 100℃ 수증기가 되는데 필요한 잠열 $= 400 \times 539 = 215{,}600$ cal
5) 100℃ 수증기가 120℃ 수증기가 되는데 필요한 현열 $= 400 \times 1 \times 20 = 8{,}000$ cal

총 필요한 열량 $= 8{,}000 + 32{,}000 + 40{,}000 + 215{,}600 + 8{,}000$
$= 303{,}600$ cal $= 303.6$ kcal

또는 총열량 = 현열+잠열

1) 현열 $H = mC\Delta t = 400\text{ g} \times 1\text{ (cal/g·℃)} \times [120 - (-20)] = 56{,}000$ cal
2) 잠열 $H = m \times$잠열 $= 400\text{ g} \times (80 + 539) = 247{,}600$ cal

총열량 = 현열+잠열 $= 56{,}000 + 247{,}600 = 303{,}600$ cal $= 303.6$ kcal

## 6. 비중과 밀도

### 1) 비중(specific gravity)

임의의 온도에서 일정한 부피를 갖는 기준물질의 질량과 기준물질과 부피가 같은 어떤 물질의 질량비를 비중이라 한다. 보통 고체 및 액체인 경우는 4℃의 물을 기준물질로 하고 기체일 경우는 0℃, 1 atm의 공기를 기준물질로 한다. 비중은 기준물질에 대한 같은 부피당 무게비이므로 단위가 없다.

### 2) 밀도(density)

어떤 물체의 단위부피당 질량(kg/m$^3$ 또는 g/cm$^3$)을 그 물체의 밀도라 한다.

$$\rho = \frac{m}{V} \tag{1-12}$$

비중량(比重量, specific weight)은 어떤 물체의 단위부피당 무게(Kg/m$^3$ = kg$_f$/m$^3$ = kg중/m$^3$)를 말한다. 밀도의 역수(m$^3$/kg)를 비용(比容, specific volume) 또는 비용적이라 한다. 엄밀하게는 순수한 물의 4℃때 밀도가 1 g/cm$^3$이지만 공학에서는 물의 밀도는 온도에 관계없이 1 g/cm$^3$로 통용되고 있다.

**Example 1-8**

부피 $5\ m^3$의 어떤 기체의 질량은 4.5 kg이었다. 밀도($g/cm^3$)와 비용적($cm^3/g$)을 구하라.

**풀이**

$$\rho = \frac{m}{V} = \frac{4.5\ kg}{5\ m^3} = 0.9\ kg/m^3$$

$$\rho = \frac{0.9\ kg}{m^3}\left|\frac{1{,}000\ g}{1\ kg}\right|\frac{(1\ m)^3}{(100\ cm)^3} = 9\times 10^{-4}\ g/cm^3$$

비용적은 밀도의 역수이므로 $1{,}111.1\ cm^3/g$

## 7. 점성(viscosity)

유체가 흐를 때 층과 층 사이에 마찰저항이 생기는데 이 마찰저항을 점도 또는 점성도라 한다. 그림 1-1과 같이 간격이 $dy$이고 면적이 $A$인 동일한 두 면이 각각 속도 $v$와 $v+dv$로 운동하는데 힘 $F$가 필요하다면 $F$와 $A$, $dv$, $dy$ 사이에는 다음과 같은 관계가 성립한다.

$$F = \mu A \frac{dv}{dy} \tag{1-13}$$

위 식에서 비례상수 $\mu$를 점성계수 또는 점성도라 한다.

CGS 단위로 표시된 값(g/cm · sec)를 poise라 하고 이것의 1/100을 centi-poise(cp)라 한다. 20℃에서 물의 점도는 1 cp이다.

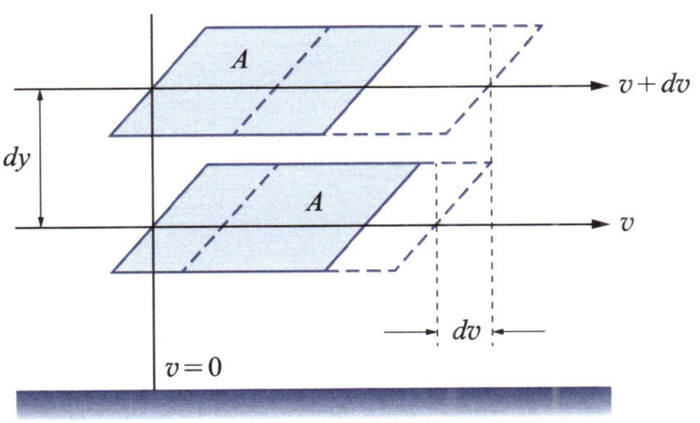


**그림 1-1** 점성의 설명도

1893년 Australia의 물리학자 William Sutherland는 절대온도( $T$ )와 기체점도( $\mu_g$ ) 사이에 관련성을 발견(Sutherland's law)하였는데, Sutherland 식은 $0 < T < 555$ K 사이에서 유효하다.

$$\mu_g = \mu_o\left(\frac{T_o + S}{T + S}\right)\left(\frac{T}{T_o}\right)^{3/2} \text{ [kg/m-sec]} \qquad \text{Sutherland 식}$$

여기서 $\mu_g$ : 임의의 온도 $T$ [K]에서 기체점도 [kg/m-sec]

$T$ : 임의의 온도 [273.15 + $t$ ℃ ]

$T_o$ : 기준온도 [273.15 K]

$\mu_o$ : 기준온도 [273.15 K]에서 기체점도

공기일 경우 [$1.716 \times 10^{-5}$ kg/m-sec]

$S$ : Sutherland 온도, 공기의 경우 110.4 [K]

상기의 Sutherland 식으로 $t$℃에서 공기의 점도( $\mu_g$ )를 구하는 식으로 간단히 하면

$$\mu_g = 1.716 \times 10^{-5} \times \left(\frac{383.55}{383.55 + t\ ℃}\right)\left(\frac{273.15 + t\ ℃}{273.15}\right)^{3/2} \text{ [kg/m-sec]}$$

유체의 점도를 그의 밀도로 나눈 값을 동점도( $\nu$ : kinetic viscosity)라 하며 이것의 CGS 단위를 stokes($cm^2$/sec)라 하며 이것의 1/100을 centistokes(cs)라 한다.

$$\nu = \frac{\mu}{\rho} \tag{1-14}$$

일반적으로 액체의 점도는 온도가 높아질수록 작아지지만 기체의 점도는 온도가 증가할수록 커진다.

## 8. 압력

단위면적(unit area)에 작용하는 힘을 압력(pressure)이라고 하며 다음과 같이 표현한다.

$$P = \frac{F}{A} = \frac{ma}{A} \tag{1-15}$$

압력의 단위는 표준 대기압인 1기압을 기준으로 했을 때 다음과 같은 관계가 성립한다.

표준대기압 1 atm = 760 mmHg (Torr: Torricelli) = 76 cmHg

① $Kg/cm^2$ 단위

Hg는 비중이 13.6이므로 물기둥의 높이로는

$76\ cmHg \times 13.6 = 1{,}033.6\ cmH_2O$

면적 1 $cm^2$ 위에 물기둥의 높이가 1,033.6 cm일 경우

면적 1 $cm^2$당 물기둥의 부피 = 밑면(1 $cm^2$) × 높이(1,0336 cm)

: 1,033.6 $cm^3/cm^2$

물의 밀도가 1 g/ $cm^3$이므로 물 1 $cm^3$ = 1 g

$1{,}033.6\ cmH_2O/cm^2 = 1{,}0336\ g/cm^2 = 1.0336\ kg/cm^2$

$F = ma$, 가속도 $a$가 중력일 경우 $ma = mg$. $mg$는 무게이므로

질량(kg) 1.0336 kg을 무게(Kg)로 나타내면 1.0336 Kg

∴ 1 atm = 1.0336 $Kg/cm^2$

② psi(poundal per square inch) 단위

$$\frac{1.0336\ Kg}{cm^2}\cdot\frac{(2.54\ cm)^2}{(1\ in)^2}\cdot\frac{1\ lb_f}{0.454\ Kg} = 14.7\ lb_f/in^2(psi)$$

③ Pa(pascal) 단위

질량 1 kg인 물체가 가속도 1 $m/sec^2$으로 운동할 때 받는 힘 $F$를 1 Newton (N)이라 한다.

$$F = ma = 1\ kg \times 1\ m/sec^2 = 1\ kg\cdot m/sec^2\ (N)$$

$$P = \frac{F}{A} = \frac{ma}{A} \Rightarrow 1\ P = \frac{1\ N}{m^2} = \frac{\frac{1\ kg\cdot m}{sec^2}}{m^2} = 1\ kg/m\cdot sec^2$$

무게(Kg) = mg = 질량(kg) × 중력가속도(9.8 $m/sec^2$)이므로 1 atm은

$$\frac{1.0336\ Kg}{cm^2}\cdot\frac{1\ kg \times 9.8\ m/sec^2}{1\ Kg}\cdot\frac{(100\ cm)^2}{(1\ m)^2} = 1.013\times10^5\ kg/m\cdot sec^2$$

$kg/m\cdot sec^2$ = Pa이므로 ∴ 1 atm = $1.013\times10^5$ Pa

### Example 1-9

18.6℃에서 공기의 점도를 MKS 및 CGS 단위(poise와 cp)로 구하라.

**풀이**

$$\mu_g = 1.716\times10^{-5}\times\left(\frac{383.55}{383.55+t℃}\right)\left(\frac{273.15+t℃}{273.15}\right)^{3/2}\ [\mathrm{kg/m\text{-}sec}]$$

$$= 1.716\times10^{-5}\times\left(\frac{383.55}{383.55+18.6}\right)\left(\frac{273.15+18.6}{273.15}\right)^{3/2}$$

$$= 1.81\times10^{-5}\ [\mathrm{kg/m\text{-}sec}]$$

$$\frac{1.81\times10^{-5}\ \mathrm{kg}}{\mathrm{m\text{-}sec}}\left|\frac{1{,}000\ \mathrm{g}}{1\ \mathrm{kg}}\right|\frac{1\ \mathrm{m}}{100\ \mathrm{cm}} = 1.81\times10^{-4}\ [\mathrm{g/cm\text{-}sec}](\mathrm{poise})$$

$$\frac{1.81\times10^{-4}\ \mathrm{poise}}{}\left|\frac{10^2\ \mathrm{cp\ (centi\text{-}poise)}}{1\ \mathrm{poise}}\right. = 1.81\times10^{-2}\ \mathrm{cp}$$

### Example 1-10

240 Torr를 Pa, psi 단위로 환산하라.

**풀이**

$$\frac{240\ \mathrm{mmHg(Torr)}}{}\left|\frac{1.013\times10^5\ \mathrm{Pa}}{760\ \mathrm{mmHg}}\right. = 31{,}989.5\ \mathrm{Pa}$$

$$\frac{240\ \mathrm{mmHg(Torr)}}{}\left|\frac{14.7\ \mathrm{psi}}{760\ \mathrm{mmHg}}\right. = 4.6\ \mathrm{psi}$$

### Example 1-11

28.5 psi를 $cmH_2O$, $Kg/cm^2$ 그리고 Pa로 환산하라.

**풀이**

$$\frac{28.5\ \mathrm{psi}}{}\left|\frac{1{,}033.6\ \mathrm{cmH_2O}}{14.7\ \mathrm{psi}}\right. = 2{,}003.9\ \mathrm{cmH_2O}$$

$$\frac{28.5\ \mathrm{psi}}{}\left|\frac{1.0336\ \mathrm{Kg/cm^2}}{14.7\ \mathrm{psi}}\right. = 2.004\ \mathrm{Kg/cm^2}$$

$$\frac{28.5\ \mathrm{psi}}{}\left|\frac{1.013\times10^5\ \mathrm{Pa}}{14.7\ \mathrm{psi}}\right. = 1.964\times10^5\ \mathrm{Pa}$$

단위에 많이 사용되는 접두사와 그리스어는 아래 표와 같다.

| 양 | 접두사 | 약자 | 양 | 접두사 | 약자 |
|---|---|---|---|---|---|
| $10^{1}$ | deca | da | $10^{-1}$ | deci | d |
| $10^{2}$ | hecto | h | $10^{-2}$ | centi | c |
| $10^{3}$ | kilo | k | $10^{-3}$ | mili | m |
| $10^{6}$ | mega | M | $10^{-6}$ | micro | μ |
| $10^{9}$ | giga | G | $10^{-9}$ | nano | n |
| $10^{12}$ | tera | T | $10^{-12}$ | pico | p |
| $10^{15}$ | peta | P | $10^{-15}$ | femto | f |

| 그리스 문자 | 명명 | 그리스 문자 | 명명 | 그리스 문자 | 명명 |
|---|---|---|---|---|---|
| $\delta$ | Delta | $\chi$ | Chi | $\nu$ | Nu |
| $\varepsilon$ | Epsilon | $\psi$ | Psi | $\pi$ | Pi |
| $\zeta$ | Zeta | $\lambda$ | Lamda | $\phi$ | Phi |
| $\eta$ | Eta | $\mu$ | Mu | $\omega$ | Omega |
| $\theta$ | Theta | $\rho$ | Rho | | |

## 연습문제

**01** 40℃에서 부피가 10 ℓ인 공기가 125℃로 온도가 올라갈 때 증가한 부피(ℓ)는?

**02** 23.6℃, 745 mmHg에서 공기시료 450.2 $m^3$를 채취하였다. 표준상태에서 부피($m^3$)는 얼마인가?

**03** 67℃, 3.5기압 하에서 $SO_2$ 밀도($g/cm^3$)는 얼마인가?

**04** 785 mmHg, 20.6℃에서 $CO_2$ 20.5 ℓ의 질량은 몇 g인가?

**05** 비중이 0.9인 기체의 밀도($g/cm^3$)와 비용적($m^3/kg$)을 구하라.

**06** 26.7℃에서 공기의 점도(cp)를 구하라.

**07** 30℃ 물 150 g을 350℃의 수증기로 변화시키는데 필요한 열량(kcal)은 얼마인가?

**08** $10^3$ Pa을 Torr, psi, $Kg/cm^2$ 단위로 환산하라.

# 1.2 연료(fuel)

연소가 이루어지기 위해서는 연료, 산소 및 발화점 이상의 온도가 필요한데 상기의 세 가지를 연소의 3대 조건이라 한다.

## 1. 연료의 개요

연료란 산소 존재 하에서 연소하여 발생한 연소열을 경제적으로 이용할 수 있는 가연물질을 말하며 연료의 상태에 따라 고체연료, 액체연료 및 기체연료로 나눈다. 각종 연료의 조성은 표 1-1과 같으며, 연료가 갖추어야 할 구비조건은 다음과 같다.

(1) 가격이 저렴하고 양이 풍부할 것
(2) 연소가 용이하고 발열량이 클 것
(3) 저장, 운반 및 취급이 용이할 것
(4) 저장 또는 사용 시 위험성이 적을 것
(5) 인체에 유독성이 적고 매연발생 등 공해요인이 적을 것

**표 1-1** 각종 연료의 조성

| 연료의 종류 | 탄소[%] | 수소[%] | 산소 및 기타[%] | C/H |
|---|---|---|---|---|
| 고체연료 | 95～50 | 6～3 | 44～22 | 15～20 |
| 액체연료 | 87～85 | 15～13 | 2～0 | 5～10 |
| 기체연료 | 75～0 | 100～0 | 57～0 | 1～3 |

## 2. 연료의 종류

### (1) 고체연료(solid fuel)

일반적으로 지열, 지압 등에 의하여 변질된 식물이 대부분이며 석탄, 갈탄, 토탄, 목재 등의 천연 연료와 목탄, 코우크스, 연탄 등의 가공 연료가 있는데 석탄이 고체연료의 대부분을 차지하고 있다. 고체연료의 주성분은 탄소이고 그밖에 회분(ash)과 수분을 함유하며 또 소량의 산소, 수소, 질소, 황 등으로 구성되어 있다.

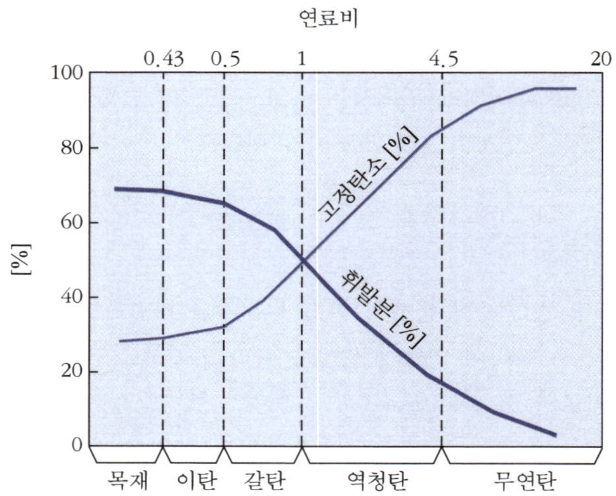


**그림 1-2** 고체연료의 휘발분과 고정탄소

### 1) 석탄(coal)

석탄은 일반적으로 탄화도(degree carbonization)에 따라 이탄(泥炭, peat), 갈탄(褐炭, lignite), 역청탄(歷靑炭, bituminous coal), 무연탄(無煙炭, anthracite coal), 흑연(黑鉛, graphite) 등으로 분류하는데, 무연탄의 탄화도가 가장 크고 이탄이 가장 작다. 탄화도가 클수록 다음과 같은 성질을 가진다.

① 수분, 휘발성, 산소의 양은 감소하고 고정탄소의 양은 증가한다.
이로 인하여 연료비(고정탄소 % / 휘발분 %)가 증가한다.

② 연소 속도가 작아지고 착화온도가 높아지며 발열량이 증가한다.

이 외에도 석탄은 점결성(粘結性, 코우크스화성 : 석탄을 열분해시키면 용융분해하여 가스나 타르(tar) 등이 발생한 후에 코우크스가 남는다. 이와 같은 성질을 점결성이라 한다), 입경분포, 발열량, 연료비 등에 따라 분류하기도 한다. 그림 1-2는 고체연료의 특성을 나타낸 것이다.

### 2) 석탄의 물리적 성질

#### ① 착화온도(ignition temperature)

착화온도란 연료를 가열하였을 경우 직접 불씨를 갖다 대지 않아도 자연발화하는 최저온도를 말한다. 석탄의 탄화도가 증가할수록 휘발성분이 적고 고정탄소량이 많아져 착화온도는 높아진다.

② **회분(ash)**

회분은 산화된 무기물로서 $SiO_2$, $Al_2O_3$, $Fe_2O_3$, MgO, CaO 등의 성분으로 구성되어 있으며 용융점(melting point)은 1,000～1,500℃의 범위이다.

③ **점결성(caking)**

석탄을 건류하면 점점 연화용융(軟化鎔融)되어 분해하기 시작한다. 이 때 가스와 타르를 발생시키고 코우크스를 남기는 경우와 전혀 연화용융되지 않는 경우가 있는데 석탄의 건류 시 연화용융 정도를 나타내는 석탄의 성질을 점결성(粘結性)이라 한다.

### 3) 목탄(charcoal)

목재를 불완전 연소시킨 2차 연료로서 기공률이 약 80 %로 높고 착화가 쉬우며 연소 시 연기가 나지 않고 황분이 없다.

### 4) 코우크스(cokes)

석탄을 노속에 넣고 공기를 차단한 상태에서 가열(건류)하면 일정한 온도에서 열분해(pyrolysis)를 일으켜 석탄가스, 타르(tar), 수증기를 발생하며, 이렇게 하여 생성된 2차 연료를 코우크스라 한다. 코우크스 조제를 위한 석탄의 건류온도는 고온 건류 시는 1,000～1,200℃, 저온 건류 시는 500～600℃이다.
석탄을 건류(carbonization)시키면 온도에 따라 다음과 같은 현상이 나타난다.

① ～110℃ : 부착수분 증발
② 200℃ : 결합수분과 $CO_2$ 발생
③ 300℃ 이상 : 열분해 시작
④ 400℃ : 가스와 타르 발생
⑤ 450℃ : 타르 발생 왕성
⑥ 500℃ : 타르 발생 완료
⑦ 500℃ 이상 : 가스 발생 왕성
⑧ 800℃ 이상 : 가스 발생 완료
⑨ 900℃ : 코우크스 생성

### 5) 고체연료의 특징

① **장점**

(a) 연소성이 늦어 특수용도에 사용한다.

(b) 저장, 운반 시에 노천 야적이 가능하다.
(c) 인화, 폭발의 위험성이 적다.
(d) 연소 장치가 간단하다.
(e) 가격이 저렴하다.

**② 단점**

(a) 회분이 많아 연소 시 매연과 재 등의 대기오염물질을 많이 배출한다.
(b) 부하 변동에 응답하기 어렵다.
(c) 운반 및 취급이 불편하다.
(d) 점화 및 소화가 힘들고 연소 관리가 어렵다.
(e) 연소 시 재가 많고 대기오염이 심하다.
(f) 사용 전에 건조 및 분쇄 등의 전처리가 필요하다.

## (2) 액체연료(liquid fuel)

액체연료의 거의 대부분은 석유류이며 여기에는 가솔린(gasoline), 등유(kerosene), 경유(light oil) 및 중유(heavy oil) 등이 있다.

### 1) 액체연료의 특징

**① 장점**

(a) 품질이 균일하고 발열량이 높다.
(b) 연소효율과 열효율이 높다.
(c) 계량이 용이하다.
(d) 회, 분진의 생성량이 적다.
(e) 점화, 소화 및 연소조절이 용이하다.
(f) 운반, 저장이 용이하다.

**② 단점**

(a) 연소 온도가 높아 국부적인 과열을 일으키기 쉽다.
(b) 인화 및 역화의 위험이 크다.
(c) 사용 버너의 종류에 따라 소음이 심하다.
(d) 국내 생산이 안 되므로 가격이 비싸다.
(e) 유황 함유량이 많아 대기오염의 원인이 된다.

### ③ 석유의 물리적 성질

(a) 비중(specific gravity)

원유(crude oil)의 비중은 생산지에 따라 다르나 대개 0.75～0.97범위이며 탄화수소의 분자량이 증가하면 비중도 커진다. 석유의 비중이 커지면 탄화수소비(C/H)가 커지고 발열량은 감소한다. 그리고 화염의 휘도(輝度, 밝기)가 커지며 점도가 증가한다. 또 인화점(flashing point)과 착화점(ignition point)이 높아진다.

(b) 점도(viscosity)

점도는 유체가 운동할 때 나타나는 마찰의 정도를 말하는 것으로 절대 점도(absolute viscosity)의 CGS 단위를 poise(g/cm · sec)라 한다. 동점도($\nu$ : kinetic viscosity)는 절대점도를 유체의 밀도로 나눈 것으로 stokes ($cm^2$/sec)라 하며 일반 석유류에서는 stokes의 1/100인 cs(centi-stokes)를 사용한다. 석유의 점도가 작아지면 유동성(fluidity)이 좋아져 분무화가 잘되며 이로 인하여 인화점이 낮아지고 연소가 잘된다.

(c) 증기압(vapor pressure)

석유의 증기압은 40℃에서의 압력(Kg/$cm^2$)으로 나타내며 증기압이 큰 것은 저장, 운반 시에 손실을 가져오며 인화점 및 착화점이 낮아서 위험하다. 그러나 증기압이 낮으면 인화점이 높아 연소 효율이 저하된다.

(d) 인화점(flashing point)

액체연료에서 가연성 증기를 발생시키는 최저온도, 즉 가연물이 불씨 접촉에 의하여 불이 붙는 최저온도로서 화기에 대한 위험도를 나타내며 인화점이 낮을수록 연소는 잘되나 위험하다.

(e) 착화점(ignition point)

착화점은 유온(油溫)이 계속 상승하여 증기의 증발이 많아지면 직접 불씨를 갖다 대지 않아도 가연성 증기에 불이 붙게 되는 최저온도를 말한다.

(f) 유동점(pour point)

유체의 온도를 서서히 냉각하였을 때 유체가 유동할 수 있는 최저온도를 말하는 것으로 일반적으로 응고점보다 2.5℃ 높은 온도를 유동점이라 한다.

(g) 발열량(calorific value)

석유의 발열량은 대체로 9,500～12,000 kcal/kg 정도이며 일반적으로 비중과 비점이 커질수록, 즉 중질유일수록 발열량이 감소한다. 발열량의 측정

시는 열량계를 쓰며 비중 또는 원소조성으로 그 개략치를 구할 수 있다.

### 2) 석유의 화학적 성질

#### ① 옥탄가(octane number)

옥탄가는 가솔린의 anti-knocking성을 표시하는 하나의 척도이다. 가솔린 내연기관은 4행정으로 연료와 공기의 흡입 → 압축 → 폭발 → 배기행정이 연속적으로 진행된다. 정상적인 폭발행정에서는 실린더에서 압축된 혼합연료에 점화를 하여 연소를 시켜 폭발력을 얻는데 비점이 낮은 연료의 경우 적정한 폭발시점에 도달하기 전에 혼합연료가 비정상적으로 폭발되는데 이것을 knocking이라 한다. 옥탄가의 측정은 시험발동기를 사용하여 측정하며, 시험가솔린의 노킹정도를 표준연료인 *iso*-octane(*iso*-$C_8H_{18}$)과 *n*-heptane(*n*-$C_6H_{14}$)의 혼합 표준연료의 노킹정도와 비교하여 공급가솔린과 동등한 노킹정도를 나타내는 혼합표준연료 중의 *iso*-octane %를 옥탄가라 한다. *n*-paraffin에서는 탄소수가 증가할수록 옥탄가가 저하하여 $C_7$에서 옥탄가는 0이다. *Iso*-paraffin에서는 methyl 측쇄가 많을수록, 특히 중앙부에 집중할수록 옥탄가는 증가한다.

Naphthene(cycloalkane)계는 방향족 탄화수소(aromatic hydrocarbon)보다는 옥탄가가 작지만 *n*-paraffin계 보다는 큰 옥탄가를 가진다. 방향족탄화수소의 경우 벤젠고리의 측쇄가 $C_3$까지는 옥탄가가 증가하지만 그 이상이면 감소한다. 옛날에는 옥탄가를 높이기 위하여 안티노킹제(anti-knocking agent)로 TEL[Tetra-Ethyl Lead, $Pb(C_2H_5)_4$]가 사용되었으나 대기오염문제로 무연휘발유가 사용되고 있는 현재는 MTBE(Methyl-Tertiary-Butyl-Ether, 6～8 V/V%)가 사용되고 있으며 옥탄가가 높을수록 좋은 휘발유이다. 한국에서 생산되는 가솔린의 대부분은 옥탄가가 91～94 정도이며 95 이상은 고급휘발유로 분류된다.

$$\text{옥탄가} = \frac{iso\text{-octane}}{iso\text{-octane} + n\text{-heptane}} \times 100\ [\%] \qquad (1\text{-}16)$$

#### ② 세탄가(cetane number)

디젤기관의 4행정은 공기의 흡입 → 압축 → 연료분사·폭발 → 배기행정이 연속적으로 진행되며 폭발행정은 가솔린엔진과는 달리 온도가 높은 압축공기에 연료를 분사하여 폭발력(동력)을 얻는다. 이 때 비점이 높은 연료는 적정한 폭발시점에서 연소되지 않고 지연연소가 일어나 knocking이 발생한다. 세탄가는 디젤연료의 착화성을 나타내는 중요한 특성이며, 연료의 지연연소가 일어나지 않게 하기 위하여 주입되는 첨가제가 세탄가 향상제이다. 세탄가 향상제는 주로 2-Ethylhexyl nitrate($C_8H_{17}NO_3$)와 Di-tert-butyl peroxide[$(CH_3)_3COOC(CH_3)_3$]가 사용되고 있으며 세탄가 측정은 CFR(Cooperative Fuel Research)의 표준엔진으로 측정한다. 표준혼합연료는 세탄가 100인 *n*-cetane과 세탄가 15인 heptamethylnonane의 혼합물이다. 세탄가 향상제로는 일반적으로 2-Ethylhexyl nitrate와 Di-tert-butyl peroxide를 사용하며, 연료의 세탄가는 (1-17)로 계산하고 자동차용 경유의 세탄가는 45～60 정도이다.

$$\text{세탄가} = n\text{-cetane}\ \% + 0.15 \times \text{heptamethylnonane}\ \% \tag{1-17}$$

### 3) 석유의 분류

물질의 비등점 차이를 이용하여 혼합물을 분리하는 법을 분별증류 또는 분류(fractional distillation)라 하며 원유(crude oil)를 분별증류하면 나프타(naphtha), 가솔린(gasoline), 등유(kerosene), 경유(light oil) 및 중유(heavy oil) 순으로 증발하고 최후에 아스팔트(pitch)가 남는다.

원유의 조성은 원산지에 따라 약간의 차이가 있으나 대개 표 1-2와 같다. 표 1-3은 원유를 증류하였을 때 생성되는 액체연료의 성상을 나타낸 것이다.

**표 1-2 원유의 조성**

| 성 분 | 함유량[%] | 성 분 | 함유량[%] |
|---|---|---|---|
| 탄 소 | 82～87 | 질 소 | 0～1 |
| 수 소 | 11～15 | 산 소 | 0～2 |
| 황 | 0～5 | 회 분 | 0.01～0.05 |

**표 1-3 액체연료의 종류 및 성상**

| 종 류 | 비등점 [℃] | 인화점 [℃] | 발열량 [kcal/kg] | 비 중 | 용 도 |
|---|---|---|---|---|---|
| 가솔린, 나프타 | 30～200 | −20～−40 | 11,000～11,500 | 0.7～0.8 | 가솔린엔진, 화학공업 |
| 등 유 | 160～250 | 30～70 | 10,500～11,000 | 0.82～0.84 | 가정용, 난방용, 석유엔진 |
| 경 유 | 200～350 | 50～70 | 10,500～11,000 | 0.82～0.84 | 보일러용, 고속디젤엔진용 |
| 중 유 | 300～350 | 60～150 | 10,000～10,800 | 0.85～1.0 | 보일러용, 디젤엔진용 |

석유 중 가솔린, 등유 및 경유는 비등점과 인화점이 낮고 분무화가 잘되어 연소에 큰 문제가 없지만 중유는 비등점과 인화점이 높아 완전 연소가 어려울 뿐만 아니라 회분, 협잡물 및 유황 함유량이 높아 심각한 대기오염 문제도 수반하고 있다. 이 장에서는 중유에 대하여 더 상세하게 살펴보도록 하겠다.

① **중유(heavy oil)**

중유는 점도에 따라 A, B, C 세 종류로, 황함유량에 따라 A(1, 2호), B, C(1, 2, 3, 4호)의 종으로 구분한다. 표 1-4는 KS M 2614에 명시된 중유의 종류별 규격 및 용도를 나타낸 것이다.

**표 1-4 중유 KS 규격(KS M 2614)**

| 종류 | | 반응 | 인화점 [℃] | 점도 (cs, 50℃) | 유동점 [℃] | 수분 [%] | 회분 [%] | 유황 [%] | 용도 |
|---|---|---|---|---|---|---|---|---|---|
| A중유 | 1호 | 중성 | 60 이상 | 20 이하 | 5 이하 | 0.3 이하 | 0.05 이하 | 0.5 이하 | 요업, 금속제련용 |
| | 2호 | 중성 | 60 이상 | 20 이하 | 5 이하 | 0.3 이하 | 0.05 이하 | 2.0 이하 | 소형내연기관용 |
| B중유 | | 중성 | 60 이상 | 50 이하 | 10 이하 | 0.4 이하 | 0.05 이하 | 3.0 이하 | 내연기관용 |
| C중유 (벙커 C유) | 1호 | 중성 | 60 이상 | 50~150 | - | 0.5 이하 | 0.1 이하 | 1.5 이하 | 철강용 |
| | 2호 | 중성 | 60 이상 | 50~150 | - | 0.5 이하 | 0.1 이하 | 3.5 이하 | 대형보일러용 |
| | 3호 | 중성 | 60 이상 | 150~400 | - | 0.6 이하 | 0.1 이하 | 1.5 이하 | 철강용 |
| | 4호 | 중성 | 60 이상 | 400 이하 | - | 2.0 이하 | 0.1 이하 | 3.5 이하 | 일반용 |

중유에는 잔류탄소(residual carbon), 유황 및 회분 등이 다량 함유되어 있다. 중유에 함유된 불순물 중 Fe, Mg, Ca, Si, K, V 등의 금속 성분이 연소된 후 금속산화물로 잔류하는 것이 회분인데 이 회분(ash)은 버너의 노즐을 마모시키고 보일러의 전열면에 부착되어 전열효과를 감소시켜 열효율을 떨어뜨리며 또 국부과열을 일으키는 원인이 된다. 바나듐의 연소에 의하여 생기는 $V_2O_5$는 전열면에 융착하여 고온부식을 일으키며 유황의 산화에 의하여 생성되는 SOx는 대기오염과 저온부식의 원인이 된다($V_2O_5$의 융점(melting point)은 670℃이며 Na이 존재하면 535℃까지 융점이 낮아진다). 중유의 이러한 단점을 보완하기 위하여 각종 첨가제를 첨가하거나 탈황을 시켜야 한다.

② **타르(tar)**

석탄의 고온건류에서 얻어지는 타르를 석탄타르(coal tar)라 하며 그 주성분은 방향족 탄화수소(aromatic hydrocarbon)이고 비중은 1.1~1.2 정도이다.

석탄의 저온건류에서 얻어지는 타르를 저온타르라 하며 이것은 주성분이 고리모양 탄화수소(cyclohydrocarbon), alkene(olefin)이며 석탄타르와 같이 점성은 크지 않고 석탄 타르와 중유의 중간 성질을 갖고 있다.

**③ 크랙킹(cracking)**

원유를 분류하면 40～50 %의 Bunker-C(C-중유)가 발생하는데 Bunker-C를 감압상태에서 2차 증류를 통하여 다시 휘발유, 등유, 경유 등경질유를 생산하고 남은 잔사유(pitch)는 다시 다양한 촉매 존재 하의 고도화 시설에서 분해하여 경제성이 높고 수요가 많은 경질유를 생산하는데 이것을 cracking이라 한다.

## (3) 기체연료(gas fuel)

기체연료는 유전 및 탄전지대에서 생산되는 천연가스, 중질유 및 석탄을 건류시켜 만든 인공가스와 제철과정에서 생성되는 부생가스 등이 있다.

### 1) 기체연료의 특징

**① 장점**

(a) 적은 과잉공기(10～20 %)로 완전 연소가 가능하다.
(b) 연소 효율이 높고 안정된 연소가 된다.
(c) 점화, 소화가 용이하고 연소조절이 용이하다.
(d) 연료의 예열이 쉽고, 저질 연료도 고온을 얻을 수 있다.
(e) 회분이나 매연 발생이 없어 청결하다.
(f) 발열량이 크다.
(g) 유황 함유량이 적어 $SO_2$ 발생량이 극히 적다.

**② 단점**

(a) 취급 시 위험성이 크다.
(b) 수송이나 저장 시 주의가 필요하다.
(c) 설비비가 많이 들고 가격이 비싸다.

### 2) 기체연료의 종류

기체연료의 종류 및 성상은 표 1-5와 같다.

**① 코우크스로(석탄)가스**

석탄을 고온(1,000～1,200℃)에서 건류시켜 코우크스를 제조할 때 발생하는 기체연료이다.

**표 1-5 기체연료의 종류 및 성상**

| 종류 | 성분[%] | | | | | | | 고발열량 [kcal/Sm³] | 용도 |
|---|---|---|---|---|---|---|---|---|---|
| | $CO_2$ | $C_mH_n$ | $O_2$ | CO | $H_2$ | $C_mH_{2n+2}$ | $N_2$ | | |
| 코우크스로 가스 | 2.5 | 3.0 | 0.7 | 9.9 | 52.1 | 27.3 | 4.5 | 5,000 | 도시가스, 제철용 |
| 발생로가스 | 3.5 | - | - | 26.7 | 10.2 | 3.8 | 55.8 | 1,480 | 요로가스 |
| 수성가스 | 8.0 | - | 0.2 | 35.0 | 49.0 | 1.0 | 6.8 | 2,650 | 원료가스 |
| 고로가스 | - | - | - | 23.9 | 2.9 | - | 55.5 | 900 | 보일러, 제철용 |
| 오일가스 | 11.6 | 6.1 | 0.3 | 11.6 | 46.5 | 23.2 | 4.7 | 5,010 | 도시가스 |
| 천연가스 (건성) | 4.7 | - | 0.5 | - | - | 92.5 | 2.0 | 10,000 ~11,000 | 발전용, 가정용 |
| 프로판가스 | - | 45.2 | - | - | - | 54.8 | - | 22,450 | 공업용 |
| 부탄가스 | - | 55.4 | - | - | - | 44.6 | - | 29,150 | 자동차, 가정용 |

② **발생로가스**

코우크스나 석탄, 목재 등을 적열(赤熱)상태로 가열하여 공기 혹은 산소를 보내어 불완전 연소시켜 얻은 기체연료이다.

$$C + O_2 \rightarrow CO_2 + Q$$
$$C + CO_2 \rightarrow 2CO + Q$$
$$2C + O_2 \rightarrow 2CO + Q$$

③ **수성가스**

고온으로 가열된 무연탄이나 코우크스 등에 수증기를 반응시켜 얻은 기체연료이다.

$$C + H_2O \rightarrow CO + H_2 + Q$$
$$C + 2H_2O \rightarrow CO_2 + 2H_2 + Q$$

④ **고로가스**

코우크스를 용광로(고로)에 넣어 선철을 제조할 때 발생하는 기체연료이다.

⑤ **오일가스(oil gas)**

중유를 열분해 또는 촉매를 이용한 접촉분해를 통하여 제조한 기체연료를 말하는 것으로 천연가스의 보조가스로 많이 사용한다.

⑥ **천연가스(natural gas)**

천연가스전(田)에서 생산되는 기체연료로 $CH_4$이 주성분이며 건성 및 습성가스로 대별한다. 천연가스는 다른 기체연료보다 폭발한계(5~15 %)가 좁고 화염전파속도(36.4 cm/sec)가 늦어 안전하며 옥탄가가 높아 자동차연료로도 사용이 가능하다. 천연가스를 −162℃로 액화시킨 것을 LNG(liquified natural gas)라 한다.

⑦ **액화석유가스(liquified petroleum gas, LPG)**

LPG는 프로판($C_3H_8$), 프로필렌($C_3H_6$), 부탄($C_4H_{10}$) 및 부틸렌($C_4H_8$)을 주성분으로 하는 기체연료로 상온, 상압에서는 기체이지만 가압 및 냉각하면 쉽게 액화되므로 수송, 저장이 간단하다. LPG는 원유, 천연가스 등에 동반되어 산출되는 천연 LPG와 석유정제, 석유화학공업에서 생산되는 부생 LPG가 있다.

LPG는 발열량이 높고 증기압이 낮으며 유황분이 적고 유독성분이 없다. 그러나 연료가 비싸고 가스의 비중(1.5~2.0)이 공기보다 커서 인화 폭발의 위험성이 클 뿐만 아니라 기화잠열(90~100 kcal/kg)이 커 열손실량이 큰 단점도 가지고 있다.

# 1.3 연소(combustion)

## 1. 연소의 종류

### 1) 분해연소

석탄, 목재 등 고체연료는 연소초기에 열분해에 의하여 휘발성 가연성분이 생성되어 긴 화염을 발생시키면서 연소하는데 이러한 연소를 분해연소라 한다.

### 2) 표면연소

석탄, 목탄 등 고체연료는 연소초기에 열분해에 의하여 휘발성 가연성분의 분해연소가 끝나면 가연성 고체성분(주로 탄소)만 남게 된다. 휘발성분이 없는 고체연료는 빨간 짧은 불꽃을 내면서 연소되는데 이것을 표면연소라 한다.

### 3) 증발연소

증발하기 쉬운 액체연료(휘발유, 등유, 알코올, 벤젠 등)은 열을 받아 온도가 올라가면 가연성 증기가 발생하여 연소가 되는데 이것을 증발연소라 한다.

#### 4) 확산연소

LPG, LNG 등의 기체연료는 공기 중에 확산되어 연소된다.

#### 5) 자기연소(내부연소)

니트로글리세린과 같은 물질은 공기 중의 산소 공급 없이 그 물질의 분자 자체에 함유하고 있는 산소를 이용하여 연소한다.

## 2. 연소 계산

연소반응도 일종의 산화반응이므로 연소 계산에도 화학반응에 대한 일반적인 법칙과 원리를 그대로 적용하여 연소에 관계되는 반응물질과 생성물질간의 양적 관계를 계산할 수 있다.

연료는 C, H, O, S, N, 회분, 수분 등으로 구성되어 있는데 산소와 화합하여 연소할 수 있는 원소, 즉 가연성원소는 C, H, S의 세 가지 뿐이다. 그러므로 이 세 가지 가연성분의 양으로부터 연소에 필요한 공기량, 연소 후 발생하는 연소가스량 및 발열량 등을 계산할 수 있다.

### (1) 연료의 연소이론

연료 중 가연성분인 C, H, S의 연소방정식은 다음과 같다.

| $C$ | + | $O_2$ | → | $CO_2$ | + | $Q_1$ | (1-18) |
|---|---|---|---|---|---|---|---|
| 1 kg mol | | 1 kg mol | | 1 kg mol | | 97,200 kcal | |
| 12 kg | | 32 kg | | 44 kg | | | |
| 0 $Sm^3$ | | 22.4 $Sm^3$ | | 22.4 $Sm^3$ | | | |

| $H_2$ | + | $0.5O_2$ | → | $H_2O$ | + | $Q_2$ | (1-19) |
|---|---|---|---|---|---|---|---|
| 1 kg mol | | 0.5 kg mol | | 1 kg mol | | 57,600 kcal | |
| 2 kg | | 16 kg | | 18 kg | | | |
| 22.4 $Sm^3$ | | 11.2 $Sm^3$ | | 22.4 $Sm^3$ | | | |

| $S$ | + | $O_2$ | → | $SO_2$ | + | $Q_3$ | (1-20) |
|---|---|---|---|---|---|---|---|
| 1 kg mol | | 1 kg mol | | 1 kg mol | | 80,000 kcal | |
| 32 kg | | 32 kg | | 64 kg | | | |
| 0 $Sm^3$ | | 22.4 $Sm^3$ | | 22.4 $Sm^3$ | | | |

**Example 1-12**

황 2 kg을 공기 중에서 연소시킬 때 필요한 산소량과 이때 생성되는 생성물의 부피와 발생되는 열량을 구하라.

**풀이** S + $O_2$ → $SO_2$ + 80,000 kcal

32 kg : 22.4 $Sm^3$ 22.4 $Sm^3$ : 80,000 kcal

2 kg : $x$ $Sm^3$

2 kg : $y$ $Sm^3$

2 kg : $z$ kcal

$$x = \frac{22.4 \times 2}{32} = 1.4\ Sm^3$$ 산소 1.4 $Sm^3$이 필요

$$y = \frac{22.4 \times 2}{32} = 1.4\ Sm^3$$ $SO_2$ 1.4 $Sm^3$이 생성

$$z = \frac{80{,}000 \times 2}{32} = 5{,}000\ kcal$$ 5,000 kcal 열이 발생

**Example 1-13**

CO 200 kg을 연소시킬 때 필요한 산소량(부피)과 이 때 생성되는 $CO_2$ 부피를 구하라.

**풀이** CO + $0.5O_2$ → $CO_2$

28 kg : 11.2 $Sm^3$ : 22.4 $Sm^3$

200 kg : $x$ $Sm^3$

200 kg : $y$ $Sm^3$

$$x = \frac{200 \times 11.2}{28} = 80\ Sm^3\ O_2$$

$$y = \frac{200 \times 22.4}{28} = 160\ Sm^3 CO_2$$

### (2) 연소공기량의 계산

연료가 완전연소하는데 필요한 최소의 공기량을 이론공기량이라고 한다. 이론공기량을 계산하기 위해서는 공기 중에 포함되어 있는 산소의 양을 아는 것이 중요하다. 공기 중의 산소의 함량은 표 1-6과 같다.

**표 1-6** 공기 중 산소와 질소의 함량분율

| 성 분 | 중량분율 | 부피분율 |
|---|---|---|
| 질 소 | 0.768 | 0.79 |
| 산 소 | 0.232 | 0.21 |

기체는 부피분율 = 몰분율 = 압력분율이다. 공기중 질소의 부피분율이 0.79, 산소가 0.21이므로 공기 1 kg-mol 중에는 질소가 0.79 kg-mol, 산소가 0.21 kg-mol 포함되어 있다. 그러므로 표준상태(0℃, 1 atm) 공기의 밀도는 다음과 같다.

$$\rho = \frac{m}{V} = \frac{(28 \times 0.79 + 32 \times 0.21)\ \mathrm{kg}}{22.4\ \mathrm{Sm^3}} = \frac{28.9\ \mathrm{kg}}{22.4\ \mathrm{Sm^3}} = 1.29\ [\mathrm{kg/Sm^3}]$$

온도가 변하면 샤를의 법칙에 의하여 공기의 부피도 변하므로 밀도도 변하게 된다. 그러므로 $t$℃에서 공기의 밀도는

$$\rho = \frac{28.9\ \mathrm{kg}}{22.4\ \mathrm{Sm^3} \times \left(\dfrac{273 + t\ ℃}{273}\right)} = 1.29 \times \frac{273}{(273 + t\ ℃)}\ [\mathrm{kg/Sm^3}]$$

공기의 온도가 123.2℃일 때 공기의 밀도는

$$\rho = 1.29\ \mathrm{kg/Sm^3} \times \frac{273\ \mathrm{K}}{(273 + 123.2)\ \mathrm{K}} = 0.89\ \mathrm{kg/m^3}$$

### 1) 이론산소량($O_o$)

어떤 연료를 이론적으로 완전연소시키는데 필요한 산소량을 말하며 연료의 성분 중 가연성분인 C, H, S이 연소할 때 필요로 하는 산소량의 합으로 식 (1-18), (1-19), (1-20)에서 구할 수 있다.

#### ① 고체 및 액체연료일 경우

이론산소량을 중량으로 구할 때는 그 산출식은 다음과 같다.

$$O_o = \frac{32}{12}\mathrm{C} + \frac{16}{2}\left(\mathrm{H} - \frac{\mathrm{O}}{8}\right) + \frac{32}{32}\mathrm{S} = 2.67\mathrm{C} + 8\left(\mathrm{H} - \frac{\mathrm{O}}{8}\right) + \mathrm{S}$$
$$= 2.67\mathrm{C} + 8\mathrm{H} - \mathrm{O} + \mathrm{S}\quad [\mathrm{kg/kg}] \tag{1-21}$$

여기서, C, H, O, S는 연료 중에 포함되어 있는 C, H, O, S의 중량분율(연료 1 kg 중의 탄소, 수소, 산소, 황의 kg수)을 나타낸다. 식 중에서 (H − O/8)는 연료 중의 수소가 결합수($H_2O$) 상태로 존재할 때 결합수 상태의 수소분은 연소에 이용되지 못하므로 전수소에서 결합수 형태의 수소는 빼주어야 한다. 이것을 유효수소(available hydrogen)라 한다. $H_2O$에서 수소 : 산소의 질량비는 1 : 8이므로 유효수소는 (H − O/8)이 된다. 식 (1-22)는 고체 및 액체연료에서 이론산소량을 연료 1 kg 연소 시 필요한 이론산소량을 체적으로 산출한 식이

다. 공기가 기체이므로 중량보다 체적으로 나타낸 이 식을 주로 사용한다.

$$O_o = \frac{22.4}{12}\mathrm{C} + \frac{11.2}{2}\left(\mathrm{H} - \frac{\mathrm{O}}{8}\right) + \frac{22.4}{32}\mathrm{S}$$

$$O_o = 1.867\mathrm{C} + 5.6\left(\mathrm{H} - \frac{\mathrm{O}}{8}\right) + 0.7\mathrm{S} \quad [\mathrm{Sm^3/kg}] \qquad (1\text{-}22)$$

② **기체연료일 경우**

| $H_2$ | + | $0.5O_2$ | → | $H_2O$ |
|---|---|---|---|---|
| 1 $Sm^3$ | | 0.5 $Sm^3$ | | 1 $Sm^3$ |

| $CO$ | + | $0.5O_2$ | → | $CO_2$ |
|---|---|---|---|---|
| 1 $Sm^3$ | | 0.5 $Sm^3$ | | 1 $Sm^3$ |

| $C_xH_y$ | + | $\left(x+\frac{y}{4}\right)O_2$ | → | $xCO_2$ | + | $\frac{y}{2}H_2O$ |
|---|---|---|---|---|---|---|
| 1 $Sm^3$ | | $\left(x+\frac{y}{4}\right)$ $Sm^3$ | | $x$ $Sm^3$ | | $\frac{y}{2}$ $Sm^3$ |
| $C_xH_y$ $Sm^3$ | | $\left(x+\frac{y}{4}\right)C_xH_y$ $Sm^3$ | | $xC_xH_y$ $Sm^3$ | | $\frac{y}{2}C_xH_y$ $Sm^3$ |

$$O_o = \frac{1}{2}(\mathrm{H_2} + \mathrm{CO}) + \sum\left(x + \frac{y}{4}\right)\mathrm{C}_x\mathrm{H}_y - \mathrm{O_2} \quad [\mathrm{Sm^3/Sm^3}] \qquad (1\text{-}23)$$

여기서 $H_2$, $CO$, $C_xH_y$, $O_2$는 기체연료 1 $Sm^3$ 중에 포함되어 있는 $H_2$, $CO$, $C_xH_y$, $O_2$ 등의 용적($Sm^3$)을 나타낸다.

## 2) 이론공기량($A_o$)

연소 시 필요한 산소는 공기로 공급이 되므로 실제적으로는 연소에 필요한 공기량을 구해야 한다. 공기 중에는 산소가 중량비로 23.2 %, 체적비로는 21 %가 포함되어 있으므로 이론산소량($O_o$)에서 0.232나 0.21을 나누어 주면 이론공기량이 된다.

① **고체 및 액체연료일 경우**

이론공기량을 중량으로 구할 때 그 산출식은 다음과 같다.

$$A_o = \frac{O_o}{0.232} = \frac{1}{0.232}(2.67C + 8H - O + S)\ [kg/kg] \quad (1\text{-}24)$$

반면 이론공기량을 체적으로 구하면 그 산출식은 다음과 같다.

$$A_o = \frac{O_o}{0.21} = \frac{1}{0.21}\left\{1.867C + 5.6\left(H - \frac{O}{8}\right) + 0.7S\right\}\ [Sm^3/kg] \quad (1\text{-}25)$$

공기는 기체이기 때문에 측정 및 정량화하기 쉽도록 부피단위를 사용하므로 식 (1-24)보다 대부분 식 (1-25)를 사용한다.

② **기체연료일 경우**

$$A_o = \frac{O_o}{0.21} = \frac{1}{0.21}\left\{\frac{1}{2}(H_2 + CO) + \sum\left(x + \frac{y}{4}\right)C_xH_y - O_2\right\}\ [Sm^3/Sm^3] \quad (1\text{-}26)$$

각 연료별 이론공기량의 개략치는 표 1-7과 같다.

**표 1-7** 각종 연료의 이론공기량[$Sm^3$/kg]의 개략치

| 연 료 | 이론공기량 $A_o$ | 연 료 | 이론공기량 $A_o$ |
|---|---|---|---|
| 천연가스(습성) | 11.4 ~ 12.1 | 석탄가스 | 4.5 ~ 5.5 |
| 천연가스(건성) | 8.8 ~ 9.0 | 고로가스 | 0.7 ~ 0.9 |
| 오일가스 | 4.5 ~ 11.0 | 발생로가스 | 0.9 ~ 1.2 |
| 연료유 | 10.0 ~ 13.0 | 코우크스 | 8.5 |
| 역청탄 | 7.5 ~ 8.5 | 목 탄 | 4.0 ~ 5.0 |
| 무연탄 | 9.0 ~ 10.0 | 중 유 | 10.8 ~ 11.0 |
| LPG | 29.7 | 가솔린 | 11.3 ~ 11.5 |

**Example 1-14**

중유를 분석하였더니 그 중에 C 83.4 %, H 13 %, O 2 %, S 1.5 %, N 0.1 %가 함유되어 있었다. 중유의 연소에 필요한 이론공기량을 구하라.

**풀이**

$$A_o = \frac{1}{0.21}\left\{1.867C + 5.6\left(H - \frac{O}{8}\right) + 0.7S\right\}\ [Sm^3/kg]$$

$$= \frac{1}{0.21}\left\{1.867 \times 0.834 + 5.6\left(0.13 - \frac{0.02}{8}\right) + 0.7 \times 0.015\right\} = 10.86\ Sm^3/kg$$

**Example 1-15**

C, H, O, S의 중량 %가 각각 86.6 %, 4 %, 8 %, 1.4 %인 중유의 연소에 필요한 이론산소량과 이론공기량을 구하라.

**풀이**

$$O_o = 1.867\mathrm{C} + 5.6\left(\mathrm{H} - \frac{\mathrm{O}}{8}\right) + 0.7\mathrm{S} \quad [\mathrm{Sm^3/kg}]$$

$$= 1.867 \times 0.866 + 5.6\left(0.04 - \frac{0.08}{8}\right) + 0.7 \times 0.014 = 1.80\ \mathrm{Sm^3/kg}$$

$$A_o = \frac{O_o}{0.21} = \frac{1.80}{0.21} = 8.57\ \mathrm{Sm^3/kg}$$

**Example 1-16**

가스발생로에서 생성된 가스 $1\ \mathrm{Sm^3}$을 완전연소시키는데 필요한 이론공기량은? (단, 이 가스는 수분을 포함하지 않으며 이 가스의 성분을 가스분석기를 사용하여 분석하였더니 다음과 같았다. $CO_2$ 3 %, CO 25.5 %, $CH_4$ 4 %, $C_3H_8$ 2 %, $H_2$ 12.5 %, $N_2$ 52.3 %)

**풀이**

$$A_o = \frac{1}{0.21}\left\{\frac{1}{2}(\mathrm{H_2} + \mathrm{CO}) + \sum\left(x + \frac{y}{4}\right)\mathrm{C}_x\mathrm{H}_y - \mathrm{O_2}\right\}$$

$$= \frac{1}{0.21}\left\{\frac{1}{2}(0.125 + 0.255) + \left(1 + \frac{4}{4}\right)(0.04) + \left(3 + \frac{8}{4}\right)(0.02)\right\}$$

$$= 1.76\ \mathrm{Sm^3/Sm^3}$$

**Example 1-17**

$CH_3OH$ 1 kg이 연소하는데 필요한 이론공기량을 구하라.

**풀이** $CH_3OH$의 분자량 = C + 4H + O = 12 + 4 × 1 + 16 = 32이므로 연료 1 kg 중 각 성분의 중량분율은 다음과 같이 구할 수 있다.

$$\mathrm{C} = \frac{12}{32} = 0.375, \quad \mathrm{H} = \frac{4}{32} = 0.125, \quad \mathrm{O} = \frac{16}{32} = 0.5$$

$$A_o = \frac{1}{0.21}\left\{1.867\mathrm{C} + 5.6\left(\mathrm{H} - \frac{\mathrm{O}}{8}\right) + 0.7\mathrm{S}\right\} [\mathrm{Sm^3/kg}]$$

$$= \frac{1}{0.21}\left\{1.867 \times 0.375 + 5.6\left(0.125 - \frac{0.5}{8}\right)\right\} = 5.0\ \mathrm{Sm^3/kg}$$

### 3) 습이론공기량($A_{ow}$)

연소용 공기 중에는 대기 중의 수분($W_a$ $\mathrm{Sm^3/Sm^3}$)이 포함되어 있으므로 이를 보정할 필요가 있는데 보정된 이론공기량을 습이론공기량이라 한다.

$$A_{ow}(1-W_a)=A_o \qquad A_{ow}=\frac{A_o}{1-W_a}\ [\mathrm{Sm^3/kg}] \tag{1-27}$$

**Example 1-18**

중유를 분석하였더니 C 83.5 %, H 13 %, O 2 %, S 1.5 %이었다. 이 중유연소에 필요한 습이론공기량을 구하라. 단, 공기 중의 수증기량은 0.07 $Sm^3/Sm^3$이다.

**풀이**

$$A_o = \frac{1}{0.21}\left\{1.867\mathrm{C} + 5.6\left(\mathrm{H}-\frac{\mathrm{O}}{8}\right) + 0.7\mathrm{S}\right\}\ [\mathrm{Sm^3/kg}]$$

$$= \frac{1}{0.21}\left\{1.867\times 0.835+5.6\left(0.13-\frac{0.02}{8}\right)+0.7\times 0.015\right\} = 10.9\ \mathrm{Sm^3/kg}$$

$$A_{ow} = \frac{A_o}{1-W_a} = \frac{10.9}{1-0.07} = 11.72\ \mathrm{Sm^3/kg}$$

**Example 1-19**

어떤 액체연료를 분석하였더니 그 성분은 C 83 %, H 14 %, $H_2O$ 3 %이었다. 건조연료 1 kg의 연소에 필요한 이론공기량은?

**풀이** 연료가 수분을 함유하고 있으므로 건조상태로 환산하면

$$\mathrm{C} = \frac{83}{100-3}\times 100 = 85.57\%, \qquad \mathrm{H} = \frac{14}{100-3}\times 100 = 14.43\%$$

$$A_o = \frac{1}{0.21}(1.867\times 0.8557+5.6\times 0.1443) = 11.46\ \mathrm{Sm^3/kg}$$

## 연습문제

**01** 질소에 황화수소($H_2S$)가 30 % (V/V %) 혼합되어 있을 때 혼합기체의 표준상태에서 비중은 얼마인가?

**02** 중유를 분석하였더니 그 중에 C 83.4 %, H 13 %, O 2 %, S 1.5 %, N 0.1 %가 함유되어 있었다. 중유를 이론적으로 완전연소시킬 때 아래 질문에 답하라.

1) C, H, S을 연소시킬 때 필요한 이론산소부피($Sm^3/kg$)를 각각 구하라.
2) 총이론산소량($Sm^3/kg$)과 이론공기량($Sm^3/kg$)을 구하라.
3) 발생하는 $CO_2$, $SO_2$, $H_2O$ 부피($Sm^3$)를 각각 구하라.

**03** 기체연료 1 $Sm^3$를 가스분석기로 분석하였더니 $H_2$ 12.5 %, CO 20.5 %, $CH_4$ 8.6 %, $C_3H_8$ 12.6 %, $O_2$ 2.3 %, $CO_2$ 2 %, $N_2$ 41.5 %가 포함되어 있었다. 이 기체연료의 연소에 필요한 이론공기량을 구하라.

**04** 휘발유(Octane, $C_8H_{18}$) 10 ℓ의 이론공기량($Sm^3$)을 구하시오. 단, Octane의 비중은 0.7이다.

**05** 연료 1 $Sm^3$ 중 프로판($C_3H_8$)과 부탄($C_4H_{10}$)이 부피비로 4 : 6일 때 이 혼합가스의 이론공기량($Sm^3/Sm^3$)은 얼마인가?

**06** 도시가스 1 $m^3$에 대한 성분 함유량이 다음 표와 같다. 도시가스 1 $m^3$를 완전연소 시키는데 필요한 이론공기량($Sm^3$)은?

| 성분 | $CO_2$ | CO | $H_2$ | $CH_4$ | $C_2H_4$ | $C_3H_6$ | $O_2$ | $N_2$ |
|---|---|---|---|---|---|---|---|---|
| [$Sm^3$] | 0.1 | 0.1 | 0.1 | 0.25 | 0.15 | 0.13 | 0.01 | 0.26 |

#### 4) 실제공기량($A$)

실제로 연료를 연소시킬 때에는 그 연료의 이론공기량만으로는 완전연소가 불가능한데 이것은 연료의 가연성분과 공기 중의 산소와의 접촉이 원활하게 이루어지지 못하기 때문이다. 따라서 실제 연소 시에는 이론공기량보다 더 많은 공기를 보내어 가연성분과 산소와의 접촉이 원만하게 이루어지도록 해야 한다.

#### 5) 공기비($m$)

실제 연소에 필요한 공기량, 즉 실제공기량($A$)과 이론공기량($A_o$)의 비를 공기비 $m$이라 한다.

$$m = \frac{\text{실제공기량}}{\text{이론공기량}} = \frac{A}{A_o}, \quad A = mA_o$$

$$m = \frac{A}{A_o} = \frac{A_o - A_o + A}{A_o} = 1 + \frac{A - A_o}{A_o}$$

$$m = 1 + \frac{\text{과잉공기량}}{\text{이론공기량}} \tag{1-28}$$

식 (1-28) 외에도 배출가스의 성분을 분석하여 공기비 $m$을 계산할 수 있다.

**① 완전연소 시(배출가스 분석결과 CO가 없을 때)**

아래 연소반응식과 같이 연료 중의 C, S이 연소할 때 소모되는 $O_2$양과 발생되는 배기가스 중 $CO_2$, $SO_2$양은 동일하며 $H_2$가 연소될 때 소모되는 $O_2$는 발생되는 $H_2O$의 1/2이다.

$$C + O_2 \rightarrow CO_2$$
$$H_2 + 1/2\,O_2 \rightarrow H_2O$$
$$S + O_2 \rightarrow SO_2$$

일반적으로 연료 중의 H는 (C + S)양에 비하여 그 양이 상당히 적으므로 연소에 의하여 생성되는 수증기($H_2O$)양도 ($CO_2 + SO_2$)양에 비하여 그 양이 상당히 적다. 그러므로 연소에 필요한 산소양과 C, H, S이 연소되어 생성되는 $CO_2$, $H_2O$, $SO_2$양의 합은 거의 같다고 가정하여도 별 문제가 없다. 또 연소용 공기 중 질소($N_2$)는 연소에 관여하지 않고 그대로 배출된다. 그러므로 연소용 공기량과 연소배출가스량은 거의 같으며 연소용 공기 중 $N_2$ 79 %, $O_2$는 21 %이므로 연소배출가스 중 $N_2$도 79 %, $CO_2 + H_2O + SO_2 + O_2$(과잉산소)의 합한 양도 21 %라고 할 수 있다. 이 가정을 기반으로 공기비 $m$은 아래와 같이 쓸 수 있다.

$$m = \frac{A}{A_o} = \frac{A}{A-(A-A_o)} = \frac{\text{실제공기량}}{\text{실제공기량} - \text{과잉공기량}}$$

공기 중 $N_2$는 연소 반응에 관여하지 않으므로

$$\text{실제공기량 } A = \frac{N_2}{0.79}, \quad \text{과잉공기량} = \frac{O_2}{0.21}$$

여기서 $N_2$와 $O_2$는 배출가스 중의 $N_2$와 $O_2$ 농도 분율($Sm^3/Sm^3$)이다.

$$m = \frac{(N_2/0.79)}{(N_2/0.79)-(O_2/0.21)} = \frac{N_2}{N_2 - 3.76O_2}$$

또는 $$m = \frac{\text{실제산소량}}{\text{실제산소량} - \text{과잉산소량}} = \frac{21}{21-O_2} \qquad (1\text{-}29)$$

② **불완전연소 시(배출가스 분석 결과 CO가 있을 때)**

배출가스 분석 결과 불완전연소로 배출가스 중에 CO가 존재할 때에는 배출가스 중의 $O_2$ 농도에서 CO의 연소에 필요한 $O_2$양을 빼주어야 순수한 과잉공기량을 계산할 수가 있다. $CO + 1/2\,O_2 \rightarrow CO_2$이므로 CO 연소 시 CO 한 부피당 $O_2$는 1/2 부피가 필요하다.

$$m = \frac{\dfrac{N_2}{0.79}}{\dfrac{N_2}{0.79} - \dfrac{1}{0.21}\left(O_2 - \dfrac{1}{2}CO\right)} = \frac{N_2}{N_2 - 3.76\left(O_2 - \dfrac{1}{2}CO\right)}$$

또는 $$m = \frac{21}{21-(O_2 - 0.5CO)} \qquad (1\text{-}30)$$

**Example 1-20**

C, H의 중량 분율이 각각 86 %, 14 %인 액체연료를 매시 100 kg 사용하는 보일러가 있다. 이 보일러에서 연소 후 배출하는 배출가스의 조성을 분석한 결과 $CO_2$ 12.5 %, $O_2$ 3.5 %, $N_2$ 84 %이었다. 이 경우 매시간 필요한 공기량($Sm^3/hr$)은 얼마인가?

**풀이** 공기량 $A_o = \dfrac{1}{0.21}\left\{1.867\text{C} + 5.6\left(\text{H} - \dfrac{\text{O}}{8}\right) + 0.7\text{S}\right\}$ [$\text{Sm}^3/\text{kg}$]

$$= \frac{1}{0.21}(1.867 \times 0.86 + 5.6 \times 0.14) = 11.38\ \text{Sm}^3/\text{kg}$$

공기비 $= \dfrac{N_2}{N_2 - 3.76(O_2 - 0.5CO)} = \dfrac{84}{84 - 3.76 \times 3.5} = 1.2$

또는 $m = \dfrac{21}{21 - O_2} = \dfrac{21}{21 - 3.5} = 1.2$

실제공기량 $A = mA_o = 1.2 \times 11.38 = 13.54\ \text{Sm}^3/\text{kg}$

매시간 연료 100 kg을 연소시키므로

필요한 공기량 $= 13.54\ \text{Sm}^3/\text{kg} \times 100\ \text{kg/hr} = 1{,}354\ \text{Sm}^3/\text{hr}$

**Example 1-21**

**배출가스의 분석 결과 $CO_2$ 14.5 %, $O_2$ 8.2 %이었다. 이때 공기비를 구하라.**

**풀이** 배출가스 $= N_2 + CO_2 + O_2$이므로 $N_2 = 100 - 14.5 - 8.2 = 77.3\%$

$$m = \frac{N_2}{N_2 - 3.76(O_2 - 0.5CO)} = \frac{77.3}{77.3 - 3.76 \times 8.2} = 1.66$$

또는 $m = \dfrac{21}{21 - O_2} = \dfrac{21}{21 - 8.2} = 1.64$

공기비($m$)가 연소에 미치는 영향과 각종 연소장치의 대략적인 공기비를 표 1-8 및 표 1-9에 나타내었다.

**표 1-8 공기비가 연소에 미치는 영향**

| 공기비가 너무 큰 경우 | 공기비가 너무 적을 경우 |
|---|---|
| 연소실 내의 온도 저하 | 불완전연소로 매연 발생 |
| 배가스에 의한 열손실 증가 | 불완전연소로 연소효율 저하 |
| 배기가스 중 NOx양 증가 | 불완전연소 생성물인 CO로 인한 폭발 |

**표 1-9 각종 연소장치의 공기비($m$)**

| 연소장치 | $m$ | 연소장치 | $m$ | 연소장치 | $m$ |
|---|---|---|---|---|---|
| 가스버너 | 1.1~1.2 | 미분탄버너 | 1.2~1.4 | 수평수동화격자 | 1.5~2.0 |
| 오일버너 | 1.2~1.4 | 이동화격자 | 1.3~1.6 | | |

### (3) 공연비(air/fuel ratio, AFR)

연료가 연소할 때 필요한 산소는 공기 중에서 얻는데 이 때 연료와 공기의 비를 공연비라 한다.

$$\text{AFR} = \frac{\text{공기의 몰수}}{\text{연료의 몰수}} \tag{1-31}$$

가솔린의 주성분은 Octane($C_8H_{18}$)인데 이것의 연소반응식은 아래와 같다.

$$C_8H_{18} + 12.5O_2 \rightarrow 8CO_2 + 9H_2O$$

위의 반응식과 같이 이상적으로 연소반응이 일어나는 경우 이를 화학양론적 연소(stoichiometric combustion)라 하며 이 경우 공연비는 다음과 같다.

$$\text{AFR} = \frac{\text{공기의 몰수}}{\text{연료의 몰수}} = \frac{\frac{12.5O_2}{0.21}}{1} = 59.5\ \text{kg-mol}_{\text{air}}/\text{kg-mol}_{\text{fuel}}$$

Octane의 AFR을 중량비로 나타내면

$$\frac{59.5 \times 28.9\ \text{kg}}{(8 \times 12 + 18 \times 1)\ \text{kg}} = 15.1\ \text{kg}_{\text{air}}/\text{kg}_{\text{fuel}}$$

### (4) 등가비(equivalent ratio)

등가비는 연소과정에서 열평형을 이해하기 위하여 필요한 것이다.

$$\text{등가비}(\phi) = \frac{(\text{실제의 연료량}/\text{산화제})}{(\text{완전연소를 위한 이상적 연료량}/\text{산화제})} \tag{1-32}$$

$\phi = 1$일 경우, 연료와 산화제의 혼합이 이상적인 경우로 완전연소가 된다.
$\phi > 1$일 경우, 연료가 과잉인 경우로 불완전연소가 된다.
$\phi < 1$일 경우, 공기가 과잉인 경우로 열손실이 많아진다.

### (5) 연소가스량

#### 1) 이론연소가스량($G_o$)

연료가 연소하여 생성되는 고온가스를 연소가스라 하며, 이것이 연도로 나가는 것을 연소배출가스라 한다. 연소가스 중에는 연료 중의 수분이나 연소에서 생성된 수증기가 함유되어 있다. 이와 같이 수증기를 함유하고 있는 배출가스를 습연소가스라 하며 수증기를 제거한 가스를 건연소가스라 한다. 습연소가스 중의 수증기는 연료 중의 수분, 연소 시 생성되는 수분 및 연소용 공기 중의 수분 등으로 나눌 수 있으나 연소용 공기 중의 수분은 연료 중의 수분이나 연소 시 생성되는 수분양에 비하여 매우 적으므로 보통 무시할 수 있는 양이다. 연소가스 조성은 공정시험법상 건연소가스를 기준으로 해서 표시한다.

### 2) 이론습연소가스량($G_{ow}$)

#### ① 고체 및 액체연료

지금 연료 1 kg 중에 탄소, 수소, 황, 질소, 수분이 각각 C, H, S, N, W kg 포함되어 있다면 이론공기량으로 연료를 연소할 때 생성되는 연소가스는 상기의 원소로부터 생성되는 $CO_2$, $H_2O$, $SO_2$, $N_2$, W 및 공기 중에 포함되어 있는 질소이며 이것의 총합이 이론습연소가스량($G_{ow}$)이 된다.

$$G_{ow} = CO_2 + H_2O + SO_2 + N_2(\text{연료 중 질소}) + N_2(\text{공기 중 질소}) + W \tag{1-33}$$

연료 1 kg 중 탄소, 수소, 황의 함량이 각각 C, H, S kg이라 하면 C, H, S의 연소로 생성되는 $CO_2$, $H_2O$, $SO_2$의 부피는 각각

$$CO_2 = \frac{22.4}{12}\text{C Sm}^3/\text{kg} = 1.867\text{C Sm}^3/\text{kg} \tag{1-34}$$

$$H_2O = \frac{22.4}{2}\text{H Sm}^3/\text{kg} = 11.2\text{H Sm}^3/\text{kg} \tag{1-35}$$

$$SO_2 = \frac{22.4}{32}\text{S Sm}^3/\text{kg} = 0.7\text{S Sm}^3/\text{kg} \tag{1-36}$$

또한 연료질소에서 생성되는 연소가스 중 $N_2$는 1 kg-mol, 즉 28 kg이 22.4 $Sm^3$이므로 연료 1 kg 중에 $N_2$가 N kg이 있을 때는

$$\frac{22.4\text{ Sm}^3}{28\text{ kg}}\text{N} = 0.8\text{N Sm}^3/\text{kg} \tag{1-37}$$

연료 1 kg 중에 함유되어 있는 수분 W kg이 수증기로 변하면 다음과 같다.

$$\frac{22.4\ \text{Sm}^3}{18\ \text{kg}}\text{W} = 1.244\text{W Sm}^3/\text{kg} \tag{1-38}$$

연소용 공기 중의 질소($N_2$)는 연소에 관여하지 않기 때문에 연소가스로 그대로 방출되므로 다음 식으로 주어진다.

$$\text{N}_2 = 0.79A_o \tag{1-39}$$

따라서 이론습연소가스량($G_{ow}$)은 식 (1-34)에서 식 (1-39)까지를 합한 것이므로 다음 식으로 주어진다.

$$\begin{aligned} G_{ow} = \ & 1.867\text{C} + 11.2\text{H} + 0.7\text{S} \\ & + 0.8\text{N} + 1.244\text{W} + 0.79A_o\ [\text{Sm}^3/\text{kg}] \end{aligned} \tag{1-40}$$

위 식에서 (11.2H + 1.244W)는 수분량이다. 또 $0.79A_o = A_o - 0.21A_o$이므로 식 (1-40)은

$$\begin{aligned} G_{ow} &= 0.79A_o + 1.867\text{C} + 0.7\text{S} \\ &\quad + 0.8\text{N} + 1.244(9\text{H} + \text{W})\ [\text{Sm}^3/\text{kg}] \\ &= A_o - 0.21A_o + 1.867\text{C} \\ &\quad + 0.7\text{S} + 0.8\text{N} + 1.244(9\text{H} + \text{W})\ [\text{Sm}^3/\text{kg}] \end{aligned} \tag{1-41}$$

여기서 $A_o = \dfrac{1}{0.21}\left\{1.867\text{C} + 5.6\left(\text{H} - \dfrac{\text{O}}{8}\right) + 0.7\text{S}\right\}$에서

$0.21A_o = 1.867\text{C} + 5.6\left(\text{H} - \dfrac{\text{O}}{8}\right) + 0.7\text{S}$이므로

이것을 식 (1-41)에 대입하고 정리하면 이론습연소가스량은 다음 식으로 주어진다.

$$G_{ow} = A_o + 5.6\text{H} + 0.7\text{O} + 0.8\text{N} + 1.244\text{W}\ [\text{Sm}^3/\text{kg}] \tag{1-42}$$

**Example 1-22**

벙커 C유 1 kg을 완전연소시켰을 때 생성되는 수증기량은 얼마인가? 단, 중유의 수소함량은 14 %이고 수분은 0.1 %이다.

**풀이** 생성된 수증기량

$= (11.2\text{H} + 1.244\text{W}) = (11.2 \times 0.14 + 1.244 \times 0.001) = 1.57\ [\text{Sm}^3/\text{kg}]$

**Example 1-23**

중유를 원소분석 하였더니 C 85 %, H 7 %, S 3.2 %, N 3.1 %, $H_2O$ 1.7 %였다. 이론습연소가스량($G_{ow}$)를 구하라.

**풀이**

$$G_{ow} = A_o + 5.6\text{H} + 0.7\text{O} + 0.8\text{N} + 1.244\text{W} \ [\text{Sm}^3/\text{kg}]$$

$$A_o = \frac{1}{0.21}\left\{1.867\text{C} + 5.6\left(\text{H} - \frac{\text{O}}{8}\right) + 0.7\text{S}\right\} [\text{Sm}^3/\text{kg}]$$

$$= \frac{1}{0.21}(1.867 \times 0.85 + 5.6 \times 0.07 + 0.7 \times 0.032) = 9.53 \ \text{Sm}^3/\text{kg}$$

$$G_{ow} = 9.53 + 5.6 \times 0.07 + 0.8 \times 0.031 + 1.244 \times 0.017 = 9.96 \ \text{Sm}^3/\text{kg}$$

② **기체연료**

기체연료 중 가연성분은 탄화수소($C_xH_y$), 수소($H_2$), 일산화탄소(CO)이며 기체연료 1 $\text{Sm}^3$ 중 각 성분의 함량을 각각 $C_xH_y$, $H_2$, CO $\text{Sm}^3/\text{Sm}^3$라 하면 이것이 연소하여 생성된 $CO_2$, $H_2O$는 식 (1-43)과 같다.

$$C_xH_y + \left(x + \frac{y}{4}\right)O_2 \rightarrow xCO_2 + \frac{y}{2}H_2O$$

$$CO + \frac{1}{2}O_2 \rightarrow CO_2$$

$$H_2 + \frac{1}{2}O_2 \rightarrow H_2O \qquad (1\text{-}43)$$

그러므로 이론습연소가스량($G_{ow}$)는

$$G_{ow} = 0.79A_o + CO + H_2 + \sum\left(x + \frac{y}{2}\right)C_xH_y \ [\text{Sm}^3/\text{Sm}^3] \qquad (1\text{-}44)$$

여기서 $0.79A_o = A_o - 0.21A_o$이고

$$A_o = \frac{1}{0.21}\left\{\frac{1}{2}CO + \frac{1}{2}H_2 + \sum\left(x + \frac{y}{4}\right)C_xH_y - O_2\right\}\text{에서}$$

$$0.21A_o = \left\{\frac{1}{2}CO + \frac{1}{2}H_2 + \sum\left(x + \frac{y}{4}\right)C_xH_y - O_2\right\}\text{이므로}$$

이것을 (1-44)식에 대입하고 정리하면 $G_{ow}$는 아래 식과 같다.

$$G_{ow} = A_o + \frac{1}{2}(CO + H_2) + \sum \frac{y}{4} C_x H_y + O_2 \ [Sm^3/Sm^3] \tag{1-45}$$

**Example 1-24**

어떤 기체연료 1 $Sm^3$을 분석하였더니 $C_2H_2$ 0.18 $m^3$, $C_3H_8$ 0.62 $m^3$, $C_4H_{10}$ 0.05 $m^3$, CO 0.075 $m^3$, $H_2$ 0.07 $m^3$, $O_2$ 0.005 $m^3$가 포함되어 있었다. 이 연료를 연소시켰을 때 생성되는 이론습연소가스($G_{ow}$)는 얼마인가?

**풀이**

$$G_{ow} = A_o + \frac{1}{2}(CO + H_2) + \sum \frac{y}{4} C_x H_y + O_2 \ [Sm^3/Sm^3]$$

$$A_o = \frac{1}{0.21}\left\{\frac{1}{2}(H_2 + CO) + \sum\left(x + \frac{y}{4}\right)C_x H_y - O_2\right\} \ [Sm^3/Sm^3]$$

$$= \frac{1}{0.21}\left[\frac{1}{2}\times 0.075 + \frac{1}{2}\times 0.07 + \left\{\left(2 + \frac{2}{4}\right)\times 0.18 + \left(3 + \frac{8}{4}\right)\times 0.62 + \left(4 + \frac{10}{4}\right)\times 0.05\right\} - 0.005\right] = 19.1\ Sm^3/Sm^3$$

$$G_{ow} = 19.1 + \frac{1}{2}(0.075 + 0.07) + \frac{2}{4}\times 0.18 + \frac{8}{4}\times 0.62 + \frac{10}{4}\times 0.05 + 0.005$$

$$= 20.7\ Sm^3/Sm^3$$

### 3) 이론건조연소가스량($G_{od}$)

이론건조연소가스량은 이론습연소가스량($G_{ow}$)에서 수증기량을 뺀 연소가스량으로 연소가스 조성을 표기할 때는 건조연소가스량을 기준으로 한다.

#### ① 고체 및 액체연료

이론습연소가스량 $G_{ow}$에서 수증기량(11.2H + 1.244W)을 뺀 값이다.

$$G_{od} = G_{ow} - (11.2H + 1.244W) \tag{1-46}$$

$$G_{od} = A_o - 5.6H + 0.7O + 0.8N \ [Sm^3/kg] \tag{1-47}$$

**Example 1-25**

중유를 원소분석 하였더니 C 85 %, H 7 %, S 3.2 %, N 3.1 %, O 1.7 %이었다. 이론건조

연소가스량($G_{od}$)를 구하라.

**풀이** $G_{od} = A_o - 5.6\text{H} + 0.7\text{O} + 0.8\text{N}$ [$\text{Sm}^3/\text{kg}$]

$$A_o = \frac{1}{0.21}\left\{1.867\text{C} + 5.6\left(\text{H} - \frac{\text{O}}{8}\right) + 0.7\text{S}\right\} \ [\text{Sm}^3/\text{kg}]$$

$$= \frac{1}{0.21}\left\{1.867 \times 0.85 + 5.6\left(0.07 - \frac{0.017}{8}\right) + 0.7 \times 0.032\right\} = 9.47\ \text{Sm}^3/\text{kg}$$

$$G_{od} = 9.47 - (5.6 \times 0.07) + (0.7 \times 0.017) + (0.8 \times 0.031) = 9.9\ \text{Sm}^3/\text{kg}$$

② **기체연료**

이론습연소가스량($G_{ow}$)에서 수증기량($\text{H}_2 + \sum \frac{y}{2}\text{C}_x\text{H}_y$) 값을 뺀 것이다.

$$G_{od} = G_{ow} - \left(\text{H}_2 + \sum \frac{y}{2}\text{C}_x\text{H}_y\right) \qquad (1\text{-}48)$$

$$G_{od} = A_o + \frac{1}{2}(\text{CO} - \text{H}_2) - \sum \frac{y}{4}\text{C}_x\text{H}_y + \text{O}_2 \ [\text{Sm}^3/\text{Sm}^3] \qquad (1\text{-}49)$$

**Example 1-26**

어떤 기체연료 1 $\text{Sm}^3$을 분석하였더니 $C_2H_2$ 0.18 $m^3$, $C_3H_8$ 0.62 $m^3$, $C_4H_{10}$ 0.05 $m^3$, CO 0.075 $m^3$, $H_2$ 0.07 $m^3$, $O_2$ 0.005 $m^3$가 포함되어 있었다. 이 연료를 연소시켰을 때 생성되는 이론건조연소가스($G_{od}$)는 얼마인가?

**풀이**

$$G_{od} = A_o + \frac{1}{2}(\text{CO} - \text{H}_2) - \sum \frac{y}{4}\text{C}_x\text{H}_y + \text{O}_2 \ [\text{Sm}^3/\text{Sm}^3]$$

$$A_o = \frac{1}{0.21}\left\{\frac{1}{2}(\text{H}_2 + \text{CO}) + \sum\left(x + \frac{y}{4}\right)\text{C}_x\text{H}_y - \text{O}_2\right\} [\text{Sm}^3/\text{Sm}^3]$$

$$= \frac{1}{0.21}\left[\frac{1}{2} \times 0.075 + \frac{1}{2} \times 0.07 + \left\{\left(2 + \frac{2}{4}\right) \times 0.18 + \left(3 + \frac{8}{4}\right) \times 0.62 + \left(4 + \frac{10}{4}\right) \times 0.05\right\} - 0.005\right] = 19.1\ \text{Sm}^3/\text{Sm}^3$$

$$G_{od} = 19.1 + \frac{1}{2}(0.075 - 0.07) - \left\{\left(\frac{2}{4} \times 0.18\right) + \left(\frac{8}{4} \times 0.62\right) + \left(\frac{10}{4} \times 0.05\right)\right\} + 0.005$$

$$= 18.25\ \text{Sm}^3/\text{Sm}^3$$

### 4) 실제연소가스량($G$)

실제연소가스량은 연소가스량이라고 표현하기도 하며, 이론연소가스량에 과잉공기량을 합산하면 쉽게 구할 수 있다. 이것은 실제습연소가스량과 건연소가스량으로 나누어지며 연료의 종류에 따라 산출식은 다르게 된다.

① **실제습연소가스량($G_w$)**

(a) 고체 및 액체연료

**실제습연소가스량($G_w$) = 이론습연소가스량($G_{ow}$) + 과잉공기량[$(m-1)A_o$]**

이므로 다음 식으로 주어진다.

$$\begin{aligned} G_w &= A_o + 5.6\text{H} + 0.7\text{O} + 0.8\text{N} + 1.244\text{W} + (m-1)A_o \\ &= mA_o + 5.6\text{H} + 0.7\text{O} + 0.8\text{N} + 1.244\text{W} \\ &= A + 5.6\text{H} + 0.7\text{O} + 0.8\text{N} + 1.244\text{W}\ [\text{Sm}^3/\text{kg}] \end{aligned} \quad (1\text{-}50)$$

**Example 1-27**

중유를 원소분석 하였더니 C 85 %, H 5 %, S 3.2 %, N 3.1 %, O 1.7 %, $H_2O$가 2 %이었다. 공기비 1.3으로 연소시킬 경우 습연소가스량($G_w$)를 구하라.

**풀이** $G_w = mA_o + 5.6\text{H} + 0.7\text{O} + 0.8\text{N} + 1.244\text{W}\ [\text{Sm}^3/\text{kg}]$

$$\begin{aligned} A_o &= \frac{1}{0.21}\left\{1.867\text{C} + 5.6\left(\text{H} - \frac{\text{O}}{8}\right) + 0.7\text{S}\right\}\ [\text{Sm}^3/\text{kg}] \\ &= \frac{1}{0.21}\left\{1.867 \times 0.85 + 5.6\left(0.05 - \frac{0.017}{8}\right) + 0.7 \times 0.032\right\} = 8.94\ \text{Sm}^3/\text{kg} \\ G_w &= (1.3 \times 8.94) + (5.6 \times 0.07) + (0.7 \times 0.017) + (0.8 \times 0.031) + 1.244 \times 0.02 \\ &= 12.08\ \text{Sm}^3/\text{kg} \end{aligned}$$

(b) 기체연료

$G_w = G_{ow} + (m-1)A_o$에서 $G_{ow}$를 대입하여 정리하면 습연소가스량은 다음 식으로 주어진다.

$$\begin{aligned} G_w &= mA_o + \frac{1}{2}(\text{CO} + \text{H}_2) + \sum \frac{y}{4}\text{C}_x\text{H}_y + \text{O}_2 \\ &= A + \frac{1}{2}(\text{CO} + \text{H}_2) + \sum \frac{y}{4}\text{C}_x\text{H}_y + \text{O}_2\ [\text{Sm}^3/\text{Sm}^3] \end{aligned} \quad (1\text{-}51)$$

**Example 1-28**

어떤 기체연료 1 $Sm^3$을 분석하였더니 $C_2H_2$ 0.18 $m^3$, $C_3H_8$ 0.62 $m^3$, $C_4H_{10}$ 0.05 $m^3$, CO 0.075 $m^3$, $H_2$ 0.07 $m^3$, $O_2$ 0.005 $m^3$가 포함되어 있었다. 이 연료를 공기비 $m = 1.2$로 연

소시켰을 때 생성되는 습연소가스량($G_w$)은 얼마인가?

**풀이**

$$G_w = mA_o + \frac{1}{2}(CO+H_2) + \sum \frac{y}{4} C_xH_y + O_2 \ [Sm^3/Sm^3]$$

$$A_o = \frac{1}{0.21}\left\{\frac{1}{2}(H_2+CO) + \sum\left(x+\frac{y}{4}\right)C_xH_y - O_2\right\} [Sm^3/Sm^3]$$

$$= \frac{1}{0.21}\left[\frac{1}{2}\times 0.075 + \frac{1}{2}\times 0.07 + \left\{\left(2+\frac{2}{4}\right)\times 0.18 + \left(3+\frac{8}{4}\right)\times 0.62 + \left(4+\frac{10}{4}\right)\times 0.05\right\} - 0.005\right]$$

$$= 19.1 \ Sm^3/Sm^3$$

$$G_w = (1.2\times 19.1) + \frac{1}{2}(0.075+0.07) + \left(\frac{2}{4}\times 0.18\right) + \left(\frac{8}{4}\times 0.62\right) + \left(\frac{10}{4}\times 0.05\right) + 0.005$$

$$= 22.44 \ Sm^3/Sm^3$$

② **실제건조연소가스량($G_d$)**

실제건조연소가스량($G_d$)는 실제습연소가스량($G_w$)에서 수분을 빼주거나 이론건조연소가스량($G_{od}$)에 과잉공기량을 합산하면 된다.

(a) 고체 및 액체연료

실제건조연소가스량($G_d$)
= 실제습연소가스량($G_w$) − 수분량(11.2H + 1.244W)
= 이론건조연소가스량($G_{od}$) + 과잉공기량[$(m-1)A_o$]

$$G_d = mA_o + 5.6H + 0.7O + 0.8N + 1.244W - (11.2H + 1.244W)$$

또는

$$\begin{aligned} G_d &= A_o - 5.6H + 0.7O + 0.8N + (m-1)A_o \\ &= mA_o - 5.6H + 0.7O + 0.8N \\ &= A - 5.6H + 0.7O + 0.8N \ [Sm^3/kg] \end{aligned} \quad (1\text{-}52)$$

**Example 1-29**

조성이 중량비로서 C 85 %, H 10 %, S 3.0 %, 회분 2 %인 중유 1 kg을 공기비 1.2로 완전연소 시킬 경우 $G_d$ 중 먼지의 농도(mg/Sm³)를 구하라. 단, 회분은 모두 먼지로 배출된다.

**풀이** $G_d = mA_o - 5.6H + 0.7O + 0.8N \quad [Sm^3/kg]$

$$A_o = \frac{1}{0.21}\left[1.867\mathrm{C} + 5.6\left(\mathrm{H} - \frac{\mathrm{O}}{8}\right) + 0.7\mathrm{S}\right] \quad [\mathrm{Sm^3/kg}]$$

$$= \frac{1}{0.21}[1.867 \times 0.85 + 5.6 \times 0.1 + 0.7 \times 0.03] = 10.32\ \mathrm{Sm^3/kg}$$

$$G_d = 1.2 \times 10.32 - 5.6 \times 0.1 = 11.82\ \mathrm{Sm^3/kg}$$

$$\text{회분} = 1\ \mathrm{kg} \times 0.02 = 0.02\ \mathrm{kg/kg} = 20{,}000\ \mathrm{mg/kg}$$

$$\therefore\ \frac{\text{회분}}{G_d} = \frac{20{,}000\ \mathrm{mg/kg}}{11.82\ \mathrm{Sm^3/kg}} = 1{,}690\ \mathrm{mg/Sm^3}$$

(b) 기체연료

$G_d = G_w$ − 수분량 또는 $G_d = G_{od} + (m-1)A_o$이므로

$$G_d = mA_o + \frac{1}{2}(\mathrm{CO} + \mathrm{H_2}) + \sum\frac{y}{4}\mathrm{C}_x\mathrm{H}_y + \mathrm{O_2} - \left(\mathrm{H_2} + \sum\frac{y}{2}\mathrm{C}_x\mathrm{H}_y\right)$$

$$= A_o + \frac{1}{2}(\mathrm{CO} - \mathrm{H_2}) - \sum\frac{y}{4}\mathrm{C}_x\mathrm{H}_y + \mathrm{O_2} + (m-1)A_o$$

$$= mA_o(A) + \frac{1}{2}(\mathrm{CO} - \mathrm{H_2}) - \sum\frac{y}{4}\mathrm{C}_x\mathrm{H}_y + \mathrm{O_2}$$

$$= A + \frac{1}{2}(\mathrm{CO} - \mathrm{H_2}) - \sum\frac{y}{4}\mathrm{C}_x\mathrm{H}_y + \mathrm{O_2}\ [\mathrm{Sm^3/Sm^3}] \qquad (1\text{-}53)$$

**Example 1-30**

어떤 기체연료 1 Sm³을 분석하였더니 $CH_4$ 0.2 Sm³, $C_3H_8$ 0.65 Sm³, CO 0.075 Sm³, $H_2$ 0.07 Sm³, $O_2$ 0.005 Sm³가 포함되어 있었다. 이 연료를 공기비 $m = 1.12$로 연소시켰을 때 생성되는 건조연소가스량($G_d$)을 구하라.

**풀이**

$$G_d = A + \frac{1}{2}(\mathrm{CO} - \mathrm{H_2}) - \sum\frac{y}{4}\mathrm{C}_x\mathrm{H}_y + \mathrm{O_2}\ [\mathrm{Sm^3/Sm^3}]$$

$$A_o = \frac{1}{0.21}\left\{\frac{1}{2}(\mathrm{H_2} + \mathrm{CO}) + \sum\left(x + \frac{y}{4}\right)\mathrm{C}_x\mathrm{H}_y - \mathrm{O_2}\right\}[\mathrm{Sm^3/Sm^3}]$$

$$= \frac{1}{0.21}\left\{\frac{1}{2} \times 0.075 + \frac{1}{2} \times 0.07 + \left(3 + \frac{8}{4}\right) \times 0.65 + \left(1 + \frac{4}{4}\right) \times 0.2 - 0.005\right\}$$

$$= 17.70\ \mathrm{Sm^3/Sm^3}$$

$$G_d = 1.12 \times 17.70 + \frac{1}{2}(0.075 - 0.07) - \left(\frac{4}{4} \times 0.2 + \frac{8}{4} \times 0.65\right) + 0.005$$

$$= 18.32\ \mathrm{Sm^3/Sm^3}$$

## 연습문제

**01** 중량분율이 C 83.2 %, H 11.8 %, S 1.1 %, O 1.5 %, N 1.2 %, W 1.7 %인 중유를 보일러에서 연소 후 배출가스의 조성을 분석한 결과 $CO_2$ 12.7 %, $O_2$ 4.5 %, CO 1.5 %, $N_2$ 81.3 %였다. 이 중유를 연소할 때 연소에 필요한 이론공기량($A_o$), 공기비($m$), 실제공기량($A$), 이론습연소가스량($G_{ow}$), 이론건연소가스량($G_{od}$), 실제습연소가스량($G_w$), 실제건연소가스량($G_d$), 수증기량은 얼마인가? 또 C의 1 %가 검댕이 된다고 하면 배기가스 중 검댕의 농도(mg/Sm$^3$)는 얼마인가?

**02** 기체연료 1 Sm$^3$를 가스분석기로 분석하였더니 $H_2$ 12.5 %, CO 20.5 %, $CH_4$ 38.6 %, $C_3H_8$ 12.6 %, $O_2$ 2.3 %, $CO_2$ 2 %, $N_2$ 11.5 %가 포함되어 있었다. 이 기체연료를 연소하여 배출되는 배가스를 분석하였더니 $CO_2$ 13.2 %, CO 0.1 %, $O_2$ 2.2 %, $N_2$ 84.5 %이었다. 연소에 필요한 이론공기량($A_o$), 공기비($m$), 실제공기량($A$), 이론습연소가스량($G_{ow}$), 이론건연소가스량($G_{od}$), 실제습연소가스량($G_w$), 실제건연소가스량($G_d$), 수증기량은 얼마인가?

**03** $C_3H_8$의 연소에 필요한 1) 이론산소량(Sm$^3$/Sm$^3$) 2) AFR(부피비) 3) AFR(질량비)을 구하라. 단, 공기의 분자량은 28.9이다.

**04** 기체연료 연소시설에서 프로판과 부탄의 용적비가 3 : 1로 구성된 기체연료를 공기비 1.1로 완전연소 시킬 경우 AFR(부피비)을 구하라.

**05** 중유를 연소하였을 때 이론건조연소가스량($G_{od}$)은 14.3 Sm$^3$/kg, 실제건조연소가스량($G_d$)은 16.6 Sm$^3$/kg였다. 중류의 저발열량($H_l$)이 9,500 kcal/kg일 때 공기비를 구하라.

### (6) 최대탄산가스량 [$(CO_2)_{max}$]

연소장치에서 연료가 연소될 때 연소상태의 좋고 나쁨은 배출가스 성분을 분석함으로서 알 수 있다. 이론공기량으로 완전연소시킬 때 배출가스 중의 $CO_2$ 농도는 최대가 되고, 공급되는 연소공기가 이론연소공기보다 적으면 불완전연소가 되어 배출가스 중 $CO_2$ 농도는 낮게 되며, 과잉으로 공급되어도 $CO_2$ 농도는 낮아지게 된다. 그림 1-3은 연소공기에 따른 배출가스 중 $CO_2$ 농도를 나타넌 것이다.

이론공기량으로 완전연소시킬 때 배출가스 중의 $CO_2$ 농도는 최대가 되며 이때의 $CO_2$량을 최대탄산가스량 $(CO_2)_{max}$라 하고 $CO_2/G_{od}$비로 계산한다. $(CO_2)_{max}$는 연료의 조성에 따라 정해지며 연료에 따라 서로 다른 값을 가지므로 여러 방법에 의해 구할 수 있다.

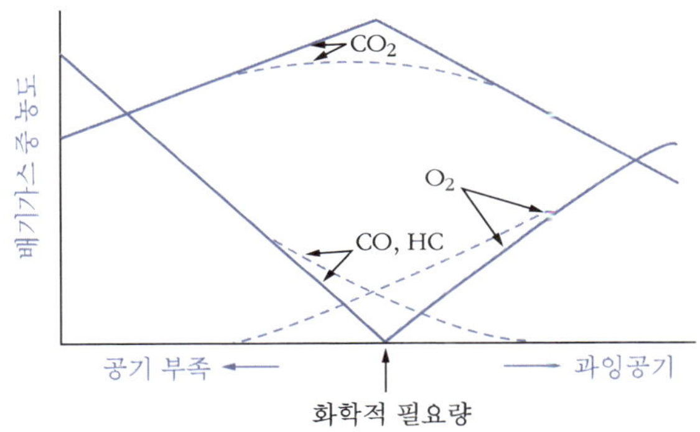


**그림 1-3** 연소용 공기량에 따른 연소배출가스 중 $CO_2$ 농도

#### 1) 고체 및 액체연료의 경우

**① 연료의 원소조성을 이용한 방법**

연료의 조성에서 $CO_2$량과 이론건조연소가스량($G_{od}$)을 구할 수 있으며 이로부터 $(CO_2)_{max}$ 계산이 가능하다.

$$(CO_2)_{max} = \frac{CO_2}{G_{od}} \times 100[\%] \tag{1-54}$$

발생되는 $CO_2$ 양은 고체 및 액체연료일 경우는 $(22.4/12) \times C = 1.867C$ $Sm^3/kg$이고 기체연료($C_xH_y$)일 경우 $xC_xH_y$ $Sm^3/Sm^3$이다.

② **배출가스 조성을 이용하는 방법**

(a) 완전연소 시

$$(CO_2)_{max} = \frac{CO_2}{\text{실제건조연소가스량}(G_d) - \text{과잉공기량}} \times 100[\%]$$

$G_d = 1\ Sm^3$으로 가정하면

$$(CO_2)_{max} = \frac{CO_2}{1 - \dfrac{O_2}{0.21}} \times 100 = \frac{0.21CO_2}{0.21 - O_2} \times 100[\%] \qquad (1\text{-}55)$$

여기서 $CO_2$ : 배출가스 중 $CO_2$량 [$Sm^3/Sm^3$]
$O_2$ : 배출가스 중 $O_2$량 [$Sm^3/Sm^3$]

(b) 불완전연소 시

배출가스 중 $CO_2$와 불완전연소된 CO의 농도를 알면 $(CO_2)_{max}$량을 구할 수 있다. C의 불완전연소로 생성된 배출가스 중의 CO는 완전연소하면 $CO_2$가 되므로 배출가스 중의 총 $CO_2$량은 배출가스 중의 $(CO_2 + CO)$로 한다. CO는 $CO + 0.5O_2 \rightarrow CO_2$ 반응에 의하여 연소하므로 CO 1 $Sm^3$을 연소시키는데 0.5 CO $Sm^3$의 $O_2$가 필요하다. 따라서 이 값을 고려하여 $(CO_2)_{max}$ 값을 구하면

$$(CO_2)_{max} = \frac{CO_2 + CO}{1 - \dfrac{1}{0.21}\left(O_2 - \dfrac{1}{2}CO\right)} \times 100[\%]$$

$$= \frac{0.21(CO_2 + CO)}{0.21 - \left(O_2 - \dfrac{1}{2}CO\right)} \times 100[\%] \qquad (1\text{-}56)$$

여기서 CO, $CO_2$, $O_2$는 배출가스 1 $Sm^3$ 중의 CO, $CO_2$, $O_2$의 양($Sm^3$)이다.

③ **공기비($m$)를 이용하는 방법**

$$(CO_2)_{max} = m \times (CO_2) \qquad (1\text{-}57)$$

여기서 $CO_2$는 실제연소가스량 $G_d$ 중 $CO_2$ %이다.

### 2) 기체연료의 경우

$$(CO_2)_{max} = \frac{CO_2}{G_{od}} \times 100[\%]$$
$$= \frac{CO + CO_2 + \sum x C_x H_y}{G_{od}} \times 100[\%] \quad (1\text{-}58)$$

여기서 CO, $CO_2$, $C_xH_y$ : 연료가스 중의 CO, $CO_2$, $C_xH_y$ 농도 [$Sm^3/Sm^3$]
표 1-10은 각종 연료의 $(CO_2)_{max}$ 값으로 고체연료 > 액체연료 > 기체연료 순으로 나타났다.

**표 1-10 각종 연료의 $(CO_2)_{max}$ 값**

| 연료명 | $(CO_2)_{max}$ [%] | 연료명 | $(CO_2)_{max}$ [%] |
|---|---|---|---|
| 탄 소 | 21.0 | 코우크스 | 20.0~20.5 |
| 목 재 | 19.0~21.0 | 연료유 | 15.0~16.0 |
| 갈 탄 | 19.0~19.5 | 코우크스로가스 | 11.0~11.5 |
| 역청탄 | 18.5~19.0 | 발생로가스 | 18.0~19.0 |
| 무연탄 | 19.0~20.0 | 고로가스 | 24.0~25.0 |

**Example 1-31**

연소가스 분석결과 $CO_2$ 12.6 %, $O_2$ 6.4 %일 때 $(CO_2)_{max}$ 및 과잉공기계수 $m$은?

**풀이** $(CO_2)_{max} = \frac{0.21CO_2}{0.21 - O_2} \times 100 = \frac{0.21 \times 0.126}{0.21 - 0.064} \times 100 = 18.1\%$

$m = \frac{(CO_2)_{max}}{CO_2} = \frac{0.181}{0.126} = 1.44$ 또는 $m = \frac{21}{21 - 6.4} = 1.44$

**Example 1-32**

공기비를 1.3으로 어떤 연료를 연소시킬 때 배출가스 조성을 분석한 결과 $CO_2$가 11 %이었다. $(CO_2)_{max}$를 구하라.

**풀이** $(CO_2)_{max} = m \times (CO_2) = 1.3 \times 11 = 14.3\%$

**Example 1-33**

어떤 액체연료를 분석하였더니 C 87 %, H 12 %, S 1 %이었다. 연료의 연소 시 발생하는 $(CO_2)_{max}$ 값은?

**풀이**

$$(CO_2)_{max} = \frac{CO_2}{G_{od}} \times 100 = \frac{1.867C}{G_{od}} \times 100$$

$$1.867C = 1.867 \times 0.87 = 1.62\ Sm^3/kg$$

$$G_{od} = A_o - 5.6H + 0.7O + 0.8N$$

$$A_o = \frac{1}{0.21}\left\{1.867C + 5.6\left(H - \frac{O}{8}\right) + 0.7S\right\}\ [Sm^3/kg]$$

$$= \frac{1}{0.21}\{1.867 \times 0.87 + 5.6 \times 0.12 + 0.7 \times 0.01\} = 10.97\ Sm^3/kg$$

$$G_{od} = 10.97 - 5.6 \times 0.12 = 10.3\ Sm^3/kg$$

$$(CO_2)_{max} = \frac{1.62}{10.3} \times 100 = 15.73\%$$

**Example 1-34**

$C_3H_8$의 $(CO_2)_{max}$를 구하라.

**풀이**

$$(CO_2)_{max} = \frac{CO + CO_2 + \sum xC_xH_y}{G_{od}} \times 100[\%]$$

$$G_{od} = A_o + \frac{1}{2}(CO - H_2) - \sum \frac{y}{4}C_xH_y + O_2$$

$$A_o = \frac{1}{0.21}\left[\frac{1}{2}(CO + H_2) + \sum\left(x + \frac{y}{4}\right)C_xH_y - O_2\right] = \frac{1}{0.21}\left(3 + \frac{8}{4}\right)$$

$$= 23.81\ Sm^3/Sm^3$$

$$G_{od} = 23.81 - \frac{8}{4} = 21.81\ Sm^3/Sm^3$$

$$CO_2 = x\,C_xH_y = 3 \times 1\ Sm^3 = 3Sm^3$$

$$(CO_2)_{max} = \frac{3}{21.81} \times 100 = 13.76\%$$

### (7) 발열량(calorific value)

연료가 완전연소할 때 발생하는 열량을 발열량이라 하며 고체 및 액체연료일 경우는 kcal/kg, 기체연료일 경우는 $kcal/Sm^3$의 단위를 사용한다.

연료가 완전 연소할 때 발생하는 발열량을 총발열량 또는 고발열량(higher heating value, $H_h$)이라 하고 열량계로 측정한다. 연료 중에는 수분도 포함되어 있고 또 수소도 존재하므로 연료가 연소하면 수분은 수증기가 되고 수소도 물이 되었다가 다시 수증기로 변하여 연소가스와 함께 배출된다. 수분이 수증기로 변할 때는 증발잠열

($H_s$)이 필요하므로 고발열량에서 수분이 수증기로 변하는데 필요한 증발잠열을 뺀 열량만이 실제 이용 가능하다. 고발열량에서 물의 증발잠열을 뺀 값을 저발열량(lower heating value, $H_l$) 또는 순발열량(진발열량)이라 하며 저발열량은 원소분석 또는 연소 관계식에서 계산한다. 표 1-11은 각종 연료성분의 발열량을 나타낸 것이다.

**표 1-11 각종 연료 성분의 발열량(완전연소 시)**

| 가연성분 | 화학식 | 발열량 | | | |
|---|---|---|---|---|---|
| | | [kcal/kg] | | [kcal/Sm³] | |
| | | $H_h$ | $H_l$ | $H_h$ | $H_l$ |
| 탄 소 | C | 8,100 | 8,100 | - | - |
| 수 소 | H | 34,000 | 28,600 | 3,050 | 2,570 |
| 황 | S | 2,500 | 2,500 | - | - |
| 일산화탄소 | CO | 2,430 | 2,430 | 3,035 | 3,035 |
| 메 탄 | $CH_4$ | 13,320 | 11,970 | 9,530 | 8,570 |
| 에 탄 | $C_2H_6$ | 12,410 | 11,330 | 16,820 | 15,380 |
| 프로판 | $C_3H_8$ | 12,040 | 11,070 | 24,370 | 22,350 |
| 부 탄 | $C_4H_{10}$ | 11,840 | 10,920 | 32,010 | 29,610 |
| 아세틸렌 | $C_2H_2$ | 12,030 | 11,620 | 14,080 | 13,600 |
| 에틸렌 | $C_2H_4$ | 12,130 | 11,360 | 15,280 | 14,320 |
| 프로필렌 | $C_3H_6$ | 11,770 | 11,000 | 22,540 | 21,070 |
| 부틸렌 | $C_4H_8$ | 11,630 | 10,860 | 29,110 | 27,190 |
| 벤졸증기 | $C_6H_6$ | 10,030 | 9,620 | 34,960 | 33,520 |

### 1) 발열량 계산

#### ① 열량계에 의한 방법

(a) 고체 및 액체연료

연료 1 kg 중에 포함되어 있는 수소 및 수분의 중량을 각각 H, W라 하면 연료 1 kg당 생성되는 총수분의 양은 9H + W kg이다.

$$H_2 + 0.5O_2 \rightarrow H_2O$$

| $H_2$ | $0.5O_2$ | $H_2O$ |
|---|---|---|
| 2 kg | 16 kg | 18 kg |
| H | 8H | 9H |

표 1-12의 물의 증발잠열을 살펴보면 0℃에서는 596 kcal/kg, 즉 약 600 kcal/kg이므로 열량계로 측정한 고발열량($H_h$)에서 물의 증발잠열 600 kcal/kg을 빼면 저발열량($H_l$)을 얻을 수 있다.

$$H_l = H_h - 600(9\mathrm{H} + \mathrm{W})\ [\mathrm{kcal/kg}] \tag{1-59}$$

**표 1-12 물의 증발잠열**

| 온도[℃] | 증발잠열[kcal/kg] | 온도[℃] | 증발잠열[kcal/kg] |
|---|---|---|---|
| 0 | 596≒600 | 20 | 586 |
| 10 | 592 | 25 | 583 |
| 15 | 589 | 100 | 539 |

**Example 1-35**

중유 1 kg 속에는 수소 0.15 kg, 수분 0.003 kg이 들어 있다. 이 중유의 고발열량($H_h$)이 10,000 kcal/kg일 때 이 중유 1톤의 저발열량은 얼마인가?

**풀이** $H_l = H_h - 600(9\mathrm{H}+\mathrm{W}) = 10{,}000 - 600(9\times 0.15 + 0.003) = 9{,}188.2\ \mathrm{kcal/kg}$

(b) 기체연료

기체연료 중에 연소하여 수분을 생성하는 것은 수소($H_2$)와 탄화수소($C_xH_y$) 뿐이다. $H_2$와 $C_xH_y$가 $O_2$와 반응하여 $H_2O$를 만드는 반응식은 다음과 같다.

$$\mathrm{H_2} + 0.5\mathrm{O_2} \rightarrow \mathrm{H_2O} \tag{1-60}$$

1 Sm³    0.5 Sm³    1 Sm³

$$\mathrm{C}_x\mathrm{H}_y + \left(x+\frac{y}{4}\right)\mathrm{O_2} \rightarrow x\mathrm{CO_2} + \frac{y}{2}\mathrm{H_2O} \tag{1-61}$$

$1\ \mathrm{Sm^3}$    $\left(x+\frac{y}{4}\right)\mathrm{Sm^3}$    $x\ \mathrm{Sm^3}$    $\frac{y}{2}\ \mathrm{Sm^3}$

$\mathrm{C}_x\mathrm{H}_y\ \mathrm{Sm^3}$    $\left(x+\frac{y}{4}\right)\mathrm{C}_x\mathrm{H}_y\ \mathrm{Sm^3}$    $x\mathrm{C}_x\mathrm{H}_y\ \mathrm{Sm^3}$    $\frac{y}{2}\mathrm{C}_x\mathrm{H}_y\ \mathrm{Sm^3}$

즉 기체연료가 연소할 때 $H_2$는 같은 부피의 $H_2O$를 생성하고 $C_xH_y$는 $\frac{y}{2}$ $C_xH_y$ 부피의 $H_2O$를 생성한다. 또한 $H_2O$ 1 Sm³의 증발잠열 $H_s$은

$$\frac{596\ \mathrm{kcal}}{\mathrm{kg}}\left|\frac{18\ \mathrm{kg}}{22.4\ \mathrm{Sm^3}}\right. = 480\ \mathrm{kcal/Sm^3}$$이므로

저발열량은 다음 식으로 주어진다.

$$H_l = H_h - 480\left(\mathrm{H}_2 + \sum \frac{y}{2}\mathrm{C}_x\mathrm{H}_y\right)\ [\mathrm{kcal/Sm^3}] \quad (1\text{-}62)$$

여기서 $H_2$, $C_xH_y$는 연료 1 Sm$^3$ 중에 포함되어 있는 수소와 탄화수소의 부피(Sm$^3$)이다.

**Example 1-36**

에탄($C_2H_6$)의 고발열량($H_h$)이 15,045 kcal/Sm$^3$이다. 저발열량($H_l$)을 구하라.

**풀이** $H_l = H_h - 480\left(\mathrm{H}_2 + \sum \frac{y}{2}\mathrm{C}_x\mathrm{H}_y\right) = 15{,}045 - 480\left(\frac{6}{2}\right) \times 1 = 13{,}605\ \mathrm{kcal/Sm^3}$

② **원소분석에 의한 방법**

(a) 고체 및 액체연료

연료 중 가연성분인 탄소(C), 수소(H), 황(S) 1 kg이 연소 시 발생하는 열량은 표 1-11에서 각각 8,100, 34,000, 2,500 kcal/kg이므로 이것을 사용하여 계산이 가능하다. 지금 연료 1 kg 중 탄소(C), 수소(H), 황(S), 산소(O)의 중량을 각각 C, H, S, O kg이라 하면 고발열량($H_h$)은

$$H_h = 8{,}100\mathrm{C} + 34{,}000\left(\mathrm{H} - \frac{\mathrm{O}}{8}\right) + 2{,}500\mathrm{S}\ [\mathrm{kcal/kg}] \quad (1\text{-}63)$$

여기서 $\left(\mathrm{H} - \frac{\mathrm{O}}{8}\right)$는 유효수소를 의미한다.

식 (1-63)에서 증발잠열을 빼면 저발열량($H_l$)이 된다.

$$H_l = H_h - 600(9\mathrm{H} + \mathrm{W})\ [\mathrm{kcal/kg}]$$ 또는

$$H_l = 8{,}100\mathrm{C} + 28{,}600\left(\mathrm{H} - \frac{\mathrm{O}}{8}\right) + 2{,}500\mathrm{S}\ [\mathrm{kcal/kg}] \quad (1\text{-}64)$$

(b) 기체연료

기체연료 중의 가연성분인 수소(H), 일산화탄소(CO), 메탄($CH_4$), 에탄($C_2H_6$) 등의 고발열량 및 저발열량을 표 1-11에 나타내었는데 이 자료를 이용하여 $H_h$와 $H_l$을 계산할 수 있다.

$$H_h = 3{,}050H_2 + 3{,}035CO + 9{,}530CH_4 + 16{,}820C_2H_6 + \cdots \ [\text{kcal/Sm}^3] \quad (1\text{-}65)$$

$$H_l = 2{,}570H_2 + 3{,}035CO + 8{,}570CH_4 + 15{,}380C_2H_6 + \cdots \ [\text{kcal/Sm}^3] \quad (1\text{-}66)$$

여기서 $H_2$, CO, $CH_4$, $C_2H_6$ 등은 기체연료 1 $Sm^3$ 중의 수소, 일산화탄소, 메탄, 에탄의 부피($Sm^3$)를 나타낸다.

**Example 1-37**

연료 1 kg당 C는 8,100 kcal, $H_2$는 34,000 kcal의 열이 발생된다면 $C_3H_8$ 연소 시 발생되는 고발열량과 저발열량(kcal/kg)은?

**풀이** $C_3H_8$ 1 kg중 C의 무게 : $\frac{12\times3}{12\times3+1\times8} = \frac{36}{44}$ kg

H의 무게 : $\frac{1\times8}{12\times3+1\times8} = \frac{8}{44}$ kg

$$H_h = 8{,}100 \text{ kcal/kg} \times \frac{36}{44} \text{ kg} + 34{,}000 \text{ kcal/kg} \times \frac{8}{44} \text{ kg} = 12{,}809.1 \text{ kcal/kg}$$

$$H_l = 8{,}100 \text{ kcal/kg} \times \frac{36}{44} \text{ kg} + 28{,}600 \text{ kcal/kg} \times \frac{8}{44} \text{ kg} = 11{,}863.6 \text{ kcal/kg}$$

또는 $H_l = H_h - 600(9H + W) = 12{,}809.1 - 600\left(9 \times \frac{8}{44}\right) = 11{,}827.3 \text{ kcal/kg}$

**Example 1-38**

액체연료 1 kg을 분석하였더니 C 84 %, H 11 %, S 2.4 %, O 1.3 %, 수분 1.3 %가 함유되어 있었다. 이 연료의 고발열량과 저발열량을 구하라.

**풀이**

$$H_h = 8{,}100C + 34{,}000\left(H - \frac{O}{8}\right) + 2{,}500S$$

$$= 8{,}100 \times 0.84 + 34{,}000\left(0.11 - \frac{0.013}{8}\right) + 2{,}500 \times 0.024 = 10{,}548.8 \text{ kcal/kg}$$

$$H_l = 8{,}100C + 28{,}600\left(H - \frac{O}{8}\right) + 2{,}500S$$

$$= 8{,}100 \times 0.84 + 28{,}600\left(0.11 - \frac{0.013}{8}\right) + 2{,}500 \times 0.024 = 9{,}963.5 \text{ kcal/kg}$$

또는

$$H_l = H_h - 600(9H + W) = 10{,}548.8 - 600(9 \times 0.11 + 0.013) = 9{,}947 \text{ kcal/kg}$$

**Example 1-39**

어떤 기체연료 1 $Sm^3$를 분석하였더니 CO 11 %, $H_2$ 5 %, $CH_4$ 72 %, $C_3H_8$ 12 %이었다. 이 기체연료의 $H_h$ 및 $H_l$을 구하라.

**풀이**

$$H_h = 3{,}050H_2 + 3{,}035CO + 9{,}530CH_4 + 24{,}370C_3H_8$$

$$= 3{,}050 \times 0.05 + 3{,}035 \times 0.11 + 9{,}530 \times 0.72 + 24{,}370 \times 0.12 = 10{,}274.8 \text{ kcal/Sm}^3$$

$$H_l = 2{,}570H_2 + 3{,}035CO + 8{,}570CH_4 + 22{,}350C_3H_8$$

$$= 2{,}570 \times 0.05 + 3{,}035 \times 0.11 + 8{,}570 \times 0.72 + 22{,}350 \times 0.12 = 9{,}314.8 \text{ kcal/Sm}^3$$

③ **이론공기량($A_o$)과 이론습연소가스량($G_{ow}$)에 의한 계산**

어떤 연료의 연소에 필요한 이론공기량이나 연소로 생기는 이론연소가스량, 그리고 발열량은 연료의 조성에 의존하게 된다. 그러므로 연료의 이론공기량 ($A_o$), 이론연소가스량($G_o$) 및 발열량 간에는 일정한 관계가 유지되며 이것을 Rosin은 식으로 표현하였다. 표 1-13은 저발열량($H_l$)과 연료의 이론공기량 및 이론습연소가스량($G_{ow}$)간의 관계를 나타낸 Rosin식이다.

**표 1-13** 연료의 저발열량($H_l$)과 이론공기량($A_o$), 이론습연소가스량($G_{ow}$)의 관계(Rosin식)

| 연 료 | | $G_{ow}$ | $A_o$ |
|---|---|---|---|
| 고체연료 | | $(0.89/1{,}000)H_l + 1.65$ [$Sm^3$/kg] | $(1.01/1{,}000)H_l + 0.5$ [$Sm^3$/kg] |
| 액체연료 | | $(1.11/1{,}000)H_l$ [$Sm^3$/kg] | $(0.85/1{,}000)H_l + 2.0$ [$Sm^3$/kg] |
| 기체연료 | 고발열량($H_h$) 4,000~7,000 [kcal/$Sm^3$] | $(1.14/1{,}000)H_l + 0.05$ [$Sm^3/Sm^3$] | $(1.09/1{,}000)H_l - 0.25$ [$Sm^3/Sm^3$] |
| | 저발열량($H_l$) 500~3,000 [kcal/$Sm^3$] | $(0.725/1{,}000)H_l + 1.0$ [$Sm^3/Sm^3$] | $(0.875/1{,}000)H_l$ [$Sm^3/Sm^3$] |

**Example 1-40**

저발열량($H_l$)이 10,000 kcal/kg인 중유를 연소시키는데 필요한 이론공기량 및 이론습연소가스량은?

**풀이**

$$A_o = \frac{0.85}{1{,}000} \times H_l + 2.0 = \frac{0.85}{1{,}000} \times 10{,}000 + 2.0 = 10.5 \text{ Sm}^3\text{/kg}$$

$$G_{ow} = \frac{1.11}{1{,}000} \times H_l = \frac{1.11}{1{,}000} \times 10{,}000 = 11.1 \text{ Sm}^3\text{/kg}$$

표 1-14는 에너지법에서 에너지간 열량 환산을 위하여 제시한 각종 연료의 발열량을 나타낸 것이다.

**표 1-14 시중에 판매되는 연료의 발열량 기준표(에너지법 시행규칙)**

| 구분 | 에너지원 | 단위 | $H_h$ [kcal] | $H_l$ [kcal] |
|---|---|---|---|---|
| 석유 | 원유 | kg | 10,750 | 10,080 |
| | 휘발유 | ℓ | 7,810 | 7,260 |
| | 등유 | ℓ | 8,770 | 8,170 |
| | 경유 | ℓ | 9,030 | 8,410 |
| | B-A유 | ℓ | 9,310 | 8,690 |
| | B-B유 | ℓ | 9,670 | 9,080 |
| | B-C유 | ℓ | 9,960 | 9,360 |
| | 프로판(LPG1호) | kg | 12,040 | 11,060 |
| | 부탄(LPG3호) | kg | 11,820 | 10,920 |
| | 나프타 | ℓ | 7,710 | 7,140 |
| | 용제 | ℓ | 7,830 | 7,240 |
| | 항공유 | ℓ | 8,720 | 8,100 |
| | 아스팔트 | kg | 9,890 | 9,360 |
| | 윤활유 | ℓ | 9,550 | 8,910 |
| | 석유코크스 | kg | 8,360 | 8,170 |
| | 부생연료유1호 | ℓ | 8,860 | 8,260 |
| | 부생연료유2호 | ℓ | 9,530 | 9,000 |
| 가스 | 천연가스(LNG) | kg | 13,060 | 11,800 |
| | 도시가스(LNG) | $Nm^3$ | 10,290 | 9,290 |
| | 도시가스(LPG) | $Nm^3$ | 15,190 | 13,950 |
| 석탄 | 국내무연탄 | kg | 4,730 | 4,630 |
| | 연료용 수입무연탄 | kg | 5,060 | 4,900 |
| | 원료용 수입무연탄 | kg | 6,020 | 5,900 |
| | 연료용 유연탄(역청탄) | kg | 5,920 | 5,660 |
| | 원료용 유연탄(역청탄) | kg | 6,970 | 6,690 |
| | 아역청탄 | kg | 5,110 | 4,750 |
| | 코크스 | kg | 6,930 | 6,900 |
| 전기등 | 전기(발전기준) | kWh | 2,130 | 2,130 |
| | 전기(소비기준) | kWh | 2,290 | 2,290 |
| | 신탄 | kg | 4,500 | - |

### 2) 발열량과 연소온도

연소과정에서 가연물질이 이론공기량($A_o$)으로 완전연소되고, 연소실의 벽면에서 열전달이나 복사에 의한 손실이 전혀 없다고 가정할 대 연소실 내의 가스온도를 이론연소온도(theoretical combustion temperature) 또는 단열연소온도(adiabatic combustion temperature)라 한다.

연소가스 1 $Sm^3$에 상당하는 열용량, 즉 이론습연소가스량($G_{ow}$)의 평균정압비열 $C_p$를 사용하여 연소온도를 계산하면 다음 식과 같이 계산할 수 있다.

$$H_l = G_{ow} \times C_p(t_c - t_1)$$

여기서 $H_l$ : 연료의 저발열량 [kcal/kg 또는 kcal/$Sm^3$]

$G_{ow}$ : 이론습연소가스량 [$Sm^3$/kg 또는 $Sm^3$/$Sm^3$]

$C_p$ : $G_w$의 평균정압비열 [kcal/$Sm^3$ · ℃]

$t_1$ : 외부기온, 즉 연소용 공기 및 연료의 공급온도 [℃]

$t_c$ : 연소온도 [℃]

$$t_c = \frac{H_l}{G_{ow} \times C_p} + t_1 \ [℃] \tag{1-67}$$

식 (1-67)은 연료가 완전연소하고 연소실 벽면과 복사에 의한 열손실 및 입열이 없다고 가정한 것이다. 만약 예열한 연소용 공기의 온도가 $t_2$, 예열한 연료의 온도가 $t_f$, 연소실 벽면과 전도에 의한 열손실이 $Q_o$라던 이것을 보정해 주어야 한다. 보정한 식은 식 (1-70)과 같다.

$$t_c = \frac{H_l \eta - Q_o + mA_o C_{pa}(t_a - t_1) + C_{pf}(t_f - t_1)}{G_w \times C_p} + t_1 \ [℃] \tag{1-68}$$

여기서 $\eta$ : 연소효율

$t_a$ : 예열된 공기온도 [℃]

$t_f$ : 예열된 연료온도 [℃]

$C_{pa}$, $C_{pf}$ : 공기 [kcal/$Sm^3$ · ℃] 및 연료의 비열 [kcal/kg · ℃]

$G_w$ : 실제습연소가스량 [$Sm^3$/kg 또는 $Sm^3$/$Sm^3$]

$Q_o$ : 연소실 벽면과 전도에 의한 열손실량 [kcal/hr 또는 kcal/min]

식 (1-68)에서 이론공기량($A_o$)이 아닌 과잉공기를 공급할 경우에는 식 (1-67)의 이론습연소가스량($G_{ow}$) 대신 실제습연소가스량($G_w$)을 사용하여야 한다.

### Example 1-41

저발열량이 7,000 kcal/Sm³인 가스연료의 이론연소온도는 몇 ℃인가? 단, 이론습연소가스량($G_{ow}$)은 10 Sm³/Sm³, 연소가스의 평균 정압비열은 0.35 kcal/Sm³·℃이며 연소용 공기 및 연료 온도는 15℃이다.

**풀이**

$$t_c = \frac{H_l}{G_{ow} \times C_p} + t_1 = \frac{7{,}000}{10 \times 0.35} + 15 = 2{,}015℃$$

### Example 1-42

저발열량 10,000 kcal/kg인 중유를 분석하였더니 C 84 %, H 12 %, O 1 %, S 2 %, 수분 1 %이었다. 이 중유를 연소실의 크기가 가로, 세로, 높이가 각각 1.0 m, 1.2 m, 1.5 m인 연소실에서 시간당 5 kg을 연소시킬 때 연소온도를 구하라. 단, 연소실 벽면의 열전달률은 0.1 kcal/m²·min, 연소용 공기 및 연료의 예열온도는 각각 80℃, 연료 및 연소용 공기의 공급온도는 15℃, 연소용 공기의 평균비열은 0.51 kcal/Sm³·℃, 연료의 비열은 0.8 kcal/kg·℃, 연소가스의 평균정압비열 $C_p$ =0.38 kcal/Sm³·℃, 공기비 $m$ =1.2이며 연료의 연소효율은 95 %이다.

**풀이**

$$t_c = \frac{H_l\eta - Q_o + mA_oC_{pa}(t_a - t_1) + C_{pf}(t_f - t_1)}{G_w \times C_p} + t_1 \ [℃]$$

- $H_l = 10{,}000$ kcal/kg, $\eta = 0.95$
- 열벽면을 통한 열손실량 $Q_o$ = 연소실의 표면적×연소실의 열전달률×시간
  - 연소실 표면적 $= 2[(1.0 \times 1.2) + (1.2 \times 1.5) + (1.0 \times 1.5)] = 9\ \text{m}^2$
  - 연소실 열전달률 $= 0.1\ \text{kcal/m}^2\cdot\text{min}$

  $Q_o = 9\ \text{m}^2 \times 0.1\ \text{kcal/m}^2\cdot\text{min} \times 60\ \text{min/hr} = 54\ \text{kcal/hr}$
- $G_w = mA_o + 5.6\text{H} + 0.7\text{O} + 0.8\text{N} + 1.244\text{W}$

  C : 0.84, H : 0.12, O : 0.01, S : 0.02, W : 0.01, $m$ : 1.2

  $$A_o = \frac{1}{0.21}\left\{1.867 \times 0.84 + 5.6\left(0.12 - \frac{0.01}{8}\right) + 0.7 \times 0.02\right\} = 10.7\ \text{Sm}^3/\text{kg}$$

  $$G_w = 1.2 \times 10.7 + (5.6 \times 0.12) + (0.7 \times 0.01) + (1.24 \times 0.01) = 13.5\ \text{Sm}^3/\text{kg}$$
- 연소용 공기 예열로 얻은 열량 $= mA_oC_{pa}(t_a - t_1)$

  $m = 1.2$, $A_o = 10.7\ \text{Sm}^3/\text{kg}$, $C_{pa} = 0.51\ \text{kcal/Sm}^3\cdot℃$, $t_a = 80℃$, $t_1 = 15℃$

$$mA_oC_{pa}(t_a-t_1) = 1.2\times 10.7\times 0.51\times (80-15) = 425.6 \text{ kcal/kg}$$

- 연료 예열로 얻은 열량 $= C_{pf}(t_f-t_1)$

$$C_{pf}=0.8 \text{ kcal/kg}\cdot ℃,\quad t_f=80℃,\quad t_1=15℃$$

$$C_{pf}(t_f-t_1) = 0.8\times(80-15) = 52 \text{ kcal/kg}$$

- 연소배출가스 평균정압비열($C_p$) 및 양($G_w$)

$$C_p=0.38 \text{ kcal/Sm}^3\cdot ℃,\quad G_w=13.5 \text{ Sm}^3/\text{kg}$$

- 사용한 연료가 5 kg/hr이므로

$$t_c = \frac{5H_l\eta-Q_o+5mA_oC_{pa}(t_a-t_1)+5C_{pf}(t_f-t_1)}{5(G_w\times C_p)}+t_1[℃]$$

$$= \frac{(5\times 10{,}000\times 0.95)-54+(5\times 425.6)+(5\times 52)}{(5\times 13.53)\times 0.38}+15℃ = 1{,}953.5℃$$

**Example 1-43**

$CH_4$의 이론연소온도를 구하라. 단, 연료와 연소용 공기의 공급온도는 18℃이며, $CO_2$, $H_2O(g)$, $N_2$의 평균정압몰비열은 0~2,100℃ 사이에서는 각각 13.1, 10.5 및 8.0 kcal/kg-mol·℃이다.

**풀이**

$$t_c = \frac{H_l}{G_{ow}\times C_p}+t_1\ [℃]$$

$$G_{ow} = A_o+\frac{1}{2}(CO+H_2)+\sum\frac{y}{4}C_xH_y+O_2\ [\text{Sm}^3/\text{Sm}^3]$$

$$A_o = \frac{1}{0.21}\left\{\frac{1}{2}(H_2+CO)+\sum\left(x+\frac{y}{4}\right)C_xH_y-O_2\right\}\ [\text{Sm}^3/\text{Sm}^3]$$

$$= \frac{1}{0.21}\left(1+\frac{4}{4}\right)\times 1 = 9.52 \text{ Sm}^3/\text{Sm}^3$$

$$G_{ow} = 9.52+\frac{4}{4}\times 1 = 10.52 \text{ Sm}^3/\text{Sm}^3$$

$CH_4$ 1 Sm$^3$를 연소했을 때 생성되는 이론습연소가스량($G_{ow}$) 10.52 Sm$^3$ 중 $CO_2$, $H_2O(g)$, $N_2$를 다음 반응식을 이용하여 계산하면

$$\underset{1\text{ Sm}^3}{CH_4} + \underset{2\text{ Sm}^3}{2O_2} + \underset{7.52\text{ Sm}^3}{2\times 3.76N_2} \rightarrow \underset{1\text{ Sm}^3}{CO_2} + \underset{2\text{ Sm}^3}{2H_2O} + \underset{7.52\text{ Sm}^3}{2\times 3.76N_2}$$

연소가스 조성은 $CO_2$ 1 Sm$^3$, $H_2O(g)$ 2 Sm$^3$, $N_2$ 7.52 Sm$^3$이다. 여기서, 몰비열은 I kg-mol 즉, 22.4 Sm$^3$의 비열이므로 단위체적(1 Sm$^3$)당 각각의 가스성분에 대한 비열은 다음 식으로 주어진다.

$$CO_2 \text{ 비열} = \frac{13.1\ \text{kcal/kg-mol}\cdot ℃}{22.4\ \text{Sm}^3/\text{kg-mol}} = 0.585\ \text{kcal/Sm}^3\cdot ℃$$

$$H_2O(g) \text{ 비열} = \frac{10.5\ \text{kcal/kg-mol}\cdot ℃}{22.4\ \text{Sm}^3/\text{kg-mol}} = 0.469\ \text{kcal/Sm}^3\cdot ℃$$

$$N_2 \text{ 비열} = \frac{8.0\ \text{kcal/kg-mol}\cdot ℃}{22.4\ \text{Sm}^3/\text{kg-mol}} = 0.357\ \text{kcal/Sm}^3\cdot ℃$$

$$\text{연소배가스의 평균비열} = \frac{(0.585\times 1)+(0.469\times 2)+(0.357\times 7.52)}{10.52} = 0.4\ \text{kcal/Sm}^3\cdot ℃$$

표 1-11에서 $CH_4$의 저발열량 $H_l = 8{,}570$ kcal/Sm$^3$

위에서 $G_{ow} = 10.52$ Sm$^3$/Sm$^3$, $t_1 = 18$℃

$$t_c = \frac{H_l}{G_{ow}\times C_p} + t_1 = \frac{8{,}570}{10.52\times 0.4} + 18 = 2{,}054.6℃$$

### 3) 연소실 열발생률

연소실 열발생률이란 연소실 단위용적당 단위시간에 발생되는 열량을 말하며 일명 연소실 열부하라고 한다.

$$Q_c = \frac{H_l \times G_f}{V}\ [\text{kcal/m}^3\cdot \text{hr}] \tag{1-69}$$

여기서 $Q_c$ : 연소실 열발생률 [kcal/m$^3$ · hr]

$H_l$ : 연료의 저발열량 [kcal/kg 또는 kcal/Sm$^3$]

$G_f$ : 연료 사용량 [kg/hr, 또는 Sm$^3$/hr]

$V$ : 연소실 용적 [m$^3$]

식 (1-69)는 연료의 완전 연소와 연료 및 공기의 예열이 없고 연소실 벽면을 통한 열손실도 전혀 없다고 가정했을 때의 식이다. 그러나 연료와 연소용 공기가 예열되어 공급되고 연료의 연소도 완전연소가 안 되며, 연소 후 $Q_o$의 열손실이 있을 경우는 다음 식 (1-70)으로 계산해야 한다.

$$Q_c = \frac{G_f(H_l\eta + Q_a + Q_f) - Q_o}{V}\ [\text{kcal/m}^3\cdot \text{hr}] \tag{1-70}$$

여기서 $\eta$ : 연료의 연소효율 [%]

$Q_a$ : 공기의 입열 현열(sensible heat) [kcal/kg 또는 kcal/Sm$^3$]

$Q_f$ : 연료의 입열 현열 [kcal/kg 또는 kcal/Sm$^3$]

$Q_o$ : 연소실 벽면과 전도에 의한 열손실량 [kcal/hr 또는 kcal/min]

**Example 1-44**

저발열량이 10,000 kcal/kg인 중유를 가로, 세로, 높이가 각각 2.0 m, 2.0 m, 1.5 m인 연소실에서 1시간에 150 kg씩 완전연소시킨다면 이 연소실의 열발생률은?

**풀이**

$$Q_c = \frac{H_l \times G_f}{V} = \frac{10,000 \times 150}{2 \times 2 \times 1.5} = 250,000 \text{ kcal/m}^3 \text{ hr}$$

**Example 1-45**

연소실의 크기가 가로, 세로, 높이가 각각 1.5 m, 1.5 m, 2.0 m인 연소실에서 성분이 C 84 %, H 16 %이고 저발열량이 10,000 kcal/kg인 중유를 시간당 300 kg 연소시킬 때 연소실 열발생률을 구하라. 단, 연소효율은 90 %이고 외기온도는 15℃이며, 연료 및 연소용 공기는 80℃로 예열하여 공급한다. 또 중유의 평균비열은 0.5 kcal/kg·℃이고 공기의 평균비열은 0.31 kcal/Sm$^3$·℃이며 연소실 벽을 통한 열손실률은 0.1 kcal/m$^2$·min이며 공기비는 1.2이다.

**풀이**

$$Q_c = \frac{G_f(H_l\eta + Q_a + Q_f) - Q_o}{V}$$

$$G_f = 300 \text{ kg/hr}, \; H_l = 10,000 \text{ kcal/kg}, \; \eta = 0.9$$

$$A_o = \frac{1}{0.21}\left\{1.867\text{C} + 5.6\left(\text{H} - \frac{\text{O}}{8}\right) + 0.7\text{S}\right\}$$

$$= \frac{1}{0.21}(1.867 \times 0.84 + 5.6 \times 0.16) = 11.73 \text{ Sm}^3/\text{kg}$$

$$A = mA_o = 1.2 \times 11.73 = 14.07 \text{ Sm}^3/\text{kg}$$

$$Q_a = 14.07 \text{ Sm}^3/\text{kg} \times 0.31 \text{ kcal/Sm}^3 \cdot ℃ \times (80 - 15)℃ = 283.51 \text{ kcal/kg}$$

$$Q_f = 0.5 \text{ kcal/kg} \cdot ℃ \times (80 - 15)℃ = 32.5 \text{ kcal/kg}$$

$$Q_o = 0.1 \text{ kcal/m}^2 \cdot \text{min} \times 60 \text{ min/hr} \times 16.5 \text{ m}^2 = 99 \text{ kcal/hr}$$

$$V = 1.5 \text{ m} \times 1.5 \text{ m} \times 2 \text{ m} = 4.5 \text{ m}^3$$

$$\therefore \; Q_c = \frac{300(10,000 \times 0.9 + 283.51 + 32.5) - 99}{4.5} = 621,045.33 \text{ kcal/m}^3 \cdot \text{hr}$$

### 4) 열효율 및 연소효율

① **열효율($\eta_t$)**

열효율은 총공급열량에 대한 유효열량의 비를 말하는 것이다.

$$\text{열효율} \quad \eta_t = \frac{\text{유효열량}(Q_e)}{\text{공급열량}(Q_f)} \times 100[\%] \tag{1-71}$$

**Example 1-46**

6,000 kcal/kg의 석탄 100 kg을 연소해서 실제로 보일러에 흡수된 열량이 360,000 kcal일 때 이 보일러의 열효율은 몇 %인가?

**풀이**

$$\eta = \frac{Q_e}{Q_f} \times 100\% = \frac{360,000}{6,000 \times 100} \times 100 = 60\%$$

② **연소효율($\eta$)**

연료의 연소에 의한 열손실 중에서 연료의 불완전연소에 의한 손실 $L_i$는 연료의 저발열량($H_l$)의 일부가 실제로는 열로 변환되지 않은 것을 나타낸다. 따라서 실제로 발생한 연소열 $Q_r = (H_l - L_i)$이며 이것의 발열량에 대한 비율을 연소효율($\eta$)이라 한다.

$$\eta = \frac{Q_r}{H_l} \times 100[\%] = \frac{H_l - L_i}{H_l} \times 100[\%] \tag{1-72}$$

**Example 1-47**

중유를 분석하였더니 C 83 %, H 12 %, O 0.8 %, S 1.8 %, N 0.4 %, 수분 2 %이었다. 이 중유 1 kg을 연소할 때 연소효율이 88 %라 하면 발열량은 몇 kcal인가?

**풀이**

$$H_l = 8,100\text{C} + 28,600\left(\text{H} - \frac{\text{O}}{8}\right) + 2,500\text{S}$$

$$= 8,100 \times 0.83 + 28,600\left(0.12 - \frac{0.008}{8}\right) + 2,500 \times 0.018 = 10,171.4 \text{ kcal/kg}$$

연소효율이 88 %이므로 실제 발열량 : $10,171.4 \times 0.88 = 8,950.8 \text{ kcal/kg}$

## 연습문제

**01** 중량분율이 C 83.2 %, H 11.8 %, S 1.1 %, O 1.5 %, N 1.2 %, W 1.7 %인 중유를 보일러에서 연소 후 배출가스의 조성을 분석한 결과 $CO_2$ 12.7 %, $O_2$ 4.5 %, CO 1.5 %, $N_2$ 81.3 %이었다. 다음을 구하라.

1) $(CO_2)_{max}$ 2) $(CO_2)_{max}$를 이용한 공기비($m$) 3) 저발열량($H_l$)
4) 연료 중 S의 95 %가 $SO_2$로 배출될 때 배가스 중 $SO_2$ 농도(ppm)

**02** 기체연료 1 $Sm^3$를 가스분석기로 분석하였더니 $H_2$ 12.5 %, CO 20.5 %, $CH_4$ 38.6 %, $C_3H_8$ 12.6 %, $O_2$ 2.3 %, $CO_2$ 2 %, $N_2$ 21.5 %가 포함되어 있었다. 이 기체연료를 연소하여 배출되는 연소배가스를 분석하였더니 $CO_2$ 13.2 %, CO 0.1 %, $O_2$ 2.2 %, $N_2$ 84.5 %이었다. 다음을 구하라.

1) $(CO_2)_{max}$ 2) $(CO_2)_{max}$를 이용한 공기비($m$) 3) 저발열량($H_l$)
단, 고발열량은 10,270 kcal/$Sm^3$이다.

**03** 저발열량이 7,300 kcal/$Sm^3$인 가스연료의 이론연소온도는 몇 ℃인가? 단, 이론습연소가스량($G_{ow}$)은 15 $Sm^3/Sm^3$, 연소가스의 평균 정압비열은 0.35 kcal/$Sm^3$·℃이며 연소용 공기 및 연료 온도는 25℃이다.

**04** 연소실의 크기가 가로 1.0 m, 세로 2.0 m, 높이 1.8 m인 시설에 저발열량 10,000 kcal/kg의 중유를 1시간에 80 kg 연소시키고 있다. 이 연소시설의 연소실 열발생률(kcal/$m^3$·hr)을 구하라.

**05** 가솔린($C_8H_{18}$) 1 ℓ와 경유($C_{12}H_{26}$) 1 ℓ를 완전연소시킬 때 발생하는 $CO_2$ 발생량($Sm^3$/ℓ)과 저발열량 $H_l$(kcal/ℓ)은 각각 얼마인가? 단, 가솔린과 경유의 비중은 각각 0.7과 0.825이다.

## (8) 연소배출가스의 분석과 오염성분의 농도 계산

### 1) 연소배출가스의 분석

연소배출가스의 분석은 실제건조연소가스($G_d$) 중에 포함되어 있는 $CO_2$, $O_2$, CO를 연소가스분석기를 사용하여 측정하며 $N_2$양은 총채취가스량에서 $CO_2$, $O_2$, CO의 합한 량을 빼서 계산한다.

$$N_2 = 100 - (CO_2 + O_2 + CO)[\%] \tag{1-73}$$

**Example 1-48**

연소가스분석기로 측정한 연소배기가스 중 $CO_2$, $O_2$, CO 농도가 각각 12.3 %, 3.1 %, 3.4 %이었다. 과잉공기율은 얼마인가?

**풀이** $m = \dfrac{21}{21-(O_2-0.5CO)} = \dfrac{21}{21-(3.1-0.5\times3.4)} = 1.07$

그러므로 과잉공기율 $= (m-1)\times 100 = (1.07-1)\times 100 = 7\%$

### 2) 배출가스 중의 황산화물의 농도 계산

연료 중의 황은 연소에 의하여 거의 전부 $SO_2$가 된다. 이것의 양적 관계는 아래와 같다.

| S | + | $O_2$ | → | $SO_2$ |
|---|---|---|---|---|
| 32 kg | | 32 kg | | 64 kg |
| 0 | | 22.4 $Sm^3$ | | 22.4 $Sm^3$ |

기체연료에는 황이 거의 포함되어 있지 않으므로 $SO_2$에 의한 것은 문제가 되지 않고 고체, 액체연료 중의 황에 의한 $SO_2$가 문제가 된다. 위 식에서 황 32 kg이 $SO_2$ 22.4 $Sm^3$을 생성하므로 황 S kg은 $SO_2$ 0.7S $Sm^3$을 생성하며, 연소가스 중의 $SO_2$ 분율은 실제건연소가스($G_d$)에 대한 부피분율로 표시한다. 즉,

$$SO_2 \text{ 농도 (ppm)} = \frac{0.7S\ (Sm^3/kg)}{G_d\ (Sm^3/kg)} \times 10^6 \text{ ppm} \tag{1-74}$$

**Example 1-49**

연료의 조성이 C 85 %, H 12 %, S 3 %인 중유를 공기과잉계수 $m = 1.21$로 완전연소시킬 때 건연소가스 중 $SO_2$의 농도(ppm)를 구하라.

**풀이** $G_d = mA_o - 5.6H + 0.7O + 0.8N$ [$Sm^3/kg$] $m = 1.21$

$$A_o = \frac{1}{0.21}\left\{1.867C + 5.6\left(H - \frac{O}{8}\right) + 0.7S\right\} \ [Sm^3/kg$$

$$= \frac{1}{0.21}\{1.867 \times 0.85 + (5.6 \times 0.12) + 0.7 \times 0.03\} = 10.89\ Sm^3/kg$$

$$G_d = 1.21 \times 10.89 - (5.6 \times 0.12) = 12.40\ Sm^3/kg$$

$$SO_2 = 0.7S = 0.7 \times 0.03 = 0.021\ Sm^3/kg$$

$$SO_2\ 농도 = \frac{SO_2}{G_d} \times 10^6\ [ppm] = \frac{0.021}{12.40} \times 10^6\ [ppm] = 1,700\ ppm$$

**Example 1-50**

$H_2S$ 0.5 %를 함유하는 $CH_4$을 과잉공기계수 1.05로 연소하면 건조연소가스 중 $SO_2$는 몇 ppm인가?

**풀이** $CH_4$ 중 $H_2S$는 미량이므로 연소가스량은 $CH_4$만의 연소로 생각해도 무방하다.

$$G_d = mA_o + \frac{1}{2}(CO - H_2) - \sum \frac{y}{4} C_xH_y + O_2\ [Sm^3/Sm^3] \qquad m = 1.05$$

$$A_o = \frac{1}{0.21}\left\{\frac{1}{2}(CO + H_2) + \sum\left(x + \frac{y}{4}\right)C_xH_y - O_2\right\}$$

$$= \frac{1}{0.21}\left(1 + \frac{4}{4}\right) = 9.52\ Sm^3/Sm^3$$

$$G_d = (1.05 \times 9.52) - \frac{4}{4} = 9\ Sm^3/Sm^3$$

$H_2S$의 연소에 의한 $SO_2$ 양은 아래 반응에 의하여 $H_2S$ 1부피당 $SO_2$ 1부피가 생성된다.

$$\underset{1부피}{H_2S} + \frac{3}{2}O_2 \rightarrow \underset{1부피}{SO_2} + H_2O$$

$SO_2 = 0.005\ Sm^3$ 생성

$$SO_2\ 농도\ [ppm] = \frac{0.005\ Sm^3}{9\ Sm^3} \times 10^6\ [ppm] = 5,555.6\ ppm$$

**Example 1-51**

액체연료를 분석하였더니 C 82.3 %, H 12.3 %, O 2.2 %, S 2 %, W 1.2 %가 포함되어 있다. 연료를 과잉공기계수 1.2로 완전연소시킬 때 연소배출가스 중의 $SO_2$의 농도(ppm)

는 얼마인가? 연료의 저발열량은 10,000 kcal/kg이고 S은 100 % $SO_2$로 산화한다.

**풀이** Rosin 식을 사용하면

이론공기량 $A_o = \frac{0.85}{1,000} \times H_l + 2 = \frac{0.85}{1,000} \times 10,000 + 2 = 10.5\ Sm^3/kg$

이론습연소가스량 $G_{ow} = \frac{1.11}{1,000} \times H_l = \frac{1.11}{1,000} \times 10,000 = 11.1\ Sm^3/kg$

$m = 1.2$이므로 실제습연소가스량 $G_w$는 다음과 같다.

$$G_w = G_{ow} + (m-1)A_o = 11.1 + (1.2-1) \times 10.5 = 13.2\ Sm^3/kg$$
$$G_d = G_w - (11.2H + 1.244W) = 13.2 - (11.2 \times 0.123 + 1.244 \times 0.012)$$
$$= 11.8\ Sm^3/kg$$

연소가스 중 $SO_2 = 0.7S = 0.7 \times 0.02 = 0.014\ Sm^3/kg$

우리나라 대기오염공정시험법에는 $G_d$에 대하여 농도를 표시하도록 하고 있으므로 연소가스 중의 $SO_2$ 농도는 다음과 같이 구할 수 있다.

$$SO_2 = \frac{0.014}{11.8} \times 10^6\ [ppm] = 1,186.4\ ppm$$

**Example 1-52**

중유 $W\ \ell$를 사용할 때 황성분 S %, 비중이 0.92이다. 이때 발생되는 $SO_2 = 0.0064S\,W$ $Sm^3$임을 증명하라.

**풀이** $SO_2$ 발생량 = 0.7S $Sm^3/kg$

비중 0.92는 1 $cm^3$의 질량이 0.92 g 즉, 밀도 $\rho = 0.92\ g/cm^3$을 의미하므로

$$\frac{0.92\ g}{cm^3} \cdot \frac{1\ kg}{1,000\ g} \cdot \frac{1,000\ cm^3}{1\ \ell} = 0.92\ kg/\ell$$

연료사용량 = $W$ × 밀도 = $W\ \ell \times 0.92\ kg/\ell$ = $0.92\ W$ kg

$\therefore$ $SO_2$ 발생량 $= 0.7 \times 0.01S\ (Sm^3/kg) \times 0.92\ (W\,kg) = 0.0064S\,W\,Sm^3$

## (9) 연소범위

기체연료를 연소하기 위해서는 연료와 산소가 존재하여야 하는데 기체연료 농도가 너무 낮거나 반대로 너무 높으면 연료가 부족하거나 산소가 부족하여 연소가 일어나지 않는다. 표 1-15는 단일성분 기체연료가 공기 중에서 연소되기 위한 연료의 연소범위를 나타낸 것이다. 밀폐된 공간에서 기체연료가 급격하게 연소하는 것을 폭발이라 하므로 연소범위와 폭발범위는 같은 개념이라 할 수 있다.

**표 1-15** 각종 기체의 연소범위

| 기체명 | 연소범위[V %] | | 기체명 | 연소범위[V %] | |
|---|---|---|---|---|---|
| | 하한 | 상한 | | 하한 | 상한 |
| 수소($H_2$) | 4.0 | 75.0 | 부틸렌($C_4H_8$) | 1.8 | 9.7 |
| 메탄($CH_4$) | 5.0 | 15.0 | 아세틸렌($C_2H_2$) | 2.5 | 81.0 |
| 에탄($C_2H_6$) | 3.0 | 12.5 | 산화에틸렌($C_2H_4O$) | 3.0 | 80.0 |
| 프로판($C_3H_8$) | 2.1 | 9.5 | 일산화탄소(CO) | 12.5 | 74.0 |
| 부탄($C_4H_{10}$) | 1.8 | 8.5 | 암모니아($NH_3$) | 15.0 | 28.0 |
| 에틸렌($C_2H_4$) | 2.7 | 36.0 | 황화수소($H_2S$) | 4.3 | 45.0 |
| 프로필렌($C_3H_6$) | 2.4 | 11.3 | 시안화수소(HCN) | 6.0 | 41.0 |

만약 기체연료가 여러 종류 혼합되어 있을 경우 혼합기체연료의 연소범위는 단일성분일 때와는 달라지게 된다. 혼합기체연료의 연소범위는 르 샤틀리에의 법칙(Le Chatelier's principle)으로 구할 수 있는데, 식 (1-75), (1-76)은 혼합기체연료의 연소하한치($L$)와 연소상한치($H$)를 구하는 식이다.

$$\frac{(V_1+V_2+V_3+\cdots+)}{L}=\frac{V_1}{L_1}+\frac{V_2}{L_2}+\frac{V_3}{L_3}+\cdots+ \tag{1-75}$$

여기서 $V_1$, $V_2$, $V_3$ : 기체연료 1, 2, 3의 공기 중 부피분율(몰분율)

$L_1$, $L_2$, $L_3$ : 기체연료 1, 2, 3의 연소하한값(폭발하한값)

$L$ : 혼합기체의 연소하한값(폭발하한값)

$$\frac{(V_1+V_2+V_3+\cdots+)}{H}=\frac{V_1}{H_1}+\frac{V_2}{H_2}+\frac{V_3}{H_3}+\cdots+ \tag{1-76}$$

여기서 $L_1$, $L_2$, $L_3$ : 기체연료 1, 2, 3의 공기 중 부피분율(몰분율)

$H_1$, $H_2$, $H_3$ : 기체연료 1, 2, 3의 연소상한값(폭발상한값)

$H$ : 혼합기체의 연소상한값(폭발상한값)

**Example 1-53**

혼합기체의 혼합비율과 각 기체의 연소범위가 아래 표와 같을 때 메탄($CH_4$), 수소($H_2$), 프로판($C_3H_8$)이 혼합된 혼합기체의 연소범위(폭발범위)를 계산하라.

| 혼합기체 종류 | 조성(부피분율, %) | 연소범위(폭발범위, %) |
|---|---|---|
| 메탄($CH_4$) | 16 | 5~15 |
| 수소($H_2$) | 27 | 4~75 |
| 프로판($C_3H_8$) | 18 | 2.1~9.5 |

**풀이** 혼합기체 연소범위 하한값 $L$

$$\frac{(V_1+V_2+V_3)}{L}=\frac{V_1}{L_1}+\frac{V_2}{L_2}+\frac{V_3}{L_3},$$

$$\frac{(16+27+18)}{L}=\frac{16}{5}+\frac{27}{4}+\frac{18}{2.1} \qquad \therefore L=3.3\%$$

혼합기체 연소범위 상한값 $H$

$$\frac{(V_1+V_2+V_3)}{H}=\frac{V_1}{H_1}+\frac{V_2}{H_2}+\frac{V_3}{H_3},$$

$$\frac{(16+27+18)}{H}=\frac{16}{15}+\frac{27}{75}+\frac{18}{9.5} \qquad \therefore H=18.4\%$$

# 1.4 연소시설(combustion device)

연소시설이란 연료를 연소시키는 장치로서 연소장치는 그 보일러의 연소실 구조에 적합하여야 하며, 사용연료의 성상에 따라 완전 연소를 행할 수 있는 구조적 특성을 갖추어야 한다. 그리고 사용부하에 따라 조작 범위가 넓어야 하며 취급 및 보수가 용이하여야 한다.

## 1. 고체연료의 연소방식과 연소장치

### (1) 연소방식

① **화격자 연소**(fire grate combustion)

화격자(fire grate) 방식은 도시쓰레기를 대량 소각하는데 적당하며 간편하게 연소시킬 수 있기 때문에 쓰레기 소각설비로서 가장 많이 사용되고 있다. 소각로 내에 화격자를 설치하여 그 위에 쓰레기를 올려 태우는 방식으로 재가 쉽게 떨어져 하부에서 재를 모은다. 화격자는 투입된 쓰레기를 운반해 적절히

연소되도록 할 뿐만 아니라 공기가 유통되게 하는 기능도 가지고 있다.

**② 미분탄 연소(pulverized coal combustion)**

석탄을 200 mesh(체눈 크기 74 μm) 이하로 분쇄하여 1차 공기와 함께 연소실 내의 버너로 불어 넣어 연소하는 방식이다.

**③ 유동층 연소방식(fluidized bed combustion)**

화격자 위에는 유동매체인 모래가 채워져 있고 모래를 유동화시키기 위하여 화격자 하부에서 20～34 kPa 정도의 압력을 가진 공기를 유입시키며 유동층 상부의 온도는 보통 650～820℃로 유지시킨다. 유동되는 고온의 모래는 가연성 물질과 혼합되면서 대상물질을 연소시킨다. 보통 액상폐기물이나 슬러지를 소각하는데 이용된다.

## (2) 연소장치

**① 화격자 연소장치**

화격자 종류에는 고정화격자(fixed stoker)와 가동화격자(moving stoker)가 있다. 소형소각로는 회분식으로 조작하므로 고정화격자가 사용되며 대형소각로의 경우에는 가동화격자를 사용한다.

가동화격자는 쓰레기 이송방식에 따라 다음과 같이 나눌 수 있다.

(a) 계단식 화격자

고정화격자와 가동화격자를 교대로 하여 계단모양으로 배치하고 가동화격자가 왕복운동을 하면서 쓰레기를 이송시킨다.

(b) 병렬요동식 화격자

고정화격자와 가동화격자를 횡방향으로 나란히 배치하고 가동화격자를 전후로 왕복운동시킨다. 비교적 강한 교반력과 이송력을 갖고 있으며 화격자 눈의 메워짐이 별로 없어 낙진량이 많고 냉각작용이 부족하다.

(c) 역동식 화격자

가동화격자가 계단식과는 반대로 쓰레기 흐름방향과 반대인 위쪽을 향해서 왕복운동한다. 화격자상에서 건조, 연소 및 후연소가 이루어지며 쓰레기의 교반 및 연소조건이 양호하고 소각효율이 매우 높으나 화격자의 마모가 많다.

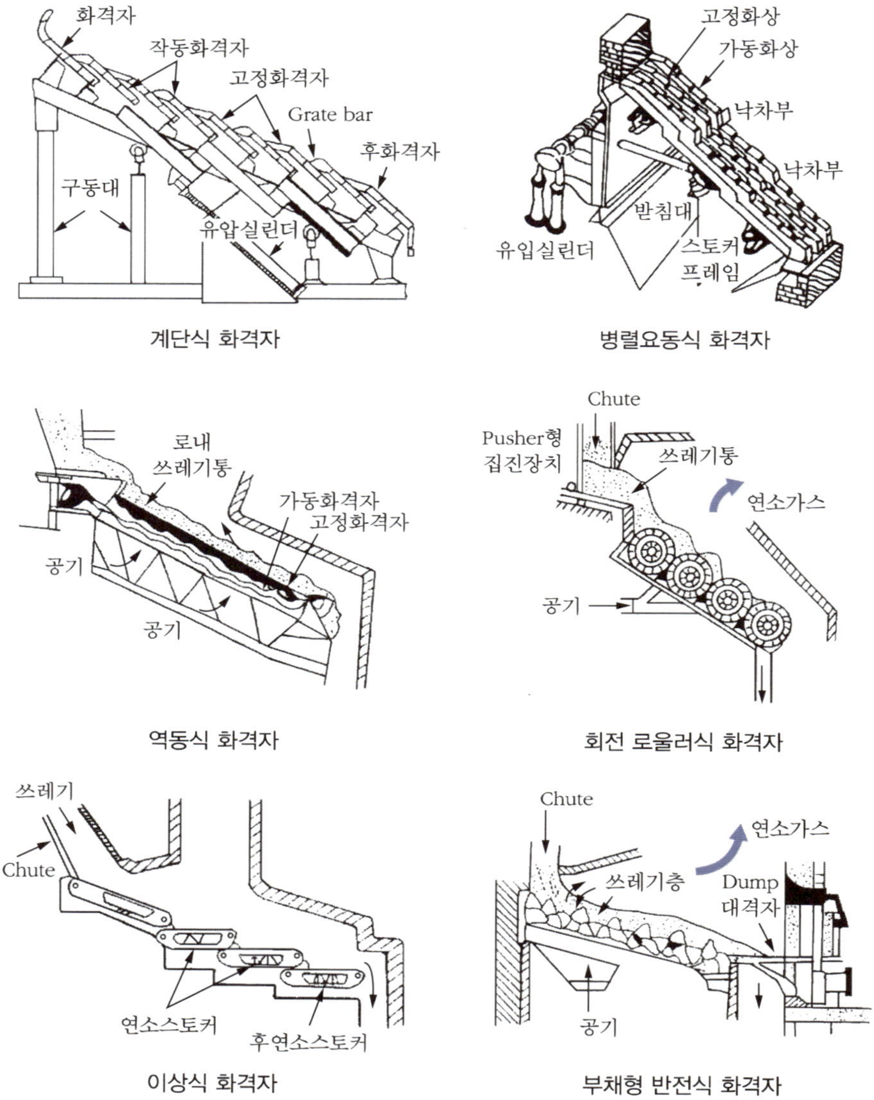


**그림 1-4** 여러 가지 화격자 연소장치

(d) 회전 로울러식 화격자

여러 개의 드럼을 횡축으로 배열하고 쓰레기는 드럼의 회전에 따라 순차적으로 이송한다. 양질쓰레기의 소각에 적합하다.

(e) 이상식 화격자

화격자를 무한궤도형으로 설치한 구조로 되어 있다. 건조, 연소, 후연소의 각 화격자 사이에 높이 차이를 두어 낙하시킴으로서 쓰레기층을 뒤집으며 내구성이 좋다.

(f) 부채형 반전식 화격자

쓰레기의 흐름방향과 직교하는 수평축에 연결된 부채형 화격자의 90° 반전 왕복운동에 의해 쓰레기를 이송시킨다. 교반력이 커서 저질쓰레기의 소각에 적당하다.

## 2. 액체연료의 연소방식과 연소장치

### (1) 연소방식

#### ① 분무화 연소방식(atomization combustion)

액체연료의 연소는 주로 분무화 연소방식이 사용되며 액체연료의 입경을 작게 하기 위하여 마치 안개와 같이 분무 연소시키는 방식으로 중질유의 연소는 이 방법으로 연소시킨다. 연료를 분무화시키는 이유는 연료의 단위 중량당 표면적을 크게 하여 연소용 공기와 혼합을 촉진시켜 연소효율을 증가하기 위해서이다(최적분무화 입경은 10～500 μm이다). 연료를 분무화시키는 방법에는 다음과 같은 것들이 있다.

(a) 유압 분무화식 : 연료 자체에 압력을 가하여 노즐(nozzle)에서 고속 분사시켜 분무화하는 방식이다

(b) 이류체(異類體) 분무화식 : 증기 또는 공기의 분무화 매체를 사용하여 분무화시키는 방식이다.

(c) 회전 이류체 분무화식 : 고속으로 회전하는 분무컵(atomizing cup)의 원심력을 이용하여 분무화하는 방식이다.

### (2) 연소장치

액체연료의 연소장치로는 버너(burner)가 사용된다. 버너의 종류에는 유압 분무식,

공기 분무식, 증기 분무식, 회전식, gun type 등이 있다.

① **유압 분무식 버너**

연료에 5～20 $Kg/cm^2$ 정도의 압력을 가하여 노즐로부터 고속으로 분무화시키는 방법으로 연료유의 점도가 크면 분무화가 곤란하다. 특징을 살펴보면

(a) 구조가 간단하여 유지 및 보수가 용이하다.
(b) 대용량 버너 제작이 용이하다.
(c) 분무각도가 40～90°로 크다.
(d) 유량 조절 범위가 좁아(환류식 1 : 3, 비환류식 1 : 2) 부하변동에 적응하기 어렵다.
(e) 연료의 점도가 크거나 유압이 5 $Kg/cm^2$ 이하가 되면 분무화가 불량하다.
(f) 연료분사 범위는 15～2,000 ℓ/hr 정도이다.

② **공기 분무식 버너**

기류분무식 버너라고도 하며 고압기류식과 저압기류식으로 나누며 공기와 연료유와의 혼합 방식에 따라 내부 혼합식과 외부 혼합식으로 구분한다.

③ **고압기류 분무식 버너**

2～8 $Kg/cm^2$의 고압공기를 사용하여 연료유를 무화시키는 방식이다. 분무각도는 30°로 작지만 유량조절범위(turn down ratio)는 1 : 10 정도로 커서 부하변동에 적응이 용이하다. 연료유의 점도가 커도 분무화가 용이하나 연소 시 소음이 크다. 연료분사 범위는 외부혼합식이 3～500 ℓ/hr, 내부혼합식이 10～1,200 ℓ/hr 정도이다. 분무에 필요한 1차 공기량은 이론연소공기량의 7～12 % 정도면 된다.

④ **저압기류 분무식 버너**

0.05～0.2 $Kg/cm^2$ 정도의 저압공기를 사용하여 분무화시키는 방법으로 분무각도는 30～60° 정도이고, 유량조절 범위는 1 : 5로 비교적 큰 편이며, 연료분사 범위는 200 ℓ/hr 정도로 소형설비에 주로 사용된다. 분무에 필요한 공기량은 이론연소 공기량의 30～50 % 정도면 된다.

⑤ **증기 분무식 버너**

공기 분무식 버너의 공기 대신 증기를 사용하며 분무되는 연료유의 분무화 입경이 미세하고 저부하에서도 무화효과가 저하하지 않도록 한 것이다. 또 증기의 열 및 압력에너지를 분무화에 이용하므로 점도가 높은 기름도 쉽게 분

무화시킬 수 있으나 설비가 비교적 복잡하다.

⑥ **회전식 버너(rotary burner)**

3,000 ~ 10,000 rpm으로 회전하는 컵 모양의 분무컵(atomizing cup)에 송입되는 연료유가 원심력으로 비산됨과 동시에 송풍기(blower)에서 나오는 1차 공기에 의하여 분무되는 형식으로 유압식 버너에 비하여 연료유의 분무화 입경이 비교적 크지만 연료유의 점도가 작을수록, 분무컵의 회전수와 1차 공기의 속도가 클수록 분무화 입경은 작아진다. 특징으로는 분무각도가 40 ~ 80°로 크고 유량조절 범위도 1 : 5 정도로 비교적 큰 편이다. 또 연료유는 0.3 ~ 0.5 Kg/cm$^2$ 정도 가압하여 공급하며, 연료유 분사유량은 직결식이 1,000 ℓ/hr 이하, 벨트식이 2,700 ℓ/hr 이하이다. 직결식은 전동기와 분무컵의 회전수가 같은 것을 말하며 벨트식은 분무컵의 회전수가 전동기의 회전수보다 빠른 방식을 말한다.

⑦ **Gun type 버너**

유압식과 공기 분무식을 합한 것으로 유압은 보통 7 Kg/cm$^2$ 이상이며 연소가 양호하고 소형이며 전자동 연소가 가능하다는 특징이 있다.

## 3. 기체연료의 연소방식과 연소장치

기체연료의 연소방식에는 확산연소, 예혼합연소, 부분 예혼합연소 등이 있다.

### (1) 확산연소

확산연소(diffusion combustion)는 기체연료와 연소용 공기를 버너 내에서 혼합시키지 않고 기체연료와 연소용 공기를 노 내에 따로 따로 분출시킨 후 연료와 공기를 노 내에서 혼합하여 연소시키는 방식이다. 확산연소는 화염이 길고 그을음이 발생하기 쉬운 반면 역화(back fire)의 위험이 없으며 가스와 공기를 예열할 수 있는 장점이 있다. 확산연소는 주로 탄화수소가 적은 발생로가스, 고로가스에 적용되는 연소방식이고 천연가스에도 사용될 수 있다. 확산연소에 사용되는 버너는 포트형(pot type)과 버너형(burner type)이 있다.

① **포트형**

내화재로 만든 단면적이 큰 화구에서 공기와 기체연료를 별도로 보내서 연소시키는 것으로 기체연료와 공기를 다 같이 고온으로 예열할 수 있다.

② **버너형**

(a) 선회 버너 : 기체연료와 공기를 선회날개(안내날개, guide vane)를 통하여 혼합시키는 방식으로 특히 고로가스와 같이 저질연료를 연소시키는데 사용된다.

(b) 방사형 버너 : 천연가스와 같은 고발열량의 가스를 연소시키는데 사용되는 버너이다.

### (2) 예혼합연소

기체연료와 연소용 공기를 미리혼합(예혼합)하여 버너로 로내에 분출시켜 연소시키는 방식으로 화염온도가 높아 연소부하가 큰 경우에 사용이 가능하고 화염 길이가 짧다. 또 연소 조절이 쉽고 그을음 생성은 없지만 혼합기의 분출속도가 느릴 경우 역화의 위험이 있으므로 반드시 역화 방지기를 부착해야 한다. 예혼합연소에 사용되는 버너에는 저압 버너, 고압 버너, 송풍 버너 등이 있다.

① **고압 버너**

기체연료의 압력을 2 $Kg/cm^2$ 이상으로 공급하므로 연소실 내의 압력은 정압(+)이며 소형의 가열로에 사용된다.

② **저압 버너**

기체연료의 분출 압력은 70～160 mmHg 정도이며 버너에서 연료가 분출될 때 주위의 공기를 흡인하므로 공기흡인식 버너이다. 저압 버너는 역화를 방지하기 위하여 1차 공기량을 이론공기량의 약 60 % 정도만 흡입하고 2차 공기는 로내의 압력을 부압(−)으로 하여 공기를 흡인하는 방식으로 가정용 및 소형 공업용으로 많이 사용된다.

③ **송풍 버너**

연소용 공기를 가압하여 송입하는 형식의 버너로 가압공기를 노즐(nozzle)로부터 분출시킴과 동시에 기체연료를 흡인·혼합하여 연소시키는 버너이다.

### (3) 부분 예혼합연소

확산연소와 예혼합연소의 절충식 방법으로 연소용 공기의 일부를 미리 연료와 혼합하고 나머지 공기는 연소실 내에서 혼합하여 확산연소시키는 연소방식이다. 소형 또는 중형 버너로 널리 사용되며 기체연료 또는 공기의 분출속도에 의해 생기는 흡인력을 이용하여 공기 또는 연료를 흡인하는 방식을 취한다.

## 4. 연소용 계기

### (1) 압력계

압력은 단위 면적당 작용하는 유체의 힘의 크기로 표시된다. 압력계는 액주식, 탄성식, 침종식, 환상천평식, 분동식으로 대별한다.

① **액주식(液柱式) 압력계**(manometer)

압력을 액주의 높이로 나타내어 측정하는 방법으로 액체는 모든 것이 사용 가능하나 주로 물과 수은이 사용된다. 용기의 밑면에 미치는 압력을 액체(봉입액)의 비중량 $\gamma$와 액주의 높이차($H$)를 가지고 식 (1-77)을 사용하여 계산한다.

$$\Delta P = (P_1 - P_2) = \gamma H \tag{1-77}$$

여기서 $\Delta P$ : 압력차 [$Kg/m^2$ 또는 $mmH_2O(Aq)$]

$\gamma$ : 봉입액의 비중량 [$Kg/m^3$]

$H$ : 액주계의 높이 차 [m]

(a) U자관 액주식 압력계(U자관 마노미터)

U자관 마노미터(U manometer)는 액주식 압력계의 대표적인 것으로, 그림 1-5에 나타낸 것처럼 U자형 유리관에 물, 수은 등의 액체(봉입액)을 주입하고 측정하려고 하는 압력을 양쪽에 연결하면 압력차가 액체의 높이차($H$)로 나타나는데 이것을 식 (1-77)에 대입하여 압력차($\Delta P$)를 구할 수 있다. U자관의 길이는 보통 2 m 이하로 한정되므로 주로 통풍력 등 10～2,000 $mmH_2O$ (mmAq 또는 $Kg/m^2$) 정도의 저압력차 측정에 사용된다.

**Example 1-54**

U자관에 비중 0.9인 기름이 들어 있다. 여기에 압력을 걸었더니 U자관의 액주높이의 차가 30 cm이었다. U자관에 걸린 압력을 구하라.

**풀이** $\Delta P = \gamma H$, 비중 0.9이므로 밀도는 0.9 $g/cm^3$

$$\rho = \frac{0.9\ g}{cm^3}\left|\frac{1\ kg}{1{,}000\ g}\right|\frac{(100\ cm)^3}{(1\ m)^3} = 900\ kg/m^3 \qquad \text{비중량 } \gamma = 900\ Kg/m^3$$

그러므로 $\Delta P = 900 \times 0.3 = 270\ mmH_2O$ (또는 $Kg/m^2$)

(b) 경사관식 압력계

U자관보다 정밀한 압력차 측정을 위하여 경사지게 제작한 액주식 압력계로 눈금을 확대하여 읽을 수 있으며(측정범위 : 50～50 $mmH_2O$, 측정정도 : ±0.05 $mmH_2O$) 경사각은 보통 1/10 이내로 한다. 압력은 식 (1-78)로 계산한다. 그림 1-5에서 액주차의 경사면 길이가 $R$이고 경사각이 수평과 이루는 각도가 $\theta$이면 수직 액주차 높이 $H = R\sin\theta$이다.

$$\Delta P = \gamma H = \gamma R\sin\theta \tag{1-78}$$

여기서 $\gamma$ : 액체(봉입액)의 비중량 [$Kg/m^3$]

$R$ : 경사 마노미터 길이 [m]

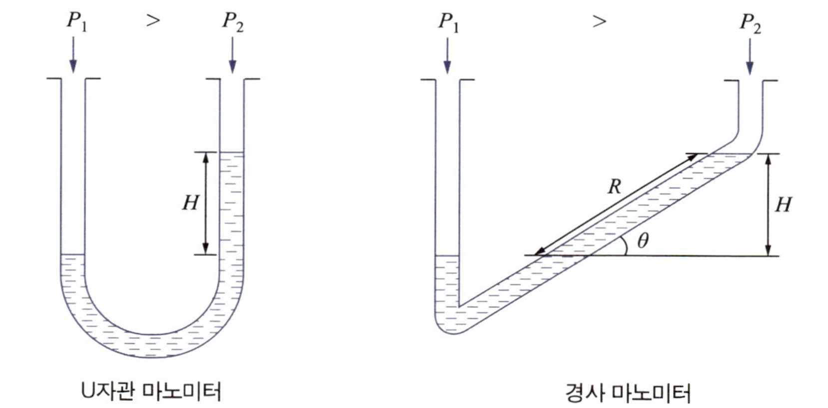


**그림 1-5 마노미터**

**Example 1-55**

경사 마노미터로 압력을 측정하기 위하여 압력을 걸었더니 액주의 길이가 40 cm 늘어났다면 그 압력차를 구하라. 단, 봉입액의 비중은 0.7이며 액주계의 각도는 수평과 10°를 이루고 있다.

**풀이** $\Delta P = \gamma R\sin\theta = 700 \times 0.4 \times \sin 10^\circ = 48.62\ mmH_2O$(또는 $Kg/m^2$)

## (2) 유량계(flow meter)

### ① 유속식 유량계

관내를 흐르는 유체의 유속을 측정하고 그 유속에 관 단면적을 곱하여 유량을 측정하는 방식으로 유속을 측정하는 방식에 따라 피토우관과 열선식이 있다.

(a) 피토우관(pitot tube)

유체의 압력차를 측정하여 유속을 알고 유량을 측정하는 방식이다. 유량 계산은 식 (1-79)와 같다.

$$Q = Av$$

$$v = \sqrt{\frac{2gP_v}{\gamma}}\ [\mathrm{m/sec}] \tag{1-79}$$

여기서 $Q$ : 유량 [m³/sec]

$A$ : 관 단면적 [m²]

$v$ : 관내 유체의 유속 [m/sec]

$\gamma$ : 관내 유체의 비중량 [Kg/m³]

$P_v$ : 관내 유체의 동압(속도압, $P_1 - P_2$) [$mmH_2O$]

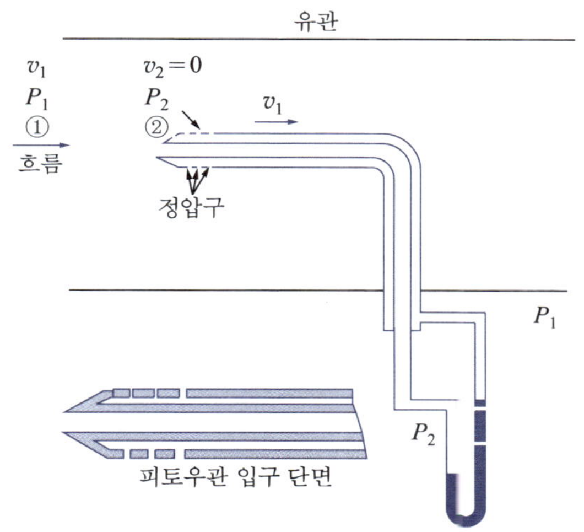


**그림 1-6** 피토우관

**Example 1-56**

상온, 상압의 공기유속을 피토우관으로 측정하였더니 동압이 100 mmAq이었다. 유속은 얼마인가? 단, 공기의 밀도 = 1.3 kg/m³

**풀이**

$$v = \sqrt{\frac{2gP_v}{\gamma}} = \sqrt{\frac{2\times 9.8\times 100}{1.3}} = 38.8\ \mathrm{m/sec}$$

**② 차압식(差壓式) 유량계**

유체가 흐르고 있는 관속에 orifice, flow-nozzle, venturi 등을 설치하여 입구측과 출구측의 차압을 발생시키고 이 압력차에 의해서 유량을 측정하는 방식이다.

(a) 오리피스 유량계(orifice flowmeter)

오리피스는 고리(ring) 모양으로 쉽게 제작 및 설치할 수 있고 가격이 저렴하며 정확도가 높다. 그러나 압력손실이 크다.

(b) Flow-nozzle 유량계

고압유체에서 레이놀드수($N_{Re}$)가 클 때 사용하며 가격은 오리피스와 벤투리관의 중간정도이다.

(c) 벤투리(venturi) 유량계

구조상 압력손실이 오리피스나 flow-nozzle보다 작고 정확성은 높지만 구조가 복잡하고 대형이며 고가이다.

차압식 유량계의 유량은 다음 식으로 계산한다.

$$Q = kAv = \frac{C_o}{\sqrt{1-m^2}}\frac{\pi d^2}{4}\sqrt{\frac{2g(P_1-P_2)}{\gamma}}\ [\mathrm{m^3/sec}] \tag{1-80}$$

여기서 $Q$ : 유체의 유량 [m³/sec]

$d$ : 오리피스(또는 flow-nozzle, venturi)의 직경

$C_o$ : 유량계수

$m$ : 개구비(오리피스의 단면적/관의 단면적, $m = (d/D)^2$

$\gamma$ : 관내를 흐르는 유체의 비중량 [Kg/m³]

$P_1 - P_2$ : 압력차 [$mmH_2O$]

**Example 1-57**

내경 400 mm, orifice경 160 mm인 orifice로 공기의 유량을 측정하여 압력차 240 mmH₂O를 얻었다. 온도 25℃, 대기압 752 mmHg일 때 관내의 게이지압은 126 mmHg이었다. 유량은 몇 m³/hr인가? 단, orifice 유량계수는 1이며 마노미터 봉입액은 물이다.

**풀이**

$$Q = \frac{C_o}{\sqrt{1-m^2}}\frac{\pi d^2}{4}\sqrt{\frac{2g(P_1-P_2)}{\gamma}}\ [\mathrm{m^3/sec}]$$

orifice경 $d = 0.16\ \mathrm{m}$, pipe내경 $D = 0.4\ \mathrm{m}$, 유량계수 $C_o = 1$

개구비 $m = (d/D)^2 = (0.16/0.4)^2 = 0.16$

$(P_1 - P_2) = 240\ \mathrm{mmH_2O}$

대기압 + 게이지압 = 절대압. 따라서 752 mmHg + 126 mmHg = 878 mmHg

$$\frac{P_1V_1}{T_1} = \frac{P_2V_2}{T_2}$$

$$\frac{760\ \mathrm{mmHg} \times 22.4\ \mathrm{Sm^3}}{273\ \mathrm{K}} = \frac{878\ \mathrm{mmHg} \times V_2}{(273+25)\ \mathrm{K}}$$

$$V_2 = 22.4\ \mathrm{Sm^3} \times \frac{(273+25)\ \mathrm{K}}{273\ \mathrm{K}} \times \frac{760\ \mathrm{mmHg}}{878\ \mathrm{mmHg}}$$

$$\text{공기 비중량}\ \gamma = \frac{28.9\ \mathrm{Kg}}{22.4\ \mathrm{Sm^3} \times \frac{(273+25)\ \mathrm{K}}{273\ \mathrm{K}} \times \frac{760\ \mathrm{mmHg}}{878\ \mathrm{mmHg}}}$$

$$= \frac{28.9\ \mathrm{Kg}}{22.4\ \mathrm{Sm^3}} \times \frac{273\ \mathrm{K}}{(273+25)\ \mathrm{K}} \times \frac{878\ \mathrm{mmHg}}{760\ \mathrm{mmHg}} = 1.37\ \mathrm{Kg/m^3}$$

$$\therefore\ Q = \frac{1}{\sqrt{1-0.16^2}} \times \frac{\pi \times (0.16)^2}{4} \times \sqrt{\frac{2 \times 9.8 \times 240}{1.37}} \times 3{,}600 = 4{,}307.4\ \mathrm{m^3/hr}$$

③ **면적식 유량계**

교축(交軸)기구 전후의 압력차를 일정하게 하고 교축기구의 면적을 변화시켜 유량을 측정하는 방식으로 대표적인 것이 float형에 속하는 rotameter이다. 이것은 고점도 유체나 적은 유량 측정도 가능하며 슬러리(slurry)나 부식성 액체의 측정도 가능하다. 그러나 압력손실이 크고 정밀측정에는 부적당하다.

④ **용적식 유량계**

일정한 용적을 가진 용기에 유체를 흘려보내 유량을 측정하는 것으로 유체의 유입구(input)측과 유출구(output)측의 차압에 의하여 회전자가 회전하면 그 회전수에 따라 유량을 측정하는데 적산유량의 측정에 적합하다. 일반적으로 회전체의 회전수로부터 유량을 구하는 oval 유량계, root 유량계와 터빈 유량계가 많이 쓰이며, 수평원통 내에 4개의 방으로 구성된 회전 드럼이 가스에 의하여 회전하는 습식가스미터는 가정용 가스미터로 널리 사용된다. 용적식 유량계는 정도(±0.2～0.5 %)가 높고 맥동(pulse)의 영향이 적으며, 점도가 높은 유체나 점도 변화가 있는 유체의 측정에 적합하다.

⑤ **막식(膜式) 가스미터**

일반적으로 가정용, 사업용 등 저압용으로 널리 사용되고 있다. 이것은 가스를 일정 용적의 주머니 속에 가득 채운 후 배출하여 그 횟수와 주머니 용적을 곱한 것을 가스용적으로 한다. 일반적으로 2개의 자루를 사용하여 번갈아 가스를 채웠다가 배출하도록 되어 있다.

⑥ **질량유량계(mass flowmeter)**

유체의 유량을 체적이 아니라 질량으로 측정하는 유량계로 ±0.1 % 정도로 매우 정밀하게 유량을 측정할 수 있다.

⑦ **전자유량계(magnetic flowmeter)**

관에 자기장을 걸어 준 후 관내에 유체를 흐르게 하고 두 전극을 설치하면 두 전극에 전위차(전압)가 발생하는데 전위차는 유속에 의존한다. 전자유량계는 전위차와 관내 유속과의 관계로부터 유량을 구한다.

⑧ **초음파유량계(ultrasonic flowmeter)**

초음파가 유체 속을 이동하는 속도는 유체가 정지하여 있을 때와 유체가 속도를 가지고 움직일 때 차이가 발생한다. 유체 내를 통과하는 초음파의 속도차를 측정하면 이것으로부터 유량을 측정할 수 있다.

⑨ **열식유량계(thermal flowmeter)**

유체가 이동하는 관내에 저항선을 설치하고 전류를 흐르게 하면 저항선에 열이 발생한다. 저항선의 저항은 열이 높을수록 저항이 높아지는데, 관내를 흐르는 유체의 유속이 빠를수록 저항선이 빨리 식어 저항은 낮아지게 된다. 이 원리를 이용하면 관내를 흐르는 유체의 유량을 측정할 수 있다.

# 1.5 화학반응속도론

화학반응속도(chemical reaction rate)는 반응물(reactants)이 화학반응을 통하여 생성물(products)을 생성할 때 단위시간당 반응물이나 생성물의 농도변화를 의미한다. 즉 반응물로부터 생성물이 얼마나 빨리 생성되는가를 알 수 있다.

$$aA + bB \rightarrow cC + dD$$

위의 화학반응에 있어서 $t$시간 후의 반응물의 농도를 각각 [A], [B], 생성물의 농도를 [C], [D]라고 하면 이 반응의 속도($v$)는 다음과 같이 표현한다.

$$v = -\frac{d[A]}{dt} = -\frac{d[B]}{dt} = \frac{d[C]}{dt} = \frac{d[D]}{dt}$$

반응이 진행됨에 따라 반응물은 반응으로 인하여 점점 없어지므로 부호가 (−)가 되고, 생성물은 시간이 흐를수록 생성되어 (+)가 된다. 반응속도는 반응물이나 생성물 중 어느 하나만 측정하면 구할 수 있다. 일반적으로 화학반응의 반응속도식은 다음과 같이 반응물의 농도로 표시한다.

$$v = -\frac{d[A]}{dt} = \frac{d[C]}{dt} = k[A]^a[B]^b$$

여기서 $k$ : 반응속도상수($k$가 클수록 반응이 빨리 일어난다는 것을 의미한다.)

## 1. 영차 반응(zero order reaction)

반응속도가 반응물의 농도에 영향을 받지 않는 반응을 말한다.

$$v = -\frac{d[A]}{dt} = k_o$$

$$d[A] = -k_o dt$$

$$[A] = -k_o t + C_o \qquad (1\text{-}81)$$

여기서 [A] : $t$시간 후 남은 A의 농도

$k_o$ : 영차 반응의 속도상수

반응개시 전, 즉 $t=0$에서 A의 농도는 $a$ mol/ℓ, $t$시간 후 A가 $x$ mol/ℓ만큼 반응하였다면 $t$시간 후 남은 A의 농도는 $(a-x)$ mol/ℓ이다. $C_o$는 $t=0$일 때 농도이므로 $t=0$에서 $C_o=a$이다. 이것을 식 (1-81)에 대입하면 $(a-x)=-k_o t+a$이므로

$$x = k_o t \tag{1-82}$$

A의 농도가 1/2이 되는데 걸리는 시간, 즉 반감기($\tau$)는 $x=a/2$때의 농도이므로

$$\tau = \frac{a}{2k_o} \tag{1-83}$$

## 2. 1차 반응(first order reaction)

1차 반응에서 반응속도는 반응물의 농도에 비례한다. 아래의 반응에서 반응속도식은 식 (1-84)와 같다.

$$v = -\frac{d[\mathrm{A}]}{dt} = k_1[\mathrm{A}], \qquad [\mathrm{A}] = (a-x)\,\mathrm{mol}/\ell \text{이므로}$$

$$-\frac{d(a-x)}{dt} = k_1(a-x), \qquad d(a-x) = -dx \text{이므로}$$

$$\frac{dx}{dt} = k_1(a-x), \qquad \frac{dx}{(a-x)} = k_1 dt$$

양변을 적분하면

$$-\ln(a-x) = k_1 t + C_1 \tag{1-84}$$

$t=0$일 때 A $=a$ mol/ℓ, $x=0$ mol/ℓ이므로 $C_1=-\ln a$이 된다. 이 값을 식 (1-84)에 대입하면 다음 식으로 된다.

$$\ln\frac{a}{(a-x)} = k_1 t \tag{1-85}$$

여기서 $k_1$ : 1차 반응 속도상수

반응개시 전 즉 $t=0$일 때 $[\mathrm{A}]=a$ mol/ℓ $=C_o$ mol/ℓ이고, $t$시간 후 농도 $[\mathrm{A}]=(a-x)$ mol/ℓ $=C$ mol/ℓ라고 하면 $\ln\frac{a}{(a-x)}=k_1 t$는 $\ln\frac{C_o}{C}=k_1 t$로 쓸 수 있다. 반감기 $\tau$는 $x=a/2$때의 농도이므로 이것을 식 (1-85)에 대입하면 $\tau$는 다음 식과

같다.

$$\tau = \frac{\ln 2}{k_1} \tag{1-86}$$

대부분의 반응은 1차 반응 또는 1차 반응과 유사한 유사 1차 반응(pseudo first order reaction)이다.

**Example 1-58**

어떤 1차 반응에서 1,000초 동안 반응물의 1/2이 분해되었다 반응물이 1/10 남을 때까지는 얼마의 시간이 걸리는가?

**풀이** $k_1 = \frac{\ln 2}{\tau} = \frac{\ln 2}{1{,}000} = 6.93 \times 10^{-4}\,\text{sec}^{-1}$

$\ln \frac{a}{a-x} = k_1 t \;\Rightarrow\; \ln\left(\frac{a}{\frac{a}{10}}\right) = (6.93 \times 10^{-4}\,\text{sec}^{-1}) \times t \qquad \therefore\; t = 3{,}322.6\,\text{sec}$

또는

$\ln \frac{C_o}{C} = k_1 t \;\Rightarrow\; \ln\left(\frac{a}{0.1a}\right) = (6.93 \times 10^{-4}\,\text{sec}^{-1}) \times t \qquad \therefore\; t = 3{,}322.6\,\text{sec}$

## 3. 2차 반응(second order reaction)

2차 반응 속도식은 식 (1-87)과 같다.

$$v = -\frac{d[\text{A}]}{dt} = k_2[\text{A}][\text{B}] \tag{1-87}$$

이 경우에는 반응물질인 A와 B의 농도가 같을 때와 서로 다를 때의 두 가지 경우가 있다.

### (1) [A]≠[B]

최초의, 즉 $t=0$일 때 A의 농도를 $a$ mol/ℓ, B의 최초농도를 $b$ mol/ℓ라 하면 반응 $t$시간 후에는 A와 B의 $x$ mol/ℓ가 각각 반응하였다고 하면

$$\frac{dx}{dt} = k_2(a-x)(b-x), \qquad \frac{dx}{(a-x)(b-x)} = k_2 dt$$

$$\frac{1}{(a-x)(b-x)} = \frac{1}{(a-b)}\left\{\frac{1}{(b-x)} - \frac{1}{(a-x)}\right\}\text{이므로}$$

$$\frac{1}{(a-b)}\int\left\{\frac{1}{(b-x)} - \frac{1}{(a-x)}\right\}dx = \int k_2 dt$$

$$\frac{1}{(a-b)}\{-\ln(b-x)+\ln(a-x)\} = k_2 t + C_2$$

$$\frac{1}{(a-b)}\ln\frac{(a-x)}{(b-x)} = k_2 t + C_2 \qquad (1\text{-}88)$$

$t=0$일 때 A$=a$ mol/ℓ, B$=b$ mol/ℓ, $x=0$ mol/ℓ이므로

$$C_2 = \frac{\ln\frac{a}{b}}{(a-b)}$$

$C_2$를 식 (1-88)에 대입하면

$$\frac{1}{(a-b)}\ln\frac{(a-x)}{(b-x)} = k_2 t + \frac{\ln\frac{a}{b}}{(a-b)}$$

$$\frac{1}{(a-b)}\ln\frac{b(a-x)}{a(b-x)} = k_2 t \qquad (1\text{-}89)$$

### (2) [A]=[B]일 경우

$$\frac{dx}{dt} = k_2(a-x)^2, \qquad \frac{dx}{(a-x)^2} = k_2 dt$$

양변을 적분하면

$$\int\frac{dx}{(a-x)^2} = \int k_2 dt$$

$a-x=y$라 하면 $dx=-dy$, $\int\frac{dy}{y^n} = \frac{1}{(-n+1)}\frac{1}{y^{n-1}}$ 이므로

$$\int\frac{dx}{(a-x)^2} = \int\frac{-dy}{y^2} = \frac{1}{y} = \frac{1}{(a-x)}$$

그러므로 $\frac{1}{(a-x)} = k_2 t + C_2$

$t = 0$일 때 $x = 0$ mol/ℓ이므로 $C_2 = \dfrac{1}{a}$

그러므로 $\dfrac{1}{(a-x)} = k_2 t + \dfrac{1}{a}$

$$\frac{x}{a(a-x)} = k_2 t \tag{1-90}$$

**Example 1-59**

어떤 2차 반응에서 반응물질의 농도를 같게 했을 때 그 10 %가 반응하는데 300초가 걸렸다면 90 %가 반응하는 데는 몇 초 걸리는가?

**풀이** 식 (1-90)에서 $k_2 = \dfrac{x}{a(a-x)t}$ 인데 10 % 반응하는데 300초가 걸렸으므로

$k_2 = \dfrac{0.1a}{a(a-0.1a)300}$ $\qquad$ $k_2 = \dfrac{1}{2{,}700a}$

90 % 반응하는데 걸리는 시간 $t$는

$$t = \frac{x}{a(a-x)k_2} = \frac{0.9a}{a(a-0.9a) \times \dfrac{1}{2{,}700a}} = 24{,}300\text{초}$$

## 4. 3차 반응(third order reaction)

3차 반응은 매우 드물며 지금까지 연구된 것은 모두 다음의 형태로 표시된다.

$$\underset{(a-2x)}{2A} \quad + \quad \underset{(b-x)}{B} \quad \rightarrow \quad \underset{x}{\text{생성물}}$$

$$\frac{dx}{dt} = k_3(a-2x)^2(b-x)$$

위 식을 정리하면

$$\frac{dx}{(a-2x)^2(b-x)} = k_3 dt$$

가 된다. 이 식에서

$$\frac{1}{(a-2x)^2(b-x)} = \frac{1}{(a-2x)}\left\{\frac{2}{(a-2x)} - \frac{1}{(b-x)}\right\} \times \frac{1}{(2b-a)}$$

$$= \frac{2}{(a-2x)^2}\frac{1}{(2b-a)} - \frac{1}{(a-2x)(b-x)}\frac{1}{(2b-a)}$$

$$= \frac{2}{(2b-a)}\frac{1}{(a-2x)^2} - \frac{1}{(2b-a)^2}\left\{\frac{2}{(a-2x)} - \frac{1}{(b-x)}\right\}\text{이므로}$$

이를 대입하면 다음과 같이 주어진다.

$$dx\left[\frac{2}{(2b-a)}\frac{1}{(a-2x)^2} - \frac{1}{(2b-a)^2}\left\{\frac{2}{(a-2x)} - \frac{1}{(b-x)}\right\}\right] = k_3 dt$$

여기서 $(a-2x)=y$로 놓으면 $dx = -\dfrac{dy}{2}$

$(b-x)=z$로 놓으면 $dx = -dz$이므로 위 식은 다음과 같이 된다.

$$\frac{2}{(2b-a)}\left(\frac{-dy}{2y^2}\right) - \frac{2}{(2b-a)^2}\left(\frac{-dy}{2y}\right) - \frac{1}{(2b-a)^2}\frac{dz}{z}$$

$$= \frac{-1}{(2b-a)}\left(\frac{dy}{y^2}\right) + \frac{1}{(2b-a)^2}\left(\frac{dy}{y}\right) - \frac{1}{(2b-a)^2}\frac{dz}{z} = k_3 dt$$

양변을 적분하면

$$\frac{1}{(2b-a)}\left(\frac{1}{y}\right) + \frac{1}{(2b-a)^2}\ln y - \frac{1}{(2b-a)^2}\ln z$$

$$= \frac{1}{(2b-a)}\frac{1}{(a-2x)} + \frac{1}{(2b-a)^2}\ln(a-2x) - \frac{1}{(2b-a)^2}\ln(b-x)$$

$$= \frac{1}{(2b-a)}\frac{1}{(a-2x)} + \frac{1}{(2b-a)^2}\ln\frac{(a-2x)}{(b-x)} = k_3 t + C_3$$

$t=0$일 때 $x=0$이므로 $C_3 = \dfrac{1}{(2b-a)a} + \dfrac{1}{(2b-a)^2}\ln\dfrac{a}{b}$, 따라서

$$k_3 t = \frac{1}{(2b-a)}\frac{1}{(a-2x)} + \frac{1}{(2b-a)^2}\ln\frac{(a-2x)}{(b-x)} - \frac{1}{(2b-a)a} - \frac{1}{(2b-a)^2}\ln\frac{a}{b}$$

$$= \frac{1}{(2b-a)}\left[\frac{1}{(a-2x)} - \frac{1}{a}\right] + \frac{1}{(2b-a)^2}\ln\frac{b(a-2x)}{a(b-x)}$$

$$= \frac{1}{(2b-a)}\left[\frac{2x}{a(a-2x)}\right] + \frac{1}{(2b-a)^2}\ln\frac{b(a-2x)}{a(b-x)}$$

$$k_3 t = \frac{1}{(2b-a)^2}\left[\frac{2x(2b-a)}{a(a-2x)}\right] + \ln\frac{b(a-2x)}{a(b-x)} \qquad (1\text{-}91)$$

$\frac{dx}{dt} = k_3(a-x)^3$일 경우는

$$k_3 t = \frac{1}{2}\left[\frac{1}{(a-x)^2} - \frac{1}{a^2}\right] \qquad (1\text{-}92)$$

## 5. *n*차 반응

$n$차 반응을 $\frac{dx}{dt} = k_n(a-x)^n$라 하고 치환적분으로 풀면 식 (1-93)과 같이 된다.

$$k_n t = \frac{1}{(n-1)}\left[\frac{1}{(a-x)^{n-1}} - \frac{1}{a^{n-1}}\right] \qquad (1\text{-}93)$$

또는 $$k_n t = \frac{1}{(n-1)}\left[\frac{1}{C^{n-1}} - \frac{1}{C_o^{n-1}}\right]$$

**Example 1-60**

어떤 액체의 분해반응에 있어서 그 차수가 1.5이고 액체의 최초농도가 2 mol/ℓ(M)이며 1 시간 동안에 60 %가 분해되었다. 이 반응의 속도상수를 구하라.

**풀이**

$$k_n t = \frac{1}{(n-1)}\left[\frac{1}{(a-x)^{n-1}} - \frac{1}{a^{n-1}}\right]$$

$$k_{1.5} t = \frac{1}{1.5-1}\left[\frac{1}{(a-x)^{1.5-1}} - \frac{1}{a^{1.5-1}}\right]$$

$t = 60\ \text{min},\quad a = 2\ \text{M},\quad x = 2\times 0.6 = 1.2\ \text{M}$

$$k_{1.5}\times 60\ \text{min} = \frac{1}{1.5-1}\left[\frac{1}{(2-1.2)^{0.5}} - \frac{1}{2^{0.5}}\right] \qquad \therefore\ k_{1.5} = 0.014\ \text{min}^{-1}\text{M}^{-1/2}$$

또는

$$k_{1.5} t = \frac{1}{(1.5-1)}\left[\frac{1}{0.8^{1.5-1}} - \frac{1}{2^{1.5-1}}\right] \qquad \therefore\ k_{1.5} = 0.014\ \text{min}^{-1}\text{M}^{-1/2}$$

## 6. 연쇄반응

일련의 단계를 거쳐서 이루어지는 화학반응을 연쇄반응이라 한다. 여기서는 아래와 같은 1차 반응으로 된 연쇄만을 생각해 보기로 하자.

$$\mathrm{A} \xrightarrow{k_1} \mathrm{B} \xrightarrow{k_2} \mathrm{C}$$

$$-\frac{d[\mathrm{A}]}{dt} = k_1[\mathrm{A}] \quad (1\text{-}94)$$

$$\frac{d[\mathrm{B}]}{dt} = k_1[\mathrm{A}] - k_2[\mathrm{B}] \quad (1\text{-}95)$$

$$\frac{d[\mathrm{C}]}{dt} = k_2[\mathrm{B}] \quad (1\text{-}96)$$

식 (1-96)을 정리하여 양변을 적분하면

$$[\mathrm{A}] = a\exp(-k_1 t) \quad (1\text{-}97)$$

식 (1-97)을 식 (1-95)에 대입하면

$$\frac{d[\mathrm{B}]}{dt} = k_1 a\exp(-k_1 t) - k_2[\mathrm{B}] \quad (1\text{-}98)$$

식 (1-98)을 풀면

$$[\mathrm{B}] = \frac{ak_1}{k_2 - k_1}[\exp(-k_1 t) - \exp(-k_2 t)] \quad (1\text{-}99)$$

식 (1-98)과 식 (1-99)를 $a = [\mathrm{A}] + [\mathrm{B}] + [\mathrm{C}]$의 관계에 대입하여 풀면

$$[\mathrm{C}] = a\left\{1 + \frac{1}{k_1 - k_2}\left[k_2\exp(-k_1 t) - k_1\exp(-k_2 t)\right]\right\} \quad (1\text{-}100)$$

속도상수 $k_2 \ll k_1$이면 위의 연쇄반응의 전체 반응속도는 $k_2$에 의하여 좌우된다. 이와 같이 일련의 연쇄반응에서 반응속도가 가장 늦은 반응단계를 속도결정단계(rate determining step)이라 한다.

## 7. 온도에 따른 반응속도상수

Arrhenius는 반응속도상수 $k$와 온도 및 활성화에너지의 관계를 식 (1-101)로 나타내었다.

$$k = A\exp\left(\frac{-E_a}{RT}\right) \tag{1-101}$$

여기서 $A$ : 빈도인자(frequency factor)

$E_a$ : 활성화에너지

※ 활성화에너지($E_a$) :

화학 반응을 일으키기 위하여 반응물에 공급해야 하는 최소 에너지

식 (1-101)의 양변에 자연대수를 취하여 정리하면

$$\ln k = \frac{-E_a}{RT} + \ln A \tag{1-102}$$

식 (1-102)를 상태 1에서 2까지를 정리하면

$$\ln\frac{k_2}{k_1} = \frac{E_a}{R}\left(\frac{1}{T_1} - \frac{1}{T_2}\right) \tag{1-103}$$

**Example 1-61**

사진현상을 하였더니 현상의 속도상수가 17℃일 때에 비하여 27℃에서는 2배였다. 활성화에너지를 계산하라.

**풀이**

$$\ln\frac{k_2}{k_1} = \frac{E_a}{R}\left(\frac{1}{T_1} - \frac{1}{T_2}\right)$$

$$\ln\frac{2}{1} = \frac{E_a}{1.987}\left(\frac{1}{273.15+17} - \frac{1}{273.15+27}\right)$$

$$\therefore\ E_a = 11{,}995\ \text{cal/mol} = 11.995\ \text{kcal/mol}$$

## 8. 평형상수

화학반응에서 정반응속도와 역반응속도가 같을 때 그 반응은 화학평형(chemical equilibrium)에 도달했다고 한다.

$$aA + bB \underset{k_2}{\overset{k_1}{\rightleftarrows}} cC + dD$$

여기서 $k_1$ : 정반응 속도상수

$k_2$ : 역반응 속도상수

$$K_c = \frac{[C]^c[D]^d}{[A]^a[B]^b} = \frac{k_1}{k_2} \qquad (1\text{-}104)$$

$$K_p = \frac{P_C{}^c P_D{}^d}{P_A{}^a P_B{}^b} \qquad (1\text{-}105)$$

$$K_p = K_c(RT)^{\Delta n} \qquad (1\text{-}106)$$

여기서 $\Delta n = [(c+d)-(a-b)]$

평형상수가 크다는 것은 반응물로부터 생성물이 많이 생성된다는 것을 의미한다.

만약 위의 반응에서 최소한 하나의 반응물이나 생성물이 고체나 액체이고 나머지는 모두 기체일 경우 두 개 이상의 상(phase)이 존재하게 된다. 이러한 것을 불균일(heterogeneous)계라고 한다. 불균일계에서 평형은 액체나 고체의 양에는 무관하고 평형상수($K$)에도 액체나 고체에 대한 항은 포함시키지 않는다.

$$CO_2(g) + H_2(g) \rightleftarrows CO(g) + H_2O(l)$$

$$K_p = \frac{P_C^c\,P_D^d}{P_A^a\,P_B^b} = \frac{P_{CO}}{P_{CO_2}P_{H_2}} \qquad (1\text{-}107)$$

**Example 1-62**

처음 계는 520℃에서 0.85 atm의 HI만을 함유하고 있었다. $t$초 후 HI가 분해되어 평형에 도달하였을 때 $H_2$가 0.08 atm 생성되었다면 평형에서 평형상수 $K_p$를 구하라.

$$2HI\,(g) \rightleftarrows H_2\,(g) + I_2\,(g)$$

**풀이** 계에서 반응이 개시되기 전 HI의 압력은 0.85 atm이었고 반응이 개시되면 HI 2부피가 분해되어 $H_2$, $I_2$가 각각 1부피 생성된다. 기체의 경우 "압력분율＝부피분율"이므로 평형에 도달하였을 때 $H_2$, $I_2$의 분압이 각각 0.08 atm이므로 줄어든 HI 분압은 0.08×2 atm이다. 그러므로 반응 후 남은 HI 분압은 0.85－(0.08×2)＝0.69 atm이 된다. 이것을 정리하면 아래와 같다.

| | $2HI(g)$ | $\rightleftarrows$ | $H_2(g)$ | + | $I_2(g)$ |
|---|---|---|---|---|---|
| $P_o$ | 0.85 atm | | 0 atm | | 0 atm |
| $P_{eq}$ | 0.69 atm | | 0.08 atm | | 0.08 atm |

$$K_p = \frac{P_{H_2}P_{I_2}}{P_{HI}^2} = \frac{0.08 \times 0.08}{0.69^2} = 0.013$$

**Example 1-63**

반응(1)과 (2)의 평형상수를 이용하여 반응(3)의 평형상수를 구하라.

반응(1) $A(g) \rightleftarrows B(g) + C(g)$ $K_{p_1} = 8.5\times10^{-5}$

반응(2) $X(g) + B(g) \rightleftarrows A(g) + Y(g)$ $K_{p_2} = 7.3\times10^{-2}$

반응(3) $X(g) \rightleftarrows C(g) + Y(g)$ $K_{p_3}$ ?

**풀이**

$$K_{p_1} = \frac{P_B P_C}{P_A} = 8.5 \times 10^{-5}, \quad K_{p_2} = \frac{P_A P_Y}{P_X P_B} = 7.3 \times 10^{-2}$$

$$K_{p_3} = \frac{P_C P_Y}{P_X} = \frac{P_B P_C}{P_A} \times \frac{P_A P_Y}{P_X P_B} = K_{p_1} K_{p_2}$$

$$= (8.5 \times 10^{-5}) \times (7.3 \times 10^{-2}) = 6.2 \times 10^{-6}$$

## 9. 평형이동의 법칙

가역반응이 평형(equilibrium)에 도달하였을 때 온도, 압력, 농도 등을 변화시켜 주면 반응이 정반응이나 역반응 쪽으로 진행되어 다시 평형에 도달하게 되는데 이것을 평형이동이라 하며 이 사실을 발견한 프랑스 화학자 이름을 따서 르 샤틀리에의 법칙(Le Chatelier's principle)이라 부른다.

아래 반응과 같이 질소와 수소가 반응하여 암모니아가 생성되는 반응이 평형에 도달하였다. $NH_3$ 많이 생성시키기 위해서는 반응이 오른쪽으로 일어나도록 하여야 한다.

$$N_2(g) + 3H_2(g) \rightleftarrows 2NH_3(g) + 22.0\ \text{kcal}$$

반응이 오른쪽으로 계속 일어나게 하기 위해서는 $N_2$나 $H_2$를 공급해주거나, $NH_3$를 제거해 주거나 반응기의 압력을 높여 주거나 발열반응이므로 온도를 낮추어 주면(열을 제거해 주면) 평형이 오른쪽으로 이동하여 계속 $NH_3$가 생성된다.

## 연습문제

**01** 메탄올($CH_3OH$) 32.5 %, 에탄올($C_2H_5OH$) 60.5 %, 7 %가 물로 구성된 액체폐기물을 소각처리 하고, 연소배기가스를 연소가스분석기로 분석한 결과 $CO_2$ = 12.7 %, $O_2$ = 4.7 %, CO = 2.0 %였다. 액체폐기물 소각에 필요한 아래 사항을 구하라.

1) 이론공기량($A_o$)
2) 공기비($m$)
3) 실제공기량($A$)
4) 이론습연소가스량($G_{ow}$)
5) 이론건연소가스량($G_{od}$)
6) 실제습연소가스량($G_w$)
7) 실제건연소가스량($G_d$)
8) 발생하는 수증기량
9) 저발열량($H_l$)
10) $(CO_2)_{max}$
11) C의 0.15 %가 검댕이 될 때 연소배기가스 중 검댕의 농도(mg/Sm$^3$)

**02** 열효율이 60 %인 석탄 화력발전소에서 $5.3\times10^6$ W의 전기를 생산하고 있다. 석탄의 발열량이 5,500 kcal/kg이고, 재의 함량이 연료의 10 %일 때 연간 재 발생량(kg/yr)을 구하시오. 단, $1\ \text{W} = \frac{1}{4.184}$ cal/sec이다.

**03** 경사 마노미터로 압력을 측정하기 위하여 압력을 걸었더니 액주의 길이가 38 cm 늘어났을 때 압력차(수두)는 얼마인가? 단, 봉입액의 비중은 0.98이며 액주계의 각도는 수평과 45.3°를 이루고 있다.

**04** 10℃에서 어떤 1차 반응의 반감기가 835초이다. 이 반응의 활성화에너지($E_a$)가 12,500 cal/mol일 때 32.5℃에서 반응속도상수를 구하라.

**05** 반응(1)과 (2)의 평형상수를 이용하여 반응(3)의 평형상수를 구하라.

| | | |
|---|---|---|
| 반응(1) | B(g) + C(g) ⇄ A(g) | $K_{p_1} = 6.3\times10^{-5}$ |
| 반응(2) | X(g) + B(g) ⇄ A(g) + Y(g) | $K_{p_2} = 7.3\times10^{-2}$ |
| 반응(3) | C(g) + Y(g) ⇄ X(g) | $K_{p_3}$ ? |

**06** 혼합기체의 혼합비율과 각 기체의 연소범위가 아래 표와 같을 때 메탄($CH_4$), 프로판($C_3H_8$), 부탄($C_4H_{10}$)이 혼합된 혼합기체의 연소범위(폭발범위)를 계산하라.

| 혼합기체 종류 | 조성(부피분율, %) | 연소범위(폭발범위, %) |
|---|---|---|
| 메탄($CH_4$) | 5.2 | 5 ~ 15 |
| 프로판($C_3H_8$) | 7.3 | 2.1 ~ 9.5 |
| 부탄($C_4H_{10}$) | 15.2 | 1.8 ~ 8.5 |

**07** $SO_2$를 2.5 mg $SO_2$/kcal 이하로 배출기준을 유지하려면 석탄 발열량이 7,000 kcal/kg일 때, 기준치를 넘지 않기 위한 황함유량(%)은?

**08** A공장의 중유 보일러에서 탄소 93 %, 수소 5 %, 황 1.8 % 및 회분 0.2 % 성분을 갖는 중유를 시간당 100 kg씩 완전연소 시킨다. 연소배기가스 분석결과 $CO_2$ = 14 %, $O_2$ = 1.8 %, CO = 0 %일 때 1) 시간당 소요공기량($m^3$) 2) 건조가스 중의 $SO_2$ 농도(ppm)를 구하라.

**09** 공장에서 1,100 ppm의 $SO_2$를 포함하여 60,000 $Sm^3$/hr의 배기가스를 발생시키고 있다. 이 배기가스의 10 %가 흘러가 주변 아파트단지에 피해를 주고 있다면 이 아파트 단지로 흘러 들어간 $SO_2$(ton/year)는 얼마인가? 단, 이 공장은 하루 24시간, 연간 310일 가동한다.

**10** 연소 가능한 물질이 연소로에서 99.9 %까지 연소되기 위한 반응시간(sec)을 계산하라. 연소는 1차 반응이며 반응속도상수 $k_1$는 0.012/sec이다.

## 참고문헌


1. 천만영, 대기오염 방지기술, 안성산업대학출판부, 1995.
2. 김광열, 노수영, 김영주, 최신연소공학, 동화기술, 1997.
3. 이일성, 가스실무, 크라운출판사, 1984.
4. 장철현, 채재우, 김순호 공역, 연소공학, 동화기술, 2000.
5. 하동명, 정진도, 장정국 공역, 연소공학, 동화기술, 2000.
6. 천만영, 강공언, 강병욱, 신은상, 대기오염 방지기술, 신광문화사, 2016.
7. William Sutherland, "The viscosity of gases and molecular force", Philosophical Magazine, S. 5, 36, pp.507-531, 1893.

CHAPTER 2

# 국소배기 및 통풍

# 2.1 국소배기

사업장에서 발생된 오염공기는 대기오염물질을 제거한 후 대기로 배출하여야 한다. 오염원에서 발생된 대기오염물질은 오염물질이 주위로 확산되기 전에 즉, 잉여공기량이 적은 상태로 오염공기를 흡입하여 처리하여야 경제적으로 오염물질의 처리가 가능하다. 대기오염물질이 주위 공기로 확산되기 전에 적은 잉여공기량으로 오염공기를 흡입하여 오염물질을 경제적이고 효율적으로 처리하는 방식을 국소배기라 한다.

## 1. 후드(hood)

오염발생원에서 발생된 입자상과 가스상 대기오염물질은 오염 발생원 주위의 공간으로 비산되는데 일정 비산범위 내에 있는 오염물질을 포착하여 흡인할 수 있는 장치를 후드(hood)라 한다.

### (1) 후드의 종류와 특징

**① 포위형 후드(enclosure hood)**

작은 공기 유입구 외에는 오염발생원을 완전히 덮어 오염물질의 누설을 방지한 후드로 주로 방사성 물질, 발암성 물질, 병원성 물질을 취급하는 공정, 전로(電爐)등 유독물질 처리 공정에서 나오는 오염 물질을 포착하는데 사용된다. 포위형 후드는 오염물을 가장 고농도 상태에서 흡인할 수 있으므로 잉여공기량이 적어 소요동력이 적고 오염물질의 포착 효율도 우수하다.

**② 포집형 후드(booth hood)**

포위형과 같은 형태의 후드이지만 작업상의 필요성 때문에 한면을 개구(開口)해 둔 후드로 외부작업이 필요한 유독한 물질의 처리 공정에 적합하다. 작업을 위한 개구면이 있으므로 포위형 후드보다 잉여 공기량은 상대적으로 많다.

**③ 외부형 후드(exterior type hood)**

오염물질을 포착하기 위하여 흡인력을 외부에까지 미치도록 한 후드이다. 구조상 또는 작업 특성상 오염발생원을 덮을 수 없는 경우에 사용하며 잉여 공기량도 많고 효율도 나쁘지만 일반적으로 가장 많이 사용되는 후드이다.

④ **수형 후드(receiving type hood)**

오염물이 가지고 있는 열에 의한 상승력 또는 연마기에서 발생되는 입자상 물질 등 오염물질이 이동하는 방향에서 오염물을 포착하는 후드이다. 종류에는 천개(天開)형 후드(canopy hood)와 그라인더 후드(grinder hood)가 있다.

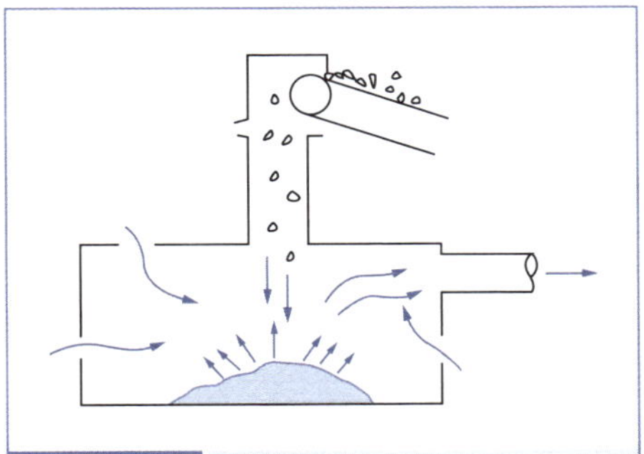

**그림 2-1** 포위형 후드

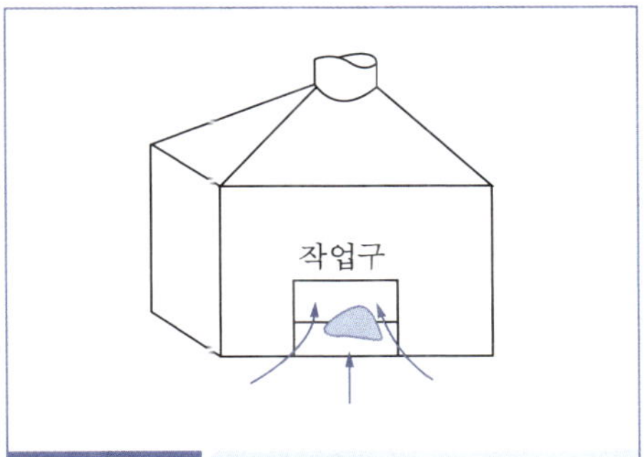


**그림 2-2** 포집형 후드

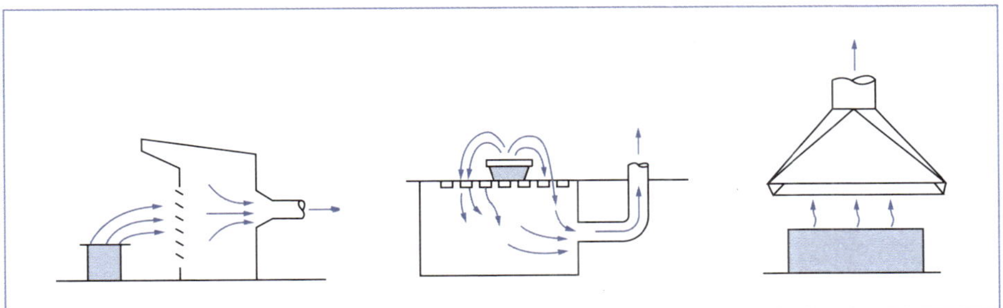

**그림 2-3** 외부형 후드

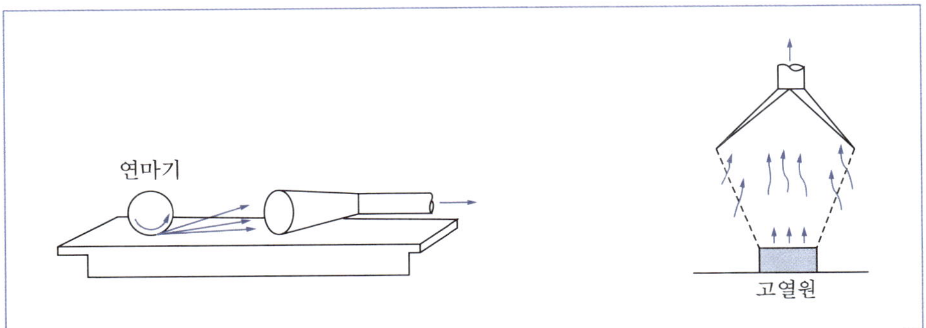


**그림 2-4** 수형 후드

### (2) 후드의 포착속도

오염물질을 후드 내로 흡인하기 위하여 필요한 공기의 흡인속도를 포착속도(capture velocity)라 하는데 포착속도는 오염물의 성상, 확산조건, 오염발생원 주변의 기류상태에 따라 달라질 수 있다. 표 2-1은 몇 가지 대기오염물질의 발생조건과 속도, 후드의 대기오염물질 포착속도를 나타낸 것이다.

**표 2-1** 대기오염물질의 발생조건과 속도, 후드의 대기오염물질 포착속도

| 대기오염물질 발생조건 | 작업 예 | 발생속도 [m/sec] | 포착속도 [m/sec] |
|---|---|---|---|
| 비산속도가 없는 경우 | 유류의 증발, 유지용해 | 0.3 | 0.3～0.5 |
| 약한 방출속도를 가지는 경우 | 용접, 도금공정, 컨베이어벨트 | 0.5 | 0.5～1.0 |
| 빠른 방출속도를 가지는 경우 | 분쇄기, 분무도장 | 1.0 | 1.0～3.0 |
| 급속한 방출속도를 가지는 경우 | 석재 연마 | 2.0 | 3.0～10.0 |

후드의 포착속도는 다음 식에 의하여 구할 수 있다. 후드에 흡인되는 공기량(송풍량) $Q$는

$$Q = Av \tag{2-1}$$

여기서 $Q$ : 후드의 송풍량 [m$^3$/sec]
$A$ : 후드의 개구 단면적 [m$^2$]
$v$ : 후드 개구면에서의 유속 [m/sec]

후드의 개구면에서 후드의 흡인력이 미치는 범위까지의 거리를 통제거리(control length, $X$)라 하고 통제거리에서 오염물의 포착속도를 통제속도(control velocity,

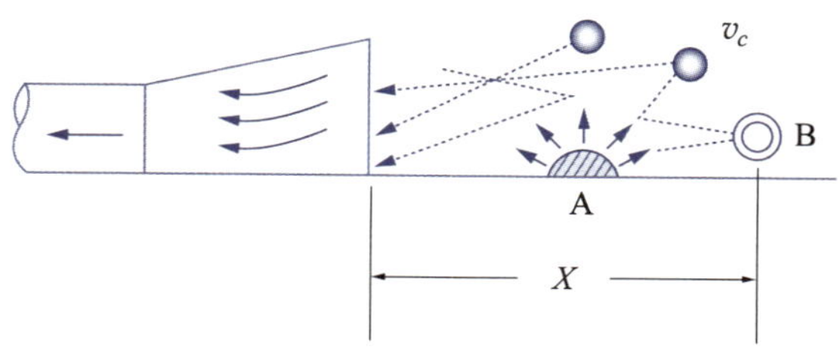


**그림 2-5** 포착점과 제어속도

$v_c$) 또는 제어속도라 한다. 또 통제속도가 미치는 범위에서 공기 겉표면적을 통제면적(control area, $A_c$)이라 하는데 흡인유량(송풍량, $Q$)과의 관계는 식 (2-2)와 같다.

$$Q = A_c v_c \tag{2-2}$$

### (3) 후드의 송풍량

후드의 송풍량은 아래 식으로 구할 수 있다.

① Della valle 식

$$\frac{Y}{100 - Y} = \frac{0.1A}{X^2} \tag{2-3}$$

여기서 $Y$ : 속도비 $\left[\frac{\text{통제속도}(v_c)}{\text{개구면에서의 유속}(v)} \times 100\right]$

$X$ : 통제거리(후드 개구면에서 오염원까지의 거리, m)

$A$ : 후드의 개구면적 $[\mathrm{m}^2]$

② Hemeon 식

후드의 모양이 길이와 폭이 3 : 1인 장방형(직사각형) 또는 원형인 경우 후드로 유입되는 흐름이 방해를 받지 않는다고 가정했을 때 송풍량을 구하는 식을 Hemeon 식이라 한다.

$$Q = A_c v_c = (10X^2 + A) v_c \ [\mathrm{m^3/sec}]$$

여기서 $A_c$ : 통제면적

$v_c$ : 통제(제어)속도

시판되는 송풍기의 송풍량은 $\mathrm{m^3/min}$으로 표시하므로 상기의 식을 분당 송풍량으로 표시하면 식 (2-4)와 같이 쓸 수 있다.

$$Q = 60A_c v_c = 60(10X^2 + A) v_c \ [\mathrm{m^3/min}] \tag{2-4}$$

표 2-2는 Hemeon 식을 각종 후드에 적용하여 유도한 송풍량 계산식이다.

**표 2-2 각종 후드의 송풍량 계산식**

| 후드 종류 | 그림 | 송풍량 $Q$ [m³/min] |
|---|---|---|
| 포집형(부스) 후드 (오염물질이 후드 내부에 있는 경우) | 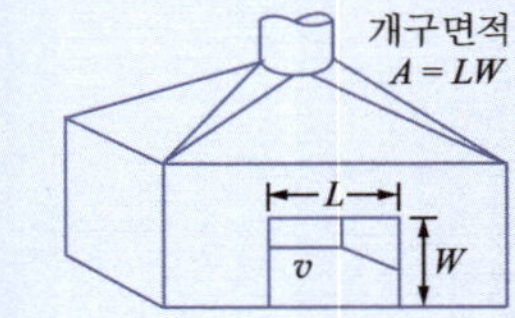 | $Q=60Av=60LWv$ |
| 외부식 후드 (플랜지 미부착형) | 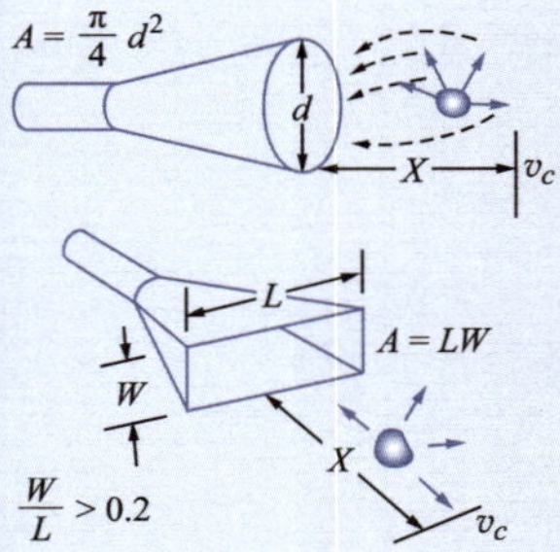 | $Q=60v_c(10X^2+A)$ |
| 외부식 후드 (바닥, 테이블, 벽에 붙인 플랜지 미부착형) | 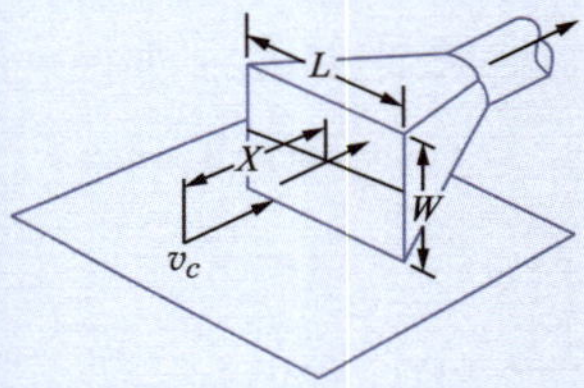 | $Q=60v_c(5X^2+A)$ |
| 외부식 후드 (플랜지부착형) | 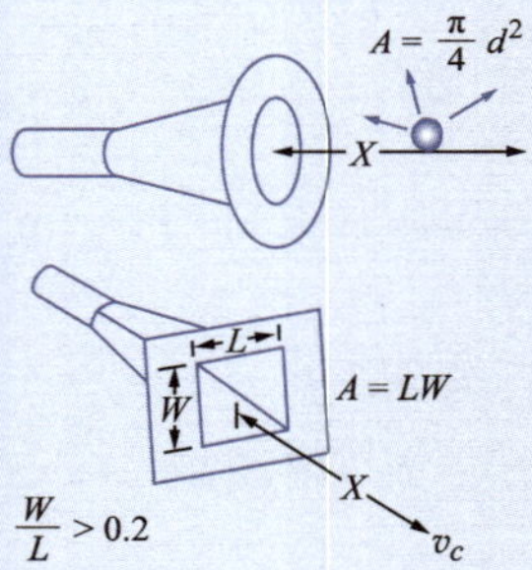 | $Q=0.75\times 60v_c(10X^2+A)$ |
| 외부식 후드 (플랜지부착 작업대형) | 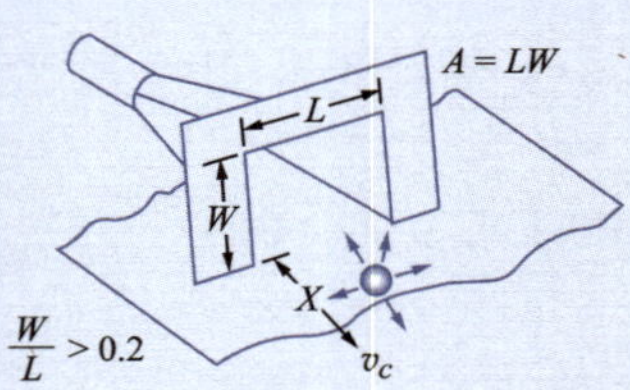 | $Q=0.5\times 60v_c(10X^2+A)$ |

**Example 2-1**

원형 후드를 통하여 0.92 m³/sec로 공기를 흡인하는 경우 지름 0.3 m의 후드 개구면에서 0.6 m 떨어진 곳에서 공기흡인유속은 몇 m/sec인가?

**풀이**

$$X = 0.6\ \mathrm{m}, \qquad A = \pi r^2 = 3.14 \times \left(\frac{0.3}{2}\right)^2 = 0.071\ \mathrm{m}^2, \qquad v_c = ?$$

Della valle 식 $\dfrac{Y}{100 - Y} = \dfrac{0.1A}{X^2} = \dfrac{0.1 \times 0.071}{0.6^2}, \qquad Y = 1.97$

$$Y = \frac{v_c}{v} \times 100 = \frac{v_c}{\frac{Q}{A}} \times 100$$

$$\therefore\ v_c = \frac{YQ}{100A} = \frac{1.97 \times 0.92[\mathrm{m}^3/\mathrm{sec}]}{100 \times 0.071[\mathrm{m}^2]} = 0.26\ \mathrm{m/sec}$$

**Example 2-2**

작업대 위에서 용접을 할 때 흄을 포집·제거하기 위해 작업면 위에 플랜지가 붙은 외부식 후드를 설치하였다. 개구면에서 포착점까지의 거리가 0.25 m, 제어속도가 0.5 m/sec, 그리고 후드 개구면적이 0.5 m²일 때 요구되는 송풍량(m³/min)은 얼마인가? 만약 상기의 조건에서 플랜지가 없을 경우 요구되는 송풍량(m³/min)은 얼마인가?

**풀이** $v_c = 0.5\ \mathrm{m/sec}, \qquad X = 0.25\ \mathrm{m}, \qquad A = 0.5\ \mathrm{m}^2$

1) 플랜지가 붙은 외부식 후드

$$Q = 0.5 \times 60 v_c (10X^2 + A) = 0.5 \times 60 \times 0.5 \times (10 \times 0.25^2 + 0.5) = 16.9\ \mathrm{m}^3/\mathrm{min}$$

2) 플랜지가 없는 외부식 후드

$$Q = 60 v_c (5X^2 + A) = 60 \times 0.5 \times (5 \times 0.25^2 + 0.5) = 24.4\ \mathrm{m}^3/\mathrm{min}$$

### (4) 후드의 재질

후드의 재질은 대기오염물질의 물리·화학적 성질, 후드에 가해지는 압력과 후드의 크기를 고려하여 선택하여야 한다. 산과 알칼리 등 부식성이 있는 대기오염물질이 포함되어 있는 경우에는 내식성 재료를 사용하여야 하며 금속가루 등 마모성이 큰 분진이 포함되어 있는 오염공기를 흡입할 경우에는 내마모성 재료를 사용하여야 한다. 또 후드의 사이즈가 클 때는 보강재를 사용하거나 두꺼운 재료를 사용하여야 한다. 후드 제작 시 사용되는 재료는 아연도금강판(함석), 스테인리스강[stainless steel(STS), 일본공업규격(Japanese Industrial Standards, JIS)에서는 SUS(steel use stainless)이라고 함], PVC(Polyvinyl chloride), 섬유강화플라스틱(fiber-reinforced plastic, FRP) 등을 사용하며 재료의 두께는 보통 0.8~4.5 mm 정도이다.

## (5) 후드의 압력손실

### 1) 표준공기

온도 20℃, 1기압(760 mmHg), 습도 65 % 상태인 공기를 표준공기라 하며 국소배기에서는 특별히 주어진 조건이 없을 경우 표준공기를 기준으로 설계를 하는데 표준공기의 비중량($\gamma$)은 1.2 Kg/m$^3$이다. 표준공기는 20℃, 1기압 (760 mmHg), 습도 65 %인 공기를 의미하며, 표준상태의 공기란 0℃, 1기압에서 공기를 의미하므로 표준공기와 표준상태에서의 공기를 혼동하여서는 아니 된다.

### 2) 풍압

국소배기장치에서 풍압은 대기압을 기준으로 대기압보다 높을 때는 양압(+, positive pressure) 낮을 때를 음압(−, negative pressure)이라 하고 압력의 단위는 mmH$_2$O(또는 Kg/m$^2$)를 사용한다. U자관 마노미터의 봉입액으로 물을 사용할 경우 공기의 압력은 물의 높이인 mmH$_2$O로 표시하는데 이것을 수두(water head)라고 한다. 1 Kg/m$^2$의 압력을 물의 높이(수두)로 나타내면 1 mmH$_2$O(mmAq)이다.

### 3) 풍압의 종류

#### ① 정압(static pressure, $P_s$)

풍선에 기체를 불어 넣으면 기체는 압력을 가지고 있지만 기체가 움직이지는 않고 정지하고 있는데 이와 같이 기체가 움직이지는 않지만 압력을 가지고 있는 것을 정압(靜壓, static pressure)이라고 한다. 풍선 안의 압력이 대기압보다 높을 때는 양압[positive pressure, 또는 정압(正壓)], 낮을 때는 음압[negative pressure, 또는 부압(負壓)]이라 한다. 풍선 내의 압축된 기체는 모든 방향으로 동일하게 압력이 미치는데 이와 같이 정압은 모든 방향으로 동일하게 압력이 미친다.

#### ② 속도압(동압, velocity pressure, $P_v$)

기체가 움직일 때는 기체가 가지고 있는 속도 때문에 운동에너지를 가지게 되는데 이 운동에너지는 압력을 발생시킨다. 기체의 속도에 의하여 발생되는 압력을 속도압(速度壓) 또는 동압(動壓)이라 한다. 속도압은 기체가 이동하는 방향으로만 압력을 미치며 다른 방향으로는 압력이 미치지 않는다.

$$P_v = \frac{\gamma v^2}{2g}$$

여기서 $P_v$ : 속도압 [mmH$_2$O 또는 Kg/m$^2$]

$\gamma$ : 공기의 비중량 [Kg/m$^3$]
$v$ : 기체의 유속 [m/sec]
$g$ : 중력가속도 [9.8 m/sec$^2$]

환기 및 통풍에서는 처리대상공기를 표준공기(20℃, 1 atm)라고 가정하는데 표준공기의 비중량($\gamma$)은 1.2 Kg/m$^3$, 중력가속도는 9.8 m/sec$^2$이므로 이것을 상기 식에 대입하면 식 (2-5)와 같다.

$$P_v = \frac{\gamma v^2}{2g} = \left[\frac{1.2\ \mathrm{Kg/m^3} \times (v\ \mathrm{m/sec})^2}{2 \times 9.8\ \mathrm{m/sec^2}}\right] = \left(\frac{v}{4.04}\right)^2 [\mathrm{Kg/m^2}] \quad (2\text{-}5)$$

만약 기체를 불어 넣어 팽팽한 풍선을 바늘로 찌르면 구멍으로 기체가 속도를 가지고 새어 나오는데 이것은 정압이 속도압으로 변하기 때문이다. 이와 같이 정압과 속도압은 상호 에너지 교환이 가능하다.

③ **전압**(total pressure, $P_t$)

기체가 관(pipe) 내를 흐를 경우 기체가 가지고 있는 압력에너지는 정압과 속도압이며 이 두 가지 압력의 합이 전압(全壓)이다.

$$P_t = P_s + P_v \quad (2\text{-}6)$$

관(pipe) 내를 흐르는 기체의 정압과 속도압은 상호 에너지 교환이 가능하므로 유속이 빨라지면 속도압은 증가하고 정압은 낮아지며 반대로 유속이 늦어지면 속도압은 작아지고 정압은 증가한다.

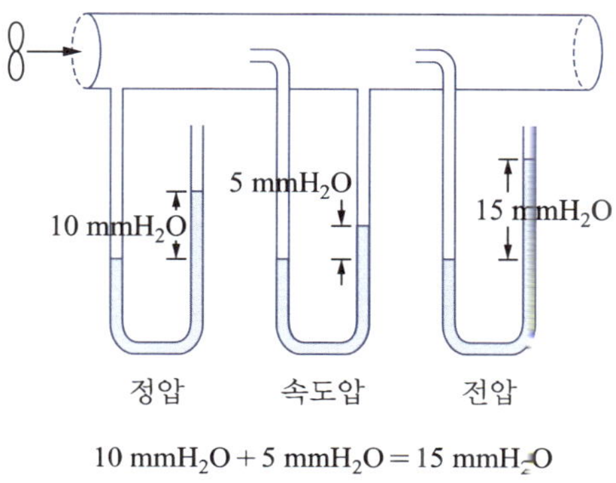


**그림 2-6 정압, 속도압(동압) 및 전압**

### 4) 후드의 압력손실(pressure loss, $\Delta P$)

오염공기가 후드나 송풍관 내를 이동할 때 후드나 송풍관 재질의 요철 때문에 오염공기의 흐름이 방해를 받는데 이것을 마찰저항(frictional resistance)이라 한다. 이 마찰저항 때문에 압력에너지가 감소되므로 마찰저항은 압력손실 형태로 나타난다. 그림 2-7은 후드에서 발생되는 압력손실을 나타낸 것이다.

그림 2-7에서 후드의 전단 외부(1위치)에서의 정압을 $P_{s_1}$, 속도압을 $P_{v_1}$, 전압을 $P_{t_1}$이라 하고 후드 바로 후면(2위치)에서의 정압을 $P_{s_2}$, 속도압을 $P_{v_2}$, 전압을 $P_{t_2}$라 하면 후드에 의한 압력손실은 1위치와 2위치에서 전압의 차이로 나타난다.

$$\Delta P = P_{t_1} - P_{t_2} \tag{2-7}$$

1위치 즉, 후드 전단부는 외부이기 때문에 오염공기의 흐름이 없는 대기압인 상태이므로 정압 $P_{s_1}$, 속도압 $P_{v_1}$, 전압 $P_{t_1}$은 모두 0 $mmH_2O$이다.

그러므로 식 (2-7)은 다음과 같이 된다.

$$\Delta P = 0 - P_{t_2} \tag{2-8}$$

정압과 속도압의 합이 전압($P_s + P_v = P_t$)이므로 1위치에서 압력손실은

$$\Delta P = -P_{t_2} = -(P_{s_2} + P_{v_2}) \tag{2-9}$$

압력손실은 식 (2-10)과 같이 압력손실계수(압손계수, $F$)와 속도압의 곱이다.

$$\Delta P = FP_{v_2} \tag{2-10}$$

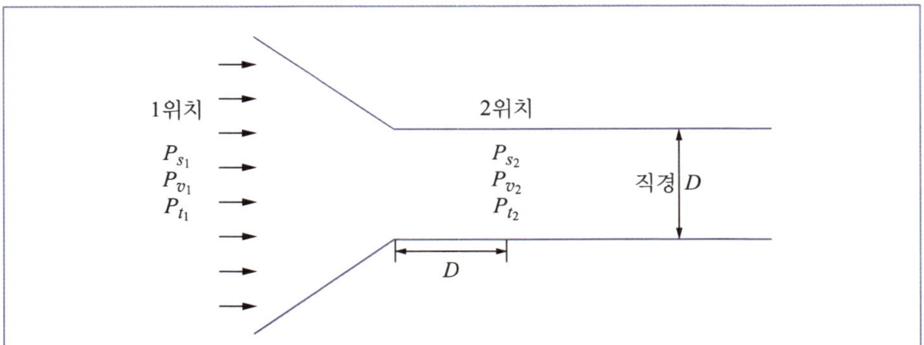


**그림 2-7** 후드에서 발생되는 압력손실

압력손실계수($F$)는 후드의 유입계수(coefficient of entry, $C_e$)로 계산할 수 있는데 유입계수는 후드로 유입된 기체의 정압 중 얼마가 속도압으로 변화되었는지를 나타내는 것으로 유입계수가 크다는 것은 정압이 속도압으로 많이 변하였다는 것을 의미한다. 식 (2-11)에서 정압이 (−)인 것은 후드는 모두 압입형이 아니라 흡입형이기 때문이며, $P_{s_2}$가 (−) 값이므로 $-P_{s_2}$의 값은 결국 (+)가 된다.

$$C_e = \sqrt{\frac{P_{v_2}}{-P_{s_2}}} \tag{2-11}$$

압력손실계수($F$)와 유입계수($C_e$)의 관계는 식 (2-12)와 같다.

$$F = \frac{1-{C_e}^2}{{C_e}^2} \tag{2-12}$$

압력손실계수($F$)를 전혀 모르는 경우에는 $F=1.0$이라고 가정하고 압력손실($\Delta P$)을 구한다.

**Example 2-3**

그림 2-7에서 $P_{v_2}=20\ \text{mmH}_2\text{O}$, $P_{s_2}=-25\ \text{mmH}_2\text{O}$, 송풍관의 단면적 $A=314\ \text{cm}^2$라면 $\Delta P\ [\text{mmH}_2\text{O}]$, 송풍관의 풍속 $v$ [m/sec]과 송풍량 $Q\ [\text{m}^3/\text{min}]$은 각각 얼마인가?

**풀이**

1) $\Delta P = F \cdot P_{v_2}$, $\quad F = \dfrac{1-{C_e}^2}{{C_e}^2} = \dfrac{1-0.9^2}{0.9^2} = 0.2346$

$$C_e = \sqrt{\frac{P_{v_2}}{-P_{s_2}}} = \sqrt{\frac{20}{-(-25)}} = 0.9$$

$$\therefore\ \Delta P = F \cdot P_{v_2} = 0.2346 \times 20 = 4.7\ \text{mmH}_2\text{O}$$

2) $P_v = \dfrac{\gamma v^2}{2g}\quad \therefore\ v = \sqrt{\dfrac{2gP_v}{\gamma}} = \sqrt{\dfrac{2\times 9.8\times 20}{1.2}} = 18.1\ \text{m/sec}$

3) $Q = 60Av$

$$A = \frac{314\ \text{cm}^2}{} \left| \frac{(1\ \text{m})^2}{(100\ \text{cm})^2} \right. = 0.0314\ \text{m}^2$$

$$\therefore\ Q = 60Av = 60 \times 0.0314 \times 18.1 = 34.1\ \text{m}^3/\text{min}$$

### (6) 후드의 흡인요령

후드에 흡인되는 잉여공기량이 적을수록 오염물의 포착효율이 높고 소요동력이 적어져 경제적이므로 후드의 흡인요령은 매우 중요하며 다음과 같은 방법으로 흡인한다.

① 가능한 한 후드를 오염발생원에 접근시킨다.

② 오염발생원만을 국부적으로 처리하는 국부흡인방식을 취하여 적은 흡인량으로 충분한 포착속도를 갖도록 한다. 이를 위해서는 후드의 개구면적을 작게 하여 충분한 포착속도를 유지시킨다.

③ 기류의 흐름과 장해물의 영향을 고려한다(air certain 사용 등).

④ 송풍기의 용량에 여유를 둔다.

## 2. 송풍관(duct)

오염공기를 후드에서 대기오염방지시설까지 운반하는 관(pipe)을 송풍관이라 한다.

### (1) 반송속도(transpotation velocity, $v_t$)

반송속도는 송풍관 내를 이동하는 먼지 등 입자상오염물질이 송풍관 내에서 퇴적이 되지 않도록 하기 위한 최소속도를 말한다. 반송속도가 너무 빠르면 압력손실이 증가하여 동력비가 상승되고 너무 느리면 분진이 송풍관 내에 퇴적되어 송풍관이 막히므로 적당한 반송속도가 유지되어야 한다. 만약 반송속도가 다른 2개의 송풍관이 하나의 송풍관으로 합류되는 경우, 합류 후의 반송속도는 합류하기 전 반송속도가 큰 송풍관의 반송속도를 유지하도록 설계하여야 한다. 표 2-3은 대략적인 대기오염물질의 송풍관 내에서 반송속도를 나타낸 것이다.

표 2-3 각종 대기오염물질의 반송속도 [m/sec]

| 유해물질 발생형태 | 유해물질 종류 | 반송속도 |
|---|---|---|
| 가스, 증기, 미스트 | 각종 가스, 증기, 미스트(mist) | 5.0～10.0 |
| 흄, 매우 가벼운 건조분진 | 각종 금속 흄(fume), 면 등 미세한 분진 | 10.0 |
| 가벼운 건조한 분진이나 분말 | 원면, 플라스틱, 곡물분진, 동물털 분진 | 15.0 |
| 일반 공업분진 | 나무부스러기, 대패부스러기, 그라인더 분진, 금속분말, 모직물분진, 실리카, 주물분진, 석면분진 등 | 20.0 |
| 무거운 분진 | 납분진, 주물사 등 | 25 |
| 무겁고 습한 분진 | 습한 납분진, 주물사, 요업재료 등 | 25 이상 |

그러나 미산업위생학회(American Conference of Governmental Industrial hygienists, ACGIH)에서는 반송속도를 10 ~ 15 m/sec로 권장하고 있다.

### (2) 치수 결정

송풍관의 모양은 원형이나 장방형(사각형)으로 제작하는데, 장방형은 단면적이 동일한 원형보다 압력손실이 약 20 % 정도 더 크므로 제작비도 비싸고 내부 청소가 불편하며 동력비도 많이 소요된다. 그러므로 가능하면 원형으로 제작하는 것이 원칙이지만 설치 공간 등을 고려하여 부득이 한 경우에만 장방형으로 제작한다.

#### 1) 원형송풍관의 직경 및 단면적

송풍관의 송풍량은 단면적과 반송속도를 곱한 값이다.

$$Q = 60 A v_t \tag{2-13}$$

여기서 $Q$ : 송풍량 [m$^3$/min]
$A$ : 송풍관의 단면적 [m$^2$]
$v_t$ : 반송속도 [m/sec]

송풍관의 직경을 $D$라 하면 단면적 $A$는 식 (2-14)와 같다.

$$A = \pi r^2 = \pi\left(\frac{D}{2}\right)^2, \qquad D = \sqrt{\frac{4A}{\pi}} \tag{2-14}$$

여기서 $A$ : 송풍관 단면적 [m$^2$]
$r$ : 송풍관의 반경 [m]
$D$ : 송풍관의 직경 [m]

#### 2) 장방형 송풍관의 두 변의 길이

장방형 송풍관의 경우 두 변의 길이를 동일하게 하는 것이 가장 좋다. 그러나 설치 공간에 따라 두 변의 길이를 같게 하는 것이 불가능할 경우에는 짧은 변($l_1$)과 긴 변($l_2$)의 길이비($l_1 : l_2$)를 1 : 2로 하는 것이 표준법이며, 가능하면 1 : 4 이하로 한다. 즉 긴 변의 길이가 짧은 변 길이의 4배를 초과하지 않아야 한다.

$$1 \leqq C \leqq 4 \tag{2-15}$$

여기서 $l_1$ : 짧은 변의 길이 [m]

$l_2$ : 긴은 변의 길이 [m]

$C$ : 길이비($l_2/l_1$)

**Example 2-4**

송풍량이 45 $m^3$/min이고 반송속도가 15 m/sec이며 짧은 변($l_1$)과 긴 변($l_2$)의 길이비 ($l_1 : l_2$)를 1 : 1 또는 1 : 3로 할 때 장방형 송풍관의 두 변의 길이를 구하시오.

**풀이** $Q = 60Av_t$, $45\ \mathrm{m^3/min} = 60 \times A \times 15\ \mathrm{m/sec}$, $A = 0.05\ \mathrm{m}^2 = 500\ \mathrm{cm}^2$

1) 길이비가 1 : 1일 때 한 변의 길이를 $l$이라 하면

$A = l^2 = 500\ \mathrm{cm}^2$, $l = 22.4\ \mathrm{cm}$

2) 길이비가 1 : 3인 경우 장방형의 짧은 변을 $l_1$[cm], 긴 변을 $l_2$[cm]라 하면

$l_2 = 3l_1$, $A = l_1 l_2 = 3l_1^2$, $500\ \mathrm{cm}^2 = 3l_1^2$

$l_1 = 12.9\ \mathrm{cm}$, $l_2 = 3l_1 = 3 \times 12.9\ \mathrm{cm} = 38.7\ \mathrm{cm}$

### (3) 송풍관의 압력손실

송풍관의 압력손실은 후드에서와 마찬가지로 압력손실이 발생하기 전인 전단부(1위치)와 압력손실이 발생한 후단부(2위치)에서 측정한 전압차를 의미한다.

$$\Delta P = P_{t_1} - P_{t_2} = (P_{s_1} + P_{v_1}) - (P_{s_2} + P_{v_2}) \qquad (2\text{-}16)$$

여기서 $P_{t_1}$, $P_{t_2}$ : 단면 1, 2에서의 전압 [$mmH_2O$]

$P_{s_1}$, $P_{s_2}$ : 단면 1, 2에서의 정압 [$mmH_2O$]

$P_{v_1}$, $P_{v_2}$ : 단면 1, 2에서의 속도압 [$mmH_2O$]

$\Delta P$ : 단면 1과 2위치 사이에서 발생한 압력손실 [$mmH_2O$]

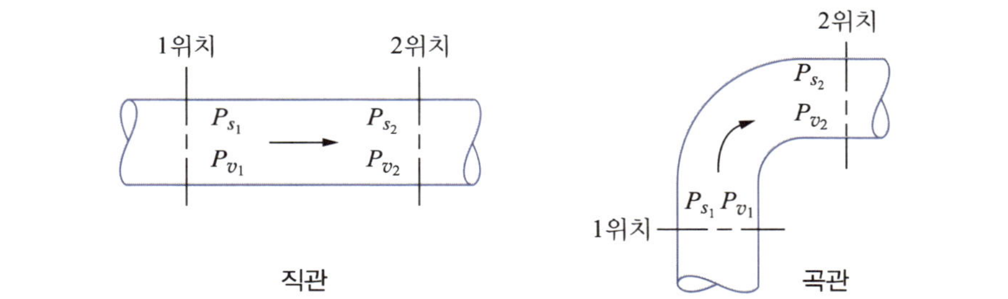


**그림 2-8** 송풍관의 압력손실

**Example 2-5**

그림 2-8과 같은 송풍관에서 $P_{s_1} = -30$ mmH₂O, $P_{v_1} = 20$ mmH₂O이고 $P_{s_2} = -26$ mmH₂O, $P_{v_2} = 15$ mmH₂O일 때 압력손실 $\Delta P$은 몇 mmH₂O인가?

**풀이** $\Delta P = (P_{t_1} - P_{t_2}) = (P_{v_1} + P_{s_1}) - (P_{v_2} + P_{s_2}) = (20-30)-(15-26)$

$\therefore\ \Delta P = 1\ \mathrm{mmH_2O}$

### 1) 압입식 송풍관

그림 2-9와 같이 압입식 송풍관에서는 송풍관 전단브에서 송풍기가 오염공기에 압력을 가하여 송풍관으로 주입시키므로 정압($P_s$)이 양압(+)이고 오염공기가 속도를 가지고 이동하므로 속도압($P_v$)도 양압(+)이 되겨 정압과 속도압의 합인 전압($P_t$)도 양압(+)이 된다. 압입식 송풍관에서 송풍관 내의 오염공기가 흐르지 않고 머물러 있다면 유속($v$)이 0이 되어 식 (2-5)에 의하여 속도압($P_v$)은 0이 된다.

$$P_v = \frac{\gamma v^2}{2g} = \left(\frac{v}{4.04}\right)^2 \ [\mathrm{Kg/m^2}\ 또는\ \mathrm{mmH_2O}] \tag{2-5}$$

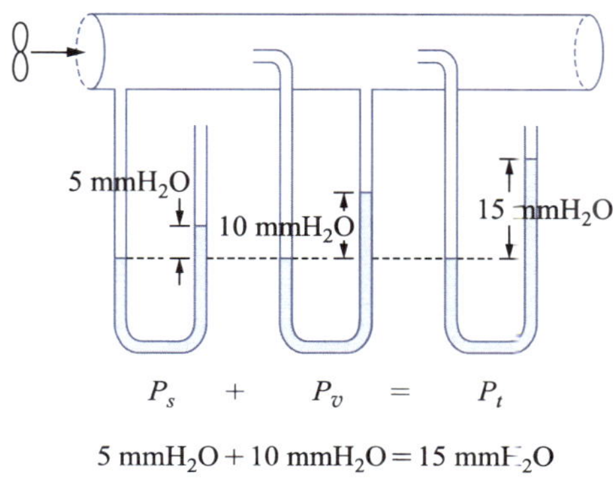


**그림 2-9** 압입식 송풍관

### 2) 흡입식 송풍관

그림 2-10과 같이 흡입식 송풍관에서는 송풍관 후단부에서 송풍기가 오염공기를 흡입하므로 송풍관에서 정압($P_s$)은 음압(−)이고 오염공기가 속도를 가지고 이

동하므로 속도압($P_v$)은 양압(+)이 되며 정압과 속도압의 합인 전압($P_t$)은 양압(+)도 될 수 있고 음압(−)도 될 수 있다. 흡입식 송풍관에서 송풍관 내의 오염공기가 흐르지 않고 머물러 있다면 유속($v$)이 0이 되어 식 (2-5)에 의하여 속도압($P_v$)은 0이 된다.

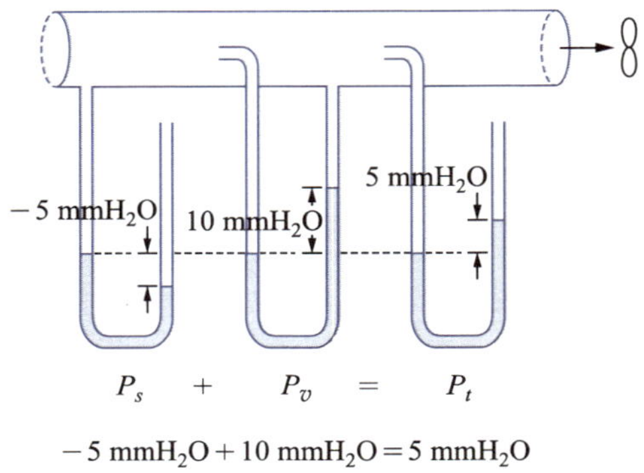


**그림 2-10 흡입식 송풍관**

### 3) 송풍관의 형상변화

그림 2-11과 같이 송풍관의 단면적이 확대 또는 축소될 경우 형상변화에 의하여 압력손실이 발생하는데 이 때 압력손실은 속도압의 차(같은 유량이 흐를 경우 송풍관의 직경이 작아 유속이 빠르면 속도압이 크고 직경이 커서 유속이 느리면 속도압이 작아짐)에 압력손실계수($F$)를 곱하여 구한다.

**① 송풍관이 축소될 경우**

$$\Delta P = F(P_{v_2} - P_{v_1}), \qquad P_{v_1} < P_{v_2} \tag{2-17}$$

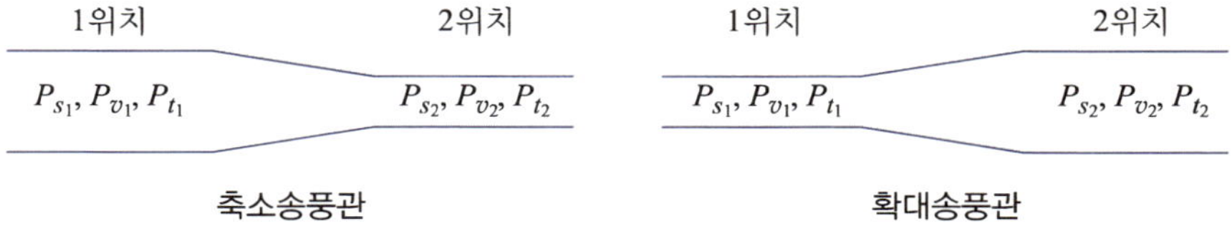


**그림 2-11 송풍관의 단면적 축소 및 확대에 의한 압력손실**

② **송풍관이 확대될 경우**

$$\Delta P = F(P_{v_1} - P_{v_2}), \qquad P_{v_1} > P_{v_2} \tag{2-18}$$

③ **곡관 송풍관(curved duct)**

송풍관의 곡관(band) 부분을 오염공기가 지나갈 대 방향 전환을 위한 에너지가 필요하므로 곡관에서 압력손실이 발생한다. 원형 송풍관에서 구부러진 송풍관의 중심선에서의 반경($r$)을 송풍관의 직경($D$)으로 나눈 값을 곡률($r/D$)이라 하는데 곡률이 작을수록 즉, 송풍관의 굽은 각도가 클수록 압력손실계수 $F$는 커진다. 표 2-4와 표 2-5는 원형과 장방형 송풍관 밴드의 곡률에 의한 압력손실계수를 나타낸 것이다.

**표 2-4 원형 송풍관 밴드의 압력손실계수**

| 곡률($r/D$) | 압력손실계수($F$) |
|---|---|
| 0.50 | 1.2 |
| 0.75 | 1.0 |
| 1.00 | 0.8 |
| 1.25 | 0.55 |
| 1.50 | 0.39 |
| 1.75 | 0.32 |
| 2.00 | 0.27 |
| 2.25 | 0.26 |
| 2.50 | 0.22 |
| 2.70 | 0.26 |

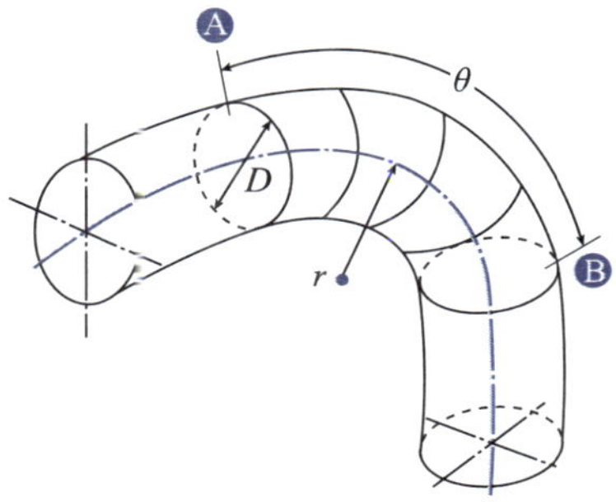


**표 2-5 장방형 송풍관 밴드의 압력손실계수**

| 곡률($r/a$) \ $a/b$ | 압력손실계수($F$) | | | | | |
|---|---|---|---|---|---|---|
| | 4 | 2 | 1 | 1/2 | 1/3 | 1/4 |
| 0.0 | 1.50 | 1.32 | 1.15 | 1.04 | 0.92 | 0.86 |
| 0.5 | 1.36 | 1.21 | 1.05 | 0.95 | 0.84 | 0.79 |
| 1.0 | 0.45 | 0.28 | 0.21 | 0.21 | 0.20 | 0.19 |
| 1.5 | 0.28 | 0.18 | 0.13 | 0.13 | 0.12 | 0.12 |
| 2.0 | 0.24 | 0.15 | 0.11 | 0.11 | 0.10 | 0.10 |
| 3.0 | 0.24 | 0.15 | 0.11 | 0.11 | 0.10 | 0.10 |

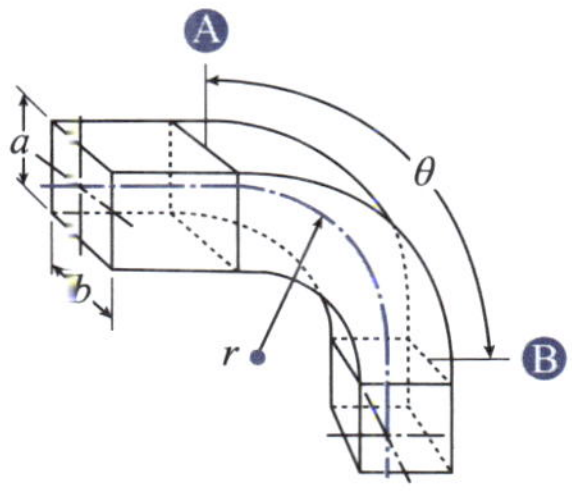

#### ④ 단면적이 동일한 송풍관

송풍관 단면적이 동일할 경우 오염공기가 누설되거나 합류되는 부분이 없다면 유속은 동일하다. 그러므로 $P_{v_1} = P_{v_2}$가 되어 압력손실은 식 (2-19)와 같다.

$$\Delta P = FP_{v_1} = FP_{v_2} \tag{2-19}$$

여기서 $F$ : 압력손실계수

**Example 2-6**

그림 2-8과 같이 송풍관의 직경이 동일할 경우 $P_{s_1} = -30\ \text{mmH}_2\text{O}$, $P_{v_1} = P_{v_2} = 20\ \text{mmH}_2\text{O}$이고 $P_{s_2} = -35\ \text{mmH}_2\text{O}$일 때 압력손실 $\Delta P$은 몇 $\text{mmH}_2\text{O}$인가? 또 압력손실계수 $F$의 값은 얼마인가?

**풀이** $\Delta P = (P_{t_1} - P_{t_2}) = (P_{v_1} + P_{s_1}) - (P_{v_2} + P_{s_2}) = (20-30) - (20-35) = 5\ \text{mmH}_2\text{O}$

$\Delta P = FP_{v_1} = FP_{v_2}$ $\quad 5 = F \times 20$ $\quad \therefore F = 0.25$

단면적이 동일하고 길이가 $l$인 직선 원형송풍관의 압력손실은 그림 2-12의 압력손실 계산도를 이용하여 단위길이(1 m)의 압력손실($P_{RU}$)을 구하고 여기에 송풍관의 총 길이 $l$을 곱하여 전체 압력손실($\Delta P$)을 구할 수 있다. 그림 2-12는 단면적이 동일한 직선 원형송풍관의 압력손실, 송풍량, 반송속도 및 직경 사이의 관계를 그림으로 나타낸 것이다.

$$\Delta P = \Delta P_U \times l \tag{2-20}$$

여기서 $\Delta P$ : 단면적이 동일한 직선 원형송풍관의 전체 압력손실

$\Delta P_U$ : 단면적이 동일한 직선 원형송풍관의 단위길이(1 m)당 압력손실

**Example 2-7**

단면적이 동일한 직선 원형송풍관 내를 송풍량 $40\ \text{m}^3/\text{min}$, 반송속도 20 m/sec로 오염공기가 흐르고 있을 때 길이 $l = 13.5$ m인 송풍관의 압력손실 $\Delta P$을 압력손실 계산도를 사용하여 구하시오.

**풀이** 그림 2-12 $y$축에서 송풍량 $40\ \text{m}^3/\text{min}$와 반송속도 20 m/sec의 교점에서 $x$를 읽어주면 단위길이(1 m)당 압력손실 $\Delta P_U$는 $3.3\ \text{mmH}_2\text{O/m}$이다. 식 (2-20)에 의하여 총 압력손실 $\Delta P = 3.3\ \text{mmH}_2\text{O/m} \times 13.5\ \text{m} = 44.55\ \text{mmH}_2\text{O}$

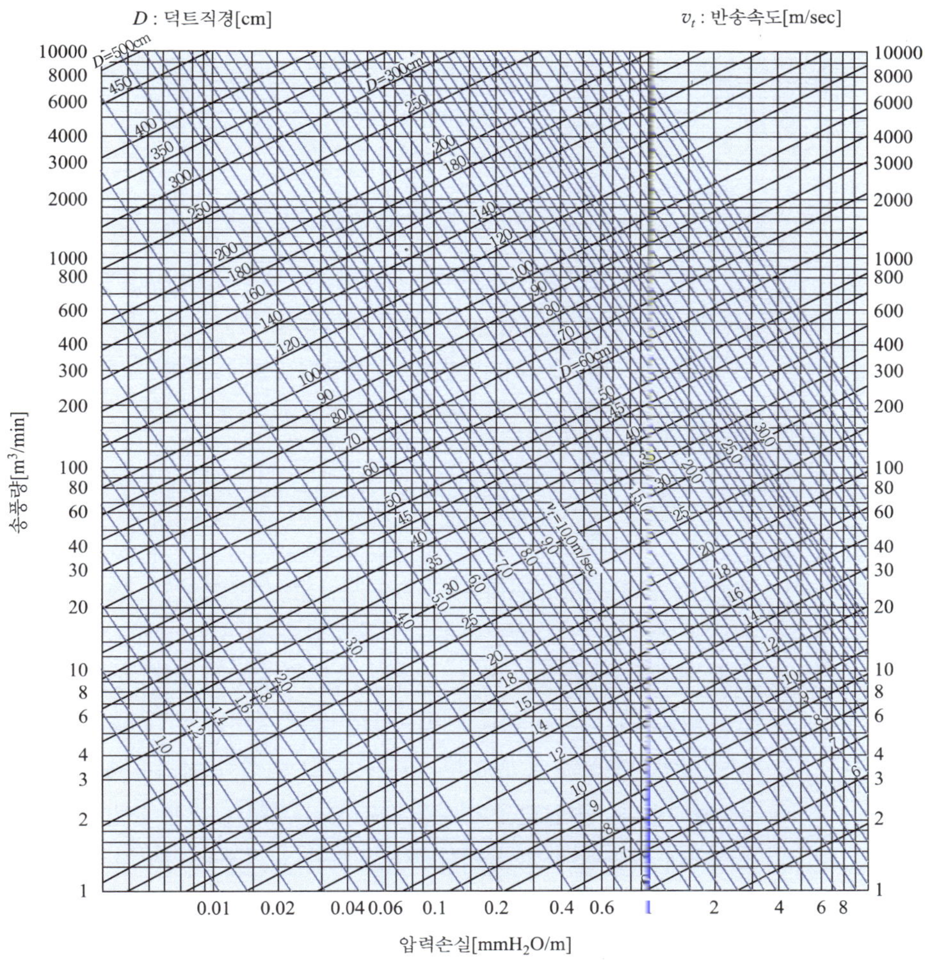


**그림 2-12** 단면적이 동일한 직선 원형송풍관의 압력손실($\Delta P$) 계산도

### ⑤ 압력손실 계산

직선 원형 송풍관의 압력손실은 그림 2-12의 도표를 이용하여 구할 수도 있고 식 (2-21)의 Fanning 식을 사용하여 계산할 수도 있다.

$$\Delta P = FP_v = 4f \cdot \frac{l}{D} \cdot \frac{\gamma v_t^2}{2g} \tag{2-21}$$

여기서 $\Delta P$ : 송풍관의 압력손실 [$mmH_2O$]

$f$ : 송풍관 마찰계수, 보통 함석이나 강판일 경우 0.005

$l$ : 송풍관 길이 [m]
$D$ : 송풍관 직경 [m]
$v_t$ : 반송속도 [m/sec]
$\gamma$ : 공기 비중량 [1.2 Kg/m$^3$]
$g$ : 중력가속도 [9.8 m/sec$^2$]
$P_v$ : 속도압 [mm$H_2O$ 또는 Kg/m$^2$]

송풍관이 원형이 아니고 두 변의 길이가 각각 $a$, $b$인 장방형(사각형)일 경우 직경 $D$ 대신 상당직경(equivalent diameter) $D_e$를 사용한다. 장방형 송풍관의 상당직경은 식 (2-22)와 같으며, 상당직경을 수력학적 직경 또는 수력직경(hydraulic diameter, $D_h$)이라고도 한다.

$$D_e = 4 \times \frac{\text{유로의 단면적}}{\text{유로가 접한 길이}} = 4 \times \frac{ab}{2a+2b} = \frac{2ab}{(a+b)} \tag{2-22}$$

장방형 송풍관의 단면적은 가로와 세로의 길이를 곱한 값($A = ab$)이다. 원형 송풍관에서는 기류의 반송속도가 송풍관의 단면적 전체에서 거의 비슷하지만 장방형 송풍관의 경우에는 모서리 부분에서는 기류가 거의 흐르지 않으므로(dead zone) 기류가 흐르는 송풍관의 실제 단면적은 가로와 세로 길이를 곱한 계산상 단면적($A = ab$)보다 더 작아 실제 반송속도는 계산상 반송속도보다 더 빨라진다. 이와 같은 현상을 보정하기 위하여 같은 유량, 같은 송풍관 길이에 대해 같은 압력손실을 나타내는 원관의 직경을 상당직경으로 하는 방법이 고안되었다. 즉 dead zone을 반영하지 않은 상당직경을 구하는 식이 (2-22) 식이고 dead zone을 반영한 상당직경을 구하는 식이 (2-23) 식이다. 그러므로 장방형 송풍관의 상당직경을 계산할 때에는 (2-23) 식을 사용하는 것이 더 정확하다. Dead zone 때문에 식 (2-22)로 계산한 상당직경보다 식 (2-23)으로 계산한 상당직경이 약 1.1～1.2배 정도 더 크다.

$$D_e = 1.3 \frac{(ab)^{0.625}}{(a+b)^{0.25}} \tag{2-23}$$

Martin Crawford는 $D_e = 1.266 \dfrac{(ab)^{0.6}}{(a+b)^{0.2}}$ 를 유도하였는데, 이 식은 식 (2-23) 결과와 거의 차이가 없다.

상당직경에 대한 식 중에 (2-22) 식은 관내를 액체가 흐르고 있을 경우나 기체일 경우에는 층류일 때 사용하며 (2-23) 식은 기체가 난류로 흐르고 있을 때에 사용한다.

작업환경이 변하여 송풍량이 $Q_1$에서 $Q_2$로 바뀔 경우 유속이 변하므로 속도압이 변하고 아울러 압력손실도 변한다. 송풍량 $Q_1$일 때 압력손실을 $\Delta P_1$, 송풍량 $Q_2$일 때 압력손실을 $\Delta P_2$라 하면 $Q$는 반송속도($v_t$)에 비례하고 압력손실($\Delta P$)은 반송속도의 제곱에 비례하므로 다음과 같은 관계가 성립된다.

$$Q = Av_t, \qquad v_t = \frac{Q}{A}, \qquad \Delta P = FP_v = F\frac{\gamma v_t^2}{2g} = F\frac{\gamma\left(\frac{Q}{A}\right)^2}{2g}$$

그러므로 식 (2-24)와 같이 압력손실($\Delta P$)은 송풍량($Q$)의 제곱에 비례한다.

$$\frac{\Delta P_1}{\Delta P_2} = \frac{F\frac{\gamma\left(\frac{Q_1}{A}\right)^2}{2g}}{F\frac{\gamma\left(\frac{Q_2}{A}\right)^2}{2g}} = \left(\frac{Q_1}{Q_2}\right)^2 \qquad (2\text{-}24)$$

**Example 2-8**

두 변이 각각 0.2 m, 0.5 m이고 길이 10 m인 장방형 송풍관 내를 유속 10 m/sec로 오염공기가 흐르고 있을 때 송풍관의 압력손실을 구하라. 단, 송풍관의 마찰계수 $f=0.005$, 공기의 온도는 20℃이다.

**풀이**

$$\Delta P = 4f \cdot \frac{l}{D_e} \cdot \frac{\gamma v_t^2}{2g}$$

$f = 0.005 \quad l = 10\text{ m} \quad \gamma = 1.2\text{ Kg/m}^3 \quad v_t = 10\text{ m/sec}$

$$D_e = 1.3\frac{(ab)^{0.625}}{(a+b)^{0.25}} = 1.3\times\frac{(0.2\times 0.5)^{0.625}}{(0.2+0.5)^{0.25}} = 0.34\text{ m} \quad \text{또는}$$

$$D_e = 1.266\frac{(ab)^{0.6}}{(a+b)^{0.2}} = 1.266\times\frac{(0.2\times 0.5)^{0.6}}{(0.2+0.5)^{0.2}} = 0.34\text{ m}$$

$$\therefore \Delta P = 4f\times\frac{l}{D}\times\frac{\gamma v_t^2}{2g}$$

$$= 4\times 0.005\times\frac{10\text{m}}{0.34\text{m}}\times\frac{1.2\text{ Kg/m}^3\times(10\text{m})^2}{2\times 9.8(\text{m/sec}^2)} = 3.6\text{ mmH}_2\text{O}$$

※ Dead zone을 고려하지 않은 (2-22) 식을 사용하여 상당직경을 구하면

$$D_e = \frac{2ab}{(a+b)} = \frac{2 \times 0.2 \times 0.5}{(0.2+0.5)} = 0.29\ \mathrm{m}$$

$$\therefore\ \Delta P = 4f \times \frac{l}{D} \times \frac{\gamma v_t^2}{2g} = 4 \times 0.005 \times \frac{10\ \mathrm{m}}{0.29\ \mathrm{m}} \times \frac{1.2\ \mathrm{Kg/m^3} \times (10\ \mathrm{m})^2}{2 \times 9.8\ (\mathrm{m/sec^2})}$$

$$= 4.2\ \mathrm{mmH_2O}$$

즉 dead zone을 고려하지 않고 상당직경을 계산하면 dead zone을 고려했을 경우보다 상당직경은 더 작아지고 압력손실은 11~12 % 정도 더 커지는 결과를 얻는다. 그러나 아직도 일부의 문헌에서는 장방형 송풍관의 상당직경을 구할 때 (2-22) 식을 사용하고 있다. 그러나 (2-22) 식은 관내를 흐르는 액체의 상당직경을 계산할 때 사용한다.

**Example 2-9**

송풍량 30 $m^3$/min인 송풍관에서 16 $mmH_2O$의 압력손실이 생겼다. 이 송풍관에서 송풍량이 40 $m^3$/min으로 변할 경우 압력손실은 얼마인가?

**풀이** $\frac{\Delta P_1}{\Delta P_2} = \left(\frac{Q_1}{Q_2}\right)^2 \qquad \frac{16}{\Delta P_2} = \left(\frac{30}{40}\right)^2 \qquad \therefore\ \Delta P_2 = 28.4\ \mathrm{mmH_2O}$

### (4) 송풍관 재질

송풍관은 오염공기에 포함된 대기오염물질의 종류에 따라 내마모성과 내부식성 재료를 사용하거나 도포한 재질을 사용하여야 하고 변형이나 파손되지 않도록 충분한 강도를 지닌 재질을 사용하여야 한다. 표 2-6과 표 2-7에 송풍관 제작에 많이 사용되고 있는 재질과 송풍관의 크기별 재질의 두께에 대한 것을 나타내었는데 송풍관 재질은 표에 나타낸 기준 이상의 재질을 사용하여야 한다.

**표 2-6** 오염공기 종류에 따라 사용 가능한 송풍관의 재질

| 사용구분 | 재 질 |
|---|---|
| 유기용제 | 아연도금 강판 |
| 강산과 염소계 용제 | 스테인리스스틸 강판 |
| 알칼리 | 강판 |
| 주물사, 고온가스 | 흑피강판 |
| 전리방사선 | 콘크리트 |

표 2-7 송풍관 직경별 사용 가능한 송풍관 재질의 두께(함석판, 강판의 경우)

| 송풍관의 형태 | 직경[cm] | 재질 두께[mm] |
|---|---|---|
| 원 형 | 20 이하 | 0.6 |
| | 20～40 | 0.8 |
| | 45～75 | 1.2 |
| | 75 이상 | 1.5 |
| 장방형 | 긴 변이 45 이하 | 0.8 |
| | 45～120 | 1.2 |
| | 120 이상 | 1.5 |

## 3. 송풍기(Fan 또는 Blower)

오염공기를 일정속도 이상으로 후드, 송풍관과 대기오염 방지시설을 통과하여 대기로 배출하기 위해서는 에너지가 필요하며 이 때 필요한 에너지를 공급하는 장치를 송풍기(또는 배풍기)라 한다. 일반적으로 송풍기 중에서 토출압력이 0.1 Kg/$cm^2$ (1,000 $mmH_2O$) 이하인 송풍기를 팬(fan), 토출압력이 0.1～1.0 Kg/$cm^2$(1,000～10,000 $mmH_2O$)인 송풍기를 브로와(blower), 토출압력이 1.0 Kg/$cm^2$ 이상은 압축기(compressor)라 부른다. 일반적으로 후드, 송풍관과 대기 오염 방지시설에 사용되는 송풍기는 토출압력이 0.1 Kg/$cm^2$(1,000 $mmH_2O$) 이하인 팬을 사용한다.

### (1) 송풍기의 종류

송풍기의 종류에는 여러 가지가 있지만 주로 원심식과 축류식으로 나눈다.

1) **원심력 송풍기**(centrifugal fan)

다수의 임펠러로 원심력을 일으켜 송풍하는 것으로 그림 2-13과 같이 터보형, 평판형, 다익형 등이 있으며 특징은 표 2-8과 같다.

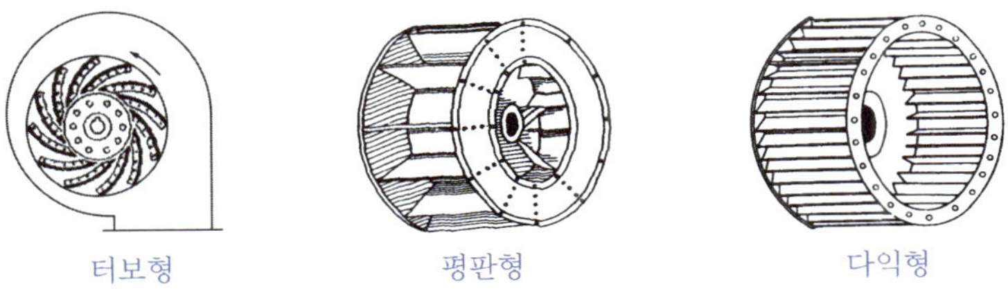


그림 2-13 원심력 송풍기 종류

**표 2-8 원심력 송풍기 특징**

| 종 류 | 특 징 | 용 도 | 비 고 |
|---|---|---|---|
| 터보형 | 1) 효율이 좋고 적은 동력으로 운전 가능<br>2) 고온, 고압 대용량에 적합<br>3) 구조가 간단하고 견고<br>4) 후향날개 | 압입 통풍기 | 풍압 : 100～500 $mmH_2O$<br>효율 : 60～75 % |
| 평판형 | 1) 강도가 크고 마모 부식에 강하다.<br>2) 모양이 간단<br>3) 대형으로 중량이 크고 설비가 비싸다.<br>4) 소요동력은 풍량 증가에 따라 직선적으로 증가 | 흡입 통풍기 | 풍압 : 50～250 $mmH_2O$<br>효율 : 40～55 % |
| 다익형 | 1) 전향날개<br>2) 소형이고 경량이며 저렴하다.<br>3) 고온, 고압, 고속에는 부적당<br>4) 효율에 비하여 큰 동력 소요 | | 풍압 : 10～100 $mmH_2O$<br>효율 : 35～50 % |

**① 터보형 송풍기(turbo fan)**

임펠러의 주판(柱板)과 측판(側板)사이에 8～24매의 긴 후향(後向)날개를 설치한 것으로 날개 길이가 길어 풍압(100～500 $mmH_2O$)은 크지만 소음도 다소 크다. 효율은 60～75 %로 원심력 송풍기 중 가장 효율이 높다. 주로 압입식 송풍기로 사용된다.

**② 평판형 송풍기(plate fan)**

6～12매의 직선날개를 방사형으로 부착한 것으로 효율은 40～55 %이다. 주로 흡입식 송풍기로 사용된다.

**③ 다익형 송풍기(sirocco fan)**

날개 길이가 짧고 폭은 긴 전향(前向) 임펠러를 다수 설치한 것으로 날개 길이가 짧아 큰 풍압은 낼 수 없지만 소음도 비교적 적다. 효율(35～50 %)과 풍압은 낮지만 큰 풍량이 필요할 때 주로 사용된다.

### 2) 축류식 송풍기(axial fan)

선풍기처럼 날개를 회전시켜 공기를 축 방향으로 흡입, 송풍하는 것으로 그림 2-14와 같은 형식이 있으며 효율은 25～50 % 정도로 낮다. 축류식 송풍기는 풍압은 낮고 풍량은 크므로 화장실이나 사업장의 단순 환기용으로 주로 사용된다.

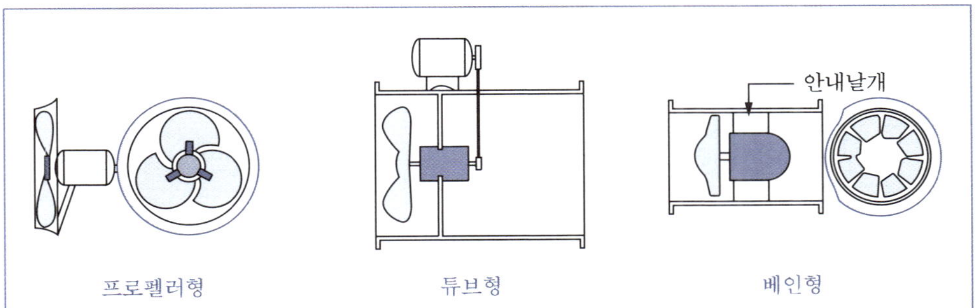


**그림 2-14** 축류식 송풍기의 종류

### (2) 송풍기 전후 압력손실, 송풍량과 동력의 관계

#### 1) 송풍기 전후의 압력손실

송풍기 전후의 압력변화가 그림 2-15와 같을 때 입·출구에서의 압력손실계수를 $F$, 송풍관의 마찰계수를 $f$, 흡입측을 1, 출구측을 2라 하면 송풍관의 전체 압력손실 $\Delta P$은 식 (2-25)와 같다.

$$\Delta P = F_1 \frac{\gamma v_1^2}{2g} + 4f_1 \cdot \frac{l_1}{D_1} \cdot \frac{\gamma v_1^2}{2g} + 4f_2 \cdot \frac{l_2}{D_2} \cdot \frac{\gamma v_2^2}{2g} + F_2 \frac{\gamma v_2^2}{2g} \qquad (2\text{-}25)$$

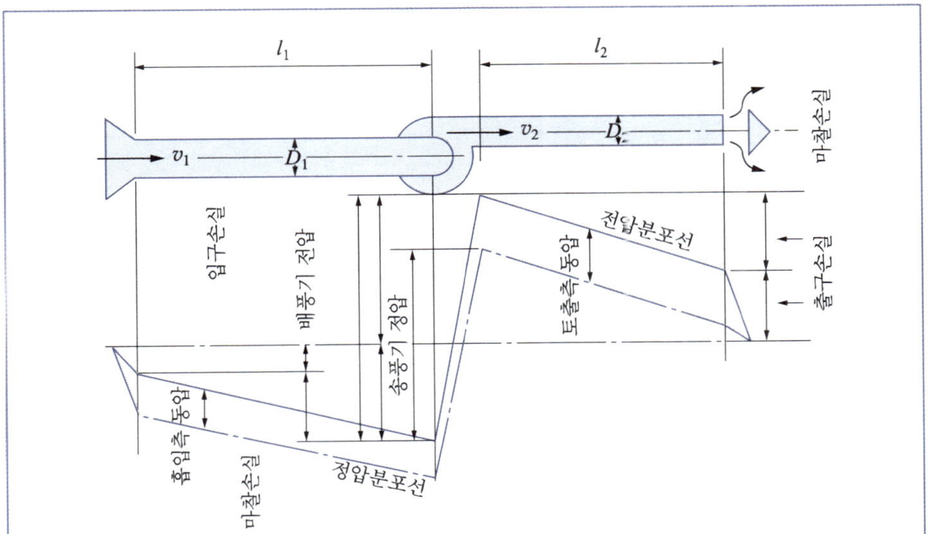


**그림 2-15** 송풍기 전후의 압력변화

그림 2-16은 송풍기 전후의 압력변화를 그림으로 나타낸 것이다.
국소배기장치의 전체 압력손실 $\Delta P$는 전압차$(P_{t_o} - P_{t_i})$과 같다.

$$\Delta P = P_{t_f} = P_{t_o} - P_{t_i} \tag{2-26}$$

여기서 $\Delta P$ : 송풍기의 압력손실

$P_{t_f}$ : 전압차$(P_{t_o} - P_{t_i})$

$P_{t_i}$ : 흡입부의 전압

$P_{t_o}$ : 토출부의 전압

$P_t = P_s + P_v$이므로 식 (2-26)은 식 (2-27)로도 쓸 수 있다.

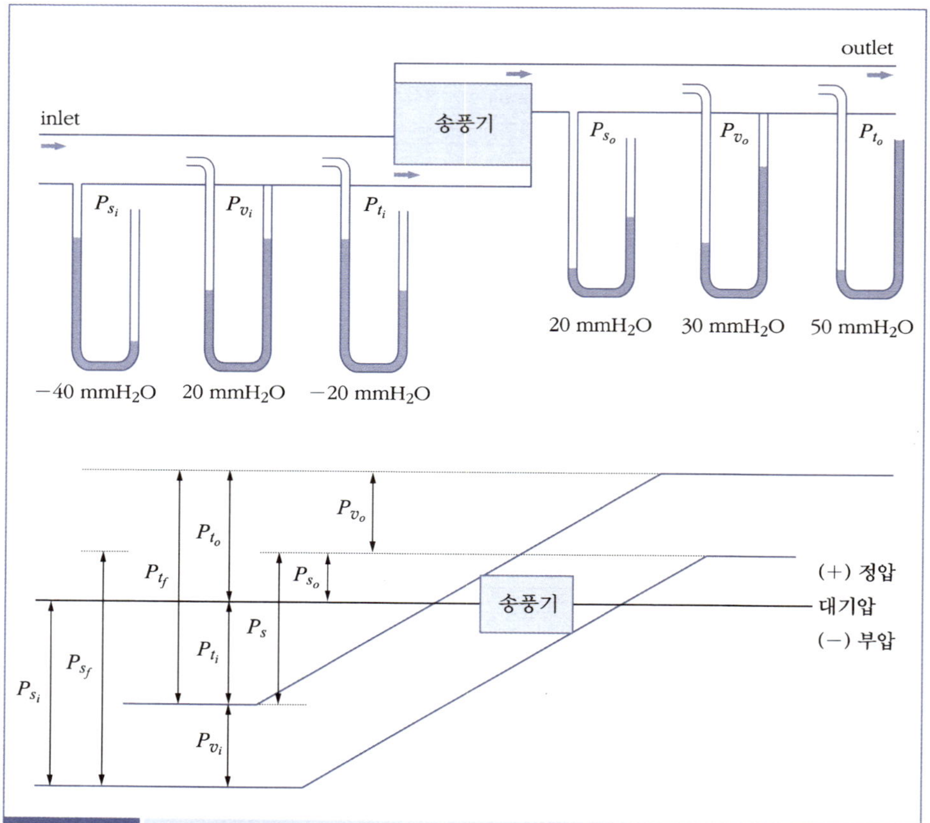


그림 2-16 송풍기 전후의 압력손실

$$\Delta P = P_{t_o} - P_{t_i} = (P_{s_o} + P_{v_o}) - (P_{s_i} + P_{v})$$
$$= (P_{s_o} - P_{s_i}) + (P_{v_o} - P_{v_i}) \qquad (2\text{-}27)$$

그림 2-16에서 송풍기의 정압 $P_s$는 전압차 $P_{t_f}$에서 토출부 속도압 $P_{v_o}$를 뺀 값과 같으므로 $P_s$는 식 (2-28)과 같다.

$$P_s = P_{t_f} - P_{v_o} = (P_{s_o} - P_{s_i}) + (P_{v_o} - P_{v}) - P_{v_o}$$
$$= (P_{s_o} - P_{s_i}) - P_{v_i} = P_{s_f} - P_{v_i} \qquad (2\text{-}28)$$

여기서 $P_{t_i}$, $P_{s_i}$, $P_{v_i}$ : 송풍기 흡입부(inlet)의 전압, 정압 및 속도압
$P_{t_o}$, $P_{s_o}$, $P_{v_o}$ : 송풍기 토출부(outlet)의 전압, 정압 및 속도압
$P_{s_f}$ : 정압차$(P_{s_o} - P_{s_i})$

국소배기와 통풍에 필요한 송풍기를 선정할 때는 송풍기의 정압곡선을 이용한다. 식 (2-28)과 그림 2-16을 보면 송풍기 정압($P_s$)은 $P_s = P_{t_f} - P_{v_o}$ 또는 $P_s = P_{s_f} - P_{v_i}$이다. 그러나 실제로는 흡입구의 속도압 $P_{v_i}$만큼 정압 $P_s$에 여유율을 가산하여 계산한 정압차($P_{s_f}$)를 송풍기의 정압대신 사용한다.

$$P_{s_f} = P_s + P_{v_i}$$

**Example 2-10**

$P_{s_i} = -30$ mmH$_2$O, $P_{v_i} = 15$ mmH$_2$O, $P_{s_o} = 15$ mmH$_2$O라 하면 정압차($P_{s_f}$), 송풍기 정압($P_s$)은 각각 몇 mmH$_2$O인가?

**풀이** 정압차 $P_{s_f} = P_{s_o} - P_{s_i} = 15 - (-30) = 45\ \text{mmH}_2\text{O}$

송풍기 정압 $P_s = P_{s_f} - P_{v_i} = (P_{s_o} - P_{s_i}) - P_{v_i} = 45 - 15 = 30\ \text{mmH}_2\text{O}$

**Example 2-11**

지름이 100 mm인 원형덕트를 이용한 배기시설에서 수은마노미터로 압력을 측정한 결과가 그림과 같을 때 다음 물음에 답하여라. 단, 수은의 비중은 13.6이다.

1) 송풍기 정압($P_s$, mmH$_2$O)과 정압차($P_{s_f}$, mmH$_2$O)을 계산하라.
2) 송풍기 토출량(m$^3$/min)을 계산하라(단, 송풍기 전후의 유량은 변하지 않는다).
3) 송풍기 정압을 15.2 mmH$_2$O로 유지하려고 하면 소요동력은 현재의 몇 배나 필요한가?

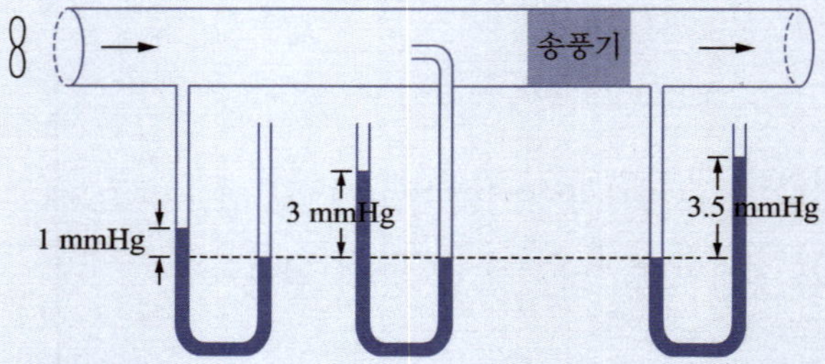


**풀이** 1) 송풍기 정압

$$P_s = P_{sf} - P_{vi} = (P_{so} - P_{si}) - P_{vi}$$
$$= (P_{so} - P_{si}) - (P_{ti} - P_{si})$$
$$= [3.5-(-1)]-[3-(-1)] = 0.5\ \text{mmHg} = 6.8\ \text{mmH}_2\text{O}$$

정압차 $P_{sf} = (P_{so} - P_{si}) = 3.5-(-1) = 4.5\ \text{mmHg} = 61.2\ \text{mmH}_2\text{O}$

$P_{ti} = P_{vi} + P_{si} \quad \rightarrow \quad P_{vi} = P_{ti} - P_{si}$

2) 송풍기 토출량 $Q = Av = \dfrac{\pi D^2}{4}v, \qquad P_v = \dfrac{\gamma v^2}{2g}, \qquad v = \sqrt{\dfrac{2gP_v}{\gamma}}$

$P_v = 3-(-1) = 4\ \text{mmHg} = 54.4\ \text{mmH}_2\text{O}$

$$\gamma = \frac{28.9}{22.4 \times \dfrac{273+20}{273}} = 1.2\ \text{Kg/m}^3$$

$$v = \sqrt{\left(\frac{2\times 9.8 \times 54.4}{1.2}\right)} = 29.8\ \text{m/s}$$

또는 $P_v = \left(\dfrac{v}{4.04}\right)^2 \quad 54.4\ \text{mmH}_2\text{O} = \left(\dfrac{v}{4.04}\right)^2 \qquad \therefore\ v = 29.8\ \text{m/sec}$

$$Q = Av = \frac{3.14 \times (0.1\ \text{m})^2}{4} \times 29.8\ \text{m/sec} = 0.235\ \text{m}^3/\text{s} = 14\ \text{m}^3/\text{min}$$

3) 현재 송풍기 정압 0.5 mmHg,

변경 송풍기 정압 $P_s = \dfrac{15.2}{13.6} = 1.12\ \text{mmHg}$

식 (2-33)에 의하여

$$\frac{L_2}{L_1} = \left(\frac{P_{s_2}}{P_{s_1}}\right)^{\frac{3}{2}} = \left(\frac{1.12}{0.5}\right)^{\frac{3}{2}} = 3.35\text{배}$$

### 2) 송풍기의 소요동력(일률)

송풍기의 전압을 $P_t$, 정압을 $P_s$, 송풍량을 $Q$ [m$^3$/min]라 하면 송풍기의 동력 $L$은 송풍기의 전압효율을 $\eta_t$, 정압효율을 $\eta_s$라 하면 다음과 같다.

$$L = \frac{P_t Q}{60\eta_t} = \frac{P_s Q}{60\eta_s} \text{ [Kg·m/sec]}$$

1 kW = 102 [Kg · m/sec], 1 HP = 76 [Kg · m/sec]이며, 전동기의 효율을 $\eta_m$, 전동기 여유율을 $\alpha$라 하면

$$L = \frac{P_t Q(1+\alpha)}{60 \times 102\eta_t \eta_m} \text{ [kW]} = \frac{P_t Q(1+\alpha)}{60 \times 76\eta_t \eta_m} \text{ [HP]} \quad (2\text{-}29)$$

일반적으로 $\eta_s$는 0.45 ~ 0.90, $\eta_m$은 약 0.80 ~ 0.95 정도이다.

그림 2-16과 같이 송풍기가 덕트의 중간에 있을 경우 함진가스가 흡입구와 토출구의 덕트와 집진장치 등을 통과하면서 압력손실($\Delta F$)이 발생하는데 압력손실은 식 (2-26)에서 보듯이 전압차($P_{t_f}$)와 같으므로 압력손실에 따른 송풍기의 동력 요구량은 아래 식과 같다.

$$L = \frac{\Delta PQ(1+\alpha)}{60 \times 102\eta_t \eta_m} \text{ [kW]} = \frac{\Delta PQ(1+\alpha)}{60 \times 76\eta_t \eta_m} \text{ [HP]}$$

$$L = \frac{P_{t_f} Q(1+\alpha)}{60 \times 102\eta_t \eta_m} \text{ [kW]} = \frac{P_{t_f} Q(1+\alpha)}{60 \times 76\eta_t \eta_m} \text{ [HP]} \quad (2\text{-}30)$$

마력단위 중 HP는 영국단위계이며 유럽 중에서도 독일, 프랑스, 이탈리아 등 미터계 단위를 사용하는 나라에서는 PS(Pferdestarke, 미터마력) 단위를 사용한다. 보통 전동기에는 kW와 HP 단위를 사용하며 내연기관에는 PS 단위를 사용한다. 1 HP = 76 [Kg · m/sec = 550 $lb_f$ · ft/sec], 1 PS = 75 [Kg · m/sec]이다.

**Example 2-12**

연소배출가스가 3,600 $Sm^3$/hr인 굴뚝에서 정압을 측정하였더니 20 $mmH_2O$였다. 여유율 20 %인 송풍기를 사용할 경우 필요한 소요동력[kW]을 구하시오. 단, 송풍기의 정압효율은 80 %, 전동기 효율은 70 %이다.

**풀이**

$$L = \frac{P_s Q(1+\alpha)}{60 \times 102\eta_s \eta_m} \text{ [kW]}, \; P_s = 20 \text{ mmH}_2\text{O}, \; \alpha = 0.2, \; \eta_s = 0.8, \; \eta_m = 0.7$$

$$Q = \left| \frac{3{,}600 \text{ Sm}^3}{\text{hr}} \right| \frac{1 \text{ hr}}{60 \text{ min}} \right| = 60 \text{ Sm}^3/\text{min}$$

$$\therefore\ L = \frac{20 \times 60 \times (1+0.2)}{60 \times 102 \times 0.8 \times 0.7} = 0.42\ \text{kW}$$

### 3) 송풍량 제어

국소배기시설에서는 설비의 가동 상황에 따라 송풍량을 조정하여야 할 경우가 종종 있다. 송풍량이 변할 때마다 송풍기를 교체하는 것은 현실적으로 어려우므로 송풍기를 교환하지 않고 송풍량을 제어하는 방법을 사용하면 경제적일 뿐 아니라 편리하다.

**① 임펠러의 회전 수 변경**

임펠러의 회전수가 $N_1$일 때 풍압을 $P_1$, 풍량을 $Q_1$, 필요한 동력을 $L_1$이라 하고 회전수를 $N_2$로 변경하였을 때 풍압을 $P_2$, 풍량을 $Q_2$ 그리고 동력을 $L_2$라 하면 다음 관계가 성립한다.

(a) 회전수 $N$과 풍량 $Q$의 관계

풍량은 회전수에 비례한다.

$$\frac{N_2}{N_1} = \frac{Q_2}{Q_1} \tag{2-31}$$

(b) 회전수 $N$과 전압 $P_t$ 또는 정압 $P_s$의 관계

전압 또는 정압은 회전수의 제곱에 비례한다.

$$\frac{N_2}{N_1} = \left(\frac{P_{t_2}}{P_{t_1}}\right)^{\frac{1}{2}} = \left(\frac{P_{s_2}}{P_{s_1}}\right)^{\frac{1}{2}} \tag{2-32}$$

(c) 회전수 $N$과 동력 $L$의 관계

동력은 회전수의 3승에 비례한다.

$$\frac{N_2}{N_1} = \left(\frac{L_2}{L_1}\right)^{\frac{1}{3}} \tag{2-33}$$

송풍기 임펠러의 회전수 변화가 너무 큰 경우에는 임펠러 내 기류의 흐름 상태가 변화하므로 상기 식은 임펠러 표준 회전수의 ±20 % 이내에서만

적용하는 것이 좋다. 식 (2-31)에서 (2-33)을 종합하면 (2-34)와 같다.

$$\frac{N_2}{N_1} = \frac{Q_2}{Q_1} = \left(\frac{P_{t_2}}{P_{t_1}}\right)^{\frac{1}{2}} = \left(\frac{P_{s_2}}{P_{s_1}}\right)^{\frac{1}{2}} = \left(\frac{L_2}{L_1}\right)^{\frac{1}{3}} \tag{2-34}$$

**Example 2-13**

어떤 송풍기가 300 $m^3$/min의 오염공기를 이동시킬 때 그 회전속도가 400 rpm이었고, 소요동력은 6.2 HP, 송풍기 정압은 80 mm$H_2O$이었다. 이 송풍기의 회전수를 500 rpm으로 증가시키면 풍량, 소요동력, 송풍기 정압은 어떻게 변하는가?

**풀이**

$$\frac{N_2}{N_1} = \frac{Q_2}{Q_1} = \left(\frac{P_{t_2}}{P_{t_1}}\right)^{\frac{1}{2}} = \left(\frac{P_{s_2}}{P_{s_1}}\right)^{\frac{1}{2}} = \left(\frac{L_2}{L_1}\right)^{\frac{1}{3}}$$

$$Q_2 = Q_1 \times \frac{N_2}{N_1} = 300 \times \frac{500}{400} = 375 \text{ m}^3/\text{min}$$

$$L_2 = L_1 \times \left(\frac{N_2}{N_1}\right)^3 = 6.2 \times \left(\frac{500}{400}\right)^3 = 12.11 \text{ HP}$$

$$P_{s_2} = P_{s_1} \times \left(\frac{N_2}{N_1}\right)^2 = 80 \times \left(\frac{500}{400}\right)^2 = 125 \text{ mmH}_2\text{O}$$

② **댐퍼개도 및 안내날개 각도 조절**

송풍량은 흡입부나 토출부의 댐퍼(통풍조절밸브)의 개도(開度)를 조절하여 통풍량을 변경할 수도 있고, 축류식 송풍기의 경우 안내날개(guide vane)의 각도를 조절하여 송풍량을 조절할 수도 있다.

## 2.2 통풍(通風, Draft) 및 통풍장치

연소장치에서 연소실 내로 공급되는 연소용 공기와 연소 후 연소가스를 배출시키는 연속적인 기체의 흐름을 통풍(draft)이라 하며 통풍을 발생시키는 힘을 통풍력이라 한다. 통풍력을 얻는 방식에는 그림 2-17과 같이 굴뚝에 의한 자연통풍과 송풍기에 의한 강제통풍(또는 인공통풍)이 있다.

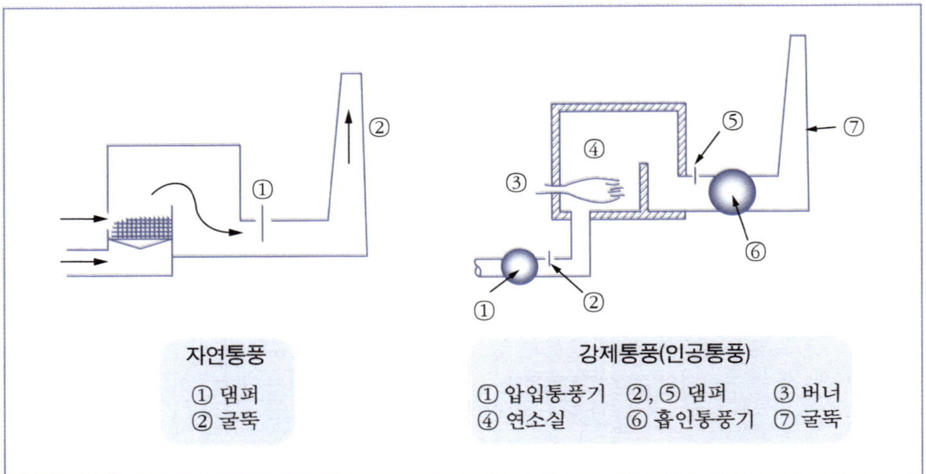


**그림 2-17 통풍방식**

## 1. 통풍의 종류

### (1) 자연통풍(natural draft)

연소가스는 대기보다 온도가 높은데 공기를 비롯한 기체는 온도가 높아질수록 밀도는 낮아진다. 온도가 높아 밀도가 낮은 연소가스가 온도가 낮아 밀도가 큰 대기 중으로 배출되면 밀도차에 의하여 부력이 생기는데 이 때 생긴 부력으로 통풍력이 발생된다. 연소가스와 대기의 온도차로 발생한 통풍력에 의한 통풍방식을 자연통풍이라 한다. 현재 자연통풍 방식은 주택의 난방시설 외에는 사용하지 않고 있으며, 자연통풍 시 배출가스의 유속은 3～4 m/sec, 통풍력은 15 mm$H_2O$ 정도이다.

### (2) 강제통풍(artificial draft)

인공통풍이라고도 하며 자연통풍보다 큰 통풍력이 필요한 경우 송풍기(fan)를 사용하여 통풍력을 얻는 방식으로 압입통풍, 흡인통풍 및 평형통풍의 3종류가 있다.

① **압입통풍(forced draft)**

가압통풍이라고도 하며 송풍기로 연소용 공기를 연소로 안으로 압입하는 방식으로 노 내의 압력이 대기압보다 높다. 연소가스의 유속은 6～8 m/sec, 통풍력은 75～300 mm$H_2O$ 정도이다. 이 때 송풍기를 F.D fan(forced draft fan, 압입송풍기)라 한다.

② **흡인통풍(induced draft)**

유인통풍이라고도 하며 송풍기로 연소가스를 흡인하는 방식으로 노 내의 압력은 대기압보다 낮고(부압) 배출가스 유속은 10 m/sec 정도이다. 송풍기의 재질은 연소가스를 흡인하므로 고온 및 내부식성인 재료를 사용하여야 한다. 이때 송풍기를 I.D fan(induced draft fan, 유인송풍기)라 한다.

③ **평형통풍(balanced draft)**

압입통풍이나 흡인통풍만으로 필요한 통풍력을 충분히 얻을 수 없을 때에는 압입통풍과 흡인통풍 방식을 동시에 사용하여야 하는데 이러한 통풍방식을 평형통풍이라 하며, 평형통풍은 노내압력을 대기압보다 약간 높게 유지시킨다. 따라서 차가운 외기 침입과 화염의 불안정 문제가 없다. 그러나 두 대의 송풍기를 설치, 운용해야 하므로 설비비가 많이 소요되는 단점이 있다. 연소가스의 유속은 10 m/sec 이상으로 통풍저항이 큰 대형 브일러에 사용된다. 표 2-9는 각 통풍방식의 특징을 나타낸 것이다.

**표 2-9 통풍방식의 장·단점**

| 방식 | 장 점 | 단 점 |
|---|---|---|
| 자연통풍 | 1) 동력소모가 없다.<br>2) 설비가 간단하다.<br>3) 송풍기가 없어 소음 및 유지비가 적다. | 1) 노내압이 음압으로 외기의 침입이 많다.<br>2) 통풍력이 적어 소용량 보일러에만 사용된다.<br>3) 통풍력은 굴뚝의 높이, 외기의 온도, 배출가스의 온도, 습도 등의 영향을 많이 받는다. |
| 압입통풍 | 1) 노내압이 양압으로 연소효율이 좋다.<br>2) 연소용 공기를 예열할 수 있다.<br>3) 송풍기의 고장이 적고 점검 및 보수가 용이<br>4) 흡인통풍식보다 송풍기의 동력 소모가 적다. | 1) 노내압이 양압으로 열가스의 누기 우려가 있다.<br>2) 역화의 위험성이 있다.<br>3) 연소실 및 연도의 기밀 유지가 필요하다.<br>4) 노벽 손상의 우려가 있다. |
| 흡인통풍 | 1) 굴뚝의 통풍저항이 큰 경우에 적합하다.<br>2) 노내압이 음압으로 역화의 우려가 없다.<br>3) 통풍력이 크다.<br>4) 이젝터(ejector)를 사용할 경우 동력이 불필요하다. | 1) 노내압이 부압으로 냉기침입의 우려가 있다.<br>2) 송풍기의 소요동력이 크다.<br>3) 송풍기의 점검 및 보수가 어렵다.<br>4) 연소용 공기를 예열할 수가 없다. |
| 평형통풍 | 1) 통풍 및 노내압 조절이 용이하다.<br>2) 열가스의 누기 및 냉기의 침입이 없다.<br>3) 통풍손실이 큰 연소설비에 사용된다.<br>4) 통풍력이 강하다. | 1) 동력소모가 크다.<br>2) 설비비 및 유지비가 많이 든다.<br>3) 소음발생이 심하다. |

## 2. 통풍력(draft power)

### (1) 자연 통풍력

굴뚝 높이 $H$ [m], 연소가스 비중량 $\gamma_g$ [Kg/m$^3$], 공기 비중량을 $\gamma_a$ [Kg/m$^3$]라 하면 굴뚝에 의한 통풍력은 다음 식으로 주어진다.

$$Z = H(\gamma_a - \gamma_g) \ [\text{mmH}_2\text{O}] \tag{2-35}$$

0℃에서 공기의 비중량 $\gamma_o$ ≒ 1.3 Kg/m$^3$이므로 $t$℃의 공기 비중량 $\gamma_a$는 다음과 같다.

$$\gamma_a = \gamma_o \times \frac{273}{273 + t_a} = 1.3 \times \frac{273}{273 + t_a} = \frac{355}{273 + t_a} \tag{2-36}$$

연소가스 조성은 공기와 비슷하므로 연소가스 비중량은 표준상태의 공기 비중량을 온도로 보정하여 사용할 수 있다.

$$\gamma_g = \gamma_o \times \frac{273}{273 + t_g} = 1.3 \times \frac{273}{273 + t_g} = \frac{355}{273 + t_g} \tag{2-37}$$

따라서 통풍력은 다음 식으로 주어진다.

$$Z = H\left(\frac{355}{273 + t_a} - \frac{355}{273 + t_g}\right) = 355H\left(\frac{1}{T_a} - \frac{1}{T_g}\right) \ [\text{mmH}_2\text{O}] \tag{2-38}$$

여기서 $Z$ : 굴뚝에 의한 통풍력 [mmH$_2$O]
$H$ : 굴뚝 높이 [m]
$t_a$ : 대기온도 [℃]
$T_a$ : 대기온도 [K]
$t_g$ : 연소가스온도 [℃]
$T_g$ : 연소가스온도 [K]

식 (2-38)에 의하면 굴뚝에 의한 자연통풍력은 굴뚝의 높이($H$)가 높을수록, 연소가스 온도($t_a$)가 높을수록, 기온($t_g$)이 낮을수록 크다는 것을 알 수 있다. 따라서 계절적으로는 기온이 상대적으로 낮은 겨울철이 여름철보다 통풍력이 더 크다.
Charle의 법칙에 의하여 기체의 부피는 온도가 상승하면 증가하는데 온도가 1℃ 증가함에 따라 부피 증가율은 0℃ 때 기체부피의 1/273만큼 증가한다. 그러므로 온도가 $t_g$℃ 증가하면 0℃ 때 기체부피의 $t_g/273$만큼 증가하므로 연소가스가 굴뚝으로 토출되는 유속은 다음 식으로 주어진다.

$$Q = Av, \qquad v = \frac{Q}{A}$$

$$v_t = \frac{Q_o\left(1 + \frac{t_g}{273}\right)}{A} \ [\mathrm{m/sec}] \tag{2-39}$$

여기서 $A$ : 굴뚝의 단면적 [m²] ; 장방형일 경우 $A = \pi \frac{D_e^2}{4} = 0.785 D_e^2$

$Q_o$ : 연소가스량 [Sm³/sec]

$t_g$ : 연소가스의 온도 [℃]

$v_t$ : 연소가스의 토출속도 [m/sec]

**Example 2-14**

굴뚝 내 연소가스의 평균온도가 320℃이고 대기온도가 20℃일 때 통풍력이 50 mmH₂O가 되는 굴뚝의 높이는 얼마인가? 단, 연소가스 및 공기의 표준상태의 비중량은 1.3 Kg/Sm³이다.

**풀이** $Z = 355H\left(\frac{1}{T_a} - \frac{1}{T_g}\right)$ $\quad 50 = 355H\left(\frac{1}{273+20} - \frac{1}{273+320}\right)$ $\quad \therefore H = 82\ \mathrm{m}$

**Example 2-15**

굴뚝의 높이가 54 m이고 연소가스의 온도가 227℃일 때 자연통풍으로 연소하는 연소실이 있다. 기온이 27℃일 때 통풍력을 1.5배 증가시키려면 연소가스의 온도를 얼마로 하여야 하는가? 단, 굴뚝의 높이는 변함이 없다.

**풀이** $Z = 355H\left(\frac{1}{T_a} - \frac{1}{T_g}\right)$

$Z = 355 \times 54\left(\frac{1}{273+27} - \frac{1}{273+227}\right) = 25.6\ \mathrm{mmH_2O}$

1.5배 통풍력은 $Z = 25.6 \times 1.5 = 38.4\ \mathrm{mmH_2O}$

$38.4 = 355 \times 54\left(\frac{1}{273+27} - \frac{1}{273+t_g}\right)$ $\quad \therefore t_g = 479℃$

**Example 2-16**

연소가스량이 1,200 $Sm^3/hr$이고 출구가스 온도가 260℃인 굴뚝의 단면이 0.14 $m^2$이다. 배기가스 토출속도는 얼마인가?

**풀이**

$$v_t = \frac{Q_o\left(1+\frac{t_g}{273}\right)}{A}\ [\mathrm{m/sec}] \qquad \therefore\ v = \frac{\frac{1,200}{3,600}\left(1+\frac{260}{273}\right)}{0.14} = 4.65\ \mathrm{m/sec}$$

### (2) 굴뚝 내 연소가스의 평균온도

연소가스는 굴뚝의 높이가 높기 때문에 굴뚝을 이동하는 도중에 냉각된다. 그러므로 식 (2-37)에서 연소가스 온도($t_g$)는 굴뚝 입구와 출구에서의 평균온도를 사용하여야 한다. 굴뚝 내 연소가스의 평균온도는 대수평균온도($t_{\ln}$)를 사용하는데 굴뚝 입구온도 $t_i$, 출구온도를 $t_o$라 하면 대수평균온도($t_{\ln}$)는

$$t_{\ln} = \frac{t_i - t_o}{\ln\left(\frac{t_i}{t_o}\right)}\ [℃] \tag{2-40}$$

여기서 $t_i$ : 굴뚝 입구에서 연소가스 온도 [℃]

$t_o$ : 굴뚝 출구에서 연소가스 온도 [℃]

**Example 2-17**

굴뚝 입구에서 연소가스 온도가 224℃, 출구에서의 온도가 160℃이면 굴뚝 내 연소가스의 평균온도는 몇 도인가?

**풀이**

$$t_{\ln} = \frac{224-160}{\ln\left(\frac{224}{160}\right)} = 190.2℃$$

### (3) 굴뚝의 통풍손실

연소가스가 굴뚝을 통과하면서 통풍력의 손실(압력손실)이 발생한다. 압력손실은 굴뚝의 압력손실계수에 연소가스의 속도압을 곱한 것이다.

### 1) 속도압($P_v$)

$$P_v = \frac{\gamma_g v^2}{2g} \text{ [mmH}_2\text{O]} \tag{2-41}$$

여기서 $\gamma_g$ : 연소가스의 비중량 [Kg/m³]

$v$ : 연소가스의 굴뚝 내에서 유속 [m/sec]

### 2) 굴뚝에 의한 압력손실($\Delta P$)

$$\Delta P = FP_v = 4f\frac{H}{D} \cdot \frac{\gamma_g v^2}{2g} \tag{2-42}$$

여기서 $F$ : 압력손실계수

$f$ : 마찰계수

$D$ : 굴뚝직경 [m]

$H$ : 굴뚝높이 [m]

굴뚝의 모양이 원형이 아니고 가로 $a$, 세로 $b$인 사각형(장방형)일 경우 $D$ 대신 상당직경($D_e$, Equivalent diameter)을 사용한다. 장방형의 상당직경 $D_e$는 다음 식 (2-22)와 같다. 우리나라 대기공정시험법에 장방형 연돌의 상당직경은 (2-22) 식을 사용하도록 규정하고 있다.

$$D_e = \frac{2ab}{(a+b)} \tag{2-22}$$

## (4) 실제(유효)통풍력

연소가스가 굴뚝을 통과할 때 압력손실이 생기므로 자연통풍력에서 압력손실을 빼준 것이 실제통풍력(유효통풍력) $Z_r$이 된다.

$$Z_r = Z - \Delta P \text{ [mmH}_2\text{O]} \tag{2-43}$$

### Example 2-18

장방형 굴뚝의 가로, 세로가 각각 1 m, 1.5 m이라면, 상당직경과 굴뚝의 단면적은 얼마인가?

**풀이**

$$D_e = \frac{2ab}{(a+b)} = \frac{2\times1\times1.5}{(1+1.5)} = 1.2\ \text{m}$$

$$A = \pi\frac{D_e^2}{4} = 0.785D_e^2 = 0.785\times1.2^2 = 1.13\ \text{m}^2$$

### Example 2-19

높이 50 m이고 직경이 1 m인 굴뚝에서 260℃ 배출가스가 12,000 $\text{Sm}^3$/hr로 토출될 때 통풍력의 손실을 구하라. 단, 굴뚝은 콘크리트로 만들었으며 콘크리트의 마찰계수 $f=$ 0.015이다.

**풀이**

속도압 $P_v = \dfrac{\gamma_g v^2}{2g}$ $\qquad H$ : 50 m $\qquad D$ : 1 m

$$v = \frac{Q}{A} = \frac{\frac{12,000}{3,600}\times\left(1+\frac{260}{273}\right)}{\frac{\pi}{4}\times1^2} = 8.29\ \text{m/sec}$$

$$P_v = \frac{0.67\times(8.29)^2}{2\times9.8} = 2.35\ \text{mmH}_2\text{O}\ (\text{Kg/m}^2)$$

$$\therefore\ \Delta P = FP_v = 4f\cdot\frac{H}{D}\cdot\frac{\gamma_g v^2}{2g} = 4\times0.015\times\frac{50}{1}\times2.35 = 7.05\ \text{mmH}_2\text{O}$$

### Example 2-20

가로 1 m, 세로 1.2 m, 높이 50 m 콘크리트로 만든 장방형 굴뚝으로 유입되는 연소가스 온도는 320℃, 출구온도는 270℃이며 연소가스양은 360 $\text{Sm}^3$/min이다. 이 굴뚝의 실제통풍력($\text{mmH}_2\text{O}$)을 구하라. 단, 대기온도는 20℃, 콘크리트 마찰계수 $f=0.015$이다.

**풀이** $Z_r = Z - \Delta P$

1) $Z = 355H\left(\dfrac{1}{T_a} - \dfrac{1}{T_g}\right)$

$$t_{\ln} = \frac{320-270}{\ln\left(\frac{320}{270}\right)} = 294.3\ ℃ \qquad H = 50\ \text{m}$$

$$Z = 355H\left(\frac{1}{T_a} - \frac{1}{T_g}\right) = 355\times50\left(\frac{1}{273+20} - \frac{1}{273+294.3}\right)$$

$$= 29.3\ \text{mmH}_2\text{O}$$

2) $\Delta P = FP_v = 4f \cdot \dfrac{H}{D_e} \cdot \dfrac{\gamma_g v^2}{2g}$

$f = 0.015$

$$D_e = \frac{2ab}{(a+b)} = \frac{2\times1\times1.2}{(1+1.2)} = 1.1\ \text{m}$$

$$\gamma_g = 1.29\ \text{Kg/Sm}^3 \times \frac{273\ \text{K}}{(273+294.3)\ \text{K}} = 0.62\ \text{Kg/m}^3$$

$$v_t = \frac{Q_o\left(1+\dfrac{t}{273}\right)}{A} = \frac{\dfrac{360}{60}\left(1+\dfrac{294.3}{273}\right)}{0.785\times1.1^2} = 13.1\ \text{m/sec}$$

$$\Delta P = FP_v = 4f \cdot \frac{H}{D_e} \cdot \frac{\gamma_g v^2}{2g} = 4\times0.015\times\frac{50}{1.1}\times\frac{0.62\times13.1^2}{2\times9.8}$$

$$= 14.8\ \text{mmH}_2\text{O}$$

$\therefore\ Z_r = Z - \Delta P = 29.3 - 14.8 = 14.5\ \text{mmH}_2\text{O}$ 또는

$$v = \frac{Q\left(1+\dfrac{t}{273}\right)}{ab} = \frac{\dfrac{360}{60}\left(1+\dfrac{294.3}{273}\right)}{1\times1.2} = 10.4\ \text{m/sec}$$

$$\Delta P = FP_v = 4f \cdot \frac{H}{D_e} \cdot \frac{\gamma_g v^2}{2g} = 4\times0.015\times\frac{50}{1.1}\times\frac{0.62\times10.4^2}{2\times9.8}$$

$$= 9.3\ \text{mmH}_2\text{O}$$

$\therefore\ Z_r = Z - \Delta P = 29.3 - 9.3 = 20\ \text{mmH}_2\text{O}$

## 연습문제

**01** 후드 압력손실이 50 $mmH_2O$이고, 가스의 흡입속도가 10 m/sec, 밀도가 1.2 kg/$m^3$일 때 유입계수를 구하라.

**02** 다음 조건에서 1) 플랜지 미부착형 2) 플랜지 부착형 외부식 3) 플랜지 부착 작업대형에 대한 장방형 후드의 유량($m^3$/min)을 구하라.

- 개구면적 : 1.5 $m^2$
- 개구면으로부터 포착점 거리 : 0.5 m
- 제어속도 : 0.3 m/s

**03** 굴뚝의 배출가스 온도가 200℃에서 80℃로 떨어진다면 통풍력은 몇 % 감소하는지 구하라. 단, 대기의 온도는 25℃, 가스밀도와 공기밀도는 1.3 kg/$Sm^3$이다.

**04** 굴뚝 내 배출가스의 평균온도가 120℃, 대기온도가 15℃일 때 통풍력 20 $mmH_2O$를 얻기 위한 연돌높이(m)를 구하라.

**05** 어떤 송풍기의 정압이 110 $mmH_2O$이다. 이때 풍량은 300 $m^3$/min, 송풍기의 효율은 55 %이다. 송풍기의 소요동력(kW)을 구하라. 단, 여유율은 1.2이다.

**06** 발생원에서 제어속도가 0.5 m/s이고, 발생원에서 후드까지 거리가 1.0 m, 후드 개구면적은 0.5 $m^2$인 외부식 후드가 있다. 후드의 흡인유량($m^3$/min)과 압력손실($mmH_2O$)를 구하라. 단, 공기온도는 20℃, 공기밀도는 1.3 kg/$Sm^3$, 후드의 유입계수는 0.8, 덕트의 반송속도는 10 m/s이고, 후드는 프랜지가 없고 자유공간에 설치한다.

**07** 가로 0.7 m, 세로 1.1 m, 높이 70 m 콘크리트로 만든 장방형 굴뚝으로 유입되는 연소가스 온도는 320℃, 출구온도는 245℃이며 연소가스양은 360 $Sm^3$/min이다. 이 굴뚝의 실제통풍력($mmH_2O$)을 구하라. 단, 대기온도는 18℃, 콘크리트 마찰계수 $f$ = 0.015이다.

**08** 송풍기의 흡입부 정압이 −50 mmH$_2$O, 배출부 정압이 30 mmH$_2$O, 흡입구 함진가스의 평균유속이 600 m/min일 때 필요한 송풍기의 전압차($P_{s_f}$), 흡입부 속도압($P_{v_i}$) 및 송풍기 정압($P_s$)를 구하라.

**09** 발생원에서 제어속도가 1.5 m/s이고, 발생원에서 후드까지 거리가 0.6 m, 후드 개구면적은 0.5 m$^2$인 외부식 후드가 있다. 후드의 유입계수는 0.78, 덕트의 반송속도 10 m/s, 후드는 프랜지가 없을 경우 후드의 흡인풍량(m$^3$/min)과 후드의 압력손실(mmH$_2$O)을 구하라.

**10** 600 m$^3$/min인 함진가스를 제진시설까지 이동시킬 때 정압 45 mmH$_2$O, 회전수 300 rpm, 동력 6.0 HP인 송풍기를 선택하였다. 만약 송풍기의 회전수를 400 rpm으로 바꾼다면 변한 송풍기의 송풍량(m$^3$/min), 동력(HP), 송풍기 정압(mmH$_2$O)을 구하라.

**11** 지름이 100 mm인 원형덕트를 이용한 배기시설에서 U자관마노미터로 압력을 측정한 결과가 그림과 같을 때 정압차$P_{s_f}$(mmH$_2$O), 송풍기 정압 $P_s$(mmH$_2$O), 송풍기 토출 속도압 $P_{v_o}$(mmH$_2$O), 송풍기 토출량(m$^3$/min)을 계산하라. 단, 송풍기 전후의 유량은 변하지 않는다.

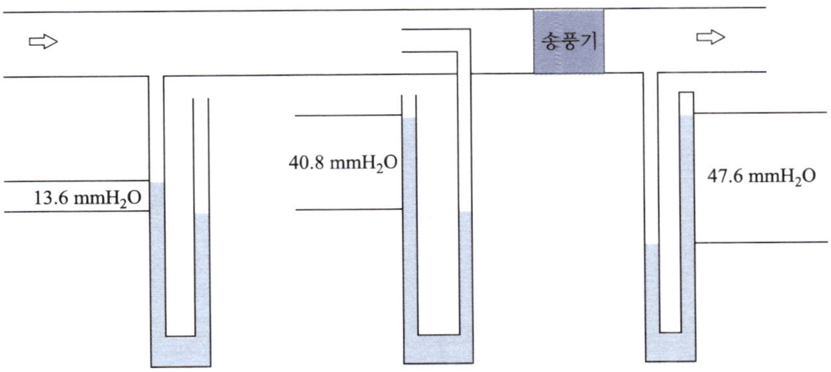

**12** 송풍관의 입구와 출구에서 풍압이 아래 그림과 같을 때 압력손실($\Delta P$), 정압차$P_{sf}$, 송풍기 정압 $P_s$를 계산하라. 또 송풍량이 300 m$^3$/min일 때 소요동력을 kW, HP 단위로 각각 구하라. 이 때 송풍기의 전압효율 0.8, 전동기 효율은 0.7, 여유율은 20 %이다.

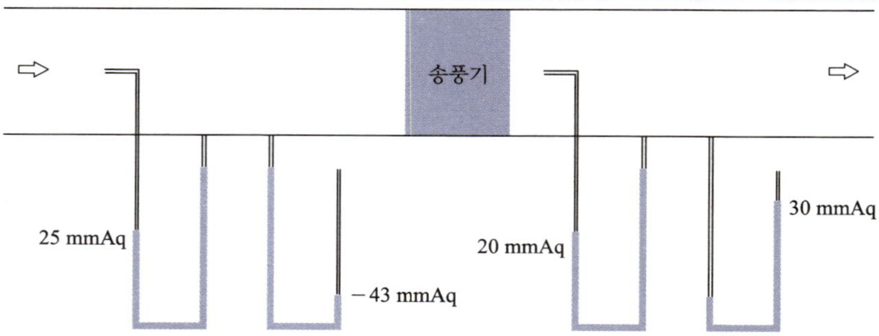


## 참고문헌


1. 이승일, 천만영, 황경철, 신은상, 강병욱, 강공언, 공장환기기술, 도서출판 동화기술, 1995.
2. 고완석, 심현호, 유일중, 이종집, 허광선, 단위조작, 보문당, 1994.
3. 천만영, 강공언, 강병욱, 신은상, 대기오염 방지기술, 신광문화사, 2016.
4. 井伊谷鋼一, 金弘在譯, 集塵裝置, 大光書林, 1988.
5. Martin Crawford, Air Pollution Control Theory, McGraw-Hill, 1976.
6. 김세환, 박성환, 김영식, 공기조화설비, 도서출판 건기원, 2005.

CHAPTER 3

# 집진(集塵)

입자상물질은 보통 입자, 분진, 먼지 또는 에어로졸이라 부르기도 하며 입자상물질을 제거하는 방법을 집진이라 하는데 이 장에서는 집진을 위하여 필요한 입자에 대한 기초사항, 집진장치의 원리와 특성 등에 대하여 공부하기로 한다. 이 교재에서는 입자상물질, 입자, 에어로졸, 먼지 및 분진을 같은 의미로 혼용하여 사용한다.

## 3.1 입자 및 집진의 기초사항

### 1. 단위(Unit)

#### 1) 절대단위

길이, 질량, 시간의 단위를 각각 cm, g, sec로 나타낸 것을 CGS 단위라 한다. CGS 단위에서 힘은 dyne(g · cm/sec$^2$), 일은 erg(dyne · cm)를 사용한다. MKS 단위에서는 길이, 질량, 시간을 각각 m, kg, sec로 나타내며 힘은 Newton(N 또는 kg · m/sec$^2$), 일은 Joule(J 또는 N · m)을 사용한다. 공학에서는 특별한 경우를 제외하고 기본적으로 MKS 단위를 사용한다.

#### 2) 중력단위

지구상에 있는 모든 물체는 중력을 받고 있으므로 무게는 질량(m)에 중력가속도(g)를 곱한 값이 된다. CGS 단위에서는 무게를 g중(또는 $g_f$)이라 하고 MKS 단위에서는 kg중(또는 $kg_f$)으로 표시하며, 공학에서는 Kg을 사용한다.

#### 3) 국제(SI)단위

SI(International System of Units, 불어로는 Système International d'Unités) 단위란 미터단위를 현대화한 것으로 MKS 단위와 같다.

#### 4) 영국단위

구미 여러 나라에서는 아직도 SI단위가 아닌 길이 단위로 ft, 질량 단위로 lb, 열량 단위로 Btu, 부피 단위로는 gallon 또는 barrel을 사용한다. 표 3-1은 SI단위와 영국단위를 비교한 것이다.

**표 3-1** 각종 단위의 비교

| 차원 | SI단위 | 영국단위 | 비 고 |
|---|---|---|---|
| 길이[L] | meter(m) | feet(ft) | 1 ft = 0.3048 m, 1 in = 2.54 cm |
| 질량[M] | kilogram(kg) | pound(lb) | 1 lb = 0.454 kg |
| 시간[T] | second(sec) | second(sec) | 1 K = 1.8 R |
| 절대온도 | Kelvin(K) | Rankine(R) | 1℃ = 1.8°F |
| 상용온도 | Celsius(℃) | Fahrenheit(°F) | 1 atm = 14.7 psi |
| 힘 | Newton(N) | poundal(lb-ft/sec$^2$) | 1 cal = 4.184 J, 1 Btu = 252 cal |
| 압력 | Pascal(Pa) | lb$_f$/in$^2$(psi) | 1 HP = 0.745 kW |
| 일 | Joule(J) | lb$_f$-ft | 1 gallon = 3.7853 ℓ |
| 동력 | Watt(W) | HP | 1 barrel = 42 gallon |

## 2. 입자의 정의 및 구분

대기환경보전법 제1장 제2조에 입자상물질은 아래와 같이 정의되어 있다.

① 입자상물질이란 물질이 파쇄·선별·퇴적·이적될 때, 그 밖에 기계적으로 처리되거나 연소·합성·분해될 때에 발생하는 고체상 또는 액체상의 미세한 물질을 말한다.

② 먼지란 대기 중에 떠다니거나 흩날려 내려오는 입자상물질을 말한다.

③ 매연이란 연소할 때에 생기는 유리탄소(free carbon, 遊離炭素)가 주가 되는 미세한 입자상물질을 말한다. 참고로 유리탄소는 화합하 있지 않고 단체(單體)로서 존재하는 탄소를 총칭한다.

④ 검댕이란 연소할 때에 생기는 유리탄소가 응결하여 입자의 지름이 1 μm 이상이 되는 입자상물질을 말한다.

국제적으로 입자를 크기에 따라 분류할 때 입경 10 μm 이하 미세먼지(fine particle)를 $PM_{10}$(particle matter less than 10 μm), 입경 2.5 μm 이하 미세먼지를 $PM_{2.5}$라 하며 특히 0.1 μm 이하 미세먼지를 Aitken (nuclei) particle이라고 한다. 그러나 우리나라 '미세먼지 특별법'에서는 $PM_{10}$을 미세먼지, $PM_{2.5}$을 초미세먼지라고 정의하고 있다.

## 3. 입자의 발생원 및 영향

입자의 발생원으로는 황사, 화산재, 꽃가루, 해염입자, 토양입자, 산불 등 자연적 발생원과 자동차, 화석연료 및 각종 물질의 연소, 여러 사업장의 생산 공정에서 발생되는 인위적 발생원으로 나눌 수 있다. 대체적으로 자연적 발생원에서 발생하는 입자의 입경은 인위적 발생원에서 배출되는 입자의 입경보다 더 크므로 인체에 대한 위해성이 상대적으로 낮다. 그러나 인위적 발생원에서 배출되는 입자는 입자로 배출되기도 하지만 발생원에서는 질소산화물(NOx), 황산화물(SOx), 휘발성 유기화합물(volatile organic compounds, VOCs) 등과 같이 가스상으로 배출된 후 대기 중에서 물리·화학적 반응을 통하여 질산염, 황산염, 유기입자 등과 같이 입자상 물질로 변환되기도 하는데 가스상 물질로 배출되었다가 대기 중에서 입자상 물질로 변환된 입자를 2차 입자라 한다. 2차 입자는 초미세입자이며 각종 중금속, 다환방향족탄화수소(polycyclic aromatic hydrocarbons, PAHs) 등 독성이 강한 물질들이 다량 포함되어 있어서 인체에 해를 줄 뿐만 아니라 광화학 스모그와 산성비의 원인 물질이며, 광산란으로 가시도를 감소시키기도 한다. 또 초미세먼지는 호흡기를 거쳐 폐에 침투하거나 혈관을 따라 체내로 이동하므로 인체에 나쁜 영향을 미친다. 세계보건기구(WHO) 산하 국제암연구소(international agency for research on cancer, IARC)에서는 2013년 미세먼지를 발암이 확인된 1군 발암물질(group 1)로 지정하였다.

## 4. 대기 중 입자의 측정법

대기 중 입자의 입경측정 방법에는 중량법, 베타선 흡수법, 광산란법 등이 있다.

### 1) 중량법

일정한 양의 공기를 여과지로 흡입시켜 여과지에 채취된 입자상 물질의 무게를 측정하는 방법으로 하이볼륨에어샘플러(high volume air sampler)법과 로우볼륨에어샘플러(low volume air sampler)법이 있다. 부유입자의 측정단위는 1 $Sm^3$ 공기 중에 함유된 입자의 질량으로 나타내며 $mg/Sm^3$ 또는 $\mu g/Sm^3$으로 표시한다.

### 2) 베타선 흡수법($\beta$-ray absorption method)

베타선 흡수법은 대기 중 입자상 물질이 포집된 여과지를 방사선인 베타선을 투과시킬 때 입자상 물질의 농도가 높을수록 베타선이 많이 흡수된다는 원리를 이용하여 입자상 물질의 질량농도를 구하는 방법이다.

### 3) 광산란법(Light scattering method)

대기 중에 부유하고 있는 입자상 물질에 빛을 비추면 빛이 산란하는데 입자상 물질의 질량농도가 높을수록 빛의 산란정도는 커지며, 입자상 물질에 투과된 광량에서 산란된 빛의 양을 측정하여 입자상 물질의 농도를 구하는 방법이다. 광산란법은 대기 중에 부유하고 있는 입자상 물질을 실시간으로 측정 가능한 방법이다. 현재 국내에서 $PM_{10}$과 $PM_{2.5}$를 측정하는 표준측정방법은 베타선 흡수법과 중량법이다. 두 방법은 측정값에 대한 신뢰도가 높고 최소 1시간 단위로 측정이 가능하므로 국내의 대기오염측정망에서 미세먼지 측정법으로 채택하고 있다. 단점으로는 베타선 흡수법은 장비가 크고 무거우며 가격이 비싸서 이동용 미세먼지 측정장치로는 적합하지 않다. 중량법은 공기 중에 부유하고 있는 미세먼지를 필터에 일정유량 채취한 후 미세먼지 채취 전·후의 필터의 무게를 칭량하여 미세먼지의 질량 농도를 측정하는 방식이다. 중량법은 채취된 미세먼지의 무게를 칭량하기 때문에 정확도는 매우 우수하여 미세먼지 측정법의 기준이 되는 방법이다. 그러나 시료채취 시간이 길고 주기적으로 필터를 교체하여야 하므로 번거로우며 실시간 미세먼지 농도의 변화를 파악하기 어려운 단점이 있다. 베타선 흡수법과 중량법의 이러한 단점 때문에 최근에 광산란법이 관심을 받고 있지만 아직은 정확도가 많이 떨어진다. 광산란법은 미세먼지의 개수와 중량을 초단위로 측정이 가능하기 때문에 대기 중 미세먼지의 농도 변화를 실시간으로 파악할 수 있고, 소형 및 경량화가 가능하므로 휴대가 용이하다. 그러나 광산란법은 간접법이므로 측정한 미세먼지의 중량이 먼지의 화학적 성상이나 밀도에 따라 큰 차이를 보인다. 따라서 광산란법에 의해 미세먼지의 무게 농도를 정확하게 측정하기 위해서는 먼지의 표준측정법인 중량법과 비교실험을 통하여 농도를 보정해 주는 과정을 반드시 거쳐야 한다.

## 3.2 입자의 특성

입자상물질 배출사업장에 알맞은 최적의 집진장치를 선정하여 설계·제작하기 위해서는 먼저 배출되는 입자의 특성을 이해하여야 한다. 이 장에서는 입자의 특성 중 집진장치의 집진성능에 중요한 영향을 미치는 요소들을 중점적으로 살펴보고자 한다.

### 1. 입경(particle diameter)

집진장치 선정 및 운전을 위하여 가장 중요한 입자의 물리적 특성은 입자의 직경, 즉 입경($d_p$)이다. 입경이 작을수록 입자의 표면적은 커지므로 상호 응집이 쉽고 다른 물질에 부착되거나 반응하기도 쉬워진다. 입경 0.01 μm 이하 입자는 기체처럼 브라운 운동을 하며, 입경이 100 μm 이상인 입자는 침강속도가 빨라 대기 중에서 쉽게 제거된다. 표 3-2는 각종 발생원에서 발생된 입자의 입경을 나타낸 것이다.

**표 3-2 각종 입자상 대기오염물질의 입경 비교**

| 입자의 종류 | 입경[μm] | 입자의 종류 | 입경[μm] |
|---|---|---|---|
| 주물사(鑄物砂) | 2000~200 | 금속정련 훈연 | 100~0.1 |
| 비료용 석회 | 800~30 | $NH_4Cl$ 훈연 | 2~0.1 |
| 미분탄 | 400~10 | 알칼리 훈연 | 2~0.1 |
| 주물공장 부유분진 | 200~1 | ZnO 훈연 | 0.3~0.03 |
| 시멘트 | 150~1 | 유연(油煙) | 1~0.03 |
| 비산재(fly ash) | 80~3 | 담배연기 | 0.15~0.01 |
| 소맥분공장내 분진 | 20~15 | 카본 smoke | 0.2~0.01 |
| 곡물엘리베이터내 분진 | 15 | 황산 미스트 | 10~1 |
| 탈크(talc) 분진 | 10 | $SO_3$ 미스트 | 3~0.5 |
| 갱(坑)내 분진 | 10 | 안 개 | 40~1 |
| 시멘트킬른 배기분진 | 10 | 이 슬 | 500~40 |
| 안료류(顔料類) | 8~1 | 빗방울 | 5000~500 |
| 정지대기 중의 분진 | 1~0.01 | | |

## 2. 입자의 비표면적(specific surface area)

입자는 입경이 작을수록 표면적이 증가하므로 표면적은 입자의 부착성과 큰 관련이 있다. 비표면적은 입자의 단위부피 또는 단위질량당 표면적을 의미하는데 식 (3-1)은 입자의 비표면적을 나타낸 것으로 입경이 작을수록 비표면적($S_v$)이 커지며 비표면적이 커질수록 입자의 부착성도 커진다.

$$S_v = \frac{\text{구형입자의 표면적}(4\pi r^2)}{\text{구형입자의 부피}\left(\frac{4}{3}\pi r^3\right)} = \frac{\pi d_p^2}{\frac{\pi d_p^3}{6}} = \frac{6}{d_p}\ [\text{m}^2/\text{m}^3]$$

또는

$$S_v = \frac{\text{구형입자의 표면적}(4\pi r^2)}{\text{구형입자의 질량}\left(\frac{4}{3}\pi r^3 \rho\right)} = \frac{\pi d_p^2}{\frac{\pi d_p^3}{6}\rho} = \frac{6}{d_p \rho}\ [\text{m}^2/\text{kg}] \qquad (3\text{-}1)$$

## 3. 입자의 부착 및 응집

입자가 다른 물질에 달라붙는 성질을 부착(adhesion)이라 하고 입자끼리 충돌·부착하여 입자가 성장하는 것을 응집(coagulation)이라 하는데 입경이 작을수록 표면적이 커져 부착력과 응집력은 커진다. 입자의 부착과 응집은 다음과 같은 힘에 의하여 이루어진다.

### (1) 반데르바알스 힘(van der Waals force)

무극성 분자에서 전자의 운동으로 순간적인 쌍극자가 형성되면 그 옆의 분자도 일시적인 편극현상이 일어나서 유발 쌍극자가 생성된다. 이렇게 무극성 분자의 순간적인 쌍극자와 유발 쌍극자에 의하여 무극성 분자 간에 생성된 인력을 반데르바알스 힘이라고 하는데, 반데르바알스 힘은 원자, 분자 그리고 입자 간에도 발생한다. 그러므로 입자가 서로 가까워지면 입자표면 간에 아주 미미한 인력인 반데르바알스 힘이 생긴다. 반데르바알스 힘은 모든 인력 가운데 가장 작은 힘이다.

### (2) 정전기적인 인력

입자가 대전(하전, charge) 되어 전하를 띄게 되면 같은 전하일 경우에는 입자 간에 척력이 생기고, 서로 다른 극성을 가진 전하로 대전될 경우에는 인력이 생기는데 이것을 쿨롱의 법칙(Coulomb's law)이라 하며 식 (3-2)와 같이 표시한다.

$$F = k\frac{q_1 \cdot q_2}{r^2} \tag{3-2}$$

여기서 $F$ : 입자간 쿨롱의 힘

$k$ : 쿨롱상수

$q_1$, $q_2$ : 입자의 대전량

$r$ : 입자간 거리

### (3) 입자표면의 수분에 의한 결합력

구형입자 사이 표면에 수분이 존재하면 수분에 의한 표면장력(surface tension) 때문에 입자 간에 더 강한 결합력이 생긴다.

### (4) 브라운 운동에 의한 확산력

공기 중에서 부유하는 미세입자는 기체처럼 공기 중에서 불규칙한 운동을 하는데 이것을 브라운 운동(Brownian motion)이라 한다. 표 3-3에 입자의 확산계수 및 평균운동속도를 나타내었는데 입경이 작을수록 확산계수와 평균운동속도가 커진다는 것을 알 수 있다. 이것은 입경이 작을수록 입자의 확산속도가 더 빨라져 다른 입자나 물질과 충돌할 확률도 높다는 것을 의미한다.

**표 3-3** 20℃에서 단위밀도(1 g/cm³) 입자의 확산계수 및 평균운동속도

| 입경 $d_p$ [μm] | 확산계수 [cm²/sec] | 평균운동속도 [cm/s] |
|---|---|---|
| 0.00037[a)] | 0.19 | 46,000 |
| 0.01 | $5.2\times10^{-4}$ | 440 |
| 0.1 | $6.7\times10^{-6}$ | 14 |
| 1.0 | $2.7\times10^{-7}$ | 0.44 |
| 10 | $2.4\times10^{-8}$ | 0.014 |

a) 공기분자

### 4. 입자상물질의 폭발성

입자는 입경이 작을수록 산소와 반응하는 표면적이 커지고 공기 중에 부유할 가능성도 커진다. 만약 부유입자가 가연성 미세먼지이고 농도가 폭발하한치 이상일 경우 인화원이 존재하면 폭발할 위험성이 크다. 이것을 분진폭발이라 하며 분진폭발을 일으킬 수 있는 물질은 마그네슘, 티탄, 지르콘, 알루미늄, 황, 비누, 석탄산수지, 폴리에틸렌, 경질고무, 송진, 석탄, 전분 및 소맥분 분말 등이다.

## 3.3 입경과 입경분포

각종 대기오염물질의 발생원에서 발생되는 입자상물질을 제거하기 위하여 집진장치를 설계할 때 알아야 할 입자의 특성은 여러 가지가 있겠지만 그 중에서 가장 중요한 것은 입경이다. 이 장에서는 입자의 입경측정방법과 측정한 입경을 적절하게 해석하는 통계적 처리방법에 대하여 살펴보기로 한다.

### 1. 공기동력학적 직경(aerodynamic diameter, $d_{pa}$)

대기 중에 부유하고 있거나 각종 사업장에서 배출되는 입자는 구형(sphere)도 있지만 대체로 불규칙하고 밀도도 서로 다르다.

그림 3-1은 공기동력학적 입경의 개념을 나타낸 것이다. 공기동력학적 입경($d_{pa}$)이란 비구형입자와 종말침강속도는 같지만 단위밀도($\rho_p = 1\ g/cm^3$)를 가진 구형입자로 가정하였을 때 입경을 말한다. 현재 입경을 측정하는 대부분의 측정기기는 공기동력학적 직경을 측정하고 있다.

$$d_{pa} = \left[ \frac{18\mu_g v_s}{(\rho_p - \rho_g)g} \right]^{\frac{1}{2}} \tag{3-3}$$

여기서 $d_{pa}$ : 공기동력학적 직경 [m]

$\mu_g$ : 공기 점도 [kg-m/sec]

$v_s$ : 종말침강속도 [m/sec]

$\rho_p$ : 입자 밀도 [kg/m$^3$]

$\rho_g$ : 공기 밀도 [kg/m$^3$]

$g$ : 중력가속도 [9.8 m/sec$^2$]

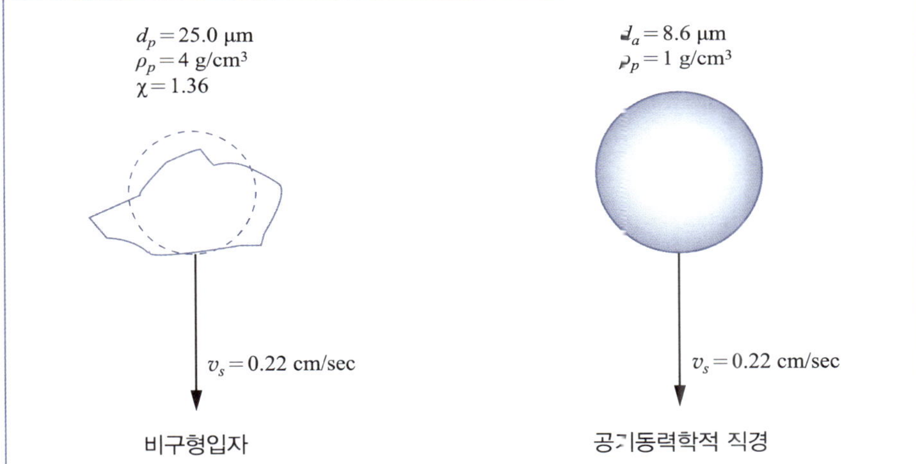


**그림 3-1 비구형입자와 공기동력학적 직경의 개념**

## 2. 입경 측정법

### (1) 충돌법

대기 중의 부유분진이나 사업장에서 배출되는 입자상물질의 입경측정은 대부분이 관성충돌(inertial impaction)을 이용하여 공기동력학적 입경($d_{pa}$)을 측정하고 있다. 그림 3-2는 입자의 관성충돌을 이용하여 입경별 입자농도를 측정할 수 있는 cascade impactor(Andersen air sampler)를 나타낸 것으로 입경별 중량농도를 측정한다. Cascade impactor는 여러 개의 단(stage)으로 구성되어 있으며 각 단에는 공기가 통과할 수 있는 많은 구멍(hole)이 뚫려 있는데 하단으로 내려갈수록 구멍의 크기가 작아져 공기의 통과 속도가 빨라지도록 설계되어 있다. 공기가 구멍을 통과하게 되면 공기와 함께 구멍을 통과한 입자는 속도로 인한 관성력(inertial force)으로 충돌판(impaction plate)에 충돌한 후 집진된다. 그러나 미세입자는 같은 유속으로 구멍을 통과하더라도 관성력이 작아 충돌판에 충돌되지 않고 공기의 유선을 따라 다음 단(하단)으로 넘어간다. 하단의 구멍 크기는 상단보다 더 작아 유속은 더 빨라지고 그 결과 미세입자의 관성력이 커져 상단에서는 집진이 되지 않았던 미세입자도 하단에서는 집진이 가능하게 된다. 집진된 입자의 농도($\mu g/m^3$ 또는 $mg/m^3$)는 집진 전후 충돌판의 무게를 칭량하고 무게 차이에서 흡입된 공기의 양을 나누어 구한다.

Cascade impactor의 단수는 원하는 대로 설계, 제작이 가능하다. 표 3-4는 일반적으로 많이 사용되는 9단 cascade impactor의 각 단별 집진되는 입자의 입경을 나타낸 것이다. 우리나라 공정시험법에도 $PM_{10}$, $PM_{2.5}$를 분리·측정하는 방식은 충돌판과 여과지를 사용하여 중량농도를 측정하도록 규정되어 있다.

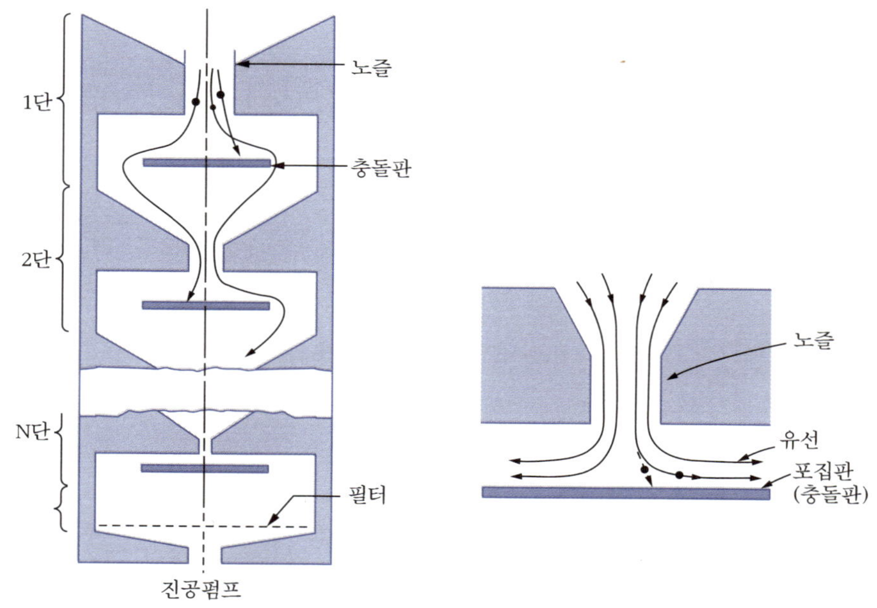


**그림 3-2** Cascade impactor의 구조와 집진원리

**표 3-4** 9단 cascade impactor의 각 단별 집진되는 입자의 입경

| 단 수 | 집진되는 입자의 입경범위[μm] | 비 고 |
|---|---|---|
| 0 | 11 ~ 30 | |
| 1 | 7.0 ~ 11 | |
| 2 | 4.7 ~ 7.0 | |
| 3 | 3.3 ~ 4.7 | |
| 4 | 2.1 ~ 3.3 | |
| 5 | 1.1 ~ 2.1 | |
| 6 | 0.65 ~ 1.1 | |
| 7 | 0.43 ~ 0.65 | |
| B.F. | 0.43 이하 | B.F : Back up filter |

### (2) 광학 분진계

빛(레이저)이 통과하는 통로에 입자가 존재하면 빛은 입자 표면에서 산란되는데 산란각은 입경이 작을수록 커지고 산란양은 농도가 높을수록 많아진다. 입자에서 산란되는 빛의 산란각과 산란양을 측정하면 입자의 입경과 능도를 계산할 수 있다. 입경 측정 범위는 0.1 ~ 10 μm 정도이다.

## 3. 입경자료의 해석

집진장치를 설계하거나 제작할 때 제일 중요한 정보는 집진하고자 하는 입자상물질의 물리·화학적 성질이며 그 중에서도 입자의 입경분포와 농도에 관한 정보가 제일 중요하다. 앞 장에서 입자의 입경을 측정하는 몇 가지 방법에 관하여 기술하였는데 상기의 방법으로 측정한 입경분포(size distribution)에 관한 원시자료(raw data)를 바로 사용하면 해석상 오류가 발생하므로 이용하기에 편리한 형태로 통계처리를 하여야만 자료로서의 가치가 있다. 이 장에서는 대기오염과 집진기술에서 주로 사용되고 있는 입자의 입경과 입경분포에 관한 통계학적 방법을 설명하도록 한다.

### (1) 입경분포

#### 1) 빈도분포(frequency distribution)

빈도분포(frequency distribution)는 집진된 입자의 입경범위를 계급(class)으로 하고 입자의 농도를 빈도(도수, frequency)로 하여 직교좌표에 그린 것으로 이것을 빈도분포곡선(frequency distribution curve)이라 한다. 표 3-5를 보면 집진된 입자의 입경범위가 서로 다른데, 입경범위가 넓을수록 집진된 입자의 농도도 높아

진다. 표 3-4에서 보듯이 cascade impactor가 분진을 집진하는 입경구간은 각 단마다 모두 다르다. 그러므로 어떤 입경범위에서 입자의 농도가 가장 높은지를 비교하기 위해서는 집진된 입자의 입경범위를 동일하게 한 다음 계산해 줄 필요가 있다. 표 3-5에서 입경구간이 $\Delta x$(μm), 입자분율이 $\Delta R$인 입자의 농도(빈도) $f$는 식 (3-4)와 같이 구할 수 있으며 이것을 히스토그램(histogram)으로 나타낸 것이 그림 3-3이다.

**표 3-5 분진의 입경분포 자료**

| 계급 [class] | 입경범위 [μm] | 입자수 [n] | 입경구간 $\Delta x$ | 입자분율 $\Delta R$ | 빈도 $f(\Delta R/\Delta x)$ [fraction/μm] | 체하누적빈도 $D$ [fraction] |
|---|---|---|---|---|---|---|
| 1 | 0~4 | 104 | 4 | 0.104 | 0.0260 | 0.104 |
| 2 | 4~6 | 160 | 2 | 0.160 | 0.0800 | 0.264 |
| 3 | 6~8 | 161 | 2 | 0.161 | 0.0805 | 0.425 |
| 4 | 8~9 | 75 | 1 | 0.075 | 0.0750 | 0.500 |
| 5 | 9~10 | 67 | 1 | 0.067 | 0.0670 | 0.567 |
| 6 | 10~14 | 186 | 4 | 0.186 | 0.0465 | 0.753 |
| 7 | 14~16 | 61 | 2 | 0.061 | 0.0305 | 0.814 |
| 8 | 16~20 | 79 | 4 | 0.079 | 0.0198 | 0.893 |
| 9 | 20~35 | 103 | 15 | 0.103 | 0.0069 | 0.996 |
| 10 | 35~50 | 4 | 15 | 0.003 | 0.0002 | 1.000 |
| 계 | | 1,000 | | 1.000 | | |

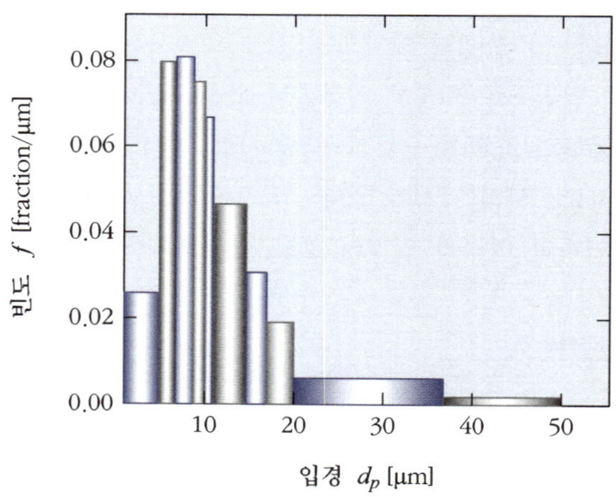


**그림 3-3 입자의 빈도분포를 나타내는 히스토그램**

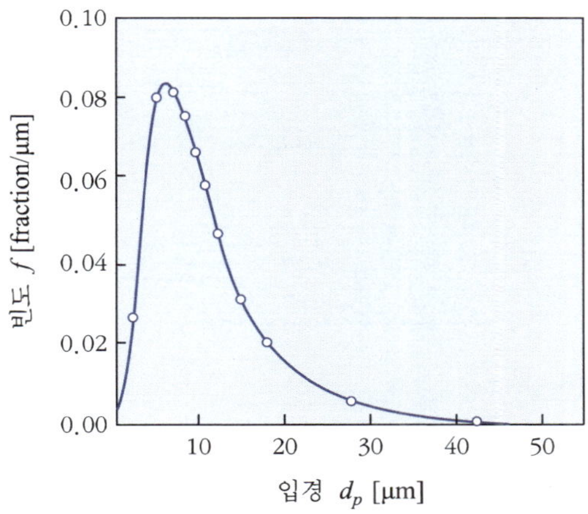


**그림 3-4** **빈도분포곡선**

$$f = \frac{\Delta R}{\Delta x}\,[\text{fraction}/\mu\text{m}] \quad (3\text{-}4)$$

그림 3-4는 그림 3-3의 히스토그램의 정점을 연결하여 그린 빈도분포곡선(frequency distribution curve)이며, 곡선은 함수의 형태로 표현이 가능하다.

입자의 입경분포를 해석하는데 이용되는 개념에는 산술평균(arithmetic mean), 최빈값(mode), 중앙값(median) 및 기하평균(geometric mean) 등이 있다.

① **산술평균**(arithmetic mean, $\overline{d_p}$)

모든 입자의 입경의 합을 입자의 전체 개수로 나눈 값으로 식 (3-5)와 같으며 표 3-5에서 입경의 산술평균은 11.8 μm이다.

$$\overline{d_p} = \frac{\Sigma d_{p_i}}{N} \quad (3\text{-}5)$$

입경이 다음 표와 같은 경우 입자의 개수를 무시하고 입자의 산술평균을 계산하면 (1+3+5+8)/4=4.25 μm이다. 그러나 입자는 입경별로 개수가 모두 다르므로 실제 평균 입경은 입경에 입경별 입자의 개수(가중치)를 곱하여 계산하여야 하는데 이것을 산술가중평균(arithmetic weighted mean, $\overline{d_{pw}}$)이라 한다.

$$\overline{d_{pw}} = \frac{1\times30+3\times50+5\times20+8\times1}{30+50+20+1} = 2.85\ \mu\text{m}$$

| 입경 [μm] | 개 수 |
|---|---|
| 1 | 30 |
| 3 | 50 |
| 5 | 20 |
| 8 | 1 |

**② 최빈값(mode, $M_o$)**

입자를 입경별로 분류했을 때 농도(빈도)가 가장 높은 입자의 입경을 최빈경이라 한다. 표 3-5에서 입자의 최빈경은 6～8 μm 범위(계급 3)의 입경을 가진 입자이다.

**③ 중앙값(median, $M_d$)**

입자의 입경을 크기순으로 나열했을 때 중앙에 위치한 입자의 입경을 의미하며 중위경이라도 한다. 표 3-5에서 입자의 중위경은 8～9 μm 범위(계급 4)의 입경을 가진 입자이다.

대부분의 대기오염물질 발생원에서 배출되는 입자의 입경분포는 좌우 대칭이 아니라 그림 3-4와 같이 오른쪽으로 꼬리가 길게 드리워진 입경분포를 나타낸다. 이것은 상대적으로 미세입자가 많이 존재한다는 것을 의미하며 이럴 경우 대체로 입경은 다음과 같은 크기 순서를 보인다.

$$\text{산술평균}(\overline{d_p}) > \text{중위경}(M_d) > \text{최빈경}(M_o)$$

### 2) 누적빈도분포(cumulative frequency distribution)

표 3-5에서 특정 입경보다 더 크거나 작은 입자의 입경별 농도(빈도)를 모두 더(누적)하여 분율로 나타낸 것을 누적빈도분포라고 한다. 누적빈도분포에는 체상누적빈도분포(greater than indicated size cumulative frequency distribution)와 체하누적빈도분포(less than indicated size cumulative frequency distribution)가 있다.

**① 체상누적빈도분포**

특정 입경 이상 입자의 농도분율, 즉 특정 체눈을 가진 체(sieve)로 입자를 치면 체눈 크기 이상의 입경을 가진 입자는 체상(체위)에 남게 되는데 체상에 남은 입자의 농도분율을 체상누적빈도($R$)라 한다. 모든 입경 범위에서 입자의 체상누적빈도를 적분함수로 나타내면 식 (3-6)과 같고 이것을 그라프로 그린 것을 체상누적빈도분포곡선이라 한다.

$$R = \int_{d_p}^{d_{p,\max}} f d(d_p) \tag{3-6}$$

만약 체눈의 크기가 0 μm이면 모든 입자는 체를 통과하지 못하므로 체상에 존재하게 되며 이 때 체상누적빈도($R$)는 1이 된다. 반대로 체눈의 크기가 무한대로 크면 모든 분진이 체를 통과하게 되어 체하(체아래)에 존재하므로 체상누적빈도($R$)는 0이 된다. 체상누적빈도분포곡선을 그림 3-5에 나타내었다.

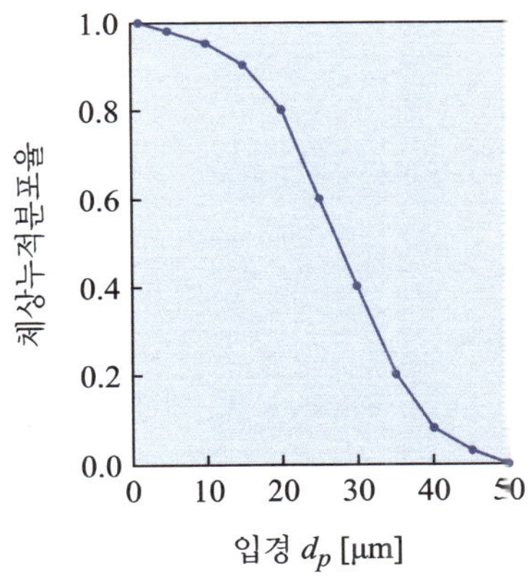


**그림 3-5 체상누적빈도분포곡선**

② **체하누적빈도분포**

특정 입경이하 입자의 농도분율, 즉 특정 체눈을 가진 체(sieve)로 입자를 치면 체눈 크기 이하의 입경을 가진 입자는 체를 통과하게 되는데 체를 통과하여 체하(체아래)로 모인 입자의 농도분율을 체하누적빈도($D$)라 한다. 모든 입경 범위에서 입자의 체하누적빈도는 식 (3-7)과 같고 이것을 그라프로 그린 것을 체하누적빈도분포곡선이라 한다.

$$D = 1 - R \tag{3-7}$$

만약 체눈의 크기가 0 μm이면 모든 입자는 체를 통과하지 못하여 체상에 존재하게 되며 이 때 체하누적빈도($D$)는 0이 된다. 반대로 체눈의 크기가 무한대로 크면 모든 분진이 체를 통과하게 되어 체하에 존재하므로 체하누적빈도($D$)는 1이 된다. 체하누적빈도분포곡선을 그림 3-6에 나타내었다.

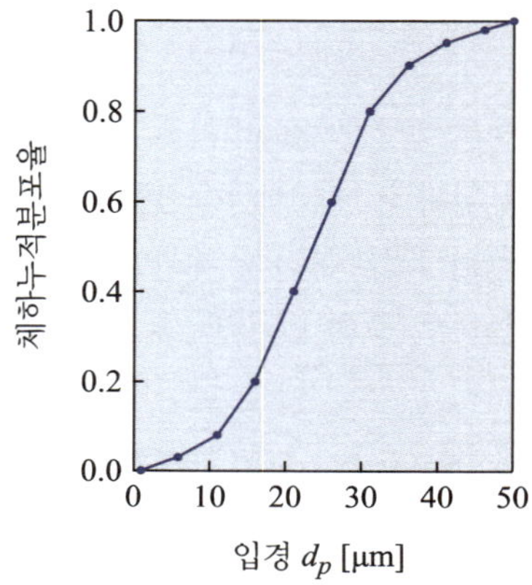


**그림 3-6 체하누적빈도분포곡선**

### Example 3-1

어떤 대기오염원에서 배출되는 분진의 입경분포 자료가 다음과 같다면 이들 입경분포 자료를 해석하시오.

1) 빈도분포곡선을 작성하여 최빈경을 산출하시오.

2) 체상누적분포곡선을 작성한 후 입경분포자료에 대한 대표값을 산출하시오.

| 입경분포 [μm] | 0～3.5 | 3.5～5.5 | 5.5～7.5 | 7.5～10.75 | 10.75～19 | 19～27 | 27～43 | total |
|---|---|---|---|---|---|---|---|---|
| 입자수 [개] | 20 | 18 | 40 | 56 | 38 | 16 | 12 | 200 |

**풀이** 먼저 빈도분포를 해석하기 위해 빈도수를 구한 다음 빈도와 누적빈도를 다음과 같이 구한다.

| 입경분포 [μm] | 0～3.5 | 3.5～5.5 | 5.5～7.5 | 7.5～10.75 | 10.75～19 | 19～27 | 27～43 |
|---|---|---|---|---|---|---|---|
| 입자수 [개] | 20 | 18 | 40 | 56 | 38 | 16 | 12 |
| 입경범위 $dx$ [μm] | 3.5 | 2 | 2 | 3.25 | 8.25 | 8 | 16 |
| 입자분율 $dR$[%] | 10 | 9 | 20 | 28 | 19 | 8 | 6 |
| $f$ [%/μm] = $dR/dx$ | 2.86 | 4.5 | 10 | 8.62 | 2.3 | 1 | 0.83 |
| 체상누적분포 $R$[%] | 100 | 90 | 81 | 61 | 33 | 14 | 6 |

계산한 농도(빈도)를 직교좌표에 나타내면 그림 3-7의 점선과 같은 빈도분포곡선을 얻으며, 여기에서 빈도수가 가장 높은 최빈경($M_o$)을 구할 수 있다. 그리고 누적빈도분포 $R$을 직교좌표에 입경범위별로 나타내면 그림 3-7의 실선과 같이 되며, 누적빈도분포곡선에서 최빈경과 중위경을 구할 수 있다.

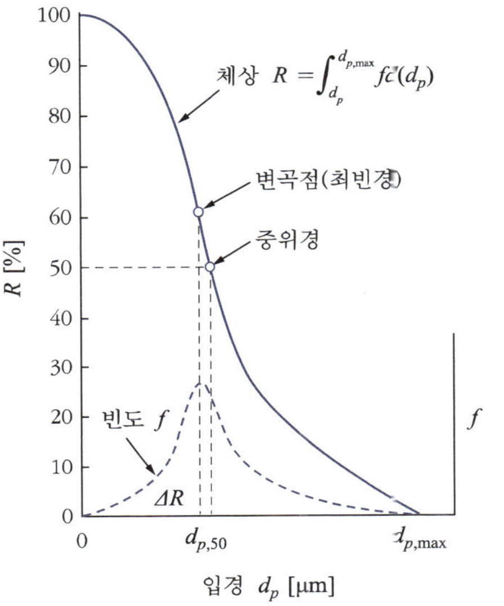


**그림 3-7 빈도분포곡선과 체상누적빈도분포곡선**

### 3) 정규분포

입경분포를 나타내는 빈도분포곡선이 산술평균값을 기준으로 좌우 대칭일 때 이를 정규분포(normal distribution) 또는 Gaussian 분포라 하며 정규빈도분포곡선은 식 (3-8)과 같이 나타낸다.

$$f = \frac{1}{\sigma\sqrt{2\pi}} \exp\left[-\frac{1}{2}\frac{(d_p - \overline{d_p})^2}{\sigma^2}\right] \tag{3-8}$$

여기서 $\sigma$ : 표준편차(standard deviation)

$d_p$ : 입경

$\overline{d_p}$ : 입경의 산술평균

정규빈도분포곡선을 적분하면 식 (3-9)와 같이 정규누적빈도분포곡선이 된다.

$$R = \int_{d_p}^{d_{p,\max}} \frac{1}{\sigma\sqrt{2\pi}} \exp\left[-\frac{1}{2}\frac{(d_p - \overline{d_p})^2}{\sigma^2}\right] d(d_p) \tag{3-9}$$

### 4) 대수정규분포

분진의 입경분포는 대부분 정규분포가 아니라 최빈값을 중심으로 입경이 큰 오른쪽으로 꼬리가 길게 나타나는 비대칭 형태를 보인다. 이때 입경축(x축)을 대수화(log scale)시켜 입경분포곡선을 그리면 그림 3-8과 같이 정규분포가 되기도 하는데 이것을 대수정규분포(log normal distribution)라 하며 대수정규분포곡선은 식 (3-10)과 같이 표현된다.

$$f = \frac{1}{\sqrt{2\pi}\log\sigma} \exp\left[-\frac{1}{2}\frac{(\log d_p - \log \overline{d_p})^2}{(\log\sigma)^2}\right] \tag{3-10}$$

누적대수정규분포곡선은 대수정규분포곡선인 식 (3-10)을 적분한 식 (3-11)과 같다.

$$R = \int_{d_p}^{d_{p,\max}} \frac{1}{\sqrt{2\pi}\log\sigma} \exp\left[-\frac{1}{2}\frac{(\log d_p - \log \overline{d_p})^2}{(\log\sigma)^2}\right] d(\log d_p) \tag{3-11}$$

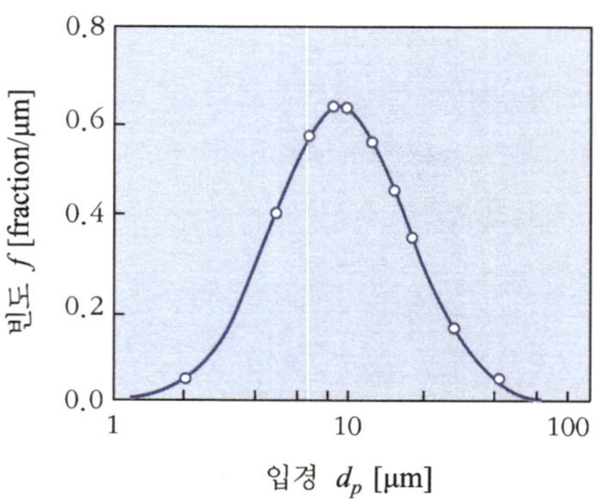


**그림 3-8** 대수정규빈도분포곡선

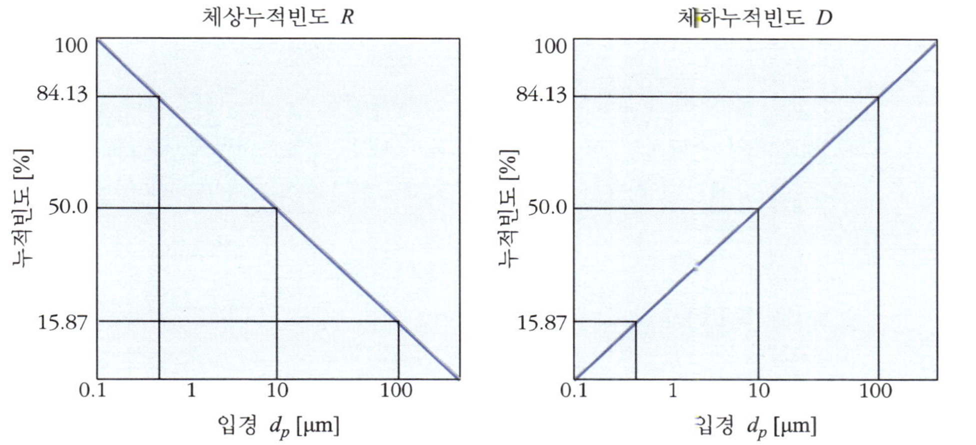


**그림 3-9** 대수확률분포도(log - probability graph)

입자의 입경 및 농도(빈도) 분석자료가 대수정규빈도분포를 따를 때 이것을 대수확률방안지(log-probability paper) 위에 그리면 그림 3-9와 같이 직선으로 나타날 수가 있는데 이것을 대수확률빈도분포도라고 한다. 그림 3-9는 입경과 체하누적빈도($D$), 체상누적빈도($R$)도 대수(log scale)로 나타낸 것이다.

대수정규누적분포곡선에서 기하평균은 $D$와 $R$이 50 % 되는 지점이며 기하표준편차는 다음 식 (3-12)로 구한다.

$$\sigma_g = \frac{D\text{가 } 84.13\,\%\text{인 분진의 입경}}{D\text{가 } 50\,\%\text{인 분진의 입경}} = \frac{D\text{가 } 50\,\%\text{인 분진의 입경}}{D\text{가 } 15.87\,\%\text{인 분진의 입경}}$$

또는

$$\sigma_g = \frac{R\text{이 } 50\,\%\text{인 분진의 입경}}{R\text{이 } 84.13\,\%\text{인 분진의 입경}} = \frac{R\text{이 } 15.87\,\%\text{인 분진의 입경}}{R\text{이 } 50\,\%\text{인 분진의 입경}}$$

(3-12)

**Example 3-2**

함진가스내 분진의 입경분포를 대수확률방안지에 작도한 결과 직선이 되었다. 체상누적빈도($R$) 50 % 입경과 84.13 % 입경이 각각 10.5 μm와 5.5 μm이었을 때 기하평균입경과 기하표준편차는 얼마인가?

**풀이** 기하평균입경 = 누적치가 50 %에 해당하는 입경 = 10.5 μm

기하표준편차 = (50 % 입경) /(84.13 % 입경) = (10.5 μm)/(5.5 μm) = 1.91

# 3.4 유체의 흐름과 입자동력학

함진가스 중 입자의 운동특성은 가스(공기)의 흐름 상태에 따라 달라지기 때문에 입자를 집진하기 위해서는 함진가스의 흐름 상태와 입자동력학적 특성을 잘 이해하여야 한다. 이 장에서는 집진을 위한 함진가스의 흐름과 입자동력학적 특성을 공부하기로 한다.

## 1. 유체의 흐름상태

### (1) 층류(laminar flow)와 난류(turbulent flow)

물이 흐르는 유리관에 작은 노즐(nozzle)로 잉크를 유입시키면 물의 속도가 느릴 때는 잉크가 선상으로 흐르나 물의 유속이 빨라지면 잉크는 물과 격렬하게 혼합하면서 흐른다. 이와 같이 유체의 흐름에서 유체 인접층이 서로 혼합되지 않고 흐르는 상태를 층류라 하며, 유체 인접층이 파괴되어 유체분자가 격렬한 운동을 하면서 서로 혼합되어 흐르는 상태를 난류라 한다. 그리고 층류와 난류의 중간 상태를 전이류(천이류, transitional flow) 또는 임계영역(critical region)이라 한다. 그림 3-10은 원형관 내를 흐르는 층류와 난류의 흐름 상태를 나타낸 것이다.

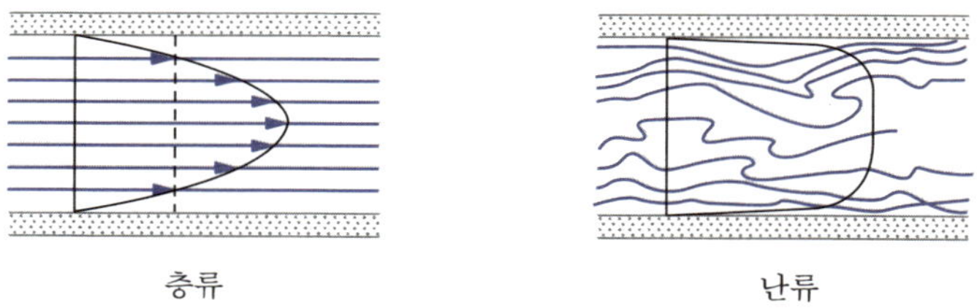


그림 3-10 관속을 흐르는 유체의 흐름상태

### (2) 유체의 흐름상태 판별

1883년 영국의 Osborne Reynolds는 원형관에서 유체의 흐름에 대하여 연구한 결과 식 (3-13)과 같은 무차원 수에 따라 흐름의 상태가 변한다고 발표하였다. 이 무차원 수를 유체의 흐름을 판별하는 레이놀드 수(Reynold Number, $N_{Re}$)라고 하며, $N_{Re}$는 운동하고자 하는 관성력이 운동을 방해하는 힘인 점성력에 비하여 얼마나 큰지를 숫자로 나타낸 것이다.

$$N_{Re} = \frac{관성력}{점성력} = \frac{Dv\rho}{\mu} = \frac{Dv}{\nu} \qquad (3\text{-}13)$$

여기서 $D$ : 원형관의 직경 [m]
$v$ : 관내를 흐르는 유체의 평균유속 [m/sec]
$\rho$ : 관내를 흐르는 유체의 밀도 [kg/m$^3$]
$\mu$ : 관내를 흐르는 유체의 점도 [kg/m · sec]
$\nu$ : 관내를 흐르는 유체의 동점도 [$\mu/\rho$, m$^2$/sec]

일반적으로 관내 유속은 관의 중심에서 Pitot tube로 측정하며 관의 중심에서 유체의 유속이 최대($v_{\max}$)가 된다. 층류와 난류에서 관내를 흐르는 유체의 평균 유속 $\bar{v}$와 최대유속 $v_{\max}$ 사이에는 대략적으로 다음과 같은 관계가 성립된다.

층류 : $\bar{v} = 0.5v_{\max}$
난류 : $\bar{v} = 0.8v_{\max}$

직원관에서 유체의 흐름판별은 유체의 종류에 관계없이 아래 그림과 같다.

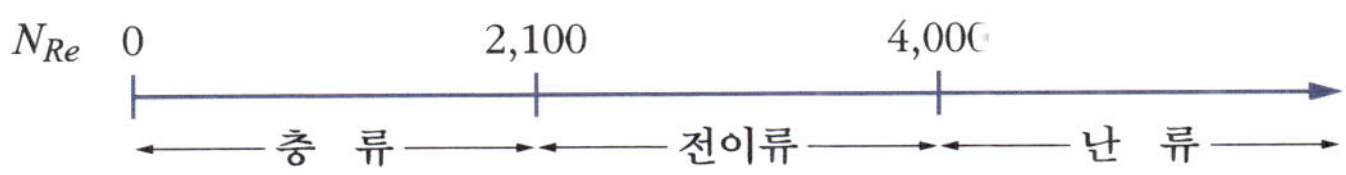


만약 원형관이 아니고 장방형관일 경우 $N_{Re}$를 구하기 위해서는 원형관의 직경 $D$ 대신 상당직경($D_e$, Equivalent diameter)을 사용한다. 이 때 상당직경을 수력학적 직경(Hydraulic diameter, $D_h$)이라고도 하며 장방형의 각변이 $a$, $b$일 때 $D_e$는 다음과 같다.

$$D_e = D_h = 4 \times \frac{유로의\ 단면적}{유로가\ 접한\ 길이} = 4 \times \frac{ab}{(2a+2b)} = \frac{2ab}{(a+b)} \qquad (2\text{-}22)$$

**Example 3-3**

내경 0.2 m인 원형관 내를 점도 0.73 kg/m · sec, 밀도 1.28 kg/m$^3$인 유체가 3 m/sec의 유속으로 흐르고 있다.

1) 이 유체의 $N_{Re}$를 구하고 그 흐름을 판별하라.
2) 관내를 흐르는 유체의 동점도가 0.66 m$^2$/sec일 경우 $N_{Re}$를 구하라.
3) 원형 대신 각변이 0.1 m, 0.2 m인 장방형관일 경우 $N_{Re}$는 얼마인가?

**풀이**

1) $N_{Re}=\dfrac{Dv\rho}{\mu}=\dfrac{0.2\times3\times1.28}{0.73}=1.05$　　$N_{Re}<2{,}100$이므로 층류

2) $N_{Re}=\dfrac{Dv}{\nu}=\dfrac{0.2\times3}{0.66}=0.91$　　$N_{Re}<2{,}100$이므로 층류

3) $D_e=\dfrac{2ab}{(a+b)}=\dfrac{2\times0.1\times0.2}{(0.1+0.2)}=0.13\text{ m}$

$N_{Re}=\dfrac{D_e v\rho}{\mu}=\dfrac{0.13\times3\times1.28}{0.73}=0.68$　　$N_{Re}<2{,}100$이므로 층류

직원관과 달리 자유대기에서는 식 (3-13)의 원관 직경 $D$는 분진입자의 직경 $d_p$, 관내를 흐르는 유체의 평균유속 $v$는 입자의 종말침강속도 $v_s$, 관내를 흐르는 유체의 밀도 $\rho$는 공기의 밀도 $\rho_g$, 관내를 흐르는 유체의 점도 $\mu$는 공기의 점도 $\mu_g$로 대치되어 식 (3-14)와 같이 되며, 층류와 난류의 판별기준도 아래와 표와 같이 달라진다.

$$N_{Re}=\frac{d_p v_s \rho_g}{\mu_g} \tag{3-14}$$

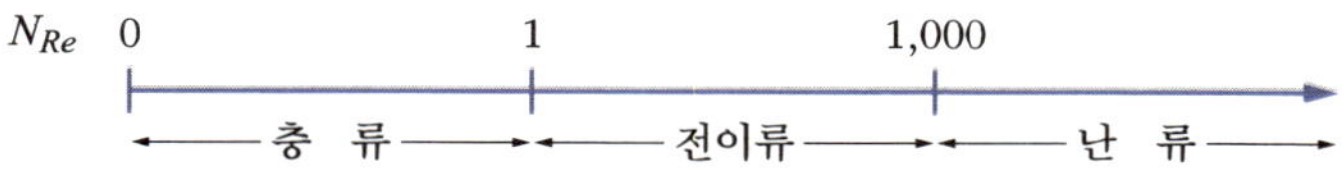


**Example 3-4**

입경 2 μm이고 밀도가 2.4 g/cm³인 구형입자가 20℃ 공기 중을 0.3 cm/sec의 속도로 자유낙하하고 있다. 이 때 $N_{Re}$를 구하고 층류인지 난류인지 구분하라.

**풀이**

$$N_{Re}=\frac{d_p v_s \rho_g}{\mu_g}$$

$d_p=2\ \mu\text{m}=2\times10^{-6}\text{ m}$　　$v_s=\dfrac{0.3\text{ cm}}{\text{sec}}\Big|\dfrac{1\text{ m}}{100\text{ cm}}=0.003\text{ m/sec}$

$\rho_g=1.2\text{ kg/m}^3$

$$\mu_g=1.716\times10^{-5}\times\left(\frac{383.55}{383.55+t℃}\right)\left(\frac{273.15+t℃}{273.15}\right)^{3/2}[\text{kg/m}\cdot\text{sec}]$$

$$=1.716\times10^{-5}\times\left(\frac{383.55}{383.55+20}\right)\left(\frac{273.15+20}{273.15}\right)^{3/2}=1.815\times10^{-5}[\text{kg/m}\cdot\text{sec}]$$

$\therefore N_{Re}=\dfrac{2\times10^{-6}\times0.003\times1.2}{1.815\times10^{-5}}=3.967\times10^{-4}$　　; $N_{Re}<1$이므로 층류

자유대기에서 유체의 흐름상태 즉, 층류인지 아니면 난류인지를 판별할 때는 $N_{Re} = \frac{d_p v_s \rho_g}{\mu_g}$를 이용하지만 입자의 종말침강속도($v_s$)를 알지 못할 경우에는 $N_{Re}$를 사용할 수 없으므로 $v_s$가 없어도 유체의 흐름상태를 계산할 수 있는 $K = d_p\left(\frac{g \rho_p \rho_g}{\mu_g^2}\right)^{\frac{1}{3}}$값을 이용하면 유체의 흐름을 판별할 수 있다. $K$값이 3.3 이하면 층류, 43.6 이상이면 난류이다.

## 2. 입자동력학

### (1) 입자에 작용하는 힘

① **중력**(gravity force, $F_g$)

지구상에 존재하는 모든 물체에는 중력이 작용하며 부유하는 입자에 작용하는 중력은 식 (3-15)와 같다.

$$F_g = mg \tag{3-15}$$

여기서 $m$ : 입자의 질량 [kg]
$g$ : 중력가속도 [9.8 m/sec$^2$]

입자가 구형일 때 입경이 $d_p$이고 밀도가 $\rho_p$인 입자에 작용하는 중력 $F_g$는 식 (3-16)과 같다.

$$F_g = mg = \rho_p V_p g = \rho_p\left(\frac{4}{3}\pi r_p^3\right)g = \rho_p\left(\frac{1}{6}\pi d_p^3\right)g = \frac{1}{6}\pi d_p^3 \rho_p g \tag{3-16}$$

여기서 $m$ : 입자의 질량 [kg]
$V_p$ : 입자의 부피 [m$^3$]
$r_p$ : 입자의 반경 [m]
$d_p$ : 입자의 직경 [m]
$\rho_p$ : 입자의 밀도 [kg/m$^3$]

② **부력**(buoyancy force, $F_b$)

유체 내의 물체는 유체 내에서 그 물체의 부피에 해당하는 유체의 무게와 동일한 부력(浮力, 뜨는 힘)을 받는다(Archimedes' principle). 그러므로 공기 중에서 부유하는 입자에 작용하는 부력은 입자의 부피와 동일한 부피의 공기가 받는 중력이며 부력은 중력의 반대방향으로 힘이 작용한다. 따라서 직경이 $d_p$ 이고 밀도가 $\rho_p$인 구형입자가 밀도 $\rho_g$인 공기 중에서 부유하고 있다면 입자가 받는 부력 $F_b$는 식 (3-17)과 같다.

$$F_b = \rho_g V_p g = \frac{1}{6}\pi d_p^3 \rho_g g \tag{3-17}$$

③ **항력**(drag force, $F_d$)

유체 내에서 물체가 운동할 때 유체에 의한 마찰저항을 받게 되는데 이것을 항력이라 한다. 공기 중에서 입경 $d_p$인 구형입자가 상대이동속도 $v_s$로 이동할 때 받는 항력 $F_d$는 다음과 같다.

$$F_d = C_D \frac{\rho_g A_p v_s^2}{2} \tag{3-18}$$

여기서 $C_D$ : 항력계수(coefficient of drag force)

층류영역(Stoke 영역)에서 $C_D = \frac{24}{N_{Re}}$

$A_p$ : 입자의 투영면적(projected area)

$N_{Re}$ : 유체의 레이놀드 수(Reynold number)

공기 중에 부유하는 입자는 크기가 작아 전이류나 난류에서는 침강이 되지 않고 층류영역에서만 침강이 일어난다. 그러므로 층류영역에서 항력계수 $C_D = \frac{24}{N_{Re}}$를 식 (3-18)에 대입하고 정리하면 식 (3-19)와 같이 된다.

$$F_d = 3\pi \mu_g d_p v_s \tag{3-19}$$

### (2) 입자의 종말침강속도(terminal settling velocity, $v_s$)

유체 내를 입자가 자유낙하 할 때 입자에 작용하는 중력, 부력 및 항력이 균형을 이루면 입자의 침강속도는 일정하게 유지되는데 이것을 종말침강속도라 한다. 층류영역에서 구형입자에 작용하는 세 힘의 평형식은 다음과 같다.

$$F_g = F_b + F_d$$

$$\frac{1}{6}\pi d_p^3 \rho_p g = \frac{1}{6}\pi d_p^3 \rho_g g + 3\pi \mu_g d_p v_s$$

위의 식을 종말침강속도 $v_s$에 대해 정리하면 식 (3-20)과 같이 되며, 이 식을 Stokes 법칙이라 한다.

$$v_s = \frac{d_p^2(\rho_p - \rho_g)g}{18\mu_g} \text{ [m/sec]} \tag{3-20}$$

여기서 $d_p$ : 입경 [m]

$\rho_p$ : 입자 밀도 [kg/m$^3$]

$\rho_g$ : 유체 밀도 [kg/m$^3$]

$\mu_g$ : 유체 점도 [kg/m · sec]

**Example 3-5**

흐름이 층류인 공기 중을 입경이 2.2 μm이고 밀도가 2,400 g/ℓ인 구형입자가 자유낙하하고 있다. 이때 구형입자의 종말속도 $v_s$를 구하라. 단, 20℃에서 공기의 점도는 $1.81\times10^{-4}$ poise이다.

**풀이**

$$v_s = \frac{d_p^2(\rho_p - \rho_g)g}{18\mu_g}$$

종말속도를 구하기 위해 먼저 각각의 물리적 변수를 계산하면

$$d_p = 2.2\ \mu\text{m} = 2.2\times10^{-6}\ \text{m}$$

$$\rho_p = \frac{2{,}400\ \text{g}}{\ell}\left|\frac{1\ \text{kg}}{1{,}000\ \text{g}}\right|\frac{1{,}000\ \ell}{1\ \text{m}^3} = 2{,}400\ \text{kg/m}^3$$

$$\rho_g = \frac{28.9\ \text{kg}}{22.4\ \text{Sm}^3\times\dfrac{(273+20)\ \text{K}}{273\ \text{K}}} = 1.2\ \text{kg/m}^3$$

$$\mu_g = \frac{1.81\times10^{-4}\ \text{g}}{\text{cm}\cdot\text{sec}}\left|\frac{1\ \text{kg}}{1{,}000\ \text{g}}\right|\frac{100\ \text{cm}}{1\ \text{m}} = 1.81\times10^{-5}\ \text{kg/m}\cdot\text{sec}$$

$$\therefore\ v_s = \frac{(2.2\times10^{-6})^2\times(2{,}400-1.2)\times9.8}{18\times1.81\times10^{-5}} = 3.49\times10^{-4}\ \text{m/sec}$$

### (3) 미세입자와 비구형입자의 종말침강속도

① **커닝험보정계수(Cunningham correction factor, $C_c$)**

Stokes 법칙은 층류영역에서 구형입자가 대기 중에서 자유낙하 할 때 구형입자의 표면에 충돌하는 기체분자의 상대속도가 0 (공기분자가 입자에 정면으로 충돌한다는 의미)이라는 가정 하에 성립하는데 입자가 클 경우 이것은 거의 맞다. 그러나 입자가 작아져 입경이 공기분자의 평균자유행정(mean free path)에 가까워지면 공기분자가 입자에 충돌할 때 정면충돌이 일어나지 않고 빗겨서 충돌(slip)하게 된다. 그러므로 공기분자가 입자에 정면충돌하였을 때보다 입자에 작용하는 항력과 부력이 작아져 입자의 종말침강속도는 Stokes 법칙으로 계산한 값보다 더 빨라지게 되며 입경이 1 μm보다 작은(submicron) 미세입자에서 이 현상은 더 크게 나타난다. 그러므로 1 μm보다 더 작은 미세입자의 종말침강속도는 Stokes 법칙을 보정해 주어야 하는데 보정계수를 커닝험보정계수(Cunningham correction factor) 또는 미끄럼보정계수(slip correction factor)라 한다.

$$v_s = \frac{d_p^2(\rho_p - \rho_g)\,g}{18\mu_g}\,C_c \tag{3-21}$$

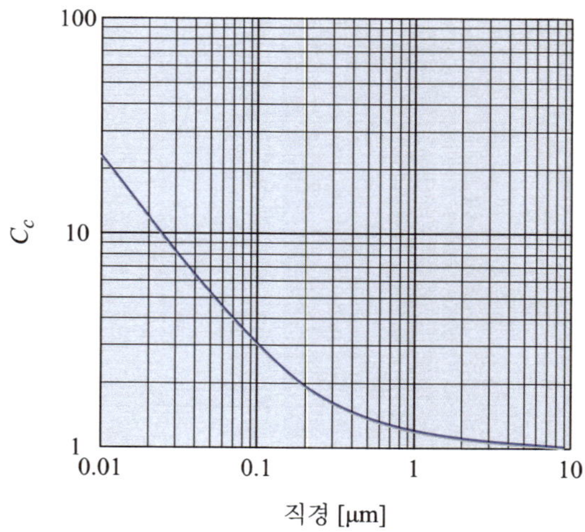


**그림 3-11** 입경별 커닝험보정계수

그림 3-11은 공기 중에서 입경에 따른 커닝험보정계수를 나타낸 것이다. 그림에서 입경 1 μm 이하의 미세입자의 커닝험보정계수는 입경이 작아질수록 크게 증가되는 것을 알 수 있다.

**② 기체분자의 평균자유행정(mean free path, $\lambda$)**

기체분자가 브라운 운동을 하는 동안 충돌 후 다음 충돌 시까지 이동된 거리의 평균값을 평균자유행정(또는 평균자유행로)라 한다. 1기압, 20℃에서 공기의 평균자유행정은 0.066 μm이다.

**③ 동역학적 형상계수(dynamic shape factor, $\chi$)**

Stokes 법칙은 입자가 구형(sphere)이라고 가정하고 유도된 것이다. 그러나 대부분의 입자는 구형이 아니고 비구형이다. 비구형입자에 작용하는 항력은 구형입자에 작용하는 항력과 다르다. 따라서 비구형입자일 경우 종말침강속도는 Stokes 법칙을 동역학적 형상계수($\chi$)로 보정해 주어야 한다. 동역학적 형상계수는 비구형 입자의 항력($F_d$)과 비구형입자와 동일한 부피와 종말침강속도를 갖는 구형입자에 대한 항력의 비를 의미하며 항상 1보다 크다. 따라서 비구형입자의 종말침강속도는 Stokes 법칙을 식 (3-22)와 같이 동역학적 형상계수로 보정해 주어야 한다.

$$v_s = \frac{d_{pe}^2(\rho_p - \rho_g)g}{18\mu_g \chi} \tag{3-22}$$

여기서 $d_{pe}$ : 비구형입자와 동일한 부피와 종말침강속도를 갖는 구형입자의 직경, 즉 상당부피직경(equivalent volume diameter)

동역학적 형상계수($\chi$)는 항상 1보다 크기 때문에 구형입자에 비하여 비구형입자의 종말침강속도는 더 느리다. 층류영역에서 구형입자의 종말침강속도를 나타내는 Stokes 법칙을 커닝험 보정계수($C_c$)와 동역학적 형상계수($\chi$)로 보정하면 식 (3-23)과 같이 된다.

$$v_s = \frac{d_{pe}^2(\rho_p - \rho_g)g}{18\mu_g \chi} C_c \tag{3-23}$$

# 3.5 집진효율

## 1. 집진성능

### (1) 집진효율(collection efficiency, $\eta$)

그림 3-12는 집진장치에 유입 및 배출되는 총분진양에 대한 물질수지(mass balance)를 나타낸 것이다. 집진장치로 유입(input)되는 총분진의 양을 $S_i$ [kg/sec], 집진된 분진의 양을 $S_c$ [kg/sec], 집진장치에서 진집되지 않고 배출되는 총분진의 양(output)을 $S_o$ [kg/sec]라 하면 집진율은 다음 식 (3-24)와 같다.

$$\eta = \frac{S_c}{S_i} = \frac{S_i - S_o}{S_i} = 1 - \frac{S_o}{S_i} \tag{3-24}$$

분진의 양 $S$ [kg/sec]는 배출되는 함진가스량 $Q$ [m$^3$/sec]에 분진농도 $C$ [kg/m$^3$]를 곱($S = QC$)하여 구할 수 있으므로 식 (3-24)는 식 (3-25)로 표현할 수 있다.

$$\eta = \frac{S_i - S_o}{S_i} = \frac{Q_i \cdot C_i - Q_o \cdot C_o}{Q_i \cdot C_i} \tag{3-25}$$

여기서 $Q_i$ : 집진장치 입구에서 함진가스량 [m$^3$/sec]
$Q_o$ : 집진장치 출구에서 함진가스량 [m$^3$/sec]
$C_i$ : 집진장치 입구에서 분진농도 [kg/m$^3$]
$C_o$ : 집진장치 출구에서 분진농도 [kg/m$^3$]

집진장치는 입구와 출구 사이에서 함진가스가 유입되거나 배출되는 부분이 없으므로 입구와 출구의 함진가스량은 동일($Q_i = Q_o$)하다. 그러므로 집진율은 식 (3-25)의

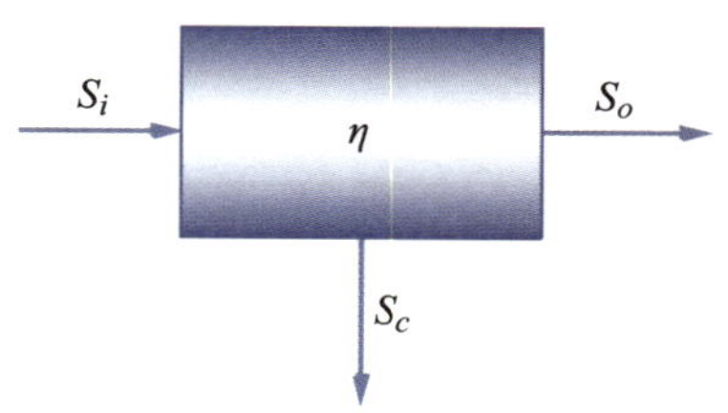


그림 3-12 집진장치로 유입 및 배출되는 총분진양에 대한 물질수지

$Q_i$, $Q_o$를 약분하면 식 (3-26)과 같이 된다.

$$\eta = \frac{C_i - C_o}{C_i} = 1 - \frac{C_o}{C_i} \tag{3-26}$$

### (2) 통과율(penetration efficiency, $P$)

통과율은 집진장치에서 집진되지 않고 출구로 배출되는 분진양으로 집진장치 입구와 출구의 함진가스량이 동일($Q_i = Q_o$)할 경우 통과율은 식 (3-27)과 같다.

$$P = \frac{S_o}{S_i} = \frac{Q_o \cdot C_o}{Q_i \cdot C_i} = \frac{C_o}{C_i} = 1 - \eta \tag{3-27}$$

### (3) 출구에서 분진농도와 분진양

집진장치 출구에서 분진농도와 분진양은 배출허용기준에 의하여 규제되며, 식 (3-28)로 계산이 가능하다.

$$C_o = C_i P = C_i(1-\eta)$$

$$S_o = S_i P = S_i(1-\eta) \tag{3-28}$$

**Example 3-6**

어떤 집진기에서 입구와 출구의 함진가스 중 분진농도가 각각 8 g/Sm$^3$ 및 0.08 g/Sm$^3$일 때 집진기의 효율은 얼마인가?

**풀이**

$$\eta = 1 - \frac{C_o}{C_i} = 1 - \frac{0.08}{8} = 0.99$$

**Example 3-7**

어떤 집진장치의 집진율이 95.4 %였다. 출구 분진농도가 20 mg/Sm$^3$일 때 집진기 입구의 함진가스 중 분진농도는 얼마인가?

**풀이**

$\eta = 1 - \dfrac{C_o}{C_i}$  $\eta = 0.954$  $C_o = 20\ \mathrm{mg/Sm^3}$이므로 $0.954 = 1 - \dfrac{20}{C_i}$

$\therefore C_i = 434.8\ \mathrm{mg/Sm^3}$

**Example 3-8**

어떤 집진장치에서 유입되는 함진가스량이 100,000 $Sm^3/hr$이고 분진농도가 5 $g/Sm^3$일 때 출구로 배출되는 분진량을 1일 100 kg 이하로 하기 위해서 요구되는 최소 집진율은 얼마인가?

**풀이**

$$\eta = 1 - \frac{S_o}{S_i}, \qquad S_o = 100\ \mathrm{kg/day}$$

$$S_i = 100{,}000\ \mathrm{Sm^3/hr} \times 5\ \mathrm{g/Sm^3} \times 24\ \mathrm{hr/day} \times 1\ \mathrm{kg}/1{,}000\ \mathrm{g} = 12{,}000\ \mathrm{kg/day}$$

$$\therefore\ \eta = 1 - \frac{100}{12{,}000} = 0.9917$$

### (4) 부분집진율과 총집진율

① **부분집진율**(fractional collection efficiency, $\eta_f$)

분진의 집진율은 분진의 물리·화학적 특성에 따라 달라지는데 특히 입경이 집진율에 가장 큰 영향을 미친다. 그러므로 함진가스 내 분진은 입경에 따라 집진율이 다르게 나타나는데 입경별 서로 다른 집진율을 부분집진율이라 한다. 입경이 서로 다른 분진이 혼합되어 있는 함진가스의 부분집진율은 식 (3-29)로 계산한다.

$$\eta_f = \left(1 - \frac{C_o \cdot f_o}{C_i \cdot f_i}\right) \tag{3-29}$$

여기서 $f_i$ : 집진장치 입구에서 특정 입경범위의 분진의 집진율

$f_o$ : 집진장치 출구에서 특정 입경범위의 분진의 집진율

일반적으로 미세입자보다 조대입자의 집진율이 높기 때문에 집진장치의 입구보다 출구에서 미세입자 분율이 더 높다.

② **총집진율**(total collection efficiency, $\eta_t$)

집진장치를 통과한 분진의 부분집진율은 입경에 따라 서로 다른데, 함진가스에 포함된 모든 분진의 부분집진율의 합을 총집진율 또는 전집진율이라 한다. 집진장치의 성능 평가 시 집진율은 총집진율을 의미하며, 총집진율은 입경별 부분집진율과 농도분율의 산술가중평균으로 구할 수 있다.

$$\eta_t = \frac{f_1\eta_{f_1} + f_2\eta_{f_2} + f_3\eta_{f_3} + \cdots + f_n\eta_{f_n}}{f_1 + f_2 + f_3 + \cdots + f_n} \tag{3-30}$$

여기서 $f_1,\ f_2,\ \cdots,\ f_n$ : 특정입경 분진의 농도분율

$\eta_{f_1},\ \eta_{f_2},\ \cdots,\ \eta_{f_n}$ : 특정입경 분진의 부분집진율

$f_1 + f_2 + f_3 + \cdots + f_n = 1$이므로 식 (3-30)은 식 (3-31)과 같이 쓸 수 있다.

$$\eta_t = f_1\eta_{f_1} + f_2\eta_{f_2} + f_3\eta_{f_3} + \cdots + f_n\eta_{f_n} = \sum_{i=1}^{n} f_i\eta_{f_i} \tag{3-31}$$

**Example 3-9**

어떤 집진장치의 입구와 출구에서 함진가스 중 분진의 농도가 15 g/Sm$^3$과 0.11 g/Sm$^3$이었다. 또 입구와 출구에서 측정한 분진시료 중 입경 0~5 μm인 입자의 전분진에 대한 중량분율이 각각 0.1과 0.6이었다. 전집진율과 0~5 μm 입경을 가진 분진의 부분집진율을 구하라.

**풀이**

1) $\eta_t = 1 - \dfrac{C_o}{C_i} = 1 - \dfrac{0.11}{15} = 0.9927$

2) $\eta_f = 1 - \dfrac{C_o \cdot f_o}{C_i \cdot f_i} = 1 - \dfrac{0.11 \times 0.6}{15 \times 0.1} = 0.956$

**Example 3-10**

어떤 집진기에서 처리되는 분진의 입경범위별 중량분율과 부분집진율이 다음 표와 같다. 이 자료를 이용하여 집진기의 전집진율을 구하라.

| 입경범위 [μm] | 0~5 | 5~10 | 10~15 | 15~20 | 20~25 | 25~30 |
|---|---|---|---|---|---|---|
| 분진중량분율 [%] | 5 | 25 | 30 | 20 | 15 | 5 |
| 부분집진율 [%] | 92 | 94 | 96 | 98 | 99 | 99 |

**풀이** $\eta_t = f_1\eta_{f_1} + f_2\eta_{f_2} + f_3\eta_{f_3} + \cdots + f_n\eta_{f_n}$

$= 0.05 \times 0.92 + 0.25 \times 0.94 + 0.3 \times 0.96 + 0.2 \times 0.98 + 0.15 \times 0.99 + 0.05 \times 0.99$

$= 0.963$

### (5) 직렬연결 집진장치에 의한 총집진율

일반적으로 함진가스 중 분진을 집진할 때 관성력 집진장치나 원심력 집진장치 같은 저효율 집진장치를 전처리용 집진장치로 사용하여 크고 무거운 입자를 미리 제거하고 그 다음 고효율 집진장치인 백필터나 전기집진기를 직렬로 연결하여 높은 집진율을 얻는다. 고효율 집진기는 설치비와 운영비가 고가이고 전처리 집진기는 상대적으로 저가이다. 그러므로 전처리 집진기를 사용하여 크고 무거운 입자를 미리 제거할 경우 고효율 집진기의 부하를 줄여 줄 수 있어 고효율 집진기의 운영비를 절감할 수 있고 수명도 늘릴 수 있다. 일반적으로 전처리 집진기를 1차 집진기, 후처리를 위한 고효율 집진기를 2차 집진기라 부른다. 전처리 집진기인 1차 집진기와 고효율 집진기인 2차 집진기를 직렬로 연결할 경우 두 집진기에 의한 총집진율 $\eta_t$는 식 (3-32)로 구할 수 있다.

$$\eta_t = 1-P_t = 1-P_1P_2 = 1-(1-\eta_1)(1-\eta_2) \tag{3-32}$$

여기서 $P_t$ : 집진장치 출구에서의 통과율
$P_1$, $P_2$ : 1차, 2차 집진장치 출구에서의 통과율
$\eta_1$, $\eta_2$ : 1차, 2차 집진장치에서의 집진율

**Example 3-11**

Cyclone에서 외기의 유입이 없을 때 집진율이 88 %였다. 만약 외부로부터 3 %의 외부공기가 유입되었다면 집진율은 얼마인가? 단, 외기가 유입되었을 때 분진의 통과율은 외기가 유입되지 않을 때의 1.5배이다.

**풀이** $\eta$=88 %일 때 분진통과율 $P = 1-\eta = 1-0.88 = 0.12$
3 % 외기의 유입이 있을 때 분진통과율 $P = 0.12\times1.5 = 0.18$
$\therefore\ \eta = 1-0.18 = 0.82$

**Example 3-12**

분진농도가 높고 입경범위도 넓은 함진가스를 cyclone으로 전처리한 후 건식 전기집진기로 2차 집진하려고 한다. 집진율이 각각 80 %와 98 %일 때 총집진율은 얼마인가?

**풀이** $\eta_t = 1-(1-\eta_1)(1-\eta_2) = 1-(1-0.8)(1-0.98) = 0.996$

**Example 3-13**

함진가스를 cyclone으로 전처리한 후 건식 전기집진기 2대를 병렬로 연결하여 2차 집진하려고 한다. Cyclone의 집진율이 80 %, 전기집진기의 집진율이 각각 95 %와 98 %일 때 총집진율은 얼마인가?

**풀이** 병렬로 연결된 2대의 전기집진기의 평균 집진율

$\eta_2 = (0.95+0.98)/2 = 0.965$

$\eta_t = 1-(1-\eta_1)(1-\eta_2) = 1-(1-0.8)(1-0.965) = 0.993$

**Example 3-14**

분진농도가 31.2 g/Sm³인 함진가스를 집진율이 65 %인 cyclone으로 전처리를 하고 bag filter로 2차 집진하였더니 출구의 분진농도가 0.028 g/Sm³로 감소하였다. 이 때 bag filter의 집진율은 얼마인가?

**풀이**

$\eta_t = 1-\dfrac{C_o}{C_i} = 1-\dfrac{0.028}{31.2} = 0.9991$

$0.9991 = 1-(1-\eta_1)(1-\eta_2) = 1-(1-0.65)(1-\eta_2)$ $\quad\quad \eta_2 = 0.9974$

**Example 3-15**

분진농도가 20 g/Sm³인 함진가스를 직렬로 연결된 cyclone과 전기집진기로 집진하고자 한다. Cyclone과 전기집진기의 부분집진율이 다음 표와 같을 때 전기집진기의 출구에서 분진의 농도를 구하시오.

| 입경범위 [μm] | 0～5 | 5～10 | 10～20 | 20～40 | 40～60 | 60～100 |
|---|---|---|---|---|---|---|
| Cyclone 입구에서 분진의 농도분율 [%] | 7 | 18 | 20 | 30 | 20 | 5 |
| Cyclone의 부분집진율 [%] | 0 | 1 | 5 | 50 | 90 | 95 |
| 전기집진기 입구에서 분진의 농도분율 [%] | 28 | 45 | 13 | 8 | 4 | 2 |
| 전기집진기의 부분집진율 [%] | 85 | 95 | 97 | 99 | 99.5 | 99.9 |

**풀이** cyclone의 집진율 $\eta_c = f_1\eta_{f_1} + f_2\eta_{f_2} + f_3\eta_{f_3} + \cdots + f_n\eta_{f_n}$

$= 0.07\times0.0 + 0.18\times0.01 + 0.2\times0.05 + 035\times0.5 + 0.2\times0.9 + 0.05\times0.95 = 0.3893$

전기집진기의 집진율 $\eta_e = f_1\eta_{f_1} + f_2\eta_{f_2} + f_3\eta_{f_3} + \cdots + f_n\eta_{f_n}$

$= 0.28\times0.85 + 0.45\times0.95 + 0.13\times0.97 + 0.08\times0.99 + 0.04\times0.995 + 0.02\times999 = 0.9306$

두 집진기에 의한 총집진율

$\eta_t = 1-(1-\eta_c)(1-\eta_e) = 1-(1-0.3893)(1-0.9306) = 0.9576$

$\eta_t = 1-\dfrac{C_o}{C_i}$ $\quad 0.9576 = 1-\dfrac{C_o}{20}$ $\quad \therefore\ C_o = 0.848\ \text{g/Sm}^3$

## 2. 압력손실(pressure drop, $\Delta P$)과 송풍기 소요동력(일률)

함진가스는 집진기를 통과하면서 압력손실($\Delta P$)이 발생한다. 집진기에서 압력손실은 수십~수백 $mmH_2O$ 정도이며 압력손실에 따른 송풍기의 동력 요구량은 아래 식과 같다.

$$L = \frac{\Delta PQ}{60\eta}\ [\mathrm{Kg \cdot m/sec}] \tag{3-33}$$

여기서 $\Delta P$ : 압력손실 [$mmH_2O$ 또는 $Kg/m^2$]

$Q$ : 함진가스량 [$m^3/min$]

$\eta$ : 송풍기 효율

식 (2-25)에서 $\Delta P = P_{t_f}$이고 송풍기의 전압효율을 $\eta_t$, 전동기의 효율을 $\eta_m$, 전동기 여유율을 $\alpha$, 1 kW = 102 Kg · m/sec, 1 HP = 76 Kg · m/sec이므로 압력손실에 의한 송풍기의 동력 요구량은 아래 식과 같다.

$$L = \frac{\Delta PQ(1+\alpha)}{60 \times 102\eta_t\eta_m}\ [\mathrm{kW}] = \frac{\Delta PQ(1+\alpha)}{60 \times 76\eta_t\eta_m}\ [\mathrm{HP}]$$

$$L = \frac{P_{t_f}Q(1+\alpha)}{60 \times 102\eta_t\eta_m}\ [\mathrm{kW}] = \frac{P_{t_f}Q(1+\alpha)}{60 \times 76\eta_t\eta_m}\ [\mathrm{HP}] \tag{3-34}$$

## 연습문제

**01** 입경 6.5 μm, 밀도 2.1 g/cm$^3$인 구형입자의 비표면적(m$^2$/m$^3$와 m$^2$/kg)은 얼마인가?

**02** 입자의 비표면적이 2,000 m$^2$/kg, 입자의 밀도가 1.1 g/cm$^3$이다. 이때, 입자의 직경이 두 배로 증가하면 이 입자의 비표면적(m$^2$/kg)은?

**03** 입경 2.6 μm이고 밀도가 2.1 g/cm$^3$인 구형입자가 17.6℃ 공기 중을 0.3 cm/sec의 속도로 자유낙하하고 있다. 이 때 $N_{Re}$를 구하고 층류인지 난류인지 구분하라.

**04** 흐름이 층류인 공기 중을 입경이 0.8 μm이고 밀도가 2,200 g/ℓ인 구형입자가 자유낙하하고 있다. 이때 구형입자의 종말침강속도 $v_s$를 구하라. 단, 기온은 22.3 ℃이고 0.8 μm 입자의 커닝험 보정계수($C_c$)는 1.28이다.

**05** 2개의 집진장치를 직렬로 연결하였을 때 2차 집진장치의 집진율은 95 %이다. 총 집진율을 99 %로 하려고 할 때 1차 집진기의 효율은 몇 %로 유지하여야 하는가?

**06** 전기집진기의 효율이 97 %이고, 여과집진장치의 효율이 99 %인 집진장치를 병렬로 연결하였다. 전기집진기로 유입되는 함진가스 유량은 80,000 Sm$^3$/hr, 여과집진장치로 유입되는 함진가스 유량은 20,000 Sm$^3$/hr이고, 입구농도가 300 mg/m$^3$일 때 먼지의 배출농도(mg/hr)는?

**07** 석탄을 연소하는 시설에서 소형사이클론이 20개가 있다. 운전 중 2개의 소형사이클론이 문제가 발생되어 처리가스량의 10 %가 처리되지 않고, 그대로 통과되었다. 출구먼지농도(mg/m$^3$)는? 단, 정상운전 시 소형사이클론의 집진율은 80 %이고, 장치 입구에서의 먼지농도는 1,000 mg/m$^3$이다.

**08** $NO_2$가 50 ppm 배출되는 배출원 주위에서 배출허용기준이 5 mg/$Sm^3$라고 할 때 배출원의 $NO_2$ 처리효율을 얼마로 하여야 하는지 산출하라.

**09** 분진농도가 258 mg/$Sm^3$인 함진가스를 직렬로 연결된 cyclone과 B.F로 집진하고자 한다. Cyclone과 B.F의 부분집진율이 다음 표와 같을 때 B.F의 출구에서 분진의 농도를 구하라.

| 입경범위 [μm] | 0~3 | 3~10 | 10~20 | 20~40 | 40~60 | 60~100 |
|---|---|---|---|---|---|---|
| Cyclone 입구에서 분진의 농도분율 [%] | 15 | 25 | 35 | 15 | 5 | 5 |
| Cyclone의 부분집진율 [%] | 13 | 65 | 70 | 99.5 | 99.9 | 99.9 |
| B.F 입구에서 분진의 농도분율 [%] | 28 | 45 | 13 | 8 | 4 | 2 |
| B.F의 부분집진율 [%] | 85 | 96 | 99.9 | 99.9 | 99.9 | 99.9 |

# 3.6 중력집진기(Gravity Settling Chamber)

## 1. 집진원리

중력집진기는 함진가스 중의 분진을 중력에 의하여 침강하도록 하여 함진가스 흐름으로부터 분진을 분리·포집하는 장치로 중력침강집진기 (dust chamber)라고 하기도 한다.

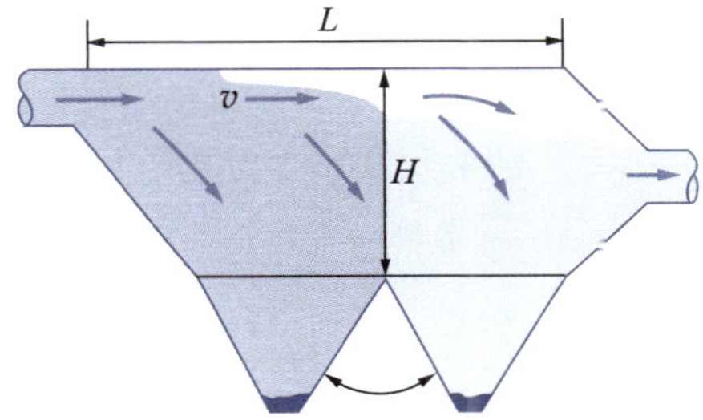


그림 3-13 중력집진기

## 2. 특징

중력집진기는 50 μm 이상의 조대입자(coarse particles) 집진에 사용되며 집진율은 40～60 %로 낮다. 함진가스의 중력집진기 내에서의 유속은 침강된 입자가 재비산하지 않도록 보통 0.3～3 m/sec 정도가 되도록 설계한다. 중력집진기의 장·단점은 다음과 같다.

### (1) 장점

① 구조가 간단하므로 기기적으로 안정하다.
② 압력손실이 10～15 $mmH_2O$로 적다.
③ 함진가스 온도변화의 영향을 거의 받지 않는다.
④ 크고 무거운 고농도 함진가스의 전처리용으로 사용한다.
⑤ 설치비, 유지비가 저렴하다.

### (2) 단점

① 미세입자의 집진이 어렵다.
② 집진효율이 40～60 %로 낮다.
③ 함진가스의 분진부하나 유량변동에 비교적 민감하다.
④ 시설의 규모가 크다.

중력집진기는 단독으로 사용되기보다 전처리용으로 사용되나 현재는 벼 도정시설의 왕겨집진 등에만 국한되어 사용되며 집진용으로는 거의 사용되지 않는다.

## 3. 장치의 종류

중력집진기는 그림 3-14와 같이 수평판의 설치여부에 따라 단단 중력집진기와 다단 중력집진기로 나눌 수 있다.

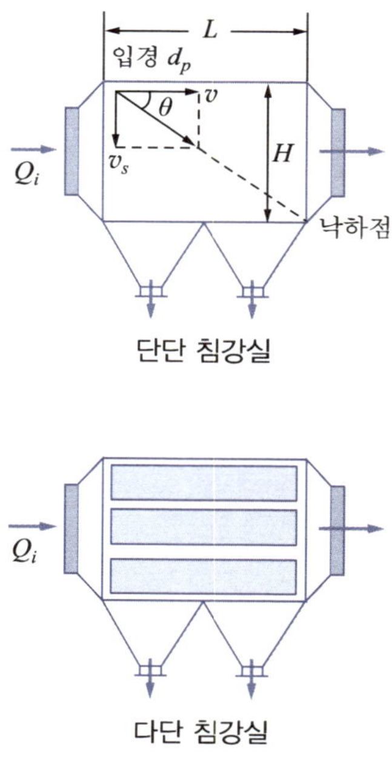


그림 3-14 중력집진기의 종류

## 4. 집진성능

### (1) 분진의 종말침강속도

중력집진기 설계 시 분진의 침강속도는 매우 중요한 요소이다. 분진의 종말침강속도가 클 경우 분진은 함진가스로부터 쉽게 분리되지만 종말침강속도가 작을 경우 집진성능의 향상을 위해서는 집진장치 설계 시 주의하여야 한다. 층류영역에서 분진의 종말침강속도 $v_s$는 식 (3-35)와 같다(Stokes 법칙).

$$v_s = \frac{d_p^2(\rho_p - \rho_g)g}{18\mu_g} \times C_c\,[\mathrm{m/sec}] \tag{3-35}$$

여기서 $d_p$ : 분진 직경 [m]

$\rho_p$ : 분진 밀도 [kg/m³]

$\rho_g$ : 함진가스 밀도 [kg/m³]

$\mu_g$ : 함진가스 점도 [kg/m · sec]

위 식에서 $d_p > 1\ \mu\mathrm{m}$이고 $\rho_p \gg \rho_g$이면 종말침강속도는 식 (3-36)으로 나타낼 수 있다.

$$v_s = \frac{d_p^2 \rho_p\, g}{18\mu_g} \tag{3-36}$$

### (2) 집진가능한 분진의 최소입경

집진가능한 분진의 크기가 작을수록 집진기의 집진성능은 좋아진다. Stokes 법칙을 이용하여 구한 집진가능한 분진의 최소입경($d_{p,\min}$)은 식 (3-37)과 같다.

$$d_{p,\min} = \left[\frac{18\mu_g v_s}{(\rho_p - \rho_g)g}\right]^{\frac{1}{2}} \tag{3-37}$$

100 % 집진가능한 분진의 직경($d_{p,100}$)은 $d_{p,\min}$에 $\sqrt{2}$를 곱한 것으로 $d_{p,\min}$이 이론적으로 구한 집진가능한 최소입경이라면 $d_{p,100}$은 실제 집진가능한 최소입경이라는 의미이다.

$$d_{p,100} = d_{p,\min} \times \sqrt{2} = \left[ \frac{36 \mu_g v_s}{(\rho_p - \rho_g) g} \right]^{\frac{1}{2}} \tag{3-38}$$

### (3) 분진의 부분집진율($\eta_f$)

중력집진기에서 입경 $d_p$인 분진의 부분집진율은 함진가스의 흐름이 층류인지 아니면 난류인지에 따라 달라진다.

#### 1) 층류

그림 3-15는 입경 $d_p$인 분진의 부분집진율을 구하기 위하여 단단 중력집진기의 치수와 분진의 종말침강속도 및 함진가스의 유속을 나타낸 것이다. 층류상태로 중력집진기로 유입되는 함진가스의 부분집진율($\eta_f$)은 다음과 같이 나타낼 수 있다.

$$\eta_f = \frac{Q_c}{Q_i} = \frac{L W v_s}{H W v} = \frac{L v_s}{H v} \tag{3-39}$$

여기서 $Q_i$ : 중력집진기로 유입된 함진가스량 [m$^3$]
$Q_c$ : 중력집진기에서 집진된 함진가스량 [m$^3$]
$L$ : 중력집진기 길이 [m]
$W$ : 중력집진기 폭 [m]
$v_s$ : 종말침강속도 [m/sec]
$H$ : 중력집진기 높이 [m]
$v$ : 함진가스 유속 [m/sec]

식 (3-39)에서 분진의 집진율을 높이기 위해서는 중력집진기의 길이($L$)는 길게, 높이($H$)는 낮게, 종말침강속도($v_s$)는 크게, 그리고 중력집진기 내에서 함진가스의 유속($v$)은 느리게 하면 된다. 그러나 집진기 설계를 통하여 분진의 종말침강속도($v_s$)를 크게 하는 것은 불가능하다. 그러므로 분진의 부분집진율($\eta_f$)을 높이기 위해서는 중력집진기의 길이($L$)는 길게, 높이($H$)는 낮게, 그리고 중력집진기 내에서 함진가스의 유속($v$)은 느리게 설계하면 된다.

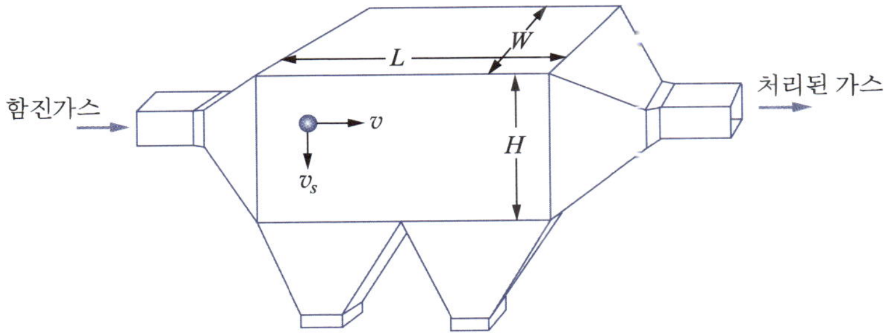


**그림 3-15** 중력집진기의 치수와 함진가스의 유속

그러나 중력집진기 설계 시 집진기($L$)의 길이를 길게 하면 집진율은 높일 수 있지만 집진기의 규모가 커지게 된다. 또 중력집진기 나에서 함진가스의 유속($v$)을 느리게 하면 집진율은 높아지지만 처리할 수 있는 함진가스량은 적어진다. 그러므로 중력집진기의 규모를 크지 않게, 처리할 수 있는 함진가스량을 늘리면서 아울러 집진율 효율도 높일 수 있는 방법은 집진실내에 여러 개의 수평판(tray)을 설치하여 실제적인 집진실의 높이($H$)를 낮게 하는 것이다. 집진실에 수평판을 $n$개 설치하면 실제 집진실의 높이 $H$는 $H/n$이 된다. 그러므로 식 (3-39)의 $H$ 대신 $H/n$을 식에 대입하면 입경 $d_p$인 분진의 부분집진율은 식 (3-40)과 같이 된다.

$$\eta_f = \frac{nQ_c}{Q_i} = \frac{nLv_s}{Hv} \tag{3-40}$$

다단 중력집진기의 높이 $H/n$을 $h$라 하고 재질의 드께를 무시하면 식 (3-40)은 식 (3-41)과 같이 된다.

$$\eta_f = \frac{Lv_s}{hv} \tag{3-41}$$

위 식에서 함진가스 유속은 식 (3-42)와 같이 장치의 치수로부터 구할 수 있으므로 층류영역에서 입경 $d_p$의 부분집진율은 식 (3-43)으로 나타낼 수도 있다.

$$v = \frac{Q_i}{A_i} = \frac{Q_i}{HW} \tag{3-42}$$

$$\eta_f = \frac{Lv_s}{hv} = \frac{Lv_s}{\frac{H}{n} \times \frac{Q_i}{HW}} = \frac{nWLv_s}{Q_i} \tag{3-43}$$

### 2) 난류

집진실에 유입된 함진가스가 층류일 때는 입자가 침강만 하고 재비산은 일어나지 않지만 난류일 때는 분진이 침강하지 않고 부유하게 된다. 따라서 함진가스의 흐름이 난류일 때 주어진 입경 $d_p$인 분진의 집진율은 집진실의 입구로부터 거리에 따라 침강한 입경 $d_p$인 분진의 수 $N_p$의 관계로부터 구할 수 있다.

그림 3-16은 집진실에서 함진가스가 난류일 때 분진의 침강현상을 설명한 것이다. 집진실의 길이 $L$, 폭 $W$, 높이가 $H$인 중력집진기에서 함진가스는 집진실 바닥에서 미소 높이 $y$ 내에서는 마찰현상 때문에 유속이 느려져 층류이고 나머지 영역은 난류이다. 난류에서는 분진의 침강이 이루어지지 않으며 층류에서만 분진의 침강이 이루어진다. 입경이 $d_p$인 분진의 일부분은 층류영역인 $y$에 도달하여 Stokes 종말침강속도로 침강하여 집진된다. 분진이 층류영역인 $y$에서 수평거리 $dx$만큼 이동하는 동안에 입자는 $dN_p/N_p$만큼 침강하여 집진되며($N_p$ : 집진실 내의 총입자수, $dN_p$ : 층류영역에서 집진되는 입자수) 함진가스가 유속 $v$로 거리 $dx$만큼 이동하는데 소요되는 시간 $t$는 $dx/v$이다. 집진실 내에 있는 전체 분진수 $N_p$ 중 층류영역 $y$에서 $dx$만큼 이동하였을 때 집진된 입자수 $dN_p$의 분율은 식 (3-44)와 같다.

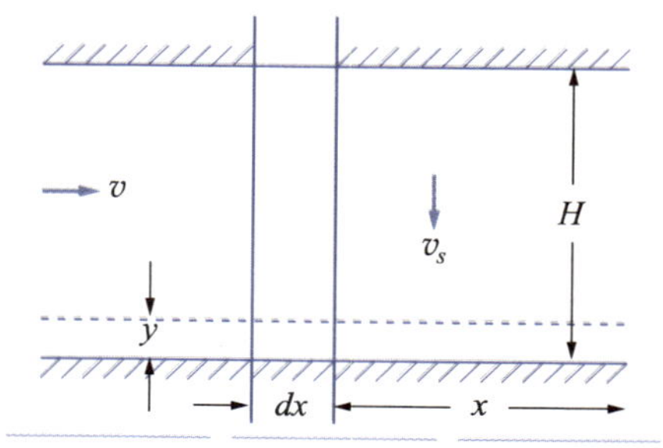


**그림 3-16** 함진가스가 난류일 때 분진의 침강

$$\frac{dN_p}{N_p} = -\frac{y}{H} \tag{3-44}$$

여기에서 (−)는 분진이 침강하여 집진되는 것을 의미한다.

층류영역에서 함진가스가 유속 $v$로 거리 $dx$만큼 이동하는데 소요되는 시간 $t$ 이내에 종말침강속도로 중력집진기 바닥에 도달한 분진은 집진이 가능하다. 종말침강속도 $v_s$로 $t$시간 동안 층류영역의 높이(거리) $y$만큼 침강하였다면 $y = v_s t$가 된다. 시간 $t$는 $t = \frac{dx}{v}$이므로 $t$를 $y = v_s t$에 대입하면 $y = v_s \frac{dx}{v}$가 된다. $y$를 식 (3-44)에 대입하면 식 (3-45)와 같다.

$$\frac{dN_p}{N_p} = -\frac{v_s}{Hv}dx \tag{3-45}$$

식 (3-45)의 양변을 적분하면 식 (3-46)과 같다.

$$\ln N_p = -\frac{v_s}{Hv}x + \ln C \tag{3-46}$$

그림 3-16에서 집진실의 입구에서 $x = 0$, 입자의 수는 $N_{po}$라 하고 집진실의 출구에서 $x = L$, 입자의 수를 $N_{p_L}$이라 하면 식 (3-46)은 다음과 같이 된다.

$$\ln N_{po} = \ln C \tag{3-47}$$

$$\ln N_{p_L} = -\frac{Lv_s}{Hv} + \ln N_{po}, \qquad \ln N_{p_L} - \ln N_{po} = -\frac{Lv_s}{Hv}$$

$$\ln \frac{N_{p_L}}{N_{po}} = -\frac{Lv_s}{Hv} \tag{3-48}$$

$$\frac{N_{p_L}}{N_{po}} = \exp\left(-\frac{Lv_s}{Hv}\right) \tag{3-49}$$

식 (3-49)는 중력집진기에서 특정 입경을 가진 분진의 통과율($P_f$)을 의미한다. 따라서 특정입경의 부분집진율은 다음 식으로 표현할 수 있다.

$$\eta_f = 1 - P_f = 1 - \frac{N_{p_L}}{N_{po}} = 1 - \exp\left(-\frac{Lv_s}{Hv}\right) \tag{3-50}$$

함진가스 유속 $v = \frac{Q_i}{HW}$ 이므로 이것을 식 (3-50)에 대입하면

$$\eta_f = 1 - \exp\left(-\frac{Lv_s}{H \times \frac{Q_i}{HW}}\right) = 1 - \exp\left(-\frac{LWv_s}{Q_i}\right) \tag{3-51}$$

동일한 조건에서 집진실 내에 수평판이 설치되어 $n$개의 단으로 나누어져 있는 경우 부분집진율은 단단집진실의 높이 $H$ 대신 다단집진실의 높이 $h$를 대입하여 구한다.

$$\eta_f = 1 - \exp\left(-\frac{Lv_s}{hv}\right) \tag{3-52}$$

수평단이 $n$개이면 수평단 1개로 유입되는 유량은 $\frac{Q_i}{n}$ 이므로 이것을 식 (3-51)의 $Q_i$ 대신 대입하면

$$\eta_f = 1 - \exp\left(-\frac{LWv_s}{\frac{Q_i}{n}}\right) = 1 - \exp\left(-\frac{nLWv_s}{Q_i}\right) \tag{3-53}$$

### 3) 집진실 내에서 함진가스의 흐름

집진실에서 입경 $d_p$인 분진의 집진율은 함진가스의 흐름이 층류인지 아니면 난류인지에 따라 달라지기 때문에 집진율 계산을 위해서 먼저 함진가스의 흐름을 알아야 한다. 집진실의 높이 $H$, 길이 $L$, 폭 $W$, $n$개의 수평판 사이의 높이가 $h$인 다단 중력집진기에서 함진가스의 흐름은 $N_{Re}$로 구할 수 있다.

$$N_{Re} = \frac{Dv\rho}{\mu} \tag{3-54}$$

집진실의 입구가 장방형(직사각형)일 경우 직경 $D$ 대신 상당직경을 사용하여야 하는데 집진장치 내에서는 유속을 빠르게 할 수 없으므로 dead zone이 생기지

않아 상당직경으로 수력직경(hydraulic diameter, $D_h$)을 사용한다. 다단 중력집진기의 수평판 사이의 높이가 $h$, 폭이 $W$이면 $D_h$는 아래 식과 같다.

$$D_h = \frac{2Wh}{W+h} \tag{3-55}$$

함진가스의 유속은 수평판이 $n$개일 때 다음 식으로 구할 수 있다.

$$v = \frac{Q_i}{A_i} = \frac{Q_i}{HW} = \frac{Q_i}{nhW} \tag{3-56}$$

함진가스의 밀도와 점도를 각각 $\rho_g$, $\mu_g$라 하면 집진실에서 $N_{Re}$은 다음과 같다.

$$N_{Re} = \frac{D_h v \rho_g}{\mu_g} = \frac{\rho_g}{\mu_g}\left(\frac{2Wh}{W+h}\right)\left(\frac{Q_i}{nhW}\right) = \frac{\rho_g}{\mu_g}\left(\frac{1}{n}\right)\left(\frac{2Q_i}{W+h}\right) \tag{3-57}$$

각 수평판 위에 쌓인 분진의 두께를 $h_d$라 하면 각 수평판 사이의 실제높이 $h_r$는 $h_d$만큼 작아지므로 분진이 쌓일 수 있는 단 사이의 실제높이 $h_r$은

$$h_r = h - h_d \tag{3-58}$$

이것을 식 (3-57)에 대입하면 $N_{Re}$은 다음과 같이 된다.

$$N_{Re} = \frac{\rho_g}{\mu_g}\left(\frac{1}{n}\right)\left(\frac{2Q_i}{W+h}\right) = \frac{\rho_g}{\mu_g}\left(\frac{1}{n}\right)\left[\frac{2Q_i}{W+(h-h_d)}\right] \tag{3-59}$$

$N_{Re}$값이 2,100 이하면 층류, 4,000 이상이면 난류이다.

### 4) 전집진율

집진실에서 분진입자는 입경에 따라 침강속도가 다르기 때문에 입경별로 집진율도 다르다. 따라서 전입경에 대한 집진율은 입경별 부분집진율 $\eta_f$와 분진의 중량분포율 $f$로부터 구할 수 있다.

$$\eta_t = \sum_{i=1}^{n} f_i \eta_{f_i} \tag{3-60}$$

### (4) 100 % 침강하는데 필요한 집진실의 길이

집진실의 길이가 $L$인 중력집진기 내를 함진가스가 $v$의 유속으로 통과할 때 종말침강속도가 $v_s$인 분진이 100 % 집진되기 위해서는 분진이 집진실을 통과하기 전에 집진실 바닥에 도달하여야 한다. 그러므로 다단 중력집진기 수평단의 높이를 $h$라 할 때 집진실을 통과하는 함진가스의 통과시간 $t=\dfrac{L}{v}$와 분진이 집진실의 바닥에 도달하는 시간 $t=\dfrac{h}{v_s}$를 동일하게 두면 집진실의 길이 $L$를 구할 수 있다.

$$t=\frac{L}{v}=\frac{h}{v_s},\qquad Lv_s=vh,\qquad L=\frac{hv}{v_s} \tag{3-61}$$

여기서 $L$ : 집진실의 길이 [m]
$t$ : 함진가스의 집진실 통과시간 [sec]
$v$ : 함진가스의 집진실에서의 유속 [m/sec]
$h$ : 수평판 한단의 높이 [m]
$v_s$ : 분진의 종말침강속도 [m/sec]

분진의 종말침강속도를 Stokes 법칙으로 계산하기 위해서는 입경을 알아야 한다. 그러나 식 (3-61)을 이용하면 중력집진기의 집진실 치수를 이용하여 분진의 종말침강속도를 계산할 수 있다.

$$v_s=\frac{vh}{L} \tag{3-62}$$

**Example 3-16**

중력집진기에서 집진율을 향상시키기 위한 설계조건을 설명하라.

**풀이** 1) 집진실의 높이 $H$는 작게, 길이 $L$은 길게 한다.
2) 집진실에 유입되는 함진가스의 유속은 느리고 균일하게 유지해야 한다.

**Example 3-17**

높이 1 m, 길이 5.5 m인 중력집진기에서 함진가스의 유입속도가 3 m/sec이다. 이때 함진가스의 흐름이 층류라고 할 때 100 % 집진되는 최소입경을 구하시오. 단, 함진가스의 온도는 20℃, 분진의 밀도는 2.5 g/cm$^3$이다.

**풀이**

$$d_{p,100} = \left[\frac{36 v_s \mu_g}{(\rho_p - \rho_g) g}\right]^{\frac{1}{2}}$$

$$v_s = \frac{vh}{L} = \frac{3 \times 1}{5.5} = 0.55 \text{ m/sec}$$

$$\mu_g = 1.716 \times 10^{-5} \times \left(\frac{383.55}{383.55 + t℃}\right)\left(\frac{273.15 + t℃}{273.15}\right)^{3/2} \text{ [kg/m·sec]}$$

$$= 1.716 \times 10^{-5} \times \left(\frac{383.55}{383.55 + 20}\right)\left(\frac{273.15 + 20}{273.15}\right)^{3/2} = 1.815 \times 10^{-5} \text{ [kg/m·sec]}$$

$$\rho_p = \frac{2.5 \text{ g}}{\text{cm}^3}\left|\frac{1 \text{ kg}}{1{,}000 \text{ g}}\right|\frac{(100 \text{ cm})^3}{(1 \text{ m})^3} = 2{,}500 \text{ kg/m}^3$$

$$\rho_g = \frac{28.9 \text{ kg}}{22.4 \text{ Sm}^3 \times \frac{(273 + 20) \text{ K}}{273 \text{ K}}} = 1.2 \text{ kg/m}^3$$

$$\therefore\ d_{p,100} = \left[\frac{36 \times 0.55 \times (1.815 \times 10^{-5})}{(2{,}500 - 1.2) \times 9.8}\right]^{\frac{1}{2}} = 1.21 \times 10^{-4} \text{ m} = 121\ \mu\text{m}$$

**Example 3-18**

중력집진기에 입경 50 μm, 밀도 2,000 kg/m$^3$인 분진이 함유된 표준상태공기가 유량 10 m$^3$/sec로 유입되고 있다. 집진실의 폭 1.5 m, 높이 1.5 m이고 밑면을 포함한 수평판이 9단이라면 이론적으로 100 % 집진하기 위하여 필요한 집진실의 길이 $L$은? 또 집진실 내에서 함진가스의 $N_{Re}$를 구하고 만약 흐름이 난류라면 층류르 만들기 위하여 필요한 수평단수는? 단, 공기의 점도는 1.75×10$^{-5}$ kg/m·sec이다.

**풀이**

1) 집진실 길이 $L = \dfrac{hv}{v_s}$

$$h = \frac{H}{n} = \frac{1.5 \text{ m}}{9} = 0.167 \text{ m}$$

$$v = \frac{Q_i}{A_i} = \frac{Q_i}{HW} = \frac{10 \text{ m}^3}{(1.5 \text{ m} \times 1.5 \text{ m})} = 4.44 \text{ m/sec}$$

$$v_s = \frac{d_p^2 (\rho_p - \rho_g) g}{18 \mu_g}$$

$$d_p = \frac{50\ \mu\text{m}}{}\left|\frac{1 \text{ m}}{10^6\ \mu\text{m}}\right. = 5 \times 10^{-5} \text{ m}$$

$$\rho_p = 2{,}000 \text{ kg/m}^3$$

$$\rho_g = \rho_{air} = 1.29 \text{ kg/Sm}^3$$

$$\mu_g = 1.75 \times 10^{-5} \text{ kg/m·sec}$$

$$v_s = \frac{(50\times10^{-6})^2\times(2{,}000-1.29)\times9.8}{18\times1.75\times10^{-5}} = 0.155\ \text{m/sec}$$

$$\therefore\ L = \frac{hv}{v_s} = \frac{0.167\times4.44}{0.155} = 4.78\ \text{m}$$

2) $N_{Re} = \frac{\rho_g}{\mu_g}\left(\frac{1}{n}\right)\left(\frac{2Q_i}{W+h}\right) = \frac{1.29}{1.75\times10^{-5}}\times\left(\frac{1}{9}\right)\times\left(\frac{2\times10}{1.5+0.167}\right) = 98{,}266$

: 난류

3) 층류의 상한값이 2,100이므로 이 값을 위 식에 대입하면

$$2{,}100 = \frac{1.29}{1.75\times10^{-5}}\times\left(\frac{1}{n}\right)\frac{2\times10}{1.5+0.167} \qquad \therefore\ n = 421$$

## Example 3-19

예제 3-18에서 입경 50 μm인 분진을 99 % 집진하기 위한 집진실의 길이를 구하라. 이때 입경 25 μm인 분진의 집진효율은 얼마인가?

**풀이**

1) 난류일 때 집진율 $\eta_f = 1-\exp\left(-\frac{Lv_s}{hv}\right)$ ⇨ $\exp\left(-\frac{Lv_s}{hv}\right) = 1-\eta_f$

$\ln e^{f(x)} = f(x)$이므로 $\exp\left(-\frac{Lv_s}{hv}\right) = 1-\eta_f$ ⇨ $e^{\left(-\frac{Lv_s}{hv}\right)} = (1-\eta_f)$

양변에 자연로그(ln)를 취하면 $\ln e^{\left(-\frac{Lv_s}{hv}\right)} = \ln(1-\eta_f)$

$\ln e^{f(x)} = f(x)$이므로 $\ln e^{\left(-\frac{Lv_s}{hv}\right)} = \ln(1-\eta_f)$ ⇨ $\left(-\frac{Lv_s}{hv}\right) = \ln(1-\eta_f)$

$$\therefore\ L = -\frac{hv}{v_s}\ln(1-\eta_f)$$

집진율($\eta_f$)이 99 %일 때 집진기의 길이($L$)은

예제 3-18에서 $h = 0.167$ m, $v = 4.44$ m/s이므로

$$L = -\frac{hv}{v_s}\ln(1-\eta_f) = -\frac{0.167\times4.44}{0.155}\ln(1-0.99) = 22.03\ \text{m}$$

2) 입경이 25 μm일 때

$$v_s = \frac{d_p^2(\rho_p-\rho_g)}{18\mu_g}g = \frac{(25\times10^{-6})^2\times(2{,}000-1.29)}{18\times1.75\times10^{-5}}\times9.8$$

$$= 3.89\times10^{-2}\ \text{m/sec}$$

$$\therefore\ \eta_f = 1-\exp\left(-\frac{Lv_s}{hv}\right) = 1-\exp\left(-\frac{22.03\times3.89\times10^{-2}}{0.167\times4.44}\right) = 0.6852$$

## 연습문제

**01** 단단 침강실의 폭 2 m, 높이 3 m, 길이 6 m인 중력집진장치로 밀도 1.1 g/cm$^3$, 점성계수 $0.18 \times 10^{-3}$ g/cm·sec인 배기가스 600 m$^3$/min을 처리하고자 할 때 다음을 계산하라.
1) 층류영역에서 입경 40 μm인 입자의 종말침강속도(cm/sec)를 구하시오.
2) 층류영역에서 입경 50 μm인 입자의 부분집진효율(%)을 구하시오.

**02** 층류영역에서 배출가스 중의 침강속도가 0.1 cm/s이고, 밀도가 1.2 g/cm$^3$인 구형입자의 직경이 3.0 μm라고 한다. 이 입자의 직경을 동일한 침강속도를 갖는 공기 동역학경(μm)으로 산출하라.

**03** 1기압(760 mm$H_2O$), 온도 20℃, 공기 동점성계수 $\nu = 1.5 \times 10^{-5}$ m$^2$/sec일 때 관의 지름을 100 mm로 하면, 그 관로의 풍속(m/sec)은 어떻게 되는지 구하라. 단, $N_{Re}$ = 10,000이다.

**04** 높이 2 m, 폭 3 m인 중력집진장치가 있다. 바닥을 포함하여 10개의 단이 있고, 점성계수는 0.0748 kg/m·hr, 입자의 직경은 60 μm, 입자의 밀도는 1,100 kg/m$^3$, $Q$ = 100 m$^3$/sec일 때, 100 % 집진되는 집진기의 길이(m)는 얼마인가? 함진가스의 흐름은 층류이다.

**05** 다음과 같은 조건을 갖는 중력집진장치에서 $PM_{10}$을 50 % 제거하기 위한 집진장치의 길이(m)를 구하시오.

- 배기가스의 점도 : $1.81 \times 10^{-5}$ kg/m·s
- 입자의 밀도 : 1,200 kg/m$^3$
- 배기가스의 밀도 : 1.2 kg/m$^3$
- 배기가스의 속도 : 0.2 m/sec
- 집진장치의 높이 : 0.5 m
- 배기가스의 흐름 : 층류

**06** 중력집진장치에서 길이 = 10 m, 높이 2 m이고, 분진의 밀도가 1.2 g/cm$^3$, 점도가 $1.81 \times 10^{-4}$ kg/m·sec이다. 최소제거입경(μm)은? 단, 유속은 1.0 m/sec이다.

**07** 중력집진기를 사용하여 분진을 제거하려고 한다. 분진의 밀도가 1.4 g/cm$^3$이고, 분진의 입경이 60 μm이다. 이때, 침강실의 길이가 5 m일 때의 집진효율(%)을 구하라. 단, 가스의 밀도 1.2 kg/m$^3$, 수평유속 0.07 m/sec, 점도 0.67 kg/m·hr, 침강실의 폭과 높이는 3 m이다.

| 층 류 | 전이류 | 난 류 |
|---|---|---|
| $v_s = \dfrac{d_p^2(\rho_p - \rho_a)g}{18\mu_g}$ | | $v_s = 0.117\left[g \cdot d_p\left(\dfrac{\rho_p}{\rho_a}\right)\right]^{1/2}$ |

# 3.7 관성력집진기(Inertial Dust Collector)

## 1. 집진원리

모든 물체는 자신의 운동상태를 그대로 유지하려는 성질이 있는데, 정지한 물체는 계속 정지해 있으려 하고 운동하는 물체는 원래의 속력과 방향을 그대로 유지하려 하는데 이것을 관성(inertia)이라 하며 '관성의 법칙'을 '뉴턴의 제1운동법칙'이라 한다. 함진가스를 방해판에 충돌시키거나 급격하게 방향 전환을 일으키면 분진이 관성력(inertial force)을 얻게 되는데 이 관성력을 이용하여 함진가스로부터 분진을 분리·제거하는 집진기를 관성력집진기라 한다.

## 2. 특징

입경 10 μm 이상 분진의 집진이 가능하며 집진율은 50 ~ 70 % 정도이고 압력손실은 30 ~ 70 $mmH_2O$ 정도이다. 관성력집진기는 집진장치로 사용되기보다 주로 세정탑 후단에서 기류와 함께 배출되는 미세한 세정액적을 제거하는 디미스터(demister)로 사용되고 있다. 관성력집진기의 장·단점은 다음과 같다.

#### 1) 장점

① 구조가 간단하고 안정하다.
② 고온가스 처리가 가능하다.
③ 설치비 및 운전비가 적게 든다.

#### 2) 단점

① 미세먼지의 집진이 곤란하다.
② 집진율이 낮다.

## 3. 장치의 종류

관성력집진기는 그림 3-17과 같이 관성력을 얻기 위하여 기류의 방향전환을 하는 방법에 따라 충돌식과 반전식으로 분류한다.

### 1) 충돌식

함진가스가 이동하는 전단에 방해판(baffle)을 설치하면 기류의 방향전환이 일어나는데 이때 분진에 작용하는 관성력을 이용하여 함진가스로부터 분진을 분리·

제거하는 방식을 충돌식이라 한다.

### 2) 반전식

함진가스의 방향전환을 이용하여 분진이 관성력을 얻게 하는 방식을 반전식이라 하며 반전식에는 곡관형과 루바형이 있다.

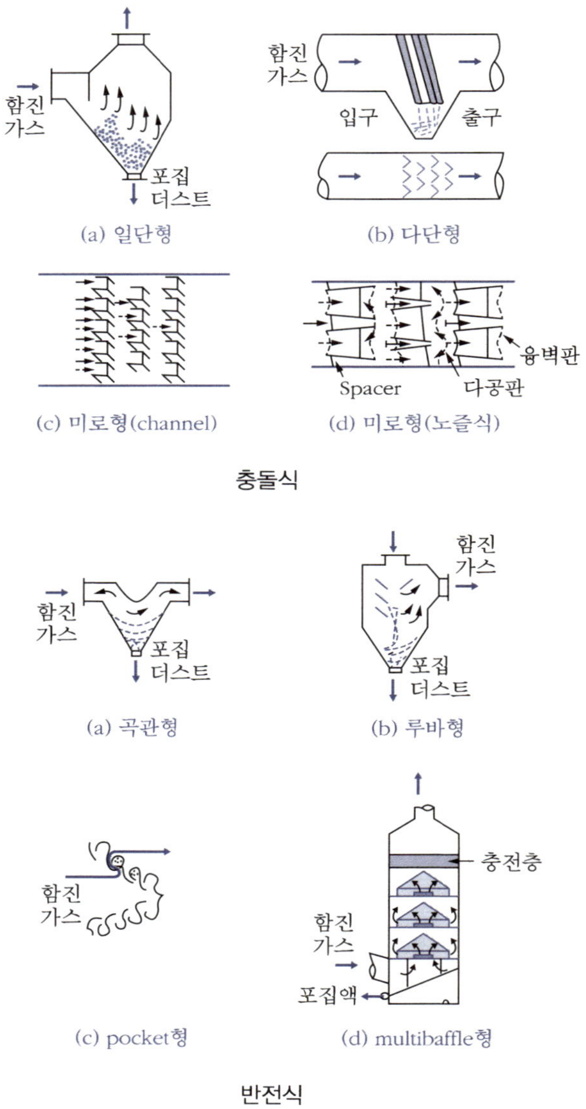


(a) 일단형 (b) 다단형

(c) 미로형(channel) (d) 미로형(노즐식)

충돌식

(a) 곡관형 (b) 루바형

(c) pocket형 (d) multibaffle형

반전식

**그림 3-17 관성력집진기의 종류**

## 4. 집진성능

관성력집진기의 집진성능은 관성파라미터, 입자의 분리속도 등으로 평가할 수 있는데 이 장에서는 충돌식을 중심으로 설명한다.

### (1) 관성파라미터

분진의 관성력과 함진가스의 점성저항 사이의 비를 의미하는 무차원수를 관성파라미터(inertial parameter, $\psi$)라 한다. 이 값이 클수록 충돌효율(target efficiency)은 크게 되어 집진성능은 향상된다.

$$\psi = \frac{d_p^2 \rho_p v}{18\mu_g D} \tag{3-63}$$

여기서 $d_p$ : 분진의 직경
$\rho_p$ : 분진의 밀도
$v$ : 함진가스의 유속
$\mu_g$ : 함진가스의 밀도
$D$ : 방해판의 직경

### (2) 분진의 분리속도

그림 3-18은 2개의 방해판이 설치된 충돌식 관성력집진기에서 분진의 분리특성을 나타낸 것이다. 집진기에 유입된 함진가스는 방해판 $B_1$ 대문에 반경 $R_1$인 원운동을 하면서 이동한다. 이 원운동 때문에 함진가스 내 분진은 원심력을 받게 되고 비교적 크고 무거운 분진은 원심력이 커서 함진가스에서 이탈하여 방해판에 부딪쳐 집진된다. 함진가스의 원운동으로 생기는 분진의 원심력은 분진이 함진가스를 이탈할 때에는 동일한 크기의 관성력으로 변하며, 이 관성력이 방해관 앞에 있는 공기의 분진에 대한 항력과 부력보다 더 클 경우 함진가스에서 이탈하여 방해판에 부딪쳐 집진되고 분진의 입경이 작거나 가벼워 관성력이 항력과 부력보다 작을 경우 분진은 함진가스에서 분리·제거되지 못하고 함진가스와 함께 이동한다

그림 3-18에서와 같이 방해판 $B_1$ 뒤에 방해판 $B_2$를 가까운 거리에 배치하면 함진가스는 방해판 $B_1$ 앞에서 보다 방해판 $B_2$ 앞에서 더 급격한 방향전환을 일으키는데 함진가스와 함께 이동하던 분진입자는 방해판 $B_1$에서 보다 방해판 $B_2$에서 더 큰

원심력을 얻어 방해판 $B_1$에서 집진되지 않았던 미세분진도 집진이 가능하다. 그러므로 방해판 $B_2$가 집진성능을 좌우하게 된다.

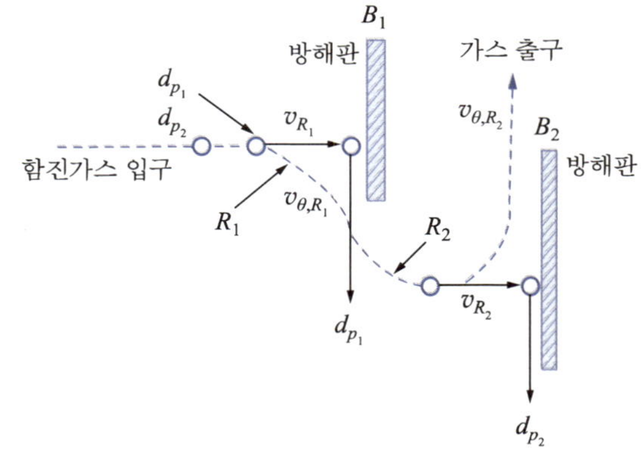


**그림 3-18 관성력에 의한 분진의 함진가스로부터 분리 및 제거**

방해판 $B_2$에 의하여 함진가스가 회전반경이 $R_2$인 원운동을 하게 될 때 분진이 받는 원심력(관성력)이 공기의 항력과 부력의 합한 값보다 더 크면 분진이 방해판에 부딪쳐 집진되고 작으면 분진이 함진가스에서 이탈하지 못하여 집진이 되지 않는다. 그러므로 분진의 분리속도는 방해판 $B_2$에서 분진의 관성력과 분진에 작용하는 항력과 부력의 평형식으로부터 구할 수 있다. 공기 중에서 분진의 부력은 관성력에 비하여 매우 작으므로 보통 생략이 가능하다.

관성력 $F_i$는 함진가스의 반경이 $R_2$일 때의 원심력(centrifugal force, $F_c$)과 같으므로 식 (3-64)와 같으며 항력은 흐름이 층류라고 가정하면 식 (3-65)와 같다.

$$F_i = F_c = m_p a = \rho_p \frac{\pi d_{p_2}^3}{6} \cdot \frac{v_{\theta,R_2}^2}{R_2} \tag{3-64}$$

$$F_d = 3\pi \mu_g d_{p_2} v_{R_2} \tag{3-65}$$

$$F_i = F_d \tag{3-66}$$

따라서 입경 $d_{p_2}$인 분진에 작용하는 관성력과 항력의 평형식은 다음과 같다.

$$\rho_p \frac{\pi d_{p_2}^3}{6} \cdot \frac{v_{\theta,R_2}^2}{R_2} = 3\pi \mu_g d_{p_2} v_{R_2} \tag{3-67}$$

위 식을 정리하면 방해판 $B_2$에서 관성력에 의한 분진의 분리속도($v_{R_2}$)는 다음과 같다.

$$v_{R_2} = \frac{d_{p_2}^2 \rho_p}{18\mu_g} \cdot \frac{v_{\theta,R_2}^2}{R_2} \tag{3-68}$$

분진에 작용하는 부력을 고려할 경우 이 식은 다음과 같이 쓸 수 있다.

$$v_{R_2} = \frac{d_{p_2}^2(\rho_p - \rho_g)}{18\mu_g} \cdot \frac{v_{\theta,R_2}^2}{R_2} \ \text{[m/sec]} \tag{3-69}$$

여기서 $d_{p_2}$ : 방해판 $B_2$에서 제거되는 분진의 직경 [m]

$\rho_p$ : 분진의 밀도 [kg/m$^3$]

$\rho_g$ : 함진가스의 밀도 [kg/m$^3$]

$v_{\theta,R_2}$ : 반경 $R_2$인 지점에서 함진가스의 유속 [m/sec]
집진기로 유입되는 함진가스의 유속 $v_i$와 동일하다.

$\mu_g$ : 함진가스의 점도 [kg/m · sec]

$R_2$ : 방해판 $B_2$에서 회전하는 함진가스의 원심반경 [m]

방해판 $B_2$에서 분진의 분리속도($v_{R_2}$)는 분진의 입경과 밀도가 클수록, 회전하는 함진가스의 속도가 빠를수록, 그리고 회전하는 함진가스의 반경이 작을수록(방향전환이 급격할수록) 분진의 분리속도가 커져 미세분진의 분리가 가능해진다. 함진가스의 유속이 빠를수록 분진이 함진가스로부터 분리되는 분진의 관성력은 커지지만 함진가스의 유속이 너무 빠를 경우 집진된 분진이 재비산하므로 집진기를 설계할 때에는 이점을 고려하여야 한다.

## 연습문제

**01** 관성력집진장치의 집진율 향상조건에 대하여 기술하시오.

# 3.8 원심력집진기(Cyclone)

## 1. 집진원리

그림 3-19에서 보듯이 함진가스를 선회운동시켰을 때 분진에 작용하는 원심력(centrifugal force)을 이용하여 함진가스로부터 분진을 분리·집진하는 집진기를 원심력집진기라고 하며 일반적으로 사이클론이라 한다.

사이클론 입구로 함진가스가 유입되면 원통부(cylinder)에서 원운동을 하면서 원추부 하부로 내려간다. 이때 크고 무거운 분진은 원심력에 의해 원통부와 원추부(cone)의 벽면에 도달한 후 분진퇴적함(hopper)으로 유입되어 집진된다. 함진가스는 원추부의 반경이 작아지면서 회전반경이 작아지면서 원주가속도(원심력)이 더욱 커지게 되고 원추부 하부에서 방향을 바꾸어 상승한 후 출구로 배출된다. 이와 같이 함진가스가 회전하는 것을 선회류(vortex)라 하며 유입구에서 원추부로 하강하는 선회류를 외부선회류, 원추부에서 배출구로 상승하는 선회류를 내부선회류라 한다.

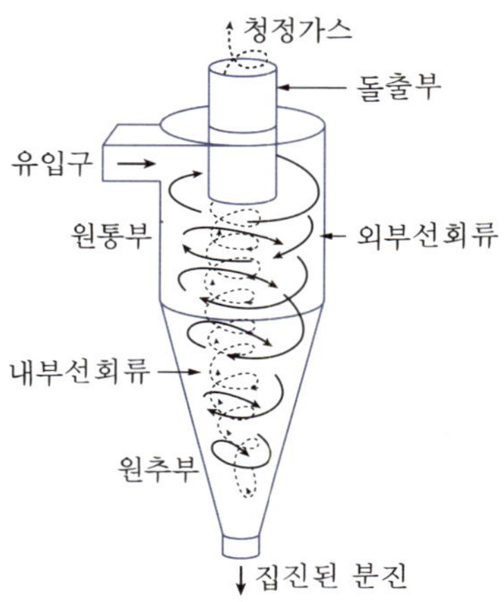


**그림 3-19** 원심력집진기(사이클론)

## 2. 특징

사이클론으로 집진가능한 분진의 입경은 3~5 μm까지 가능하며 단독으로 사용되기보다 백필터와 전기집진기 등 고효율 집진기의 전처리용으로 많이 사용된다. 사이클론의 장·단점은 아래와 같다.

#### 1) 장점

① 구조가 간단하고 보수와 관리가 용이하다.
② 설치비와 유지비가 저렴하다.
③ 집진율은 50～80 % 정도이다.
④ 고농도의 함진가스 처리에 적당하다.

#### 2) 단점

① 압력손실은 50～100 $mmH_2O$ 정도이다.
② 미세입자에 대한 집진율이 낮다.
③ 점착성, 흡착성 분진이 포함된 함진가스를 처리하기에는 부적합하다.

## 3. 사이클론의 종류

사이클론은 유입구(inlet), 원통부(cylinder), 원추부(cone), 분진퇴적함(hopper), 돌출부(outlet) 등으로 구성되며 그림 3-20과 같이 함진가스의 유입방식에 따라 접선유입식(tangential entry)과 축류식(axial entry)이 있다.

### (1) 접선유입식

접선유입식 사이클론은 함진가스 유입 시 입구에서 소용돌이(eddy)가 발생되므로 처리되지 않은 함진가스가 처리된 가스와 함께 출구로 배출되어 집진율이 낮아질 우려가 있으므로 돌출부(vortex finder)를 설치하거나 함진가스를 축방향으로 유입시킨다. 접선유입식 사이클론에서 입구는 압력손실 및 선회류의 생성에 매우 중요한 영향을 미친다. 접선유입식은 유입구 모양에 따라 나선형(helical entry)과 와류형(wrap-around entry)로 분류된다. 나선형 입구는 함진가스가 유입될 때 이미 사이클론 내에 존재하는 함진가스를 압축시켜 가속해야 하므로 유입구 부근에서 압력손실이 생길 뿐만 아니라 난류가 생성되어 유입되는 함진가스의 에너지가 선회류 생성에 충분히 사용되지 못한다. 이러한 문제를 줄이기 위하여 최근에는 함진가스 유입구를 와류형(wrap-around)으로 설계하기도 한다. 이 책에서는 접선유입식 사이클론을 중심으로 공부를 하도록 한다.

### (2) 축류식

함진가스를 안내날개(guide vane)를 통하여 집진기 내브로 유입시키는 방식이다. 입구 함진가스의 유속은 10 m/sec 전후이며 압력손실은 80～100 $mmH_2O$로 집진율은 접선유입식과 큰 차이가 없다. 축류식의 장점은 동일한 압력손실로 접선유입식에 비하여 3배의 함진가스를 처리할 수 있으며 함진가스의 흐름이 대체로 균일하다. 따라서 대용량 처리에 사용되는 멀티사이클론(mulicyclone)에 적용한다.

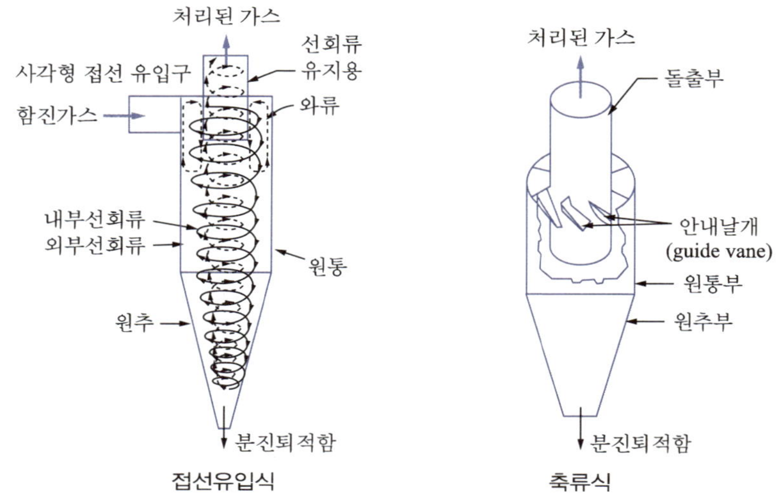


**그림 3-20 사이클론의 종류**

## 4. 집진성능

사이클론의 집진성능은 분진의 원심력에 의한 분진의 분리속도, 분리계수, 집진 가능한 입경, 집진율, 압력손실, 블로우다운 효과 그리고 집진기의 운전조건과 치수 등으로 평가할 수 있다.

### (1) 분진의 분리속도

그림 3-21은 접선유입식 사이클론에서 함진가스 중의 분진의 분리기구를 나타낸 것이다. 외부선회류에서 분진에 작용하는 원심력에 의하여 함진가스로부터 분진의 분리가 일어나는데 분진에 작용하는 원심력 $F_c$는 식 (3-70)과 같이 사이클론의 중심축으로부터 거리 $R$과 이때 함진가스의 원주속도 $v_\theta$에 따라 달라진다.

$$F_c = m_p \cdot \frac{v_\theta^2}{R} \qquad (3\text{-}70)$$

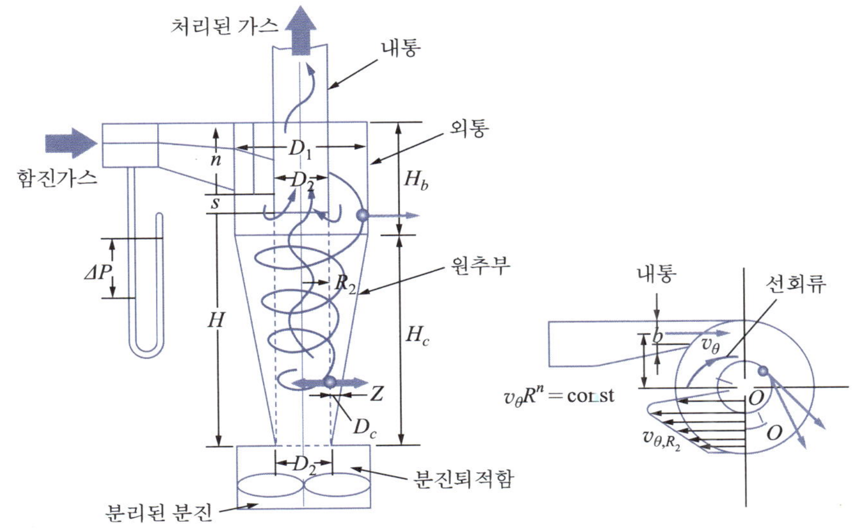


**그림 3-21 접선유입식 사이클론에서 분진의 분리기구**

그런데 사이클론에서 분진의 집진여부는 원심력이 최대가 되는 지점에서의 분진의 분리속도에 의해 결정되기 때문에 이 지점에서의 분리속도를 사용하여 집진성능을 평가한다. 분진에 작용하는 원심력이 최대가 되는 지점은 외부선회류에서 $R$이 최소가 되는 지점, 즉 외부선회류가 내부선회류로 방향전환을 하는 $R_2$지점이 된다. 따라서 외부선회류에서 분진에 작용하는 최대 원심력은 다음 식과 같다.

$$F_c = \frac{\pi d_p^3 \rho_p}{6} \cdot \frac{v_{\theta, R_2}^2}{R_2} \tag{3-71}$$

여기서 $d_p$ : 분진의 직경 [m]

$\rho_p$ : 분진 밀도 [kg/m$^3$]

$\rho_g$ : 함진가스 밀도 [kg/m$^3$]

$v_{\theta, R_2}$ : 원심력이 최대가 되는 $R_2$에서 선회류 접선속도 [m/sec]

$R_2$ : 원추하부의 반경 [m]

사이클론에서 원심력이 최대가 되는 지점에서 분진의 분리속도는 분진에 작용하는 힘의 평형으로부터 구할 수 있다. 집진장치 내에서 분진의 집진력으로 작용하는 힘은 원심력과 중력이며, 함진가스로부터 분진이 분리되어 분진퇴적함(hopper)으로 유입되면 분진퇴적함에 존재하고 있는 공기에 의하여 항력과 부력을 받는다. 그런데 중력과 부력은 원심력과 항력에 비하여 매우 작기 때문에 일반적으로 생략이 가능하므로 분진에 작용하는 힘의 평형은 식 (3-72)와 같이 분진에 작용하는 원심력과 항력으로만 표현할 수 있다.

$$F_c = F_d \tag{3-72}$$

$R_2$ 지점에서 분진에 작용하는 원심력과 항력을 식 (3-72)에 대입하면 식 (3-73)과 같다.

$$\frac{\pi d_p^3 \rho_p}{6} \cdot \frac{v_{\theta, R_2}^2}{R_2} = 3\pi \mu_g d_p v \tag{3-73}$$

식 (3-73)을 분진의 분리속도인 $v$로 정리하면 식 (3-74)와 같이 된다.

$$v = \frac{d_p^2 \rho_p}{18\mu_g} \cdot \frac{v_{\theta, R_2}^2}{R_2} \tag{3-74}$$

식 (3-74)는 분진의 부력을 생략한 것인데 부력을 감안하면 식 (3-74)는 (3-75) 식과 같이 된다.

$$v = \frac{d_p^2 (\rho_p - \rho_g)}{18\mu_g} \cdot \frac{v_{\theta, R_2}^2}{R_2} \tag{3-75}$$

이와 같이 분진의 분리속도는 분진의 직경($d_p$), 분진과 함진가스의 밀도차($\rho_p - \rho_g$) 및 함진가스의 원주속도($v_{\theta, R_2}$, 원심력집진기로 유입되는 함진가스의 유속 $v_i$와 동일함)에 비례한 반면, 원통하부의 반경($R_2$)과 함진가스의 점도($\mu_g$)에는 반비례한다. 집진율은 분진의 분리속도($v$)가 빠를수록 크다. 분진의 직경($d_p$), 분진의 밀도($\rho_p$) 및 함진가스의 점도($\rho_g$)는 사이클론의 치수와는 무관한 항목이다. 그러므로 식 (3-75)에서 사이클론의 설계를 통하여 분리속도($v$)를 크게 할 수 있는 항목은 함진가스의 원주속도($v_{\theta, R_2}$)를 빠르게 하고, 외부선회류가 내부선회류로 바뀌는 지점인 원추하부 반경($R_2$)을 작게 하는 것이다.

그림 3-22는 회전하는 함진가스의 흐름을 나타낸 것이다. 분진이 외부선회류의 내측반경 $R_i$와 외측반경 $R_o$사이의 임의의 반경 $R$에서 함진가스 유속은 식 (3-75)로 주어지며 유입구의 폭 $W$는 $R_o - R_i$와 같다.

$$v = \frac{Q_i}{RW \ln \frac{R_o}{R_i}} \tag{3-76}$$

여기서 $Q_i$ : 함진가스량 [$m^3$/sec]

$W$ : 유입구 폭($= R_o - R_i$) [m]

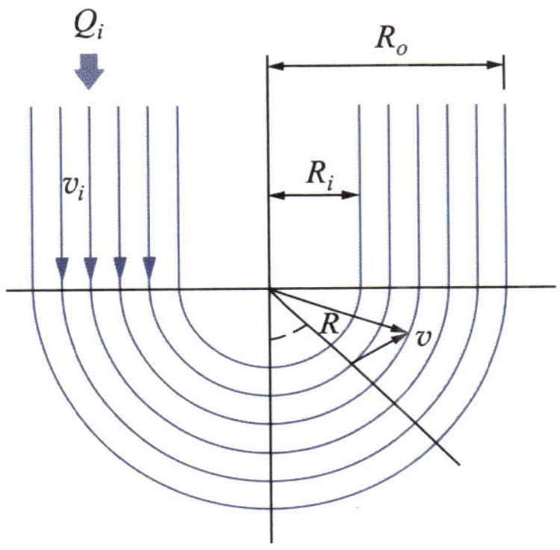


그림 3-22 사이클론에서 함진가스의 흐름

### Example 3-20

120℃의 함진가스가 유속 10 m/sec로 사이클론에 유입되고 있을 때 직경이 10 μm인 분진의 분리속도를 구하시오. 단, 함진가스 중 분진 밀도는 2.4 g/cm³이고 120℃에서 함진가스의 점도는 1.02×10⁻⁵ poise이며 외부선회류에서 내부선회류로 바뀌는 원추하부의 직경은 20 cm이다.

**풀이**

$$v = \frac{d_p^2(\rho_p - \rho_g)}{18\mu_g} \cdot \frac{v_{\theta,R_2}^2}{R_2}$$

$$d_p = 10\ \mu\text{m} = 10 \times 10^{-6}\ \text{m}$$

$$\rho_p = \frac{2.4\ \text{g}}{\text{cm}^3}\left|\frac{1\ \text{kg}}{1{,}000\ \text{g}}\right|\frac{(100\ \text{cm})^3}{(1\ \text{m})^3} = 2{,}400\ \text{kg/m}^3$$

$$\rho_g = \frac{28.9\ \text{kg}}{22.4\ \text{Sm}^3 \times \frac{(273+120)\ \text{K}}{273\ \text{K}}} = 1.29\ \text{kg/Sm}^3 \times \frac{273\ \text{K}}{(273+120)\ \text{K}} = 0.9\ \text{kg/m}^3$$

$$v_{\theta,R_2} = v_i = 10\ \text{m/sec}$$

$$\mu_g = \frac{1.02\times10^{-5}\ \text{g}}{\text{cm}\cdot\text{sec}}\left|\frac{1\ \text{kg}}{1{,}000\ \text{g}}\right|\frac{100\ \text{cm}}{1\ \text{m}} = 1.02\times10^{-6}\ \text{kg/m}\cdot\text{sec}$$

$$R_2 = 0.1\ \text{m}$$

$$\therefore\ v = \frac{(10\times10^{-6})^2\times(2{,}400-0.9)\times10^2}{18\times1.02\times10^{-6}\times0.1} = 13.1\ \text{m/sec}$$

**Example 3-21**

반경 1 m인 접선유입식 사이클론에서 외부선회류의 내측반경이 0.5 m, 외측반경이 0.7 m일 경우 장치의 중심에서 반경 0.65 m인 곳으로 유입된 분진의 속도는 얼마인가? 단, 사이클론으로 유입된 함진가스량은 0.5 m³/sec이다.

**풀이**

$$v = \frac{Q_i}{RW\ln\frac{R_o}{R_i}},\ R_o = 0.7\ \text{m},\ R_i = 0.5\ \text{m},\ W = R_o - R_i = 0.7-0.5 = 0.2\ \text{m}$$

$$\therefore\ v = \frac{0.5}{0.65\times0.2\times\ln\frac{0.7}{0.5}} = 11.43\ \text{m/sec}$$

### (2) 분리계수(separation factor, $S$)

사이클론에서 분진입자에 작용하는 원심력을 중력으로 나눈 값을 분리계수($S$)라 하며, 분리계수가 클수록 사이클론의 원심력이 커져 집진율이 커진다.

$$S = \frac{F_c}{F_g} = \frac{m\cdot\frac{v_{\theta,R_2}^2}{R_2}}{mg} = \frac{v_{\theta,R_2}^2}{gR_2} \qquad (3\text{-}77)$$

여기서 $v_{\theta,R_2}$ : 반경 $R_2$인 지점에서 함진가스의 원주속도 [m/sec]

$R_2$ : 원추하부의 반경 [m]

### (3) 집진 가능한 입경

#### 1) 절단입경(cut size diameter, $d_{p,cut}$ 또는 $d_{p,50}$)

분진의 집진율이 50 %인 입경을 절단입경이라 한다. 일반적으로 많이 사용되는 절단입경에 대한 준경험식은 (3-78)의 Lapple식이며 사이클론의 성능을 나타낼 때는 절단입경을 사용한다.

$$d_{p,cut} \text{ 또는 } d_{p,50} = \sqrt{\frac{9\mu_g W}{2\pi N_e(\rho_p - \rho_g)v_i}} \tag{3-78}$$

여기서 $\mu_g$ : 함진가스 점도 [kg/m·sec]

$W$ : 유입구 폭 [m]

$N_e$ : 유효회전수

$\rho_p$ : 분진입자 밀도 [kg/m³]

$\rho_g$ : 함진가스 밀도 [kg/m³]

$v_i$ : 유입구에서 함진가스 유속 [m/sec]

### 2) 임계입경(critical diameter, $d_{p,crit}$)

집진율이 100 %인 입경을 의미하며 절단입경과의 관계는 식 (3-79)와 같다.

$$d_{p,crit} = d_{p,cut} \times \sqrt{2} = \sqrt{\frac{9\mu_g W}{\pi N_e(\rho_p - \rho_g)v_i}} \tag{3-79}$$

그림 3-23은 입경에 따른 사이클론의 종류별 부분집진율을 나타낸 것으로 그림에서 보듯이 일정 크기 이상 입경의 부분집진율은 거의 차이가 없기 때문에 사이클론의 집진성능을 나타낼 때에는 임계입경보다 절단입경을 사용한다.

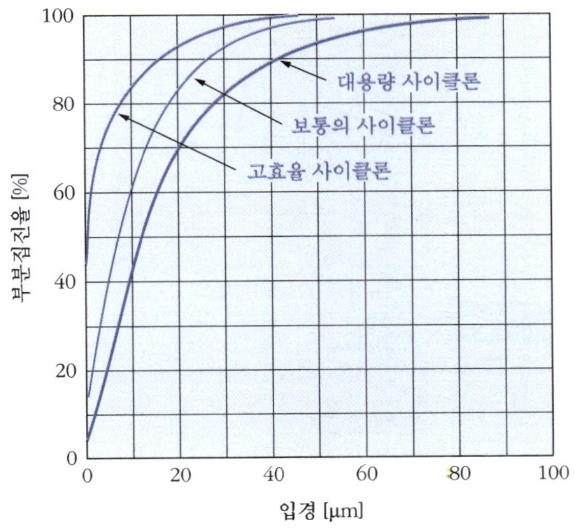


**그림 3-23** 입경에 따른 사이클론 종류별 부분집진율

**Example 3-22**

사이클론의 유입구 폭이 10 cm, 선회류의 회전수가 4인 경우 450 K인 함진가스의 유입속도가 15.0 m/sec, 분진의 밀도가 2.0 g/cm³라면 함진가스에 포함되어 있는 분진의 절단입경은 얼마인가?

**풀이**

$$d_{p,50} = \sqrt{\frac{9\mu_g W}{2\pi N_e(\rho_p - \rho_g)v_i}}$$

Sutherland 식을 이용하여 450 K (176.85℃)에서 공기의 점도를 구하면

$$\mu_g = 1.716\times10^{-5}\times\left(\frac{383.55}{383.55+176.85}\right)\left(\frac{273.15+176.85}{273.15}\right)^{3/2}$$

$$= 2.483\times10^{-5}\ [\text{kg/m}\cdot\text{sec}]$$

$W = 0.1\ \text{m} \qquad N_e = 4$

$$\rho_p = \frac{2.0\ \text{g}}{\text{cm}^3}\left|\frac{1\ \text{kg}}{1{,}000\ \text{g}}\right|\frac{(100\ \text{cm})^3}{(1\ \text{m})^3} = 2{,}000\ \text{kg/m}^3$$

$$\rho_g = 1.29\ \text{kg/Sm}^3\times\frac{273\,\text{K}}{450\,\text{K}} = 0.78\,\text{kg/m}^3$$

$$\therefore\ d_{p,50} = \left[\frac{9\times2.483\times10^{-5}\times0.1}{2\times3.14\times4\times(2\times10^3-0.78)\times15}\right]^{\frac{1}{2}} = 5.47\times10^{-6}\ \text{m} = 5.47\ \mu\text{m}$$

### (4) 외부선회류의 유효회전수

외부선회류의 유효회전수 $N_e$는 실험적으로 5회일 때 가장 효율이 좋으며, 원통부 높이 $H_b$ [m]와 원추부 높이 $H_c$ [m]로 구할 수 있다.

$$N_e = \frac{1}{H}\left(H_b + \frac{H_c}{2}\right) \tag{3-80}$$

그러나 $N_e$는 실험적으로 5회일 때 가장 효율이 좋은 것으로 알려져 있다.

**Example 3-23**

사이클론의 유입구 높이가 30 cm, 원통부 높이가 1.2 m, 원추부 높이가 1.2 m일 때 외부선회류의 회전수를 구하시오.

**풀이**

$$N_e = \frac{1}{H}\left(H_b + \frac{H_c}{2}\right) = \frac{1}{0.3}\left(1.2 + \frac{1.2}{2}\right) = 6\text{회}$$

### (5) 집진율

사이클론에서 집진율은 분진의 입경에 따라 달라지기 때문에 사이클론의 성능평가를 위해서는 입경별 부분집진율을 알아야 한다.

#### 1) Lapple의 집진율 예측곡선을 이용한 총집진율 계산

분진의 입경별 중량분포에 대한 자료가 있을 경우 Lapple의 집진율 예측곡선을 이용하여 분진의 총집진율을 구할 수 있는데, 그림 3-24는 Lapple의 집진율 예측곡선이다. Lapple의 집진율 예측곡선을 이용하여 사이클론의 총집진율을 구하는 방법은 아래와 같다.

① 주어진 자료로 절단입경($d_{p,50}$)을 구한다.

② Lapple의 집진율 예측곡선의 가로축에서 $d_p/d_{p,50}$을 지정한다.

③ 가로축과 집진율 예측곡선이 만나는 지점의 세로축에서 부분집진율을 구한다.

④ 입경별 부분집진율과 중량분포율로부터 총집진율을 구한다.

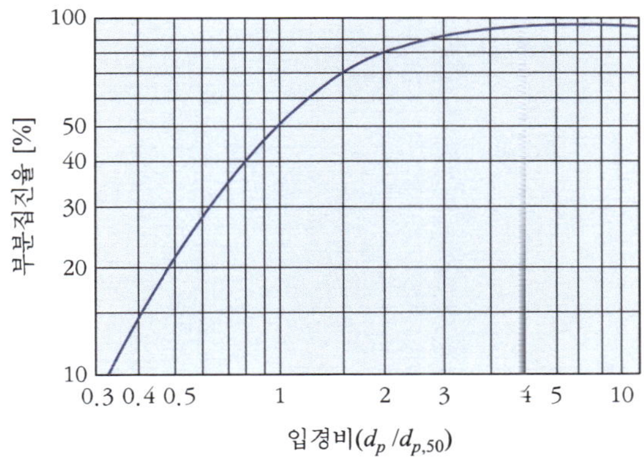


그림 3-24 Lapple의 사이클론 집진율 예측곡선

#### 2) 입경 $d_p$인 분진의 부분집진효율 계산식

Lapple의 원심력집진기 효율예측곡선(그림 3-24)는 그라프의 값을 정확하게 읽기가 어려워 부정확한 점이 있는데, Louis Theodore & Victor De Paola는 Lapple의 효율예측곡선을 이용하여 사용하기에 편리하고 계산이 더 정확한 효율 예측식을 이론적으로 유도하였다. 원심력집진기에서 입경 $d_p$인 분진의 부분집진 효율은 아래 식과 같다.

$$\eta_f = \frac{1}{1+\left(\dfrac{d_{p,50}}{d_p}\right)^2} \qquad (3\text{-}81)$$

특정입경의 분진에 대한 사이클론의 부분집진율을 구하는 (3-85) 식은 유도과정에서 식을 간단하게 하기 위하여 가정을 많이 했기 때문에 정확도가 다소 떨어진다. 그러므로 사이클론의 부분집진율을 구할 경우 Louis Theodore & Victor De Paola의 식 (3-81)을 사용하는 것이 간편하고 더 정확하다.

**Example 3-24**

함진가스 중 분진 시료의 중량분포율이 다음과 같을 때 사이클론을 설치하여 집진하고자 한다. Lapple의 집진율 예측곡선과 Louis Theodore & Victor De Paola는 Lapple의 효율예측식을 이용하여 총집진율을 예측하라. 단, 사이클론의 유입구 폭 0.25 m, 가스점도 $1.85\times10^{-2}$ cp, 함진가스 밀도 1.2 kg/m$^3$, 함진가스 유속 8 m/sec, 분진밀도 1.8 g/cm$^3$ 및 유효회전수는 6이다.

| 입경 [μm] | 10 | 30 | 60 | 80 | 100 |
|---|---|---|---|---|---|
| 중량분포 [%] | 8 | 15 | 50 | 20 | 7 |

**풀이** 1) 먼저 절단입경($d_{p,50}$)을 구하면

$$d_{p,50} = \sqrt{\frac{9\mu_g W}{2\pi N_e(\rho_p-\rho_g)v_i}}$$

$$\mu_g = \frac{1.85\times10^{-2}\times10^{-2}\ \text{g}}{\text{cm}\cdot\text{sec}}\left|\frac{1\ \text{kg}}{1{,}000\ \text{g}}\right|\frac{100\ \text{cm}}{1\ \text{m}} = 1.85\times10^{-5}\ \text{kg/m}\cdot\text{sec}$$

$$\rho_p = \frac{1.8\ \text{g}}{\text{cm}^3}\left|\frac{1\ \text{kg}}{1{,}000\ \text{g}}\right|\frac{(100\ \text{cm})^3}{(1\ \text{m})^3} = 1{,}800\ \text{kg/m}^3$$

$$N_e = 6 \qquad \rho_g = 1.2\ \text{kg/m}^3 \qquad v_i = 8\ \text{m/sec}$$

$$\therefore\ d_{p,50} = \sqrt{\frac{9\times1.85\times10^{-5}\times0.25}{2\pi\times6\times(1{,}800-1.2)\times8}} = 8.76\times10^{-6}\ \text{m} = 8.76\ \mu\text{m}$$

2) Lapple의 집진율 예측곡선을 이용하여 입경별 부분집진율을 계산할 수 있도록 가로축의 $d_p/d_{p,50}$값을 구한다.

3) 집진율 예측곡선에서 $d_p/d_{p,50}$값에 대응하는 부분집진율을 세로축에서 구한다.

4) 분진의 입경별 중량분포와 부분집진율로부터 전집진율을 구한다.

$$\eta_t = f_1\eta_{f_1} + f_2\eta_{f_2} + f_3\eta_{f_3} + \cdots + f_n\eta_{f_n}$$

$$\eta_t = 0.08\times0.51 + 0.15\times0.93 + 0.5\times0.97 + 0.2\times0.99 + 0.07\times1 = 0.9333$$

| 입경 $d_p$ [μm] | 중량분포 $f_i$ | 가로축 $d_p / d_{p,50}$ | 세로축(부분집진율) $\eta_{f_i}$ | 중량분포×부분집진율 $f_i \eta_{f_i}$ |
|---|---|---|---|---|
| 10 | 0.08 | 1.14(=10/8.76) | 0.51 | 0.0408(=0.08×0.51) |
| 30 | 0.15 | 3.42(=30/8.76) | 0.93 | 0.1395(=0.15×0.93) |
| 60 | 0.50 | 6.85(=60/8.76) | 0.97 | 0.4850(=0.50×0.97) |
| 80 | 0.20 | 9.13(=80/8.76) | 0.99 | 0.1980(=0.20×0.99) |
| 100 | 0.07 | 11.42(=100/8.76) | 1.00 | 0.0700(=0.07×1.00) |
| | | | | $\eta_t = \sum f_i \eta_{f_i} = 0.9333$ |

5) Louis Theodore & Victor De Paola는 Lapple의 효율예측식을 이용한 총집진율 계산

| $d_p$ [μm] | $d_{p,50}$ [μm] | $d_{p,50}/d_p$ | 중량분포 $f_i$ | 입경별 부분집진율($\eta_{f_i}$) $\dfrac{1}{1+\left(\dfrac{d_{p,50}}{d_p}\right)^2}$ | 중량분포×입경별부분집진율 $f_i \eta_{f_i}$ |
|---|---|---|---|---|---|
| 10 | 8.76 | 0.876 | 0.08 | 0.566 | 0.045 |
| 30 | 8.76 | 0.292 | 0.15 | 0.921 | 0.138 |
| 60 | 8.76 | 0.146 | 0.50 | 0.979 | 0.490 |
| 80 | 8.76 | 0.110 | 0.20 | 0.988 | 0.198 |
| 100 | 8.76 | 0.088 | 0.07 | 0.992 | 0.069 |
| | | | | | $\eta_t = \sum f_i \eta_{f_i} = 0.940$ |

### (6) 압력손실(pressure drop, $\Delta P$)

사이클론에서 함진가스의 유속과 방향전환 등으로 압력손실이 발생하는데 압력손실은 송풍기 선정을 위하여 매우 중요하다. 압력손실을 예측하는 식들이 많이 있지만 일반적으로 井伊谷이 개발한 식 (3-82)를 많이 이용한다.

$$\Delta P = FP_v = \frac{kWH\sqrt{D}}{D_o^2\sqrt{H_b + H_c}} \cdot \frac{\gamma_g v_i^2}{2g} \ [\mathrm{mmH_2O}] \tag{3-82}$$

여기서 $F$ : 압력손실계수

$P_v$ : 속도압 [$\mathrm{mmH_2O}$ 또는 $\mathrm{Kg/m^2}$]

$k$ : 상수(20~40, 보통 30)

$W$ : 접선유입식 사이클론의 유입구 폭 [m]

$H$ : 접선유입식 사이클론의 유입구 높이 [m]

$D$ : 원통부 직경 [m]

$\gamma_g$ : 함진가스 비중량 [Kg/m$^3$]

$v_i$ : 함진가스 유입속도 [m/sec]

$D_o$ : 청정공기 출구(돌출부) 직경 [m]

$H_b$ : 원통부 길이 [m]

$H_c$ : 원추부 길이 [m]

**Example 3-25**

높이 20 cm, 폭 10 cm의 직사각형 유입구를 가진 접선유입식 사이클론의 원통 직경이 50 cm, 높이 1 m, 원추부 높이 1 m, 처리된 가스의 배출구 직경이 25 cm일 때 압력손실은 얼마인가? 단, 함진가스의 온도는 250℃, 유입속도는 15 m/sec이다.

**풀이**

$$\Delta P = \frac{kWH\sqrt{D}}{D_o^2\sqrt{H_b+H_c}} \cdot \frac{\gamma_g v_i^2}{2g} \ [\mathrm{mmH_2O}]$$

$k=30$  $W=0.1$ m  $H=0.2$ m  $D=0.5$ m  $v_i=15$ m/sec

$D_o=0.25$ m  $H_b=1$ m  $H_c=1$ m

$$\gamma_g = 1.29\ \mathrm{Kg/Sm^3} \times \frac{273\ \mathrm{K}}{(273+250)\ \mathrm{K}} = 0.67\ \mathrm{Kg/m^3}$$

$$\therefore\ \Delta P = \frac{30\times0.1\times0.2\times\sqrt{0.5}}{0.25^2\times\sqrt{1^2+1^2}} \times \frac{0.67\times15^2}{2\times9.8} = 37.5\ \mathrm{mmH_2O}$$

### (7) 블로우다운(blow down)

사이클론의 원추하부에서 외부선회류가 내부선회류로 바뀔 때 분진퇴적함(hopper) 내의 압력은 음압(−)이 되고 또 선회류에 난류 현상이 생겨 집진된 분진이 재비산

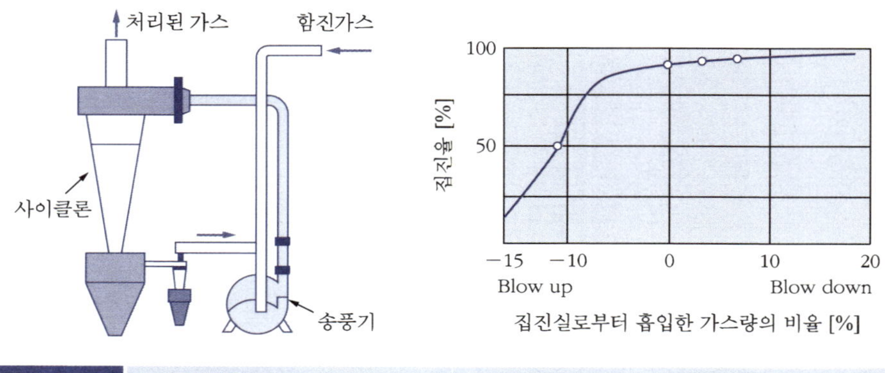


**그림 3-25** 블로우다운 효과

하므로 집진율이 저하된다. 이러한 현상을 방지하기 위하여 그림 3-25와 같이 처리하는 함진가스량의 5~10 %를 분진퇴적함으로 주입시키는데 이것을 블로우다운이라 한다. 블로우다운은 선회류의 흐트러짐을 방지하여 원심력을 증대시키고 집진된 분진의 재비산을 방지하며 원추하부 벽면에 분진이 부착되는 것을 방지하여 집진성능을 향상시키는 역할을 한다. 그러나 사이클론은 단독으로 사용하기보다 대부분 여과집진기나 전기집진기와 같이 고효율 집진기의 전처리구으로 사용하기 때문에 블로우다운 사이클론은 현장에서 잘 채택하지 않고 있다.

### (8) 함진가스 변화에 의한 집진성능의 변화

운전조건이나 함진가스 특성이 변하면 사이클론의 집진성능은 변하는데 변한 집진율은 아래 식으로 추정이 가능하다. 아래 식에서 $a$는 운전조건이나 함진가스 특성이 변하기 전의 상태, $b$는 변한 다음의 조건을 나타낸다.

#### 1) 함진가스량($Q$)이 변할 때

$$\frac{1-\eta_a}{1-\eta_b} = \frac{P_a}{P_b} = \left(\frac{Q_b}{Q_a}\right)^{\frac{1}{2}} \tag{3-83}$$

여기서 $\eta$ : 집진율

$P$ : 통과율

#### 2) 함진가스량은 일정하고 다른 조건이 변할 때

**① 함진가스 점도($\mu$)가 변할 때**

$$\frac{1-\eta_a}{1-\eta_b} = \frac{P_a}{P_b} = \left(\frac{\mu_a}{\mu_b}\right)^{\frac{1}{2}} \tag{3-84}$$

**② 함진가스 밀도($\rho$)가 변할 때**

$$\frac{1-\eta_a}{1-\eta_b} = \frac{P_a}{P_b} = \left(\frac{\rho_p-\rho_{g_b}}{\rho_p-\rho_{g_a}}\right)^{\frac{1}{2}} \tag{3-85}$$

함진가스의 점도나 밀도는 함진가스의 온도가 변하였다는 것을 의미하며, 기체의 온도가 높아질수록 점도는 커지고 밀도는 낮아진다.

**③ 분진의 농도($C$)가 변할 때**

함진가스 내 분진농도가 변하면 집진율과 압력손실도 달라진다. 입구 분진농도 변화에 의한 집진율의 변화와 압력손실의 변화는 식 (3-86)으로 계산할 수 있다.

$$\frac{1-\eta_a}{1-\eta_b} = \frac{P_a}{P_b} = \left(\frac{C_{b_i}}{C_{a_i}}\right)^{0.183} \tag{3-86}$$

상기의 식을 종합하면

$$\frac{1-\eta_a}{1-\eta_b} = \frac{P_a}{P_b} = \left(\frac{Q_b}{Q_a}\right)^{\frac{1}{2}} = \left(\frac{\mu_a}{\mu_b}\right)^{\frac{1}{2}} = \left(\frac{\rho_p-\rho_{g_b}}{\rho_p-\rho_{g_a}}\right)^{\frac{1}{2}} = \left(\frac{C_{b_i}}{C_{a_i}}\right)^{0.183} \tag{3-87}$$

분진농도에 의한 압력손실은 아래 식 (3-88)과 같다.

$$\Delta P = \frac{\Delta P_o}{0.013\sqrt{C_i}+1} \tag{3-88}$$

여기서 $\Delta P$ : 압력손실 [$mmH_2O$ 또는 $Kg/m^2$]

$\Delta P_o$ : 분진부하가 없을 때 압력손실 [$mmH_2O$ 또는 $Kg/m^2$]

$C_i$ : 입구 분진농도

상기 식에서 유입구의 분진농도가 증가하면 압력손실은 감소하지만 집진효율은 조대입자와 미세입자에 작용하는 원심력의 차이에 의하여 조대입자가 미세입자에 충돌하여 응집하거나 같은 방향으로 견인함으로써 증가하게 된다.

**Example 3-26**

예제 3-22에서 사이클론의 함진가스 온도를 450 K에서 350 K로 낮출 때 집진율은 얼마인가?

**풀이**

$$\frac{1-\eta_a}{1-\eta_b} = \left(\frac{\mu_a}{\mu_b}\right)^{\frac{1}{2}}$$

- Sutherland 식을 이용하여 450 K (176.85℃)에서 공기의 점도를 구하면

$$\mu_g = 1.716 \times 10^{-5} \times \left(\frac{383.55}{383.55 + 176.85}\right)\left(\frac{273.15 + 176.85}{273.15}\right)^{3/2}$$

$$= 2.483 \times 10^{-5}\ [\mathrm{kg/m \cdot sec}]$$

- 350 K (76.85℃)에서 공기의 점도를 구하면

$$\mu_g = 1.716 \times 10^{-5} \times \left(\frac{383.55}{383.55 + 76.85}\right)\left(\frac{273.15 + 76.85}{273.15}\right)^{3/2}$$

$$= 2.074 \times 10^{-5}\ [\mathrm{kg/m \cdot sec}]$$

예제 3-22에서는 함진가스 온도 450 K에서 절단입경이므로 집진율 $\eta_a = 0.5$이다.

그러므로 350 K일 때 $\eta_b$는 다음과 같이 구할 수 있다.

$$\frac{1-0.5}{1-\eta_b} = \left(\frac{2.483 \times 10^{-5}}{2.074 \times 10^{-5}}\right)^{\frac{1}{2}} \qquad \therefore\ \eta_b = 0.582$$

## (9) 치수에 따른 집진성능

사이클론의 집진성능은 운전조건뿐만 아니라 집진기의 각부 치수에 따라 달라진다. 표 3-6은 사이클론의 각부 치수가 집진효율에 미치는 영향을 요약한 것이다.

**표 3-6** 사이클론의 운전조건과 각부의 치수가 집진율에 미치는 영향

| 운전조건 및 치수 | 집진효율에 미치는 영향 |
|---|---|
| 분진의 입경 및 밀도 | 입경과 밀도가 클수록 집진율은 증가한다. |
| 함진가스의 온도 | 온도가 높아지면 가스의 점도가 커져 집진율은 저하되나 그 영향은 크지 않다. |
| 유입구의 크기 | 유입구의 크기가 작아지면 함진가스의 유입속도가 빨라져 집진율과 압력손실은 증가한다. |
| 함진가스의 유입속도 | 유입속도가 클수록 집진율은 증가하지만 10 m/sec 이상에서는 집진율은 큰 변화가 없으며 압력손실만 커진다. 그러나 유입속도가 커질수록 함진가스 처리량은 증가한다. |
| 원통부의 직경 | 원통부의 직경이 클수록 집진율은 감소한다. |
| 원통부의 길이 | 원통부의 길이가 길어지면 선회류수가 증가하여 집진율은 증가하나 큰 영향은 없다. $N_e$는 5회 때 효율이 최대이다. |
| 출구의 직경 | 출구의 직경이 작을수록 집진율은 증가하지만 동시에 압력손실도 증가하고 함진가스의 처리능력도 떨어진다. |

참고 : $v = \frac{d_p^2(\rho_p - \rho_g)}{18\mu_g} \cdot \frac{v_{\theta,R_2}^2}{R_2}$ $\quad N_e = \frac{1}{H}\left(H_b + \frac{H_c}{2}\right)$ $\quad d_{p50} = \sqrt{\frac{9\mu_g W}{2\pi N_e(\rho_p - \rho_g)v_i}}$

표 3-7은 사이클론의 원통직경을 $D$라고 할 때 표준치수를 나타낸 것이다.

**표 3-7 각종 사이클론 치수**

| 원통직경 $D$에 대한 비 | Cyclone 종류 | | | | | |
|---|---|---|---|---|---|---|
| | 고효율 | | 일 반 | | 고용량 | |
| | 1 | 2 | 3 | 4 | 5 | 6 |
| 원통직경 $D/D$ | 1.0 | 1.0 | 1.0 | 1.0 | 1.0 | 1.0 |
| 유입구 높이 $H/D$ | 0.5 | 0.44 | 0.5 | 0.5 | 0.75 | 0.8 |
| 유입구 폭 $W/D$ | 0.2 | 0.21 | 0.25 | 0.25 | 0.375 | 0.35 |
| 함진가스 출구직경 $D_o/D$ | 0.5 | 0.4 | 0.5 | 0.5 | 0.75 | 0.75 |
| 선회류 출구길이 $S/D$ | 0.5 | 0.5 | 0.625 | 0.6 | 0.875 | 0.85 |
| 원통길이 $H_b/D$ | 1.5 | 1.4 | 2.0 | 1.75 | 1.5 | 1.7 |
| 원추길이 $H_c/D$ | 2.5 | 2.5 | 2.0 | 2.0 | 2.5 | 2.0 |
| 유출분진 출구직경 $D_d/D$ | 0.375 | 0.4 | 0.25 | 0.4 | 0.375 | 0.4 |

출처 : 1, 5; Stairmand, 2, 4, 6; Swift, 3; Lapple

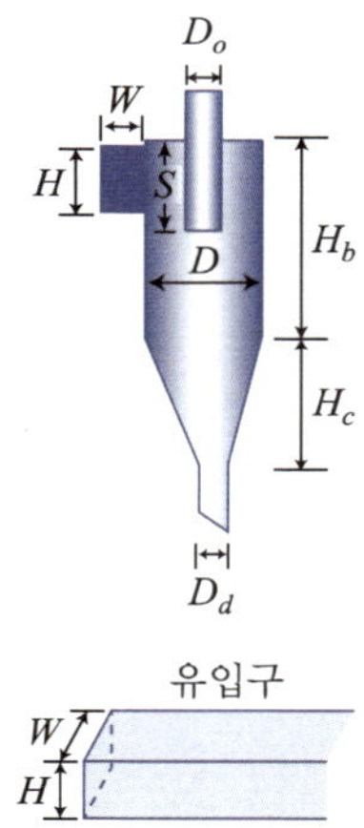


## 5. 멀티사이클론

사이클론은 원통부 직경이 클수록 분진에 작용하는 원심력이 작아져 집진율이 낮아지므로 많은 양의 함진가스를 비교적 높은 효율로 처리해야 할 경우 그림 3-26과 같이 소구경의 축류식 사이클론을 여러 개 병렬로 연결하여 사용하는데 이것을 멀티사이클론(multi-cyclone)이라 한다.

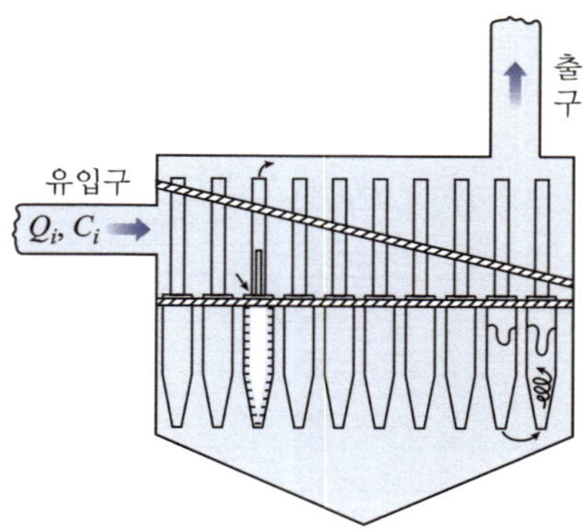


**그림 3-26** 멀티사이클론

## 연습문제

**01** 사이클론의 유입구 폭이 15 cm이고, 유효회전수가 5이다. 분진의 밀도가 1.2 g/cm$^3$인 배기가스가 15 m/sec 속도로 유입된다. 배기가스의 온도가 340 K일 때 분진의 절단입경은 몇 μm인가?

**02** 반경 30 cm, 유속 15 m/sec인 사이클론의 분리계수를 구하시오.

**03** 사이클론을 사용하여 분진을 제거하려고 한다. 유량이 80 m$^3$/min(350 K, 1 atm)이다. 다음 물음에 답하시오. (단, 분진의 밀도 1.1 g/cm$^3$, 점도 $1.81 \times 10^{-5}$ kg/m·sec, $\rho_p \gg \rho_g$임)

| 입구폭 $W$ | 입구높이 $H$ | 직경 $D$ | 몸통길이 $H_b$ | 원추길이 $H_c$ | 출구직경 $D_d$ |
|---|---|---|---|---|---|
| $1/4D$ [m] | $1/2D$ [m] | 1 m | $2D$ [m] | $3D$ [m] | $1/2D$ [m] |

1) 유입속도(m/sec)를 구하시오.
2) 유효회전수를 산출하시오.
3) 절단입경 $d_{p50}$(μm)을 구하시오.

**04** 원심력집진장치의 조건이 아래와 같을 때 다음 물음에 답하시오.

1) 아래의 조건을 이용하여 50 % 제거되는 입경(절단입경, μm)을 구하시오.

- 배기가스의 점도 : 0.018 cp
- 입자의 비중 : 1.2
- 유입구 폭 : 25 cm
- 배기가스의 속도 : 15 m/sec
- 몸통 직경 : 1 m
- 유효회전수 : 5회

2) 아래 표에 따른 입경분포의 집진효율(%)을 구하시오.

| 입경범위 [μm] | 0～5 | 5～10 | 10～15 | 15～20 | 20～25 | 25～30 |
|---|---|---|---|---|---|---|
| 중량분율 [%] | 5 | 25 | 30 | 20 | 15 | 5 |
| 부분집진율 [%] | 70 | 80 | 85 | 90 | 95 | 99 |

**05** 원심력집진장치의 유입구 폭이 40 cm이고, 처리가스 속도가 16 m/sec, 분진의 밀도가 1.4일 때 절단입경은 9 μm이다. 유입속도와 입구폭을 각각 2배로 증가시키고, 분진의 밀도가 1.2로 변화된다면 Lapple식 적용할 때 절단입경(μm)은 얼마인가?

**06** 집진장치로서 사이클론의 설계 및 운전조건에 대한 다음 항목이 집진효율에 미치는 영향을 설명하시오.

1) 유입구의 크기 변화
2) 가스의 유입속도 변화
3) 출구의 직경 변화

**07** 입구 폭이 12.0 cm이고 처리가스의 유효회전수가 6인 사이클론이 있다. 이 장치에 밀도가 1.3 $g/cm^3$인 분진입자를 함유하는 처리가스가 15.0 m/sec의 유입속도로 처리되고 있다. L. Theodore & V. De Paola의 집진율 예측식을 사용하여 다음 물음에 답하라. 단, 처리 기체의 점도는 0.0748 kg/m · hr이다.

1) 절단입경(μm)은?
2) 입경 12 μm의 입자의 집진효율을 구하라.

**08** 사이클론에서 유입속도와 입구폭을 각각 2배로 증가시키면, 절단입경은 처음의 몇 배인가?

# 3.9 여과집진기(Bag Filter)

여과집진기(bag filter)는 함진가스를 여과재로 통과시켜 분진을 관성충돌, 직접차단, 확산 등의 집진 메커니즘에 의하여 제거하는 집진기를 말한다.

## 1. 집진원리

함진가스가 여과재(여재, filter)를 통과할 때 분진은 입경과 속도에 따라 여과재와 그림 3-27과 같은 집진원리에 의하여 함진가스로부터 분리·집진된다.

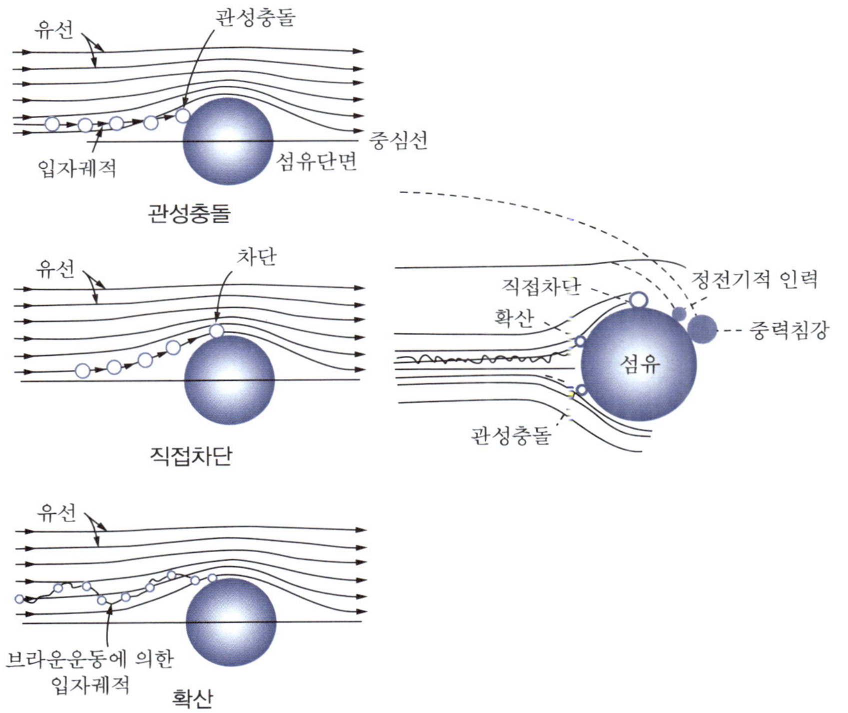


그림 3-27 여과재에 의한 분진의 집진 메커니즘

### (1) 관성충돌(inertial impaction)

함진가스가 속도를 가지고 이동할 때 함진가스 중 가볍고 작은 분진은 여과재에 충돌하지 않고 여과재 사이를 통과하지만 크고 무거운 분진은 관성력에 의하여 여과재에 충돌하여 집진되는데 이것을 관성충돌이라 한다.

### (2) 직접차단(direct interception)

함진가스 중 크고 무거운 분진은 관성력에 의하여 여과재에 충돌하여 집진되지만 분진 중에 상대적으로 입경이 작거나 가벼운 입자는 관성충돌에 필요한 충분한 관성력을 얻지 못하며 그렇다고 함진가스와 함께 여과재를 완전히 비켜 지나갈 만큼은 작거나 가볍지는 못하므로 여과재의 가장자리에 충돌하여 집진되는데 이것을 직접차단이라 한다.

### (3) 확산(diffusion)

입경이 0.1 μm 이하인 분진은 기체분자처럼 브라운 운동(Brown motion)을 하는데 분진이 함진가스를 따라 이동하다가 브라운 운동에 의하여 여재에 충돌되어 집진되는 것을 확산이라 한다.

### (4) 정전기적인 인력(Coulomb's force)

분진이 여과재와 서로 다른 정전기로 대전되어 있을 경우 정전기적인 인력에 의해 여과재에 부착되어 집진된다.

일반적으로 입경이 1 μm 이상인 분진은 99 % 이상이 관성충돌과 직접차단에 의하여 집진되고 입경이 0.1 μm 이하인 분진은 확산에 의하여 집진된다. 그러나 입경이 0.1 ~1 μm인 분진은 직접차단과 확산에 의하여 집진은 되지만 주된 집진 메커니즘이 없어 가장 집진이 어려운 입경범위의 분진이다.

여과집진기에서 함진가스 중의 분진은 상기와 같은 집진원리에 의하여 여과재 표면에 부착된다. 그런데 실제로 여과재는 분진이 여과재에 부착되도록 하는 지지대 역할을 하고 미세분진의 집진은 여과재에 부착된 분진층(dust cake)에 의하여 집진이 된다. 그러므로 분진이 부착되기 전에는 집진율이 상대적으로 낮으며, 여과집진기를 가동 후 여과재에 어느 정도의 분진이 부착되면 이 분진층에 의하여 1 μm 이하의 초미세분진의 집진도 가능해진다. 그러므로 분진층을 두껍게 형성시키면 집진율은 높아지지만 압력손실이 커져 동력비가 증가한다. 그러므로 압력손실이 150 $mmH_2O$ 정도가 되면 분진층을 털어내어야 하는데 이것을 탈진(filter cleaning)이라 한다. 여과집진기에서 미세분진의 집진은 여과재가 아니라 여과재에 부착된 분진층에 의하여 이루어지므로 탈진 시 분진층을 완전히 털어 내지 말고 어느 정도 두께의 분진층은 남겨 놓고 탈진을 하여야 일정효율 이상의 집진율을 유지할 수 있다.

## 2. 특징

(1) 집진가능 입자 : 0.1 μm 이하도 가능
(여과재에 부착된 분진층의 두께에 따라 더 미세한 입자의 집진도 가능함)

(2) 집진효율(collection efficiency) : 90～99 %

(3) 압력손실(pressure drop) : 약 150 $mmH_2O$
(여과재에 부착된 분진층의 두께에 따라 압력손실은 달라짐)

(4) 탈진시기 : 일반적으로 압력손실이 150 $mmH_2O$ 전후일 때 탈진

(5) 여과속도($v_f$) : 0.3～10 cm/sec
(분진 입경이 작을수록 여과속도를 느리게 함)

### 장·단점

#### 1) 장점

① 0.1 μm 이하 초미세먼지의 제거도 가능하다.
② 집진율이 우수하다.
③ 세정집진장치보다 압력손실과 동력소모가 적다.

#### 2) 단점

① 폭발성, 점착성 및 흡습성 분진의 제거는 어렵다.
② 함진가스의 온도에 따라 사용가능한 여재가 제한된다.
③ 수분이나 여과속도에 대한 적응성이 낮다.
④ 여과재가 고가이므로 유지비가 많이 든다.

# 3. 장치의 구성 및 종류

## (1) 장치의 구성

### 1) 여과재(filter media)

**① 여과재의 종류**

제조방식에 따라 크게 두 가지로 나눌 수 있다.

(a) 엮음여과재(woven filter)

그림 3-28과 같이 섬유사를 이용하여 직조한 여과재를 말하며 섬유 간격은 주로 25～30 μm 정도이다. 일반적으로 산업용 함진가스 처리에 사용되고 일정량의 분진을 집진한 후에는 탈진하여 재사용한다.

(b) 모전여과재(felt filter)

기초 엮음천 위에 바늘모양의 섬유를 붙여 솜 모양으로 무작위하게 충진하여 만든 여과재를 말한다. 모전여과재는 분진부하가 적고 입경 0.3 μm 이상인 분진제거에 효과적이며 실험용, 방독면 등에 사용된다. 여과재는 일회용으로 사용 후 버린다.

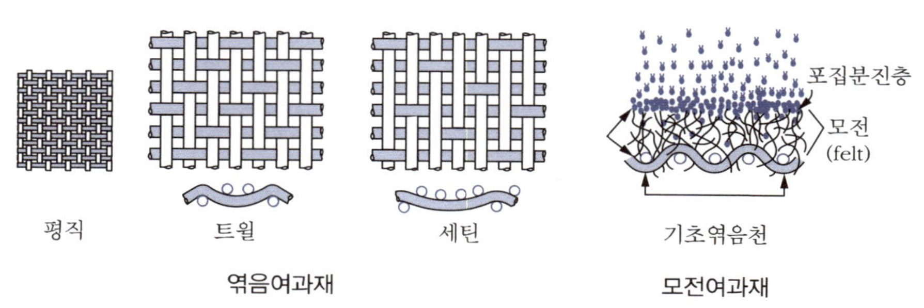


그림 3-28 제조방식으로 분류한 여과재의 종류

**② 여과재의 특성**

여과재는 함진가스의 온도, 산성가스 및 알칼리 물질 포함여부, 포함된 분진의 성상 등을 고려하여 선택하여야 한다. 표 3-8은 각종 여과재의 특성을 나타낸 것이다. 여과재는 내열성이 약하므로 재질을 보전하기 위해서 최고사용온도를 넘지 않도록 하여야 하며 특히 고온의 함진가스를 냉각시킬 때는 산노점(dew point) 이상으로 유지하여야 한다. 산노점 이하에서는 산미스트(mist)에 의하여 여과재 공극이 막히는 현상(clogging)이나 장치의 부식이 일어나게 된다.

또한 점착성 및 조해성 분진이 있거나 유적(oil mist)이 함유된 분진도 여과재의 공극을 막히게 하므로 주의하여야 한다.

**표 3-8 각종 여과재의 물리·화학적 성질**

| 종류 \ 성질 | 사용(최고) 온도[℃] | 내산성 | 내알칼리성 | 내가수분해성 | 내산화성 |
|---|---|---|---|---|---|
| PTFE(테프론) | 250℃(270℃) | 매우 우수 | 매우 우수 | 매우 우수 | 매우 우수 |
| 유리섬유 | 260℃(280℃) | 우수 | 보통 | 매우 우수 | 매우 우수 |
| 아마이드(NOMEX) | 200℃(220℃) | 보통 | 보통 | 보통 | 보통 |
| 폴리페닐린설파이드(PPS) | 180℃(190℃) | 매우 우수 | 매우 우수 | 매우 우수 | 보통 |
| 폴리에스테르 | 140℃(150℃) | 보통 | 보통 | 보통 | 우수 |
| 폴리프로필렌 | 90℃(100℃) | 매우 우수 | 매우 우수 | 매우 우수 | 보통 |
| 아크릴 | 120℃(130℃) | 우수 | 보통 | 우수 | 우수 |
| 폴리이미드 | 230℃(240℃) | 보통 | 보통 | 우수 | 우수 |

## 2) 지지대(filter support)

여과재만 설치할 경우 백의 모양이 변형됨으로 백을 지지해 줄 수 있는 지지대가 필요하다. 산업용 여과집진기는 원통형 엮음여과재를 사용하는데, 그림 3-29는 원통형 엮음여과재와 지지대를 나타낸 것이다.

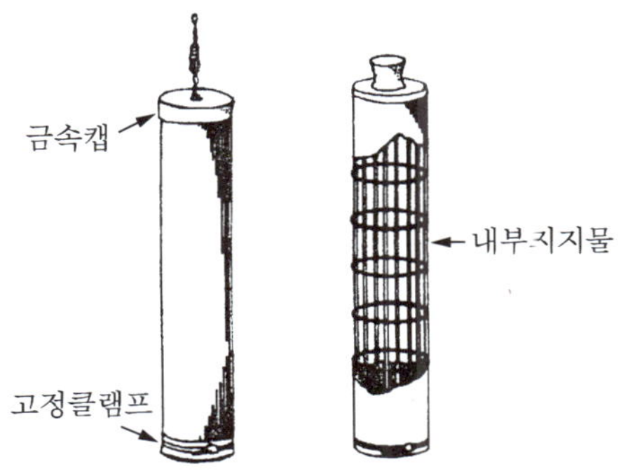


**그림 3-29 원통형 엮음여과재와 지지대**

## 3) 백하우스(bag house)

여과재와 부대시설을 강우, 바람, 기타 기온과 기상의 변화로부터 보호하기 위한 챔버를 백하우스라 한다.

#### 4) 탈진장치(filter cleaning device)

여과백에 집진된 분진의 양이 많아지면 압력손실이 증가하므로 집진된 분진층을 털어내어야 하는데 이것을 탈진장치라 한다. 탈진하는 방식에는 간헐식과 연속식이 있다.

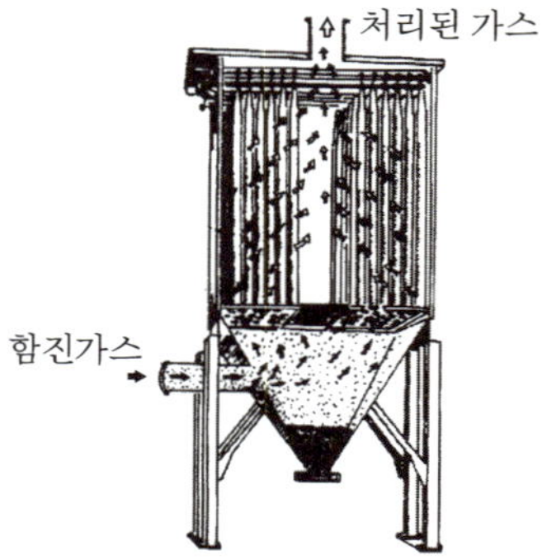


그림 3-30 분진퇴적함

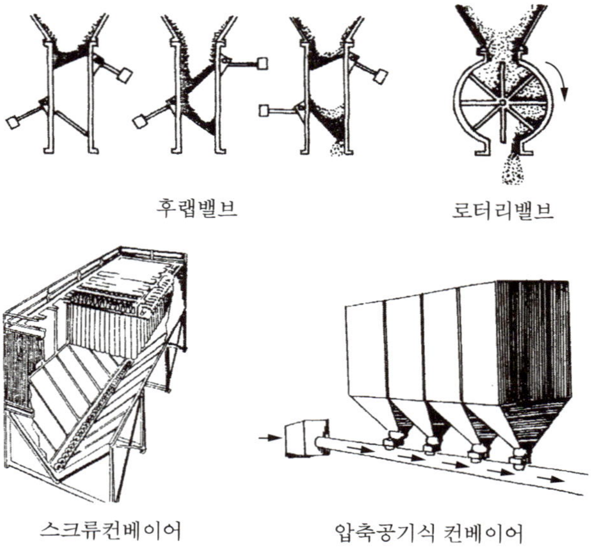


그림 3-31 분진유출장치

### 5) 분진퇴적함(hopper) 및 분진유출장치

그림 3-30과 같이 탈진된 분진을 일시적으로 모아놓은 곳을 분진퇴적함이라 하고, 이곳의 분진을 여과집진기 밖으로 유출하는 장치를 분진유출장치라 한다. 그림 3-31은 후랩밸브, 로터리밸브, 스크류컨베이어 및 압축공기식 컨베이어 등의 분진유출장치를 나타낸 것이다.

### 6) 여과백 고정장치

그림 3-32는 여과백을 고정하는 부속장치로 캡(cap), 고정용 클램프(clamp) 그리고 셀판(shell plate)으로 구성된다. 셀판은 일정한 간격으로 구멍이 뚫어진 철판이며 백을 고정하고, 제진된 깨끗한 공기가 외부로 빠져나가는 통로이기도 하다.

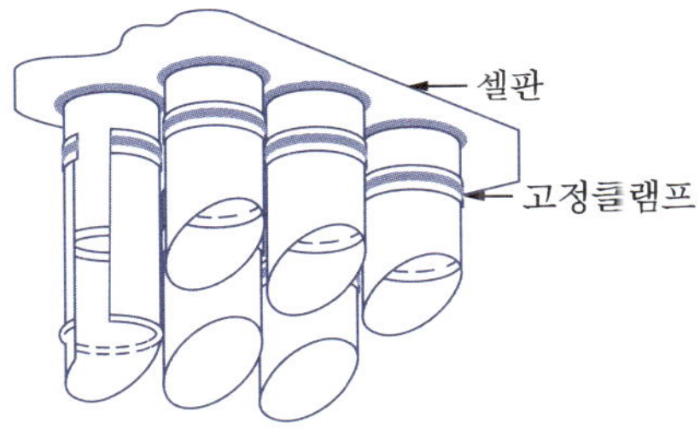


**그림 3-32** 여과백을 고정하는 부속장치

### 7) 송풍기(blower)

여과집진기로 함진가스 처리 시 상당한 압력손실(150 mm$H_2O$)이 요구되므로 이에 적합한 동력을 갖는 송풍기가 필요하다.

## (2) 여과백의 종류

### 1) 여과백의 모양에 따른 분류

여과집진기는 여과백의 모양에 따라 크게 원통형(tube type)과 평판형(plate type)으로 분류되며 산업용은 주로 원통형을 사용하고 공기청정기(air cleaner)에는 평판형이 사용된다. 여과백의 직경($D$)은 보통 15～45 cm, 길이($L$) 3～12 m의 것이 많이 사용되며, $L/D$의 값이 너무 크면 여과백간 마찰이 일어나고 탈진도 어렵다. 따라서 $L/D \fallingdotseq 30$ 이하로 하는데 통상 20 이하로 많이 설계한다. 여과백간의 최소간격은 5 cm는 되어야 한다.

### 2) 여과방식에 따른 분류

#### ① 표면여과

그림 3-33과 같이 함진가스 중 분진이 여과재 표면에 집진되어 일정한 값 이상의 압력손실에 도달하면 탈진하여 재사용하는 것을 표면여과라 한다. 산업용 여과집진기는 표면여과방식이다.

#### ② 내면여과

모전여과재는 분진을 여과재의 내부에서 집진하는 방식이므로 탈진이 곤란하다. 그러므로 일정량의 분진이 집진되어 압력손실이 커지면 여과재를 새것으로 교환하여야 하는데 이러한 여과방식을 내면여과라 한다.

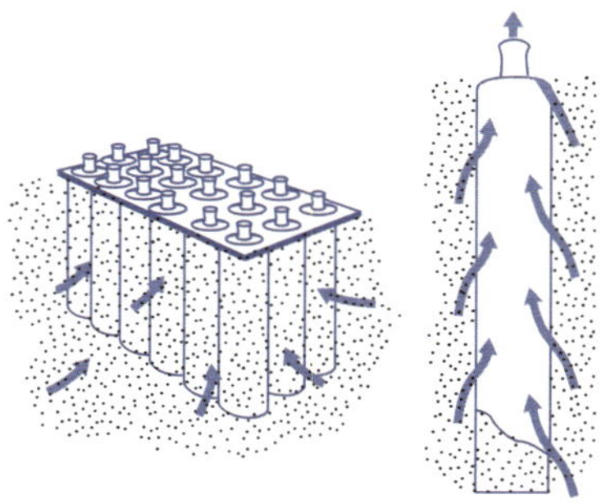

그림 3-33 표면여과방식

### 3) 탈진방식에 따른 분류

집진 시 여과재에 부착한 분진층(dust cake)이 두꺼워지면 통기저항(압력손실)이 커져서 송풍기의 동력비가 높아진다. 따라서 압력손실이 150 $mmH_2O$ 정도가 되면 분진을 털어내 주어야 되는데 이것을 탈진이라 하며 탈진방식은 그림 3-34와 같이 간헐식과 연속식이 있다.

#### ① 간헐식

집진실을 여러 개의 방으로 구분하고 방 하나씩 함진가스를 차단한 후 순차적으로 탈진하는 방식이다. 간헐식 탈진방법의 장·단점은 다음과 같다.

- 장점 : 집진된 분진의 재비산이 적고, 높은 집진율을 얻을 수 있으며 여과백의 수명이 연속식에 비해 길다.
- 단점 : 설치비가 많이 소요된다.

② **연속식**

함진가스를 차단하지 않고 집진과 탈진이 동시에 이루어지는 방식으로 장·단점은 다음과 같다.

- 장점 : 집진과 탈진이 동시에 이루어지므로 압력손실의 변동이 상대적으로 적고 고농도, 대용량의 함진가스를 처리할 수 있다.
- 단점 : 탈진 시 탈진되는 분진의 재비산이 일어나 간헐식에 비하여 집진율이 낮고 여과백의 수명이 짧다.

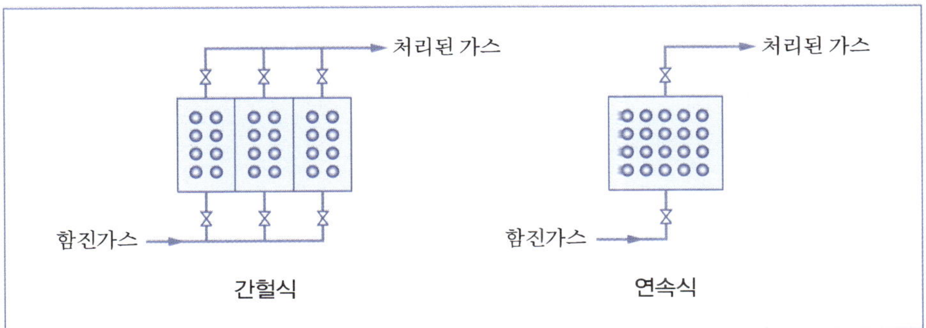


**그림 3-34** 여과백의 탈진방식

## (3) 탈진장치

### 1) Pulsejet 방식

그림 3-35와 같이 고압의 pulse jet를 사용하여 여과백 외부에 부착된 분진을 탈진하는 방식이다. 여과백 상부에서 백내부로 2~5 $Kg/cm^2$ 정도의 고압공기를 단속적으로 주입하면 여과백 내에 파열공기가 발생되고 이로 인하여 여과백이 팽창과 수축을 반복하므로 여과백 외벽에 부착되어 있는 분진이 탈진된다. 현재 여과집진기의 탈진은 대부분이 pulse jet 방식을 채택하고 있다.

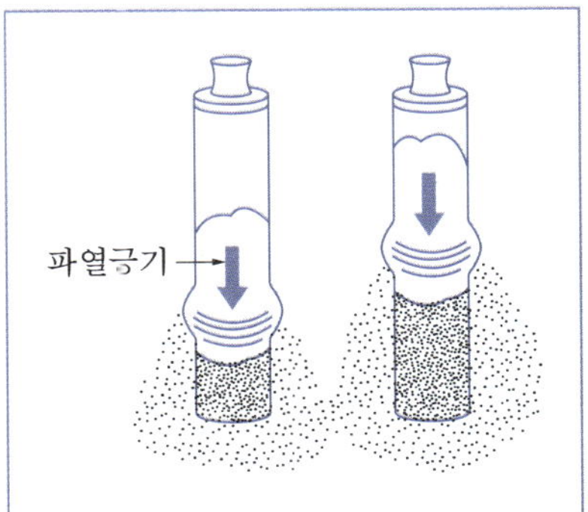


**그림 3-35** Pulsejet 방식 탈진법

## 4. 집진성능의 해석

### (1) 여과속도(filtration velocity, $v_f$)

여과재를 통과하는 함진가스의 여과속도는 식 (3-89)와 같다.

$$v_f = \frac{Q}{A} \quad [\mathrm{m/sec}] \tag{3-89}$$

여기서 $Q$ : 함진가스량 [m³/sec]
$A$ : 함진가스가 통과된 여과재의 총면적 [m²]

위 식에서 하나의 여과백 면적이 $A_b$이고 여과백의 수가 $n$개이면, 여과재의 총면적 $A$는 다음과 같다.

$$A = nA_b = n \times 2\pi RH = n\pi DH \tag{3-90}$$

여기서 $n$ : 여과백의 수
$A_b$ : 여과백 하나의 면적 [m²]
$R$ : 여과백 반경 [m]
$D$ : 여과백 직경 [m]
$H$ : 여과백 길이(높이) [m]

위 식을 식 (3-90)에 대입하면 여과속도는 다음과 같다.

$$v_f = \frac{Q}{nA_b} = \frac{Q}{n\pi DH} \quad [\mathrm{m/sec}] \tag{3-91}$$

여과속도가 느릴수록 미세분진의 집진율은 커지지만 그 대신 장치의 규모가 커진다. 여과속도는 처리하고자 하는 분진의 입경에 따라 다르지만 보통 0.3～10 cm/sec 범위이고 1 μm 정도의 미세한 입자를 집진하는 경우 1～2 cm/sec 정도가 적당하다. 분진의 입경별 여과속도는 거의 정하여져 있으므로 여과집진기 설계 시 여과속도를 유지하기 위해서는 여과백의 수가 중요하다.

여과속도는 여과재 단위면적당 함진가스 처리유량($v_f$(m/min) 또는 $\mathrm{m^3/m^2 \cdot min}$)을 의미하며 공기여재비(Air-Cloth ratio, A/C ratio)라고도 한다.

**Example 3-27**

30 $m^3$/min의 함진가스를 처리하기 위하여 길이 3 m, 직경 20 cm인 여과백 10개를 사용하였다. 이때 함진가스의 여과속도는 얼마인가?

**풀이**

$$v_f = \frac{Q}{A}$$

$$Q = \frac{30\ \mathrm{m^3}}{60\ \mathrm{sec}} = 0.5\ \mathrm{m^3/sec}, \qquad A = n\pi DH = 10\times\pi\times0.2\times3 = 18.85\ \mathrm{m^2}$$

$$\therefore\ v_f = \frac{0.5}{18.85} = 0.027\ \mathrm{m/sec} = 2.7\ \mathrm{cm/sec}$$

**Example 3-28**

10개의 bag을 사용한 여과집진기에서 입구의 분진농도가 12 g/$Sm^3$, 집진율이 98.0 %였다. 가동 중 1개의 bag에 구멍이 생겨 함진가스량의 18 %가 그대로 통과하게 된다면 출구에서 분진농도는 얼마인가?

**풀이** 1개의 여과백으로부터 처리되지 않고 통과한 분진농도는 $12\times0.18=2.16$ g/$Sm^3$, 총분진 유입농도 12 g/$Sm^3$ 중 2.16 g/$Sm^3$은 처리되지 않고 통과되고, 나머지 $12-2.16=9.84$ g/$Sm^3$은 98 %가 처리되므로 처리되지 않고 통과되는 총분진의 농도는 $2.16+9.84\times(1-0.98)=2.36$ g/$Sm^3$

**Example 3-29**

직경 292 mm, 유효높이 11.6 m인 원통형 bag filter를 사용하여 분진의 농도가 5 g/$Sm^3$인 함진가스를 1,180 $m^3$/min으로 처리하고자 한다. 여과속도를 1.3 cm/sec로 할 경우 필요한 bag filter의 수는 몇 개인가?

**풀이**

$$n = \frac{Q}{A_b v_f} = \frac{Q}{\pi DHv_f}$$

$$Q = \frac{1{,}180\ \mathrm{m^3}}{\mathrm{min}}\bigg|\frac{1\ \mathrm{min}}{60\ \mathrm{sec}} = 19.67\ \mathrm{m^3/sec}$$

$$D = 0.292\ \mathrm{m} \qquad H = 11.6\ \mathrm{m} \qquad v_f = 0.013\ \mathrm{m/sec}$$

$$\therefore\ n = \frac{19.67}{\pi\times0.292\times11.6\times0.013} = 142.19$$

∴ 반올림하여 143개

### (2) 압력손실(pressure drop, $\Delta P$)

여과집진기의 압력손실($\Delta P$)은 여과재에 의한 압력손실과 여과재에 부착된 분진층에 의한 압력손실을 합한 것으로 보통 Darcy 식으로 표시한다.

#### 1) 여과재에 의한 압력손실($\Delta P_f$)

여과재에 의한 압력손실은 식 (3-92)로 나타낼 수 있다. 식에서 $K_1$은 여과재 두께 등 여과재의 특성에 의하여 결정된다.

$$\Delta P_f = K_1 v_f \ [\text{mmH}_2\text{O}] \tag{3-92}$$

여기서 $K_1$ : 여과재의 저항계수 [$\text{mmH}_2\text{O/m/sec}$]

$v_f$ : 여과속도 [m/sec]

#### 2) 집진된 분진층에 의한 압력손실($\Delta P_d$)

여과재에 함진가스를 통과시키면 분진이 여과재에 부착되고 이 분진층에 의하여 압력손실이 발생하는데 분진층에 의한 압력손실은 식 (3-93)과 같다. 이 식에서 $K_2$는 실험에 의해서 구할 수 있으며 $K_2$는 함진가스의 점도, 분진의 밀도 등에 의존한다.

$$\Delta P_d = K_2 C v_f^2 t \ [\text{mmH}_2\text{O}] \tag{3-93}$$

여기서 $K_2$ : 분진층의 저항계수 [$\text{mmH}_2\text{O/kg/m} \cdot \text{sec}$]

$C$ : 집진된 분진농도 [$\text{kg/m}^3$]

$v_f$ : 여과속도 [m/sec]

$t$ : 탈진주기 [sec]

#### 3) 여과재와 분진층에 의한 총압력손실($\Delta P$)

여과재와 분진층에 의한 전체 압력손실은 다음과 같다.

$$\Delta P = \Delta P_f + \Delta P_d = K_1 v_f + K_2 C v_f^2 t \ [\text{mmH}_2\text{O}] \tag{3-94}$$

집진 시 여과재에 부착된 분진층이 두꺼워지면 압력손실이 커지므로 보통 압력손실이 150 $\text{mmH}_2\text{O}$ 전후일 때 탈진을 한다. 이때 여과집진기의 압력손실은 그림 3-36과 같이 탈진주기에 따라 주기적으로 변한다. 만약 조해성이나 점착성 분진이 여과재에 부착되면 탈진이 잘되지 않고 여과재의 공극이 막혀 저항이 영구적으로 과도하게 증가하게 되는데 이것을 눈막힘(clogging) 현상이라 한다.

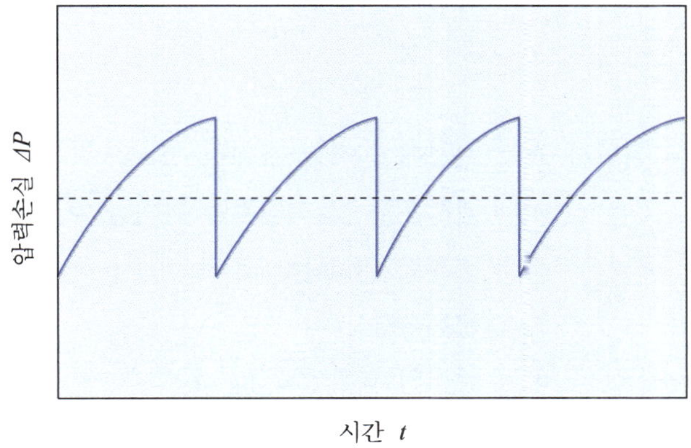


그림 3-36 여과집진기 가동시간에 따른 압력손실 변화추이

### (3) 집진율(collection efficiency, $\eta$)

집진율은 여과재의 종류와 분진층의 두께에 의존하며 순간효율과 누적효율로 구분되는데 여기서는 다음의 두 가지 경우에 대하여 살펴보기로 한다.

#### 1) 집진메커니즘에 의한 총집진율($\eta_t$)

여과집진기에서 분진의 집진메커니즘에 의한 집진율이 주어지면 총집진율 $\eta_t$는 식 (3-95)로 구할 수 있다. 그러나 분진이 관성충돌, 직접차단 및 확산에 의하여 집진이 되지만 어떤 집진메커니즘에 의하여 얼마가 집진이 되는지 정확하게 계산하기는 어려우며 일반적으로 입경이 1 μm 이상인 분진은 99 % 이상이 관성충돌과 직접차단에 의하여 집진되고 입경이 0.1 μm 이하인 분진의 경우는 확산이 주된 집진메커니즘이다. 그러나 입경이 0.1 ~ 1 μm인 분진은 직접차단과 확산에 의하여 집진은 되지만 주된 집진메커니즘이 없어 가장 집진율이 낮은 입경구간이다.

$$\eta_t = 1-(1-\eta_{impaction})(1-\eta_{interception})(1-\eta_{diffusion}) \qquad (3\text{-}95)$$

#### 2) 여과재와 분진층에 의한 총집진율($\eta_t$)

여과재 재료로 사용된 섬유직경과 여과재에 부착된 분진층에 의한 집진율은 다음과 같이 개개의 섬유에 대한 실험식인 Friedlander 식으로 나타낼 수 있다.

$$\eta_t = \frac{K_d}{d_f^{\frac{1}{2}} d_p^{\frac{2}{3}} v_f^{\frac{1}{2}}} + \frac{K_i d_p^2 v_f^{\frac{1}{2}}}{d_f^{\frac{3}{2}}} \tag{3-96}$$

여기서 $K_d$ : 확산에 의한 보정계수

$K_i$ : 관성충돌 및 직접차단에 의한 보정계수

$d_f$ : 섬유직경 [μm]

$d_p$ : 분진직경 [μm]

$v_f$ : 분진의 여과속도 [m/sec]

상기 식에서 입경 $d_p$가 0.1 μm 이하인 경우 집진율 $\eta_i$는 주로 확산에 의존하므로 첫 번째 항에 의하여 결정되며 확산에 의한 집진율을 높이기 위해서는 여과속도 $v_f$를 가급적 느리게 하여야 한다. 반면 $d_p$가 1 μm 이상일 경우 집진은 주로 관성충돌 및 직접차단에 의존하므로 두 번째 항에 의하여 결정되며 집진율을 높이려면 여과속도 $v_f$를 빠르게 하여야 한다. 일반적으로 입경이 1 μm 이상인 분진은 99 %가 관성충돌과 직접차단에 의해 제거된다.

여과집진기는 고효율집진기이다. 고효율집진기는 초미세입자를 얼마나 효과적으로 집진하느냐가 관건이므로 관성충돌과 직접차단보다는 확산에 의한 집진이 더 중요하다. 그러므로 여과속도를 빠르게 하는 것보다는 느리게 하는 것이 집진율을 높이는 데에 더 유리하다.

### (4) 분진부하(dust loading, $L_p$)

분진부하란 여과재의 단위면적당 집진되는 분진의 양을 의미하며 집진된 분진량을 $m_p$, 여과재의 단면적을 $A$라 하면 분진부하는 다음과 같이 정의할 수 있다.

$$L_p = \frac{m_p}{A}\ [\mathrm{kg/m^2}] \tag{3-97}$$

여기서 분진량 $m_p = QC_c t$이므로 식 (3-97)은 다음 식과 같다.

$$L_p = \frac{QC_c t}{A} \tag{3-98}$$

$\frac{Q}{A} = v_f$이므로 식 (3-98)은 다음 식이 된다.

$$L_p = C_c v_f t \tag{3-99}$$

집진된 분진농도 $C_c = C_i - C_o = \eta C_i$이므로 이것을 식 (3-99)에 대입하면

$$L_p = (C_i - C_o) v_f t = \eta C_i v_f t \ [\mathrm{kg/m^2}] \tag{3-100}$$

여기서 $C_i$ : 집진기 입구에서 분진농도 [kg/m$^3$]

$C_c$ : 여과재에 집진된 분진농도 [kg/m$^3$]

$\eta$ : 집진율

$v_f$ : 여과속도 [m/sec]

$t$ : 여과시간 [sec]

일반적으로 $L_p$는 0.2～1.0 kg/m$^2$ 정도로 유지한다. 분진부하가 커지면 집진율은 증가하지만 압력손실이 커지므로 압력손실이 약 150 mmH$_2$O 정도가 되면 탈진해 주어야 한다. 함진가스 중의 분진농도가 너무 높을 때는 탈진을 자주하여야 하는데 탈진을 자주하면 여과재의 수명이 단축된다. 그러므로 분진농도가 높은 함진가스는 원심력집진기로 전처리한 다음 여과집진기로 2차 집진하는 방법을 사용하고 있다.

### (5) 여재 위에 쌓인 분진의 두께($h$)

여과재 위에 쌓인 분진의 양($m_p$)은 다음과 같다.

$$m_p = Q C_c t = Q \eta C_i t = A v_f \eta C_i t \ [\mathrm{kg}] \tag{3-101}$$

여기서 $Q$ : 함진가스의 양 [m$^3$/sec] $(= A v_f)$

$C_c$ : 여과재에 집진된 분진농도 [kg/m$^3$]

$C_i$ : 유입구에서 분진농도 [kg/m$^3$]

$A$ : 여과재의 단면적 [m$^2$]

$v_f$ : 여과속도 [m/sec]

$t$ : 여과시간 [min]

$\eta$ : 여과집진기의 집진효율

표면적이 $A$인 여과재에 분진이 높이 $h$로 쌓여 있을 때 쌓인 분진의 밀도를 $\rho_p$, 분진층 부피를 $V$라 하면 $m_p = V\rho_p = Ah\rho_p$이다. 그러므로

$$m_p = A v_f \eta C_i t = A h \rho_p \quad (3\text{-}102)$$

여재 위에 쌓인 분진층의 두께 $h$는 아래 식과 같다.

$$h = \frac{\eta C_i v_f t}{\rho_p} \quad (3\text{-}103)$$

### (6) 송풍기의 소요동력(일률)

소요동력 또는 일률은 단위시간에 하는 일의 양을 말하는 것으로 여과집진기로 함진가스를 처리하기 위해서는 여과집진기 전체시스템인 후드, 덕트, 연돌, weather cap 등에서 발생하는 압력손실($\Delta P$) 이상의 풍압을 가진 송풍기를 채택하여야 하며 이때 송풍기의 소요동력 $L$은 다음과 같다.

1 kW = 102 Kg · m/sec,  1 HP = 76 Kg · m/sec이므로

$$L = \frac{\Delta PQ}{60 \times 102\eta}\,[\mathrm{kW}] = \frac{\Delta PQ}{60 \times 76\eta}\,[\mathrm{HP}] \quad (3\text{-}104)$$

여기서 $\Delta P$ : 압력손실 [mmH$_2$O 또는 Kg/m$^2$]
$Q$ : 함진가스량 [m$^3$/sec]
$\eta$ : 송풍기 효율

일률의 단위 중 PS(미터마력)은 주로 영국을 제외한 유럽에서 사용하는 단위로 75 Kg · m/sec인데 현재 kW와 HP 동력단위는 전동기에 사용하며 PS 동력단위는 내연기관에 사용하고 있다.

### (7) 여과포의 실생활 응용

#### 1) 공기청정기용 필터

**① 프리필터(prefilter)**

HEPA 필터나 ULPA 필터의 전처리용 필터로 사용되며, 아래 표의 MERV 1~8까지 필터를 프리필터라고 한다. 필터의 성능평가는 중량법으로 한다.

② **미디움필터(medium filter)**

미디움필터는 아래 표와 같이 MERV 9~16까지 필터이다.

| MERV | 입경별 집진효율[%] | | | 평균집진율[%] |
|---|---|---|---|---|
| | 0.3~1.0 μm | 1.0~3.0 μm | 3.0~10 μm | |
| 1 | - | - | E3 < 20 | $A_{ave}$ < 65 |
| 2 | - | - | E3 < 20 | 65 ≤ $A_{ave}$ < 70 |
| 3 | - | - | E3 < 20 | 70 ≤ $A_{ave}$ < 75 |
| 4 | - | - | E3 < 20 | 75 ≤ $A_{ave}$ |
| 5 | - | - | 20 ≤ E3 < 35 | - |
| 6 | - | - | 35 ≤ E3 < 50 | - |
| 7 | - | - | 50 ≤ E3 < 70 | - |
| 8 | - | - | 70 ≤ E3 | - |
| 9 | - | E2 < 50 | 85 ≤ E3 | - |
| 10 | - | 50 ≤ E2 < 65 | 85 ≤ E3 | - |
| 11 | - | 65 ≤ E2 < 80 | 85 ≤ E3 | - |
| 12 | - | 80 ≤ E2 | 90 ≤ E3 | - |
| 13 | E1 < 75 | 90 ≤ E2 | 90 ≤ E3 | - |
| 14 | 75 ≤ E1 < 85 | 90 ≤ E2 | 90 ≤ E3 | - |
| 15 | 85 ≤ E1 < 95 | 90 ≤ E2 | 90 ≤ E3 | - |
| 16 | 95 ≤ E1 | 95 ≤ E2 | 95 ≤ E3 | - |

MERV : Minimum Efficiency Reporting Value
E1 : 0.3~1.0 μm 입자의 집진율
E2 : 1.0~3.0 μm 입자의 집진율
E3 : 3.0~10 μm 입자의 집진율
$A_{ave}$ : Average arrestance

③ **HEPA 필터와 ULPA 필터**

HEPA filter(High Efficiency Particulate Air Filter)와 ULPA filter(Ultra Low Penetration Filter)는 주로 반도체 공정 등 크린룸에 사용되며, ISO, 유럽과 미국에서는 아래 표와 같이 HEPA filter와 ULPA filter를 분류한다.

| Designation | Filter group | | | Removal efficiency[%] | | |
|---|---|---|---|---|---|---|
| | European Standard EN 1822 | ISO-29463 | U.S. Mil. Std. 292 | Overall value | Local value | U.S. Mil. Std. 292 |
| EPA filter (semi HEPA) | E10 | - | H10 | 85 ≤ | - | - |
| | E11 | ISO 15 E | H11 | 95 ≤ | - | 95 ≤ |
| | E12 | ISO 25 E | H12 | 99.5 ≤ | - | 99.97 ≤ |
| HEPA filter (true HEPA) | H13 | ISO 35 H | H13 | 99.95 ≤ | 99.75 ≤ | 99.99 ≤ |
| | H14 | ISO 45 H | H14 | 99.995 ≤ | 99.975 ≤ | 99.999 ≤ |
| ULPA filter | U15 | ISO 55 U | - | 99.9995 ≤ | 99.9975 ≤ | - |
| | U16 | ISO 65 U | - | 99.99995 ≤ | 99.99975 ≤ | - |
| | U17 | ISO 75 U | - | 99.999995 ≤ | 99.9999 ≤ | - |

- EPA filter : efficient particulate air filter
- Overall value : 주어진 조건에서 가동 중인 필터의 전체 면적에 대한 효율
- Local value : 주어진 조건에서 가동 중인 필터의 특정 위치에서의 효율
- U.S. Mil. Std. : United States Military Standard

위의 표에 나타낸 HEPA 필터와 ULPA 필터의 집진효율은 0.3 μm 입자에 대한 집진효율을 의미한다.

### 2) 필터 집진효율 측정법

#### ① 중량법과 비색법

(a) 중량법

일정량의 분진을 필터에 통과시켜 필터 통과 후 통과한 분진량의 차이를 확인하여 필터 등급을 나누는 방법이다.

$$\text{중량법 포집효율} = \frac{m_1}{m_1 + m_2} \times 100\ [\%]$$

여기서 $m_1$ : 시험필터의 포집된 분진중량

$m_2$ : 후단 필터에 포집된 분진중량

(b) 비색법

시험필터 전후에 분진을 포함한 공기의 일부를 여지에 공급하여 광선을 투과시키면 통과한 광량은 분진의 농도에 반비례하는데 투과된 광량[OD(Optical Density), 광학밀도 또는 흡광도]을 필터의 전단과 후단에서 측정하여 집진율을 계산하는 방식이다.

$$비색법에\ 의한\ 집진효율 = \left(1 - \frac{OD_2}{OD_1}\right) \times 100\ [\%]$$

여기서 $OD_1$ : 필터전단의 광학밀도

$OD_2$ : 필터하단의 광학밀도

중량법이나 비색법은 초미세입자 측정에는 적용할 수 없는 방법이다.

② **계수법**

DOP(Dioctyl phthalate), PAO(Polyalpha olefin), DOS(Dioctyl sebacate), PSL(Poly-styrene latex) 및 Mineral Oil로 시험용 입자를 만들어 필터 집진효율을 광산란 등을 이용한 단일입자계수기(discrete particle counter, DPC)를 사용하여 수농도로 표시하는 방법이다.

$$입자\ 포집효율 = \left(1 - \frac{C_2}{C_1}\right) \times 100\ [\%]$$

여기서 $C_1$ : 필터 전단의 입자 수농도

$C_2$ : 필터 후단의 입자 수농도

medium filter, HEPA filter와 ULPA filter는 계수법을 사용하여 입경에 따라 등급을 표시한다. HEPA filter는 CMD(count median diameter) 0.21～0.32 μm 입자를 생성시켜 입자계수기로 측정하고, ULPA filter는 CMD 0.12～0.17 μm 입자를 생성시켜 입자계수기로 측정한다.

### 3) 보건용 마스크

여과포를 활용한 보건용 마스크에는 식품의약품안전처(Ministry of Food & Drug Safety)에서 KF(Korea Filter)마크를 부여하는데 KF마크별 입자차단 효과는 아래 표와 같다.

| 구분 | 분진차단효율 | 안면부 흡기저항<br>(통기저항＝압력손실) | 용도 |
|---|---|---|---|
| KF80 | 평균 0.6 μm 크기의<br>미세입자를 80 % 이상 제거 | 6.2 $mmH_2O$ 이하 | 황사(미세먼지) 제거 |
| KF94 | 평균 0.4 μm 크기의<br>미세입자를 94 % 이상 제거 | 7.2 $mmH_2O$ 이하 | 보건용(방역용)<br>미생물 제거 가능 |
| KF99 | 평균 0.4 μm 크기의<br>미세입자를 99 % 이상 제거 | 10.3 $mmH_2O$ 이하 | 보건용(방역용)<br>미생물 제거 가능 |

보건용 마스크에는 미세먼지를 차단하기 위해서는 25 kV 이상의 초고압으로 정전처리된 정전필터와 모전여과포를 사용한다. 대기 중에 부유하고 있는 미세입자는 대부분이 극성을 띠고 있어서 미세입자와 정전필터 사이에는 척력이나 인력이 작용하여 정전필터를 사용하지 않았을 때보다 작은 미세입자도 마스크 섬유조직에 의하여 더 많이 제거된다. 만약 마스크를 세탁하게 되면 정전필터의 정전기가 사라지게 되므로 미세입자 제거효율은 많이 떨어지게 된다. KF의 숫자가 커질수록 미세입자 제거효율은 높아지지만 통기저항(압력손실)도 높아져 호흡시 발생하는 $CO_2$의 외부로의 배출과 외부에서 흡입되는 산소양이 적어져 문제가 발생할 가능성이 크다. 그러므로 방역용이 아니라 미세입자 차단용일 경우 KF80이 추천되고 있다. 일반 면마스크는 미세입자를 약 45 % 정도만 걸러 줄 수 있으며, KF마크가 있는 마스크도 세탁을 할 경우 효율이 약 23 % 정도 감소한다.

## 연습문제

**01** 직경 300 mm, 유효높이 5 m인 원통형 백필터를 이용하여 배출가스량 1,500 $m^3$/min, 함진농도 7 g/$m^3$의 먼지를 제거하려고 한다. 여과속도가 0.8 cm/sec일 때 필요한 백필터의 개수를 구하시오.

**02** 백필터에서 먼지부하 250 g/$m^2$에 도달할 때마다 간헐적으로 탈진한다. 지금 입구에서의 먼지농도가 10 g/$m^3$, 겉보기 여과속도가 1.2 cm/sec일 때 탈락시간 간격(sec)을 구하시오. (단, 백필터의 효율은 95 %이다.)

**03** 면적 2 $m^2$를 가진 여과집진장치에 먼지농도가 10 g/$m^3$인 배출가스가 500 $m^3$/min으로 통과하고 있다. 먼지가 모두 여과포에서 제거되었으며 집진된 먼지층의 밀도가 1 g/$cm^3$일 때 1시간 후의 여과된 먼지층의 두께(mm)를 구하시오.

**04** 10개의 백(bag)을 사용하는 여과집진장치에서 입구의 먼지농도가 10 g/$m^3$, 집진율이 96 %이었다. 가동 중 2개의 백에 구멍이 뚫리고, 처리가스량의 20 %가 그대로 통과하게 되면 출구의 먼지농도는 몇 mg/$m^3$인가? 또 집진율은 얼마인가?

**05** 여과집진장치에 관하여 다음 물음에 답하라.

1) 눈막힘(clogging) 현상에 대해 쓰라.
2) 초층(1차 부착층)

**06** 어떠한 여과재의 먼지부하는 400 g/$m^2$, 유입농도는 1.2 g/$m^3$, 유출농도는 0.03 g/$m^3$이며, 표면여과속도가 2 cm/sec일 때 탈진시간을 구하시오.

**07** 입구 분진농도가 10 g/m$^3$이고, 배기가스 유량이 800 m$^3$/min인 함진가스를 여재비 1.5 m$^3$/min/m$^2$인 여과집진기로 집진한 결과 집진효율이 96 %이었다. 압력손실이 150 mm$H_2O$에서 탈진한다면 탈진주기는 몇 분(min)인가? 단, $K_1$ = 50 mm$H_2O$/m/min이고, $K_2$ = 110 mm$H_2O$/(Kg/m$^2$)/(m/min)일 때 $\Delta P = K_1 v_f + K_2 C v_f^2 t$이다.

**08** Blow down 방식에 대한 정의를 서술하고, 효과를 서술하시오.

**09** 400 m$^3$/min의 배기가스를 공기여재비(A/C ratio) = 2 : 1로 처리하는 여과집진기의 여과백의 수를 구하시오. (단, 여과자루의 지름은 20 cm, 높이는 4.5 m이다.)

**10** 지름 200 mm, 유효높이 6 m인 원통형 백필터를 사용해 먼지농도 10 g/m$^3$인 배기가스를 1,200 m$^3$/min으로 처리하고자 한다. 먼지부하 200 g/m$^2$, 출구분진농도가 0.03 g/m$^3$일 때, 각 항목에 대하여 쓰라오. 단, 겉보기 여과속도 1.0 cm/sec, 먼지의 겉보기 밀도($\rho_p$)는 2.0 g/cm$^3$이다.

1) 필요한 백필터의 수
2) 탈진주기
3) 탈진 때 여과포에 쌓인 먼지의 두께(mm)

# 3.10 전기집진기(Electrostatic Precipitator, EP 또는 ESP)

상업적 전기집진기의 최초 발명자는 1910년 미국 캘리포니아 대학의 물리학 교수인 F.G. Cottrell이다. 그러므로 전기집진기를 Cottrell 집진기라고도 한다. 전기집진기는 집진율이 우수하여 현재 고효율집진기로 널리 사용되고 있다.

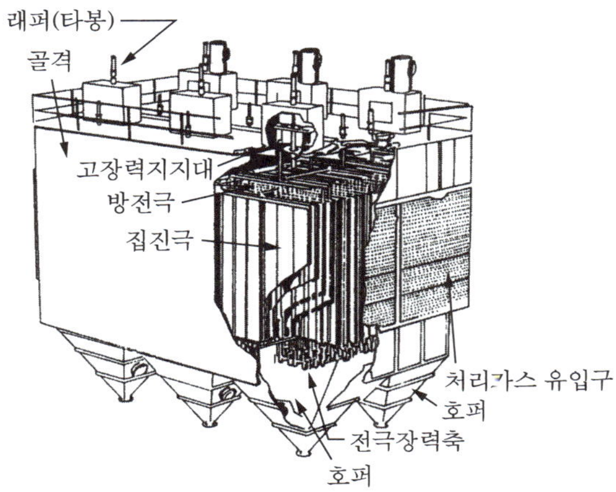


그림 3-37 전기집진기

## 1. 집진원리

전하를 띤 분진과 반대극성을 가진 집진극의 정전기적인 인력(Coulomb's force)에 의하여 분진을 집진하는 장치를 전기집진기라 한다. 산업적으로 사용되는 대부분의 전기집진기는 음(−)극을 방전극으로, 양(+)극을 집진극으로 사용하므로 이 장에서는 음극을 방전극으로, 양극을 집진극으로 사용하는 전기집진기를 기준으로 설명하고자 한다.

### (1) 집진메커니즘

**1) 불평등 전계**(non-uniform electric field)

고압의 직류전압을 방전극(음극)과 집진극(양극)에 인가하면 그림 3-38과 같이 양극에서 음극으로 전계(전기장 또는 전장, electric field)가 형성된다. 그림 3-39는 방전극과 집진극 사이의 전계분포를 나타낸 것으로 전계의 강도(세기)는 방전극에 가까울수록 강하고 집진극으로 갈수록 약해지는데 이러한 전계분포를 불평등 전계라 한다. 전계란 전기장의 힘이 미치는 범위, 즉 전기장이 작용하는 공간을 의미한다.

두 전극을 일정 거리만큼 띠워 놓으면 두 전극 사이에 있는 공기는 절연체 역할을 하지만 두 전극에 직류 고전압을 걸어주면 두 전극 사이에는 불평등 전계가 형성되고 전기장 내에 존재하는 하전입자인 전자는 힘을 받아 방전극에서 집진극으로 이동하는데 전자의 흐름이 전류이므로 두 극 사이에는 전류가 흐르기 시작한다. 이러한 현상을 절연파괴(dielectric breakdown)라 한다.

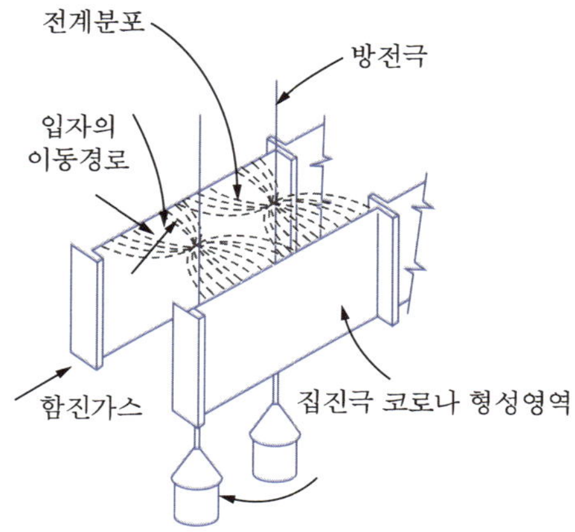


**그림 3-38** 평판형 전기집진기에 의한 전계형성

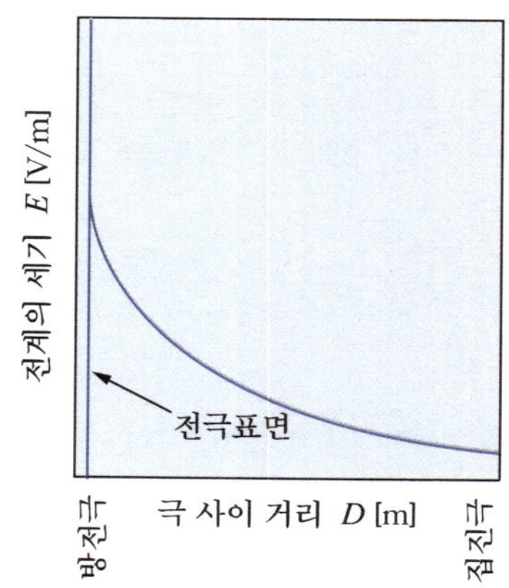


**그림 3-39** 방전극과 집진극 사이의 불평등 전계분포

## 2) 코로나(corona) 방전

공기 중에는 우주선이나 공기의 전리로 보통 $cm^3$당 200～1,000개의 전자 또는 양이온이 존재한다. 방전극 주변에 존재하는 전자는 불평등 전계 내에서 힘을 받아 집진극 방향으로 가속된다. 가속된 전자는 공기분자에 강하게 충돌되고 충돌 에너지에 의하여 공기분자는 전리되어 약 $10^8$～$10^9$개/$cm^3$의 양이온 및 전자가 발생되고 이 때 방전극(음극) 주위에는 푸른 섬광이 발생된다. 이것을 코로나 방전(Corona discharge)라 하며 이 때 방전극에서 집진극으로 흐르는 전류를 코로나 전류라 한다. 코로나는 프랑스어로서 섬광의 발생모양이 왕관(crown)과 유사하므로 붙여진 이름이다. 즉 평소에 공기는 절연체 역할을 하지만 방전극과 집진극에 직류 고전압을 인가하면 두 극 사이에 강한 불평등 전계가 형성되고 불평등 전계 내에 존재하는 전자가 집진극으로 이동하면서 전류가 흐르기 시작(전자의 흐름이 전류이다)하는데 이것을 절연파괴(dielectric breakdown)라 한다. 코로나 방전이 일어나지 않아도 두 극 사이에 직류 고전압을 인가하면 일정 전압 이상에서는 불평등 전계가 형성되고 불평등 전계 내에 존재하는 전자는 힘을 받아 이동되므로 절연파괴가 일어나지만 직류전압을 계속 높여 특정 전압에 도달되면 코로나 방전이 일어난다. 코로나 방전이 일어날 때 특히 불평등 전계강도가 강해지고 불평등 전계강도가 강해지면 공기의 전리현상도 강해진다.

방전극과 집진극에 인가되는 전압을 높일수록 전계강도와 공기분자의 전리현상은 증가하는데 계속 인가전압을 높이면 코로나 방전이 일어나고 인가전압을 더 높이면 그 다음에는 불꽃방전(spark)이 일어난다. 불꽃방전이 일어나면 전계강도는 약해지므로 코로나 방전 시 방전극에 인가하는 전압은 불꽃방전으로 전기장의 세기가 약해지지 않는 범위 내에서 전압을 최대로 승압시키는 것이 이상적이다. 전기집진기의 불꽃방전횟수가 분당 50～100회 정도일 때 전기장의 세기가 가장 강하므로 효율이 최대가 된다.

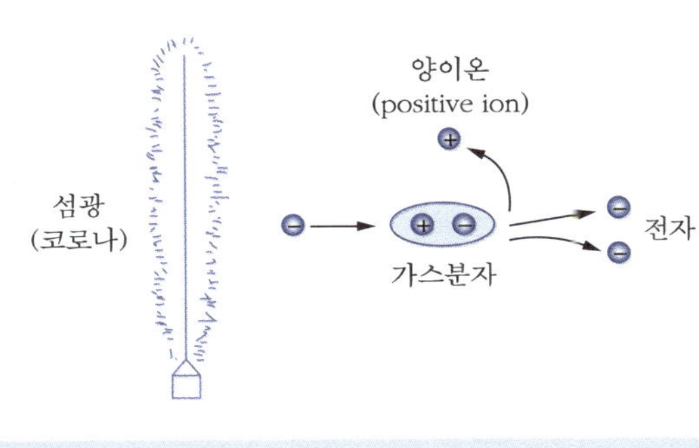


그림 3-40 코로나(corona) 방전

### 3) 공기분자의 전리

그림 3-41에서 보는 바와 같이 전계 내에 존재하는 전자는 힘을 받아 방전극에서 집진극으로 가속된다. 가속된 전자는 빠른 속도로 이동하면서 다른 공기분자에 충돌하게 되는데 전자가 공기분자에 강하게 충돌하면 공기분자가 전자와 양이온으로 전리된다. 전리된 전자는 전계 내에서 다시 힘을 받아 가속되며 다른 공기분자에 충돌되어 다시 공기분자를 전리시킨다. 이러한 전리현상은 마치 핵분열이 일어나듯이 아주 짧은 시간에 연쇄적으로 일어나는데 이러한 전리현상을 전자증배(avalanche multiplication)라 하며 전자증배는 불평등 전계의 강도가 약해져서 전자의 운동에너지가 공기분자를 전리시킬 수 없을 때까지 계속된다.

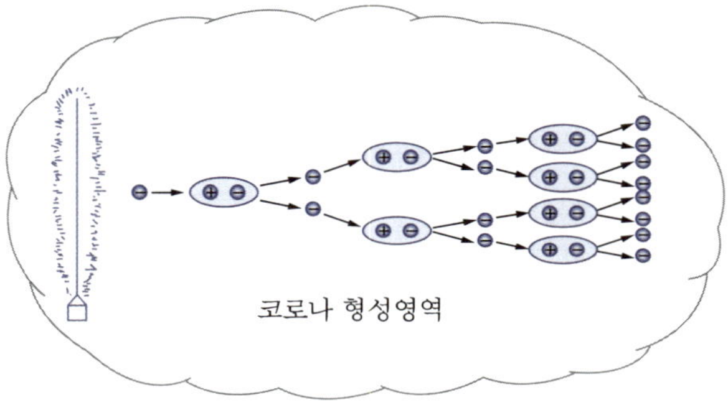


**그림 3-41** 공기분자의 전리 및 전자증배

### 4) 분진의 대전

전자증배에서 생성된 전자는 전계 내에서 집진극 방향으로 이동하는데 불평등 전계이므로 전계강도가 약해지면 전계 내에서 전자가 받는 힘도 약해져 전자의 가속력도 감소하게 된다. 전계강도가 강해서 전계 내에서 이동하는 전자가 공기분자에 충돌하여 공기분자를 전리할 수 있는 전계의 범위를 전리영역이라 하는데, 불평등전계이므로 전계강도는 집진극으로 갈수록 약해진다. 따라서 일정세기 이상의 전리영역을 벗어나면 전자가 공기분자와 충돌해도 공기분자를 전리시키지 못하고 전계를 따라 집진극 방향으로 이동하다가 중성인 공기분자에 부착되어 공기분자가 음이온이 된다. 음이온은 전자보다 크기가 더 크므로 음이온의 이동속도는 전자보다 약간 느리고, 방전극과 집진극 사이의 전계분포에도 영향을 미친다. 음이온이 존재하는 공간에 함진가스가 유입되면 음이온이 분진에 부착되어 분진을 음전하로 대전(하전)시키거나 전자가 직접 분진입자에 충돌·부착되어 분진을 대전시키기도 한다. 한편 공기의 전리로 생긴 양이온의 일부는 분진을 양전하로 대전시킨다.

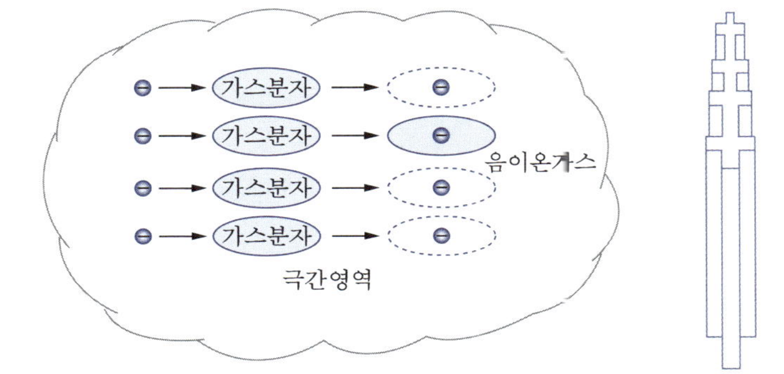


**그림 3-42** **분진의 대전(하전)**

분진의 대전메커니즘은 입경에 따라 두 가지로 구분된다. 입경이 1 μm 이상인 경우, 음이온이 방전극에서 집진극 방향으로 이동하다가 분진과 충돌하여 분진을 대전시키는 전계대전(충돌대전, field charge)이 지배적이다. 그러나 입경 0.1 μm 이하의 분진은 브라운 운동을 하다가 전자와 충돌하여 대전되는 확산대전(diffusion charge)이 지배적이다. 입경 0.1～1 μm 사이의 분진은 두 가지 대전메커니즘에 의해 대전되지만 어느 대전메커니즘도 지배적이지 않기 때문에 분진의 대전이 충분하지 못하며 그 결과 입경 1 μm 이상 분진이나 0.1 μm 이하 분진보다 집진율이 낮다.

### 5) 정전기적인 인력에 의한 집진

음전하로 대전된 분진은 전계 내에서 힘을 받아 집진극 방향으로 이동하며 정전기적인 인력에 의하여 집진극에 부착되어 집진된다. 반면 전리영역에서 전자가 공기분자에 충돌하면 전자와 양이온으로 전리되는데 이 때 생성된 양이온은 분진에 부착되어 분진을 양전하로 대전시킨다. 양전하로 대전된 일부의 분진은 방전극인 음(−)극과 정전기적 인력으로 방전극에 부착된다. 그러나 양전하는 전자보다 훨씬 더 무거워 방전극에 부착된 분진의 양은 많지 않다.

### (2) 입자의 집진력

전기집진기에서 분진에 작용하는 집진력은 아래와 같다.

#### 1) 정전기적 인력(Coulomb's force)

음전하로 대전된 분진과 양극인 집진극 사이에는 정전기적 인력이 작용하며 이 힘이 전기집진기의 주집진력이다. 대전량이 $q_1$, $q_2$인 두 입자가 $L$만큼 떨어진 거리에 위치하고 있을 때 두 입자에 작용하는 정전기적 인력은 다음 식과 같다.

$$F = D\frac{q_1 \cdot q_2}{L^2} \tag{3-105}$$

여기서 $D$는 유전상수(dielectric constant)로 진공에서는 $D=1$, 공기 중에서는 $D=1.006$이다.

#### 2) 전계경도에 의한 힘

전기집진기에서 전계강도(전기장의 세기)는 방전극 주위에서는 강하고 집진극 방향으로 갈수록 약해지는데 이것을 불평등 전계라 한다. 대전된 분진이 불평등 전계 내에 있으면 힘을 받아 방전극에서 집진극 방향으로 이동한다. 불평등 전계 내에서 대전된 분진이 힘을 받아 방전극에서 집진극 방향으로 이동하는 것을 전계경도에 의한 힘이라 한다. 그러나 평등전계에서는 대전된 분진이 힘을 받지 못한다.

#### 3) 전기풍에 의한 힘

음극인 방전극과 양극인 집진극에 직류 고전압을 인가시키면 방전극에서 집진극 방향으로 불평등 전계가 형성되고 불평등 전계 내에 존재하는 전자는 힘을 받아 집진극 방향으로 이동하면서 공기분자에 충돌한다. 이 충돌로 공기분자는 계속적인 전리현상이 일어나며(전자증배현상) 방전극에서 거리가 멀어져 전계강도가 약해지면 전자는 공기분자와 충돌하여도 에너지가 약해져 더 이상 공기분자를 전리시키지 못하고 중성인 공기분자에 부착되어 공기분자가 음이온이 된다. 이 음이온이 분진에 부착되거나 전자가 직접 분진에 부착되어 분진을 음전하로 대전(하전)시키고 불평등 전계 내에서 대전된 분진은 집진극 방향으로 이동한다. 이러한 일련의 현상으로 방전극에서 집진극 방향으로 약한 공기 흐름이 형성되는데, 이것을 전기풍(electric wind)이라 하며 전기풍의 유속은 보통 0.5～2.5 m/sec이다.

### (3) 음코로나와 양코로나

전기집진기에서 방전극을 음(−)극으로, 집진극을 양(+)극으로 했을 때 방전극에 나타나는 코로나를 음코로나라 하며, 반대로 방전극을 양(+)극으로 집진극을 음(−)극으로 했을 때 방전극에 나타나는 코로나를 양코로나라 한다. 방전극과 집진극에 직류전압을 인가하고 승압시키면 방전극에서 코로나가 발생되는데 코로나 발생이 시작될 때의 전압을 코로나 개시전압(corona starting voltage)이라 하고 이 때 방전극과 집진극 사이에 흐르는 전류를 코로나 개시전류(corona starting current)라 한다. 방전극과 집진극 사이에 생성되는 전기장의 세기는 전압이 높을수록 강해지는데 계속 전압을 승압시키면 두 전극 사이에서 스파크(불꽃방전)가 일어난다. 그림 3-43은 음코로나와 양코로나의 특성을 나타낸 것이다. 코로나 방전특성을 살펴보면 음코로나의 개시전압이 양코로나의 개시전압보다 매우 높음을 알 수 있다.

방전극과 집진극 사이에 생성되는 전계강도(전기장의 세기)는 전압이 높을수록 강해지며 전계강도가 강할수록 집진효율도 높아진다. 그러므로 방전극을 음극으로 사용하면 양극을 방전극으로 사용할 때보다 더 높은 전압을 인가할 수 있으므로 집진율을 더 높일 수 있다. 이러한 이유 때문에 산업용 전기집진기는 대체로 음극을 방전극으로 사용한다. 그러나 전계강도가 강하면 전자가 공기 중 산소분자에 강하게 충돌하기 때문에 산소 라디칼(O·)이 많이 생성되고 이것이 공기 중의 산소와 결합하여 다량의 오존을 생성한다. 그러므로 실내 공기정화에 이용되는 공기청정기(air cleaner)는 오존발생을 줄이기 위하여 고전압이 아닌 저전압을 인가하던가 아니면 양극을 방전극으로 사용한다.

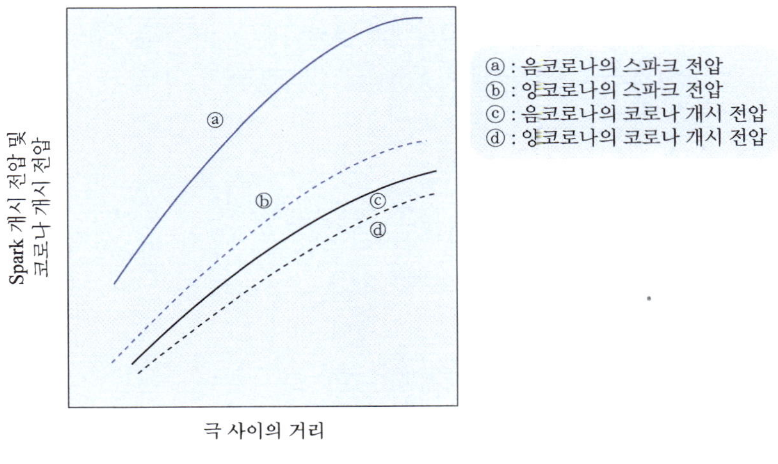


**그림 3-43** 음코로나와 양코로나의 특성

## 2. 특징

### 1) 집진이 가능한 최소입경

입경 0.01 μm 이상 분진은 제거가 가능하다. 그러나 이론적으로는 전자가 분진에 부착하기만 하면 집진이 가능하므로 집진이 불가능한 입경 한계는 없다.

### 2) 집진율

집진율은 90～99.9 %이며 초미세분진의 집진도 가능하다.

### 3) 압력손실

건식은 10 mm$H_2O$, 습식은 20 mm$H_2O$로 세정액을 사용하여 집진된 분진을 제거하는 습식이 타봉장치에 의하여 분진을 털어내는 건식보다 약 2배 정도 더 크다. 전기집진기는 다른 집진기에 비하여 압력손실이 적어 동력소모가 적다.

### 4) 집진기 내 함진가스 유속과 분진의 이동속도

**① 집진기 내 함진가스 유속($v_g$)**

집진기 내 함진가스 유속이 너무 빠르면 집진된 분진의 재비산이 일어난다. 그리고 함진가스 유속이 너무 느리면 분진의 대전이 불균일하여 집진율이 낮아지고 처리하는 함진가스량도 적어지므로 건식은 1～2 m/sec, 습식은 2～4 m/sec 정도로 한다. 습식은 재비산 문제가 없으므로 건식에 비하여 함진가스 유속을 2배 정도 빠르게 할 수 있다.

**② 분진의 이동속도($v_e$)**

대전된 분진이 방전극에서 집진극으로 이동하는 속도를 분진의 이동속도 또는 분리속도라 하는데 보통 3～20 cm/sec로 한다.

### 5) 장·단점

**장점**

① 0.1 μm 이하 초미세입자의 집진도 가능하다.
② 집진효율이 높다(99 % 이상).
③ 압력손실이 적어 소요동력이 적다.
④ 함진가스의 온도 강하가 적다.
⑤ 고온가스 처리가 가능하다.
⑥ 대량의 함진가스 처리가 가능하다.

⑦ 유지관리가 용이하고 유지비가 저렴하다.
⑧ 회수가치성이 있는 분진은 집진하여 재활용이 가능하다.
⑨ 산이나 타르(tar) 등 미세액적(mist)의 집진이 가능하다.

**단점**

① 초기 설비비가 고가이다.
② 전압변동이 있을 경우 집진율이 떨어지므로 이에 대비한 설비가 필요하다.
③ 분진부하가 높을 경우 원심력집진기 등의 전처리 시설이 필요하다.
④ 오존($O_3$)이 많이 발생된다.

## 3. 장치의 구성 및 종류

### (1) 장치의 구성

전기집진기는 크게 방전극, 집진극, 타봉장치, 가스정류기 및 분진 퇴적함으로 구성된다.

#### 1) 방전극(discharge electrode)

방전극은 집진극과 전계를 형성하여 함진가스 중의 분진을 대전시키고 대전된 분진이 전기적 인력에 의하여 집진극에 집진되도록 한다. 그림 3-44에서 보듯이 방전극에는 여러 가지 종류가 있으며 코로나 방전은 방전극이 가늘거나 날카로운 부분(edge)이 있어야 잘 일어난다. 재질은 부식 및 강도를 충분히 고려하여

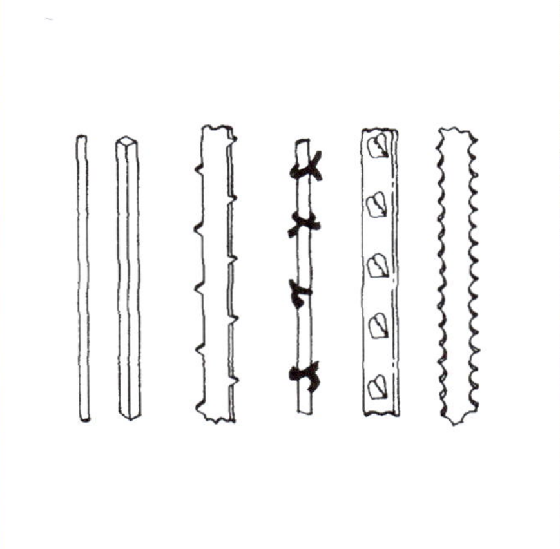

그림 3-44 방전극의 종류

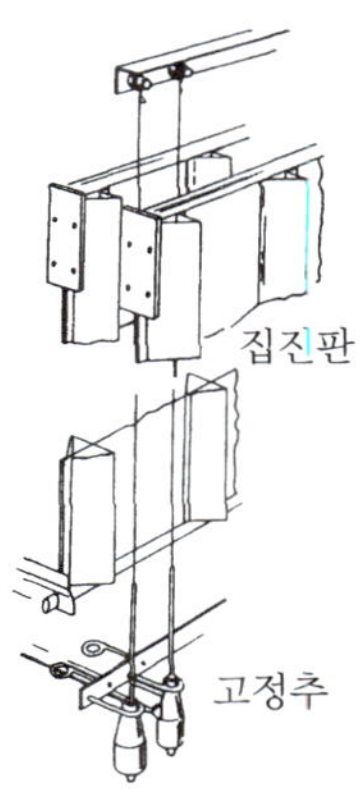


그림 3-45 방전극 고정장치

선택해야 하는데 보통 고탄소강(high carbon steel)이 사용되지만 스테인리스강, 구리, 티타늄 합금 등도 사용된다. 길이는 함진가스량에 따라 달라지지만 보통 9.1～12.2 m 정도로 긴 것도 있으며 방전극이 움직일 경우 집진극과 가까워져 스파크(불꽃방전)가 일어나므로 그림 3-45와 같이 방전극이 움직이지 않도록 잘 고정시켜야 한다. 산업용 전기집진기에서는 주로 음극을 방전극으로 채택한다.

### 2) 집진극(collection electrode)

산업용 전기집진기는 주로 음극을 방전극으로 사용하고 양극을 집진극으로 사용한다. 집진극은 원형 또는 판상형 구조로 제작하는데, 그림 3-46은 판상형의 집진극을 나타낸 것이다. 방전극과 집진극은 그림 3-47과 같은 형태로 배치된다. 집진극의 소재는 주로 탄소강(carbon steel)을 사용하지만 함진가스의 특성에 따라 스테인리스강 또는 기타 합금강으로 만들기도 한다. 보통 집진극의 두께는 0.5～2 mm이고 설치간격은 10～30 cm이며 높이는 6～12 m 정도이다.

원통형 집진극은 습식전기집진기에 사용되며 평판형보다 제작비는 비싸지만 습식이므로 집진된 분진의 재비산 문제가 없어 집진성능은 우수하다. 그러나 합선(short circuit)의 위험이 있어서 탈진 시에 집진기 가동을 중지하고 습기를 완전히 건조한 후 다시 가동을 하기도 한다.

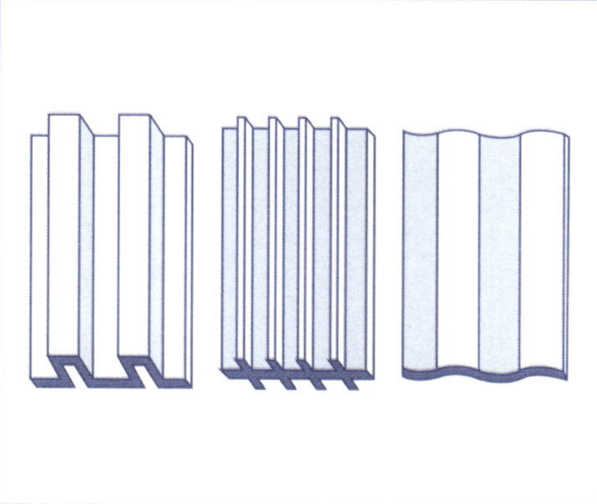

그림 3-46 집진극의 종류

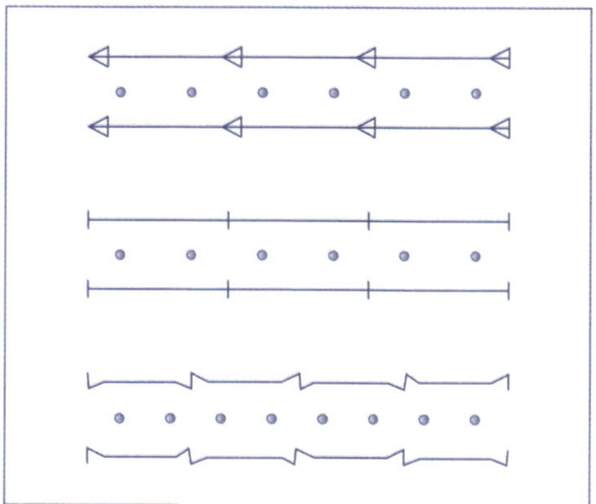

그림 3-47 방전극과 집진극의 배치

### 3) 타봉장치(rapper)

건식전기집진기의 집진극이나 방전극에 부착된 분진을 충격 또는 진동을 주어 털어내는 장치를 말한다. 습식전기집진기는 집진극에 부착된 분진을 세정액으로 씻어내므로 타봉장치는 필요하지 않다.

#### ① 전자식 타봉장치(magnetic impulse)

전자식 타봉장치는 그림 3-48과 같이 전자석의 힘에 의하여 해머가 상부로 끌려올라 갔다가 전자석의 힘이 상실되면 중력에 의하여 낙하되면서 집진극을 쳐서 부착된 분진을 털어내는 방식으로 타격의 강도와 주기는 전기제어장치로 조절한다.

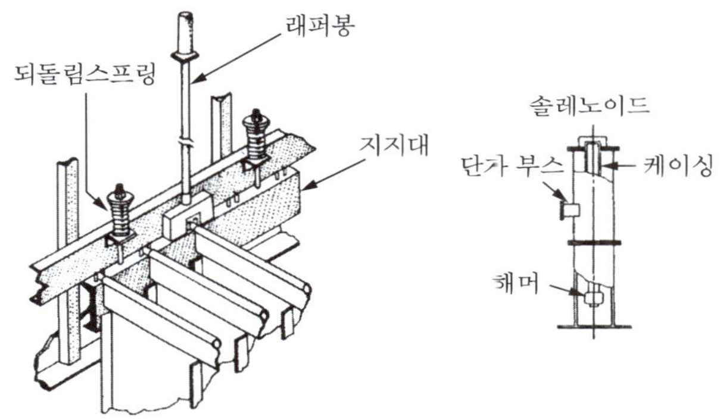


그림 3-48 전자식 타봉장치

#### ② 진동식 타봉장치

방전극에 분진이 부착되어 있으면 코로나가 잘 발생되지 않는다. 방전극은 가늘 뿐만 아니라 집진극과의 간격이 균일하게 유지되어야 하기 때문에 해머로 치는 것은 바람직하지 않다. 따라서 방전극에 공기나 전기적인 약한 진동을 가하여 부착된 분진을 탈진시킨다. 진동자(vibrator)는 보통 집진기 상부에 설치되어 방전극을 지지하는 구조물에 연결되어 있다. 그림 3-49는 전기진동식 타봉장치를 나타낸 것이다.

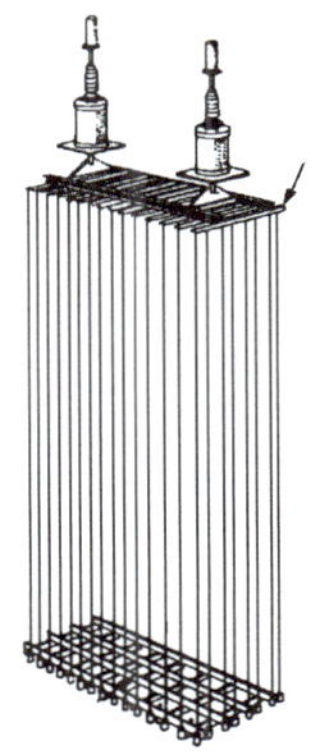

그림 3-49 전기진동식 타봉장치

### 4) 함진가스 정류장치(distributor)

함진가스 정류(整流)장치는 전기집진기에 유입되는 함진가스의 흐름을 고르게 분배하기 위하여 설치하는 것으로 함진가스 분배기(distributor)라 하기도 하며 집진율에 큰 영향을 준다. 정류기의 종류에는 그림 3-50과 같이 격자상 정류판과 다공정류판이 있다. 격자상 정류판은 총면적에 대한 개구면의 비가 40～60 %이며 다공정류판은 25～50 %이다. 그러므로 다공정류판의 정류효과가 격자상 정류판보다 더 우수하지만 정류판에 부착되는 분진량은 다공정류판이 더 많고 구멍이 막힐 가능성도 더 크므로 주기적인 탈진이 필요하다. 정류장치를 통과한 함진가스의 유속은 건식이 1～2 m/sec, 습식이 2～4 m/sec 정도이다.

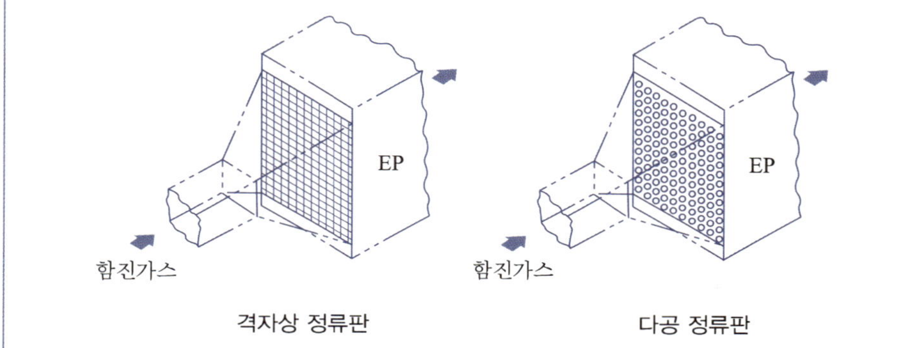


**그림 3-50** 함진가스 정류장치

### 5) 분진퇴적함(hopper)

집진기 하단에 설치하여 탈진된 분진을 임시적으로 저장하는 곳이다.

## (2) 전기집진기 종류

### 1) 대전(하전) 방식에 의한 분류

① 1단식(high voltage single stage)

그림 3-51과 같이 대전과 집진이 같은 전계영역에서 일어나며 분진의 대전에 50～70 kV의 직류 고전압이 사용된다. 1단식 전기집진기는 음극을 방전극으로, 양극을 집진극으로 사용하는데 구조가 간단하고 집진 성능이 우수하여 산업공정에서 액상(mist) 및 고체상 분진의 집진에 사용되고 있다. 이 방식은 대전과 집진이 같은 전계영역에서 일어나기 때문에 집진극에서 비산된 입자를

다시 집진할 수 있으나 분진의 비저항이 클 경우 역전리가 일어날 수가 있다. 그러나 50～70 kV의 고전압이 인가되기 때문에 다량의 오존이 발생한다.

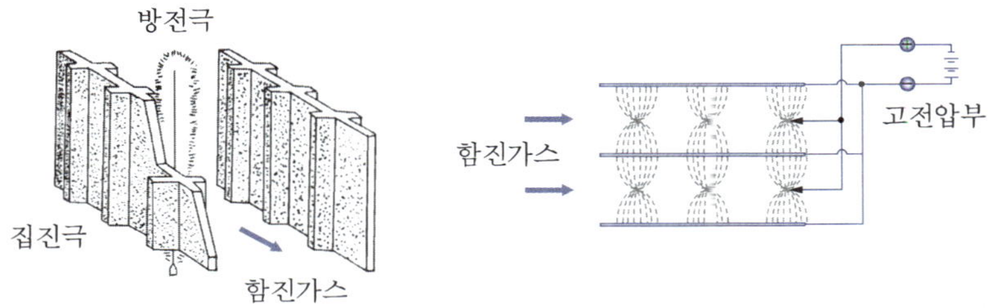


**그림 3-51** 1단식 전기집진기

② **2단식(low voltage two stage)**

그림 3-52와 같이 대전부와 집진부가 분리되어 있으며 분진 대전을 위하여 12～13 kV 정도의 비교적 저전압을 인가한다. 주로 실내용 공기정화기에 사용될 수 있도록 개발된 것으로 양극을 방전극으로, 음극을 집진극으로 사용한다. 이 방식은 1단식에 비해 저전압을 사용하므로 오존의 발생이 적으나 집진극에서 재비산된 분진은 그대로 방출된다.

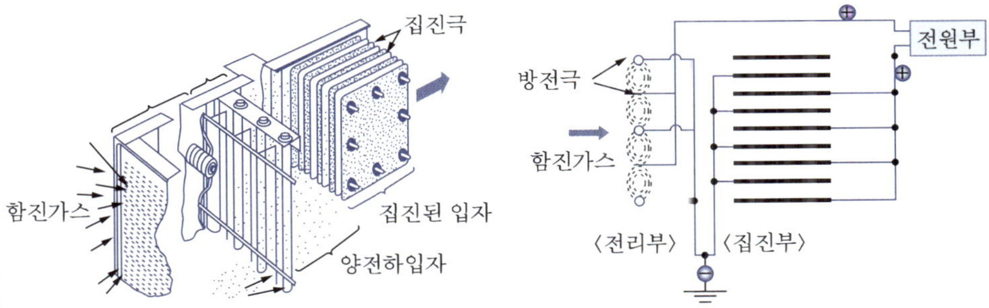


**그림 3-52** 2단식 전기집진기

### 2) 집진극의 모양에 따른 분류

전기집진기는 집진극의 모양에 따라 그림 3-53과 같이 평판형과 원통형으로 나눌 수 있다.

① 평판형(plate EP) : 주로 대용량 함진가스 처리용이며 탈진방식은 건식이다.

② 원통형(tubular EP) : 주로 액체상의 연무(mist)나 안개(fog) 입자의 집진에 사용되며 탈진방식은 습식이다.

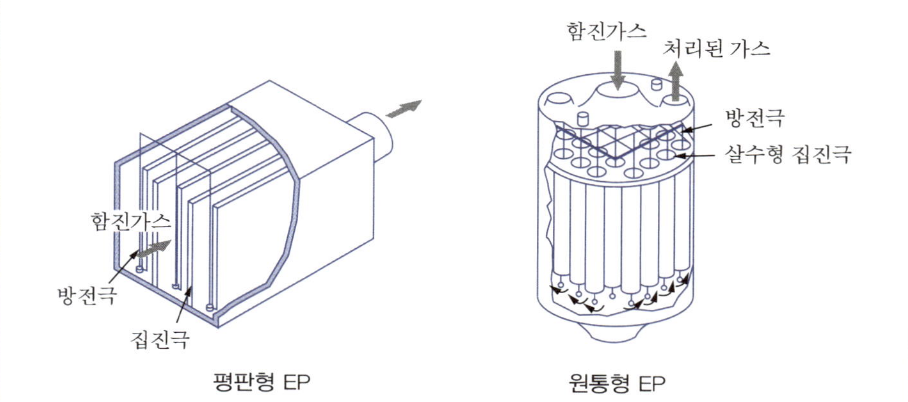


**그림 3-53 평판형과 원통형 전기집진기**

### 3) 집진극의 탈진방식에 따른 분류

전기집진기의 가동으로 집진극과 방전극에 분진이 계속 부착되어 쌓이게 되면 집진율이 저하되므로 일정량 이상의 분진이 부착(보통 0.76～1.27 cm)되면 탈진하여야 한다. 탈진방법은 건식과 습식이 있는데 건식은 집진극이나 방전극에 기계적 충격이나 진동을 주어 분진을 탈진시키는 방법으로 분진의 재비산에 의해 집진율이 저하되는 단점이 있으나 대용량의 함진가스 처리에 적용한다. 습식은 분진을 세정액으로 씻어주므로 재비산 문제가 없어 집진율이 건식보다 우수하나 폐수처리시설이 필요하고 합선(short circuit)의 위험이 있어서 탈진 중에는 집진기 가동을 중지하고 습기를 건조한 후 다시 가동을 한다. 습식의 장·단점은 다음과 같다.

**① 장점**

(a) 건식에 비하여 함진가스 처리속도를 2배 정도 빠르게 할 수 있다.
(건식 1～2 m/sec, 습식 2～4 m/sec)

(b) 역전리(back corona)에 의한 재비산을 방지할 수 있다.

(c) 집진면이 청결하여 강한 전계를 얻을 수 있다.

② **단점**

(a) 합선의 위험이 있다.

(b) 다량의 슬러지가 발생하므로 폐수처리 시설을 갖추어야 한다.

(c) 구조가 복잡하고 시설비와 운영비가 많이 든다.

## 4. 집진성능

### (1) 분진의 이동속도(migration velocity, $v_e$)

전계 내에 음전하로 대전된 분진이 존재하면 힘을 받아 집진극 방향으로 이동하는데 이것을 분진의 이동속도($v_e$) 또는 분리속도라 한다. 분진의 이동속도는 분진에 작용하는 힘에 의하여 결정되는데 분진의 이동속도에 관계되는 힘은 그림 3-54와 같이 전기적 힘 $F_e$와 분진의 이동으로 공기에 의하여 발생하는 항력 $F_d$가 있다. $F_e$는 분진의 대전량 $q$와 전계강도(전기장의 세기) $E$를 곱한 것으로 식 (3-105)와 같고 층류 영역에서 분진에 작용하는 항력 $F_d$는 식 (3-106)과 같다.

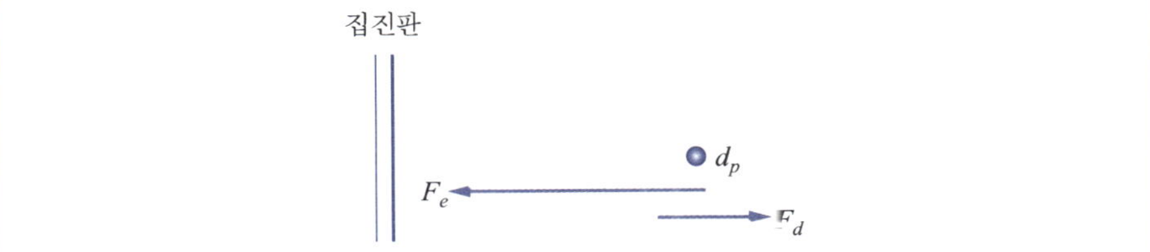


**그림 3-54** 전계 내에서 대전된 분진에 작용하는 힘

$$F_e = qE \tag{3-106}$$

$$F_d = 3\pi\mu_g d_p v_e \tag{3-107}$$

전기집진기내 분진의 이동속도는 위의 두 힘이 평형을 이루므로 식 (3-108)과 같다.

$$F_e = F_d$$

$$qE = 3\pi\mu_g d_p v_e \tag{3-108}$$

위 식을 분진의 이동속도 $v_e$에 대해 정리하면

$$v_e = \frac{qE}{3\pi\mu_g d_p} \tag{3-109}$$

식 (3-109)는 식 (3-110)과 같이 나타낼 수도 있다.

$$v_e = \frac{1.1\times 10^{-14} pE^2 d_p}{\mu_g} \ [\text{m/sec}] \tag{3-110}$$

여기서 $p$ : 입자의 유전율에 대한 계수(1.5 ~ 2.4)
$E$ : 전계강도(전기장의 세기) [V/m]
$d_p$ : 입경 [μm]
$\mu_g$ : 함진가스 점도 [kg/m · hr]

위 식에서 전기장의 세기는 방전극과 집진극 사이의 전압이 $V_e$ [V]이고 거리가 $r$ [m]이면 다음 식으로 구할 수 있다.

$$E = \frac{V_e}{r} \ [\text{V/m}] \tag{3-111}$$

원통형의 경우 집진극의 반경이 $r_c$ [m], 방전극 강선의 반경이 $r_d$ [m], 집진극과 방전극 사이의 거리가 $r$ [m]이면 전기장의 세기 $E$는 식 (3-112)와 같다.

$$E = \frac{V_e}{r\ln\frac{r_c}{r_d}} \ [\text{V/m}] \tag{3-112}$$

실제 분진의 이동속도는 위의 식으로 구한 계산 값과 차이가 있다. 이것은 실제로는 전기집진기 내에서 가스의 흐름을 완전히 균일한 층류상태로 하는 것이 불가능하고 전자풍이 분진의 이동속도에 영향을 미치기 때문이다. 그러므로 전기집진기 설계 시에는 대부분 식 (3-109), (3-110)으로 구한 분진의 이동속도를 사용하기보다 경험으로 얻은 자료를 이용하고 있다. 표 3-9는 전기집진기에서 각종 분진의 이동속도를 나타낸 것이다.

**표 3-9** 전기집진기에서 각종 분진의 이동속도($v_e$)

| 분진 발생원 | 이동속도[cm/sec] | 분진 발생원 | 이동속도[cm/sec] |
|---|---|---|---|
| 유류보일러 비산재 | 4.0～20.4 | 평로(open hearth furnace) | 4.9～5.8 |
| 미분탄 비산재 | 10.1～13.4 | 용광로(blast furnace) | 6.1～14.0 |
| 펄프 및 제지 | 6.4～9.5 | 건식인산제조 | 2.7 |
| 황산 미스트 | 5.8～7.6 | 소둔로(flash roaster) | 7.6 |
| 습식시멘트(wet cement) | 10.1～11.3 | 다단소둔로 | 7.9 |
| 건식시멘트(dry cement) | 6.4～7.0 | 촉매분진(catalyst dust) | 7.6 |
| 석고(gypsum) | 15.8～19.5 | 용선로(coupola) | 3.0～3.7 |
| 제련(smelter) | 1.8 | | |

### (2) 집진율($\eta$)

전기집진기의 집진율은 식 (3-113)으로 구할 수 있는데 이 식을 Deutsch-Anderson식이라 한다. Deutsch-Anderson식은 탈진 시 분진의 재비산이 없고, 집진기 내에서 분진의 이동속도와 함진가스 유속분포가 일정하다고 가정하고 유도한 식이다.

$$\eta = 1 - \exp\left(-\frac{Q_c}{Q_i}\right) \tag{3-113}$$

여기서 $Q_c$ : 집진된 함진가스량 [$m^3$]

$Q_i$ : 집진기에 유입된 함진가스량 [$m^3$]

위 식에서 집진극에 집진된 함진가스량 $Q_c$는 집진극의 면적($A_c$)과 분진의 이동속도($v_e$)를 곱한 것이므로 위 식은 다음과 같이 쓸 수 있다.

$$\eta = 1 - \exp\left(-\frac{A_c v_e}{Q_i}\right) \tag{3-114}$$

집진극의 면적($A_c$)은 평판형과 원통형의 계산방법이 다르다.

#### 1) 평판형 전기집진기

그림 3-55와 같은 평판형 전기집진기에서 집진극의 높이가 $h$, 길이가 $l$, 집진극과 방전극 사이의 거리를 $d$, 집진극과 집진극 사이의 거리(또는 방전극과 방전극 사이의 거리) $D(=2d)$, 집진극의 수를 $n$개라 하면 집진극의 면적과 함진가스량은 다음 식과 같다. 식에서 $A_i$는 집진기로 분진이 유입되는 유입면적이고 $v_g$는

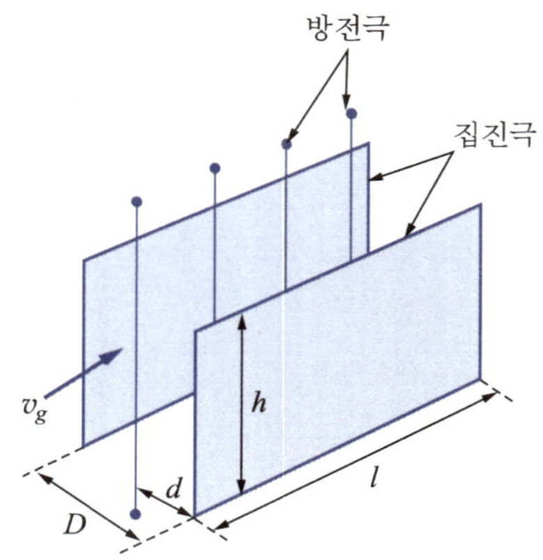


**그림 3-55 평판형 전기집진기의 치수**

함진가스의 전기집진기로의 유입속도이다. 집진판에 분진이 집진될 때는 앞뒷면에 집진되므로

$$A_c = 2nhl \tag{3-115}$$

$$Q_i = A_i v_g = 2ndhv_g = nDhv_g \tag{3-116}$$

이 식을 식 (3-114)의 Deutsch-Anderson식에 대입하면 집진율은 다음 식과 같다.

$$\eta = 1 - \exp\left(-\frac{2nhlv_e}{nhDv_g}\right) = 1 - \exp\left(-\frac{2lv_e}{Dv_g}\right) \tag{3-117}$$

### 2) 원통형 전기집진기

그림 3-56과 같은 원통형 전기집진기에서 집진극의 직경을 $D$, 집진극의 길이를 $l$이라 하면 집진극의 면적 $A_c = \pi Dl$, 함진가스 유입량 $Q_i = A_i v_g = \frac{\pi D^2}{4} v_g$이므로 이것을 식 (3-117)에 대입하면 집진율은 식 (3-118)과 같다.

$$\eta = 1 - \exp\left(-\frac{\pi Dlv_e}{\frac{\pi D^2}{4} v_g}\right) = 1 - \exp\left(-\frac{4lv_e}{Dv_g}\right) \tag{3-118}$$

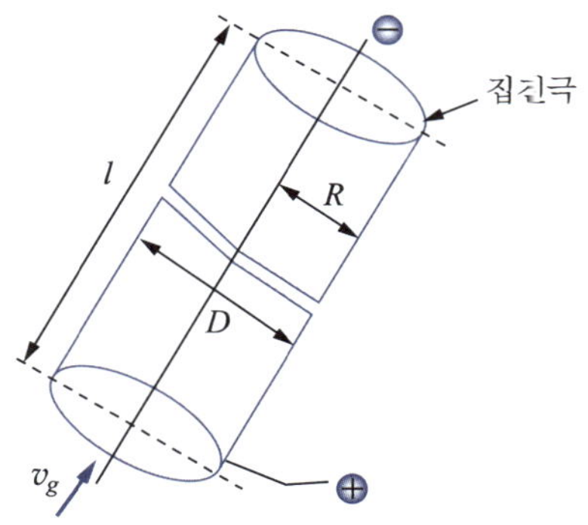


**그림 3-56** 원통형 전기집진기의 치수

### Example 3-30

전기집진기의 분진제거효율을 90 %에서 99 %로 증가시킬 때 집진극의 증가면적은? 단, 다른 조건은 변하지 않다.

**풀이** $\eta = 1-\exp\left(-\dfrac{A_c v_e}{Q_i}\right) \qquad \exp\left(-\dfrac{A_c v_e}{Q_i}\right)=1-\eta$

양변에 자연대수를 취하고 정리하면

$$A_c = \ln(1-\eta)\left(-\frac{Q_i}{v_e}\right)$$

$\eta_1$ : 0.9 $\qquad \eta_2$ : 0.99

$$A_1 = \ln(1-0.9)\left(-\frac{Q_i}{v_e}\right) \qquad A_2 = \ln(1-0.99)\left(-\frac{Q_i}{v_e}\right)$$

$$\therefore\ \frac{A_2}{A_1} = \frac{-\ln(1-0.99)\left(-\dfrac{Q_i}{v_e}\right)}{-\ln(1-0.9)\left(-\dfrac{Q_i}{v_e}\right)} = 2$$

### Example 3-31

직경 10 cm, 길이가 1 m인 원통형 전기집진기에서 함진가스 유속이 2 m/sec이고 분진의 분리속도가 25 cm/sec라면 집진율은 얼마인가?

**풀이** $\eta = 1-\exp\left(-\dfrac{4 l v_e}{D v_g}\right) = 1-\exp\left(-\dfrac{4\times1\times0.25}{0.1\times2}\right) = 0.9933$

**Example 3-32**

어느 시멘트 공장에서 분진을 제거하기 위해서 1단 전기집진기를 설치하려고 한다. 이 공장의 배기량은 60 m³/min이고 분진의 농도가 10.5 g/m³이다. 그리고 집진기는 폭 4.5 m, 높이 5.0 m인 판을 20 cm 간격을 두고 평행하게 설치했다. 하루 동안에 하나의 평행판에 집진되는 분진량(kg/day)을 구하시오. 단, 집진기 내의 입자의 유동속도는 10 cm/sec이다.

**풀이**

$$\eta = 1 - \exp\left(-\frac{A_c v_e}{Q_i}\right)$$

$v_e$ : 0.1 m/sec　　$A_c = hl = 5 \times 4.5 = 22.5\ \text{m}^2$

$Q_i$ : $60\ \text{m}^3/\text{min} = 1\ \text{m}^3/\text{sec}$

집진은 집진판 양면에 집진되므로

$$\eta = 1 - \exp\left(-\frac{A_c v_e}{Q_i}\right) = 1 - \exp\left(-\frac{22.5 \times 2 \times 0.1}{1}\right) = 0.9889$$

$$\frac{60\ \text{m}^3}{\text{min}}\bigg|\frac{60\ \text{min}}{1\ \text{hr}}\bigg|\frac{24\ \text{hr}}{1\ \text{day}}\bigg|\frac{10.5\ \text{g}}{\text{m}^3}\bigg|\frac{1\ \text{kg}}{1{,}000\ \text{g}} \times 0.9889 = 897.13\ \text{kg/day}$$

**Example 3-33**

전기집진장치의 입구분진농도 10 g/Sm³, 출구분진농도 0.1 g/Sm³, 분진이동속도 10 cm/sec이다. 360,000 m³/h의 함진가스를 처리하는 경우 필요한 집진극의 면적(m²)은?

**풀이** $C_i$ : $10\ \text{g/Sm}^3$　　$C_o$ : $0.1\ \text{g/Sm}^3$

$$\eta = 1 - \frac{C_o}{C_i} = 1 - \frac{0.1}{10} = 0.99$$

$v_e$ : 0.1 m/sec

$$Q_i = \frac{360{,}000\ \text{m}^3}{\text{hr}}\bigg|\frac{1\ \text{hr}}{3{,}600\ \text{sec}} = 100\ \text{m}^3/\text{sec}$$

$$\eta = 1 - \exp\left(-\frac{A_c v_e}{Q_i}\right) \qquad 0.99 = 1 - \exp\left(-\frac{A_c \times 0.1}{100}\right)$$

$$-\frac{0.1 A_c}{100} = \ln(1 - 0.99)$$

$$\therefore\ A_c = -\frac{\ln(1 - 0.99) \times 100}{0.1} = 4{,}605.17\ \text{m}^2$$

### (3) 집진율 100 %가 되기 위한 집진극 길이

평판형 전기집진기에서 분진의 이동속도를 $v_e$, 함진가스의 유속을 $v_g$, 집진극의 길이를 $L$, 방전극과 집진극 사이의 거리를 $d$라 하면 층류영역에서 집진율이 100 %가 되는 집진극의 길이는 분진이 유속 $v_g$로 길이 $L$인 집진극을 빠져 나가기 전에 이동속도 $v_e$로 방전극에서 집진극으로 이동하여 집진극에 부착이 되면 집진이 가능하다. 그러므로 두 경우 시간을 같게 두고 집진극의 길이를 구하면 집진극의 길이는 식 (3-119)와 같다.

$$t = \frac{d}{v_e} = \frac{L}{v_g} \qquad \therefore\ L = \frac{dv_g}{v_e} \tag{3-119}$$

**Example 3-34**

정전집진기의 방전극과 집진극과의 거리가 8 cm, 공기의 유속이 2 m/s, 입자의 집진극으로 이동속도가 4 cm/s일 때 이 입자를 100 % 제거하기 위한 이론적인 집진극의 길이는?

**풀이**

$$t = \frac{d}{v_e} = \frac{L}{v_g} \qquad L = \frac{dv_g}{v_e}$$

$d$ : 0.08 m　　$v_g$ : 2 m/sec　　$v_e$ : 0.04 m/sec

$$\therefore\ L = \frac{0.08 \times 2}{0.04} = 4\ \text{m}$$

## 5. 집진성능에 영향을 미치는 인자

집진성능에 영향을 미치는 인자로는 입경, 분진농도, 전계 내 함진가스의 유속 등 여러 가지가 있지만 분진의 비저항(겉보기저항 또는 고유저항)이 가장 큰 영향을 미친다.

### (1) 비저항(또는 겉보기 고유저항, resistivity)

저항은 물질의 종류, 형상 및 온도 등에 따라 다르지만 형상과 온도가 일정하면 저항은 물질의 종류에만 의존한다. 물질은 종류에 따라 그 형상이 모두 다르기 때문에 단위길이(1 cm)를 갖는 입방체의 저항을 그 물질의 비저항(겉보기저항 또는 고유저항)이라 한다. 물질의 비저항은 그림 3-57과 같이 물질에 전류를 흘려 실험적으로 구할 수 있는데 물질의 길이가 $L$이고 단면적이 $A$일 때 물질의 전기저항 $R$은 물질의 길이에 비례하고 단면적에 반비례한다. 이때 비례상수 $\rho$를 비저항이라 하며 그 단위는 $\Omega \cdot$cm로 나타낸다. 비저항은 물질의 종류별로 다르지만 같은 물질이라도 온도, 수분 유무 등의 조건에 따라 달라진다. 따라서 실험실에서 측정하는 것보다 현장에서 직접 측정하는 것이 바람직하다.

$$R = \frac{V}{I} = \rho \frac{L}{A}[\Omega] \qquad \rho = RL\,[\Omega \cdot \mathrm{cm}] \tag{3-120}$$

여기서 $R$ : 저항 [Ω]
$V$ : 전압 [Volt]
$I$ : 전류 [A]
$L$ : 도체의 길이 [cm]
$A$ : 도체의 단면적 [$cm^2$]

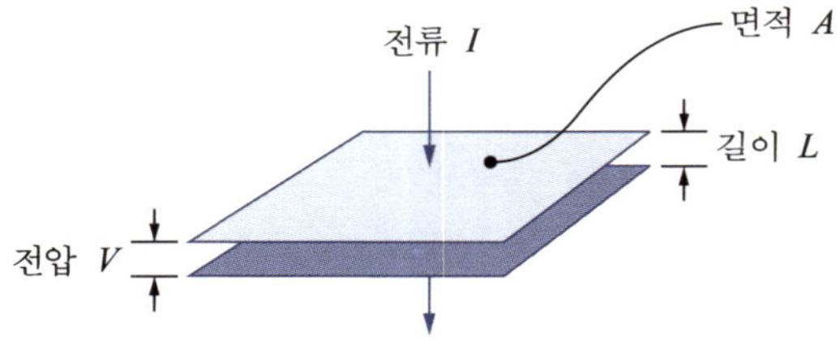


그림 3-57 물질의 비저항

그림 3-58은 분진의 비저항이 코로나 방전전류와 집진율에 미치는 영향을 나타낸 것으로 비저항의 값에 따라 저비저항(low resistivity), 정상비저항(normal resistivity), 고비저항(high resistivity)으로 나눌 수 있다. 일반적으로 대기오염원에서 배출되는 분진의 비저항은 $10^3 \sim 10^{14}$ Ω·cm로 넓은 범위에 걸쳐 존재한다. 분진의 비저항이 $10^4 \sim 10^{11}$ Ω·cm 범위이면 분진의 대전과 집진된 분진의 탈진이 정상적으로 이루어진다.

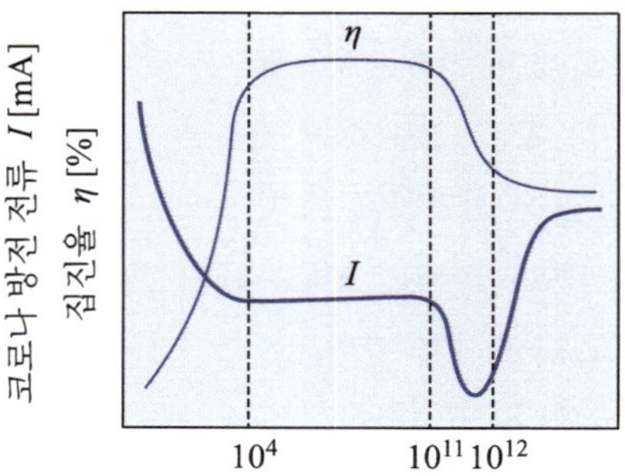


그림 3-58 분진의 비저항과 집진율 및 코로나 방전전류와의 관계

분진의 비저항이 $10^4$ Ω·cm 이하이면 분진은 쉽게 대전(charge)되어 집진판에 집진되지만 저항이 낮기 때문에 곧 전하를 잃게 된다. 분진이 정전하를 잃게 되면(방전되면) 집진극과 분진 사이의 정전기적 인력(Coulomb's force)이 없어져 집진극에 부착된 분진이 함진가스 중으로 재비산 된다. 재비산된 분진은 다시 대전되어 집진극에 집진되지만 다시 방전되어 재비산 된다. 이러한 과정을 반복하면서 함진가스와 함께 집진기를 통과하여 배출되므로 집진율이 저하된다.

그러나 분진의 비저항이 $10^{11}$ Ω·cm 이상이면 분진을 대전시키기도 어려울 뿐만 아니라 일단 대전된 분진은 쉽게 방전되지 않는다. 비저항이 $10^{11}$ Ω·cm 이상인 분진이 집진극에 두껍게 부착되면 분진층이 전기적으로 음극이 되고, 집진극은 양극이 되어 집진극에서 코로나 방전이 일어난다. 이러한 현상을 역코로나(back corona) 또는 역전리(back ionization)라 하는데 역코로나가 발생되면 집진극에 부착된 분진이 재비산하게 되어 집진율은 급속도로 저하된다. 역코로나 현상이 심할 때는 집진율이 50 % 이하로 떨어지기도 한다. 분진의 비저항이 정상적인 범위($10^4 \sim 10^{11}$ Ω·cm)가 아니면 집진율이 낮아지므로 적절한 대책이 요구된다.

분진의 비저항이 낮을 경우 $NH_3$ 가스를 주입한다. $NH_3$를 주입하면 함진가스 중 $H_2SO_4$와 반응하여 황산암모늄[$(NH_4)_2SO_4$]을 생성하는데 황산암모늄은 비저항을 증가시키는 역할을 한다. 또한 분진의 비저항은 온도와 습도에 따라 달라지므로 함진가스의 온도나 습도를 조절하여 분진의 비저항을 조절하기도 한다.

표 3-10은 비저항이 높은 분진의 종류를 나타낸 것이다.

**표 3-10 비저항이 높은 분진**

| 분진의 종류 | 겉보기저항[Ω·cm] | 가스온도[℃] | 수분함량[%] |
|---|---|---|---|
| 비산재(fly ash) A | $1\times10^{12}$ | 120 | 6 |
| 비산재(fly ash) A | $4\times10^{11}$ | 150 | 6 |
| 비산재(fly ash) A | $1\times10^{10}$ | 140 | 9 |
| 시멘트(cement) A | $2\times10^{11}$ | 150 | 5 |
| 시멘트(cement) B | $6\times10^{10}$ | 100 | 10 |
| 시멘트(cement) C | $7\times10^{11}$ | 150 | 10 |
| 납 훈연(fume) A | $75\times10^{12}$ | 250 | 5 |
| 납 훈연(fume) B | $2\times10^{12}$ | 150 | 10 |
| 납 훈연(fume) C | $9\times10^{11}$ | 300 | 15 |

분진의 비저항이 높을 경우 비저항을 낮추는 방법은 다음과 같다.

① 분진의 비저항 조절제(conditioning agent)를 투입하여 비저항을 낮춘다. 분진의 비저항을 낮추는 약품으로는 물, 수증기, $SO_2$, $H_2SO_4$, NaCl, 소오다회(soda lime, $Na_2CO_3$), TEA[triethylamine, $(CH_5)_3N$] 등이 있다. 이러한 조절제의 첨가는 또 다른 대기오염의 원인이 될 수 있으므로 충분히 검토한 후 사용하여야 한다.

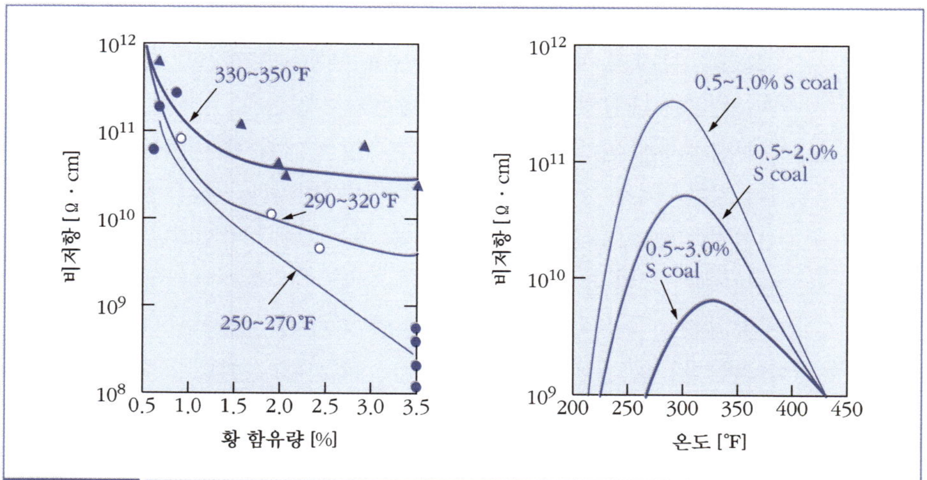


**그림 3-59** 석탄의 황함량과 함진가스 온도에 따른 비산재의 비저항 변화

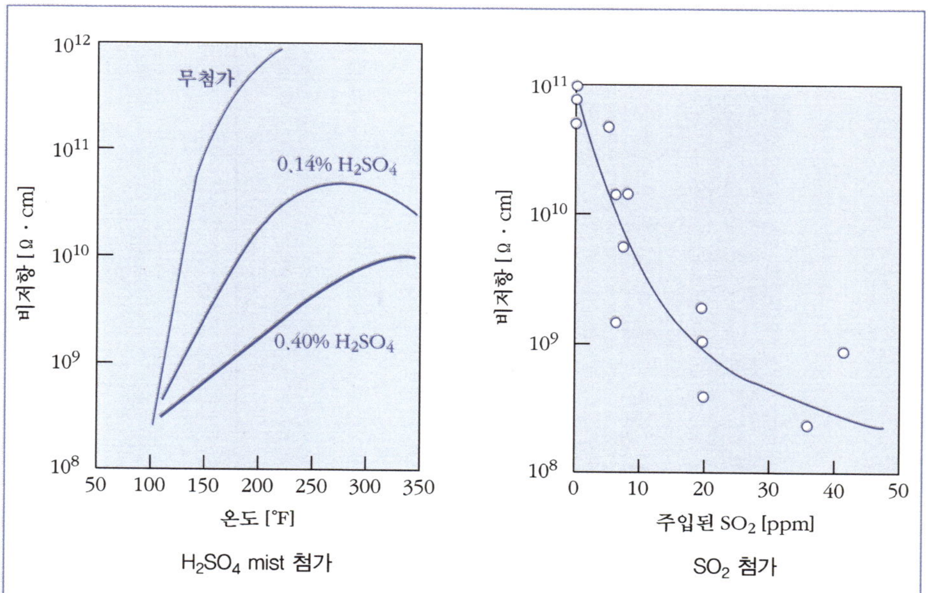


**그림 3-60** 함진가스에 조절제 첨가에 의한 비산재의 비저항 변화

그림 3-59는 석탄 중의 S(sulfur)함량과 분진의 비저항과의 관계를 나타낸 것이다. 석탄 중에 함유되어 있는 대부분의 S은 연소되면 약 95 % 정도는 $SO_2$가 되고 약 5 % 미만이 $SO_3$로 전환된다. 따라서 함진가스 중의 $SO_2$ 농도는 석탄 중의 S함량이 높을수록 증가하며 분진의 비저항은 석탄 중의 S함량이 높을수록 저하된다. 그림 3-60은 $H_2SO_4$ mist와 $SO_2$의 조절제를 첨가하였을 때 비산재(fly ash)에 대한 비저항의 변화를 나타낸 것이다.

② 분진의 비저항은 함진가스의 온도와 습도를 조절하여 변화시킬 수 있다. 그림 3-61은 함진가스의 온도와 습도가 분진의 비저항에 미치는 영향을 나타낸 것이다. 비저항은 일정한 온도범위에서 최대가 되고 그보다 크거나 낮게 되면 감소한다. 온도조절시 장치의 부식을 방지하기 위해서는 노점 이상으로 온도를 유지하여야 한다. 함진가스의 습도가 증가하면 비저항이 감소하므로 고비저항의 분진은 함진가스에 수증기를 분사하거나 물을 뿌려 비저항을 낮출 수 있으며, 건식보다 습식 전기집진기를 사용하는 것도 하나의 대안이 될 수 있다.

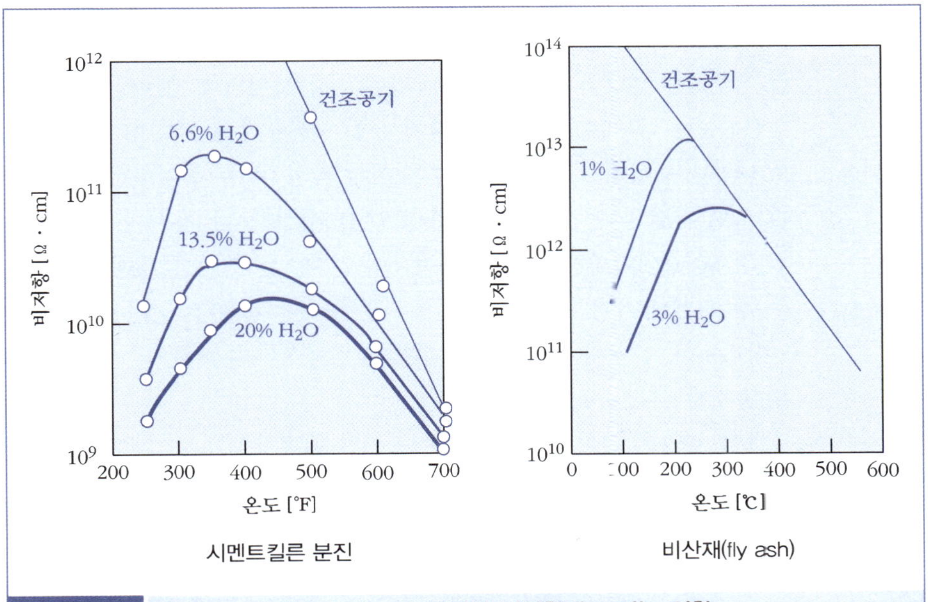


그림 3-61 함진가스의 온도와 습도가 분진의 비저항에 미치는 영향

③ 탈진을 자주하거나 탈진 강도를 강하게 한다.

④ 마이크로펄스 전기집진기 적용

마이크로펄스 전기집진기는 50～130 μs(250 μs 이하) 정도의 짧은 지속시간을 가진 초고전압과 전류를 인가하는 방식의 전기집진기로 순간적으로 더욱 강력한 전계를 얻을 수 있고 스파크를 억제할 수 있으며 고비저항 분진이 집진된 집진극에서 높은 전계강도를 피할 수 있으므로 비저항이 높은 분진의 대전양 증가, 비저항이 높은 분진의 역전리 방지 및 전력 소모양을 기존 DC 전기집진기 전력의 약 80 %를 절약할 수 있다. 기존의 DC 전기집진기에 마이크로펄스 변환기를 추가만 하면 마이크로펄스 전기집진기로 사용이 가능하기 때문에 매우 경제적으로 기존의 설비를 개조할 수 있다.

### (2) 입경 및 입경분포

분진의 입경이 클수록 이동속도가 커져 집진성능이 증가한다. 또한 입경분포는 분포폭이 클수록 응집효과에 의하여 입경이 커지므로 집진율이 높아진다.

### (3) 함진가스 중 분진의 농도

함잔가스 중 분진의 농도는 집진극과 방전극 사이의 전계분포에 영향을 주기 때문에 집진성능을 좌우한다. 전기집진기에서 집진극과 방전극 사이의 전계분포를 시각적으로 나타내면 그림 3-62와 같다. 그림에서 곡선 (A)는 전기집진기에 전압을 인가했을 때 코로나 발생 전 전계분포이고 곡선 (B)는 코로나 방전으로 음이온이 다량 발생 후 전계분포이다. 곡선 (C)는 음이온이 존재하는 전기장 내에 함진가스가 유입되었을 때 전계강도(전기장의 세기) 분포를 나타낸 것이다. 집진율은 불평등 전계일 때 높아지는데, 분진의 농도가 높을수록 불평등 전계분포는 더 왜곡되고 그 결과 집진율은 저하된다.

그림 3-63은 전기집진기에 일반 공기와 함진가스를 유입시킬 때 나타나는 코로나 방전특성을 나타낸 것이다. 그림에서 전기집진기에 동일한 전압을 인가할 때, 일반 공기보다 함진가스를 유입시켰을 때 코로나 방전전류가 낮게 나타났다. 이것은 첫째 전자의 흐름이 전류인데 전자가 분진에 부착되었기 때문에 전류가 낮아진 것이며, 둘째 방전극은 가늘수록 코로나 방전이 잘 일어나는데 코로나 방전이 잘 일어난다는 것은 코로나 전류가 잘 흐른다는 것을 의미한다. 그러나 방전극에 분진이 두껍게 부착되면 방전극의 직경이 커지는 효과와 분진이 저항 역할을 하므로 전압강하가 생겨 코로나 전류가 낮아지기 때문이다.

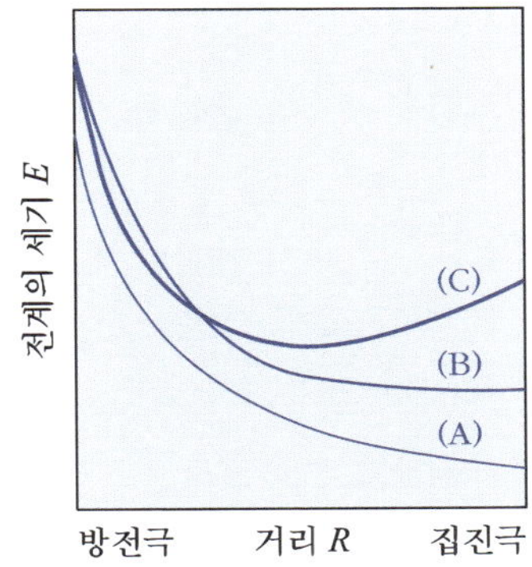


**그림 3-62** 전기집진기에서 전계분포

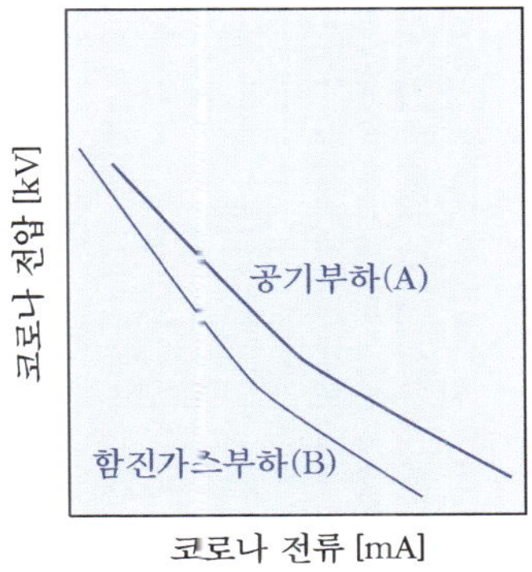


**그림 3-63** 분진부하에 따른 코로나 전류

### (4) 함진가스의 성상

#### 1) 함진가스 성분

함진가스의 성분 중 집진율에 가장 큰 영향을 주는 것은 수분과 $SO_2$ 농도로 이들은 분진의 비저항에 영향을 주어 집진성능을 좌우한다. 분진의 비저항은 함진가스의 수분 함량이 많을수록, 그리고 $SO_2$ 농도가 높을수록 감소한다.

#### 2) 함진가스 온도

함진가스의 온도는 분진의 비저항에 영향을 주는데, 비저항은 온도에 따라 높아지기도 하고 낮아지기도 한다.

#### 3) 함진가스 압력

함진가스의 압력은 분진의 비저항에 거의 영향을 미치지 않는다.

### (5) 함진가스 유속 및 처리량

함진가스의 유속이 너무 빠르면 처리가스량은 많아지지만 집진극에 부착된 분진이 재비산될 수 있다. 반면에 너무 느리면 집진기내 함진가스의 유속 분포가 일정하지 않아 코로나 방전에 의한 분진의 대전이 불균일하게 되어 집진율이 감소한다. 따라서 집진기 내 함진가스의 유속은 1～4 m/sec 정도로 유지하는 것이 좋다.

## 6. 설계요인(design parameter)

전기집진기 설계 시 고려해야 할 주요 인자는 다음과 같다.

### (1) 비집진면적(specific collection area, SCR)

함진가스량 처리에 알맞는 집진극의 면적은 전기집진기 설계 시 중요한 요소인데 함진가스량($Q_i$)에 대한 집진극 면적($A_c$)의 비로 나타내며 보통 11～45 $m^2$/1,000 $m^3$/hr으로 설계하며, SCR 값이 클수록 집진율은 증가한다.

$$\mathrm{SCR} = \frac{A_c}{Q_i} \tag{3-121}$$

여기서 $Q_i$ : 함진가스량 [$m^3$/min]
$A_c$ : 집진극의 면적 [$m^2$]

### (2) 형상비(aspect ratio, AR)

집진극의 형상에 따라 집진기의 집진성능은 다르며 집진극의 길이를 $l$, 높이를 $h$라 했을 때 형상비(AR)는 아래 식 (3-122)로 나타낼 수 있다. 형상비는 보통 1.0～1.5 범위이며 형상비가 너무 작으면 분진이 집진기 내에서 충분한 체류시간을 가지지 못하므로 집진되지 않고 배출되게 된다.

$$\mathrm{AR} = \frac{l}{h} \tag{3-122}$$

여기서 $l$ : 집진극의 유효길이 [m]
$h$ : 집진극의 높이 [m]

### (3) 집진실의 전기적 구획화(electrical sectionalization)

함진가스가 전기집진기 내로 유입되면 유입구부터 집진이 시작되므로 유입구에서 출구방향으로 갈수록 함진가스 중 분진의 농도는 낮아지게 된다. 그러므로 유입구에서는 분진농도가 높아 전계강도를 강하게 하기 위하여 많은 전력이 필요하지만 출구방향으로 갈수록 분진의 농도가 낮아지므로 유입구와 동일하게 전기장의 세기를 강하게 유지할 필요가 없다. 따라서 함진가스 농도, 집진율과 연계하여 효율적으로 전력을 사용하기 위하여 그림 3-64와 같이 독립된 하전설비를 가진 집진실의 전기적 구획화가 필요하다.

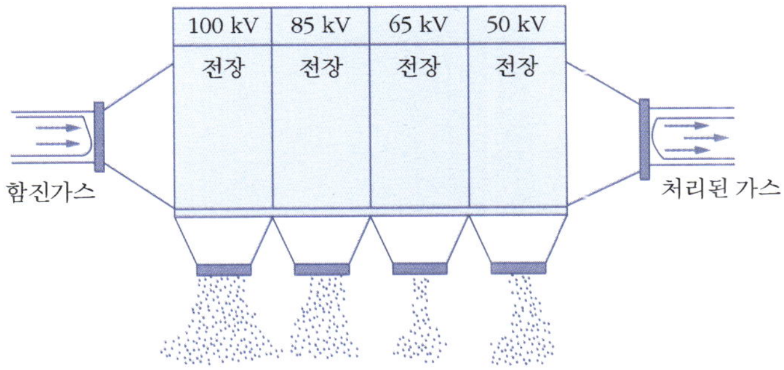


**그림 3-64** **집진실의 전기적 구획화**

## 7. 정전여과기술

고효율 집진기인 여과집진기(bag filter)나 전기집진기에서 입경이 1 μm 이상인 분진은 주로 관성충돌이나 직접차단에 의하여 집진되거나 대전되고, 0.1 μm 이하인 분진은 확산에 의하여 집진되거나 대전된다. 그러나 입경 0.1～1 μm인 분진은 관성충돌이나 직접차단, 확산 어떤 제거메커니즘이나 대전메커니즘도 확실하게 적용이 되지 않기 때문에 제거율이 낮아 제거하기가 어려운 입경범위에 속한다. 집진율이 낮은 입경 0.1～1 μm 범위인 분진의 집진율을 높이기 위하여 도입된 기술이 정전여과기술이다.

정전여과기술은 전단부에서는 전기집진기의 코로나 방전 원리를 이용하여 분진을 대전시키고 후단에서 여과집진기로 대전된 분진을 제거시키는 기술이다. 분진을 대전시키면 같은 전하로 대전된 분진은 척력이 작용하므로 여과백의 표면에 분진이 부착될 때에 척력에 의하여 분진이 대전되지 않을 때보다 공극이 많은 엉성한 상태로 부착되며 0.1～1 μm 사이의 입경을 가진 분진도 척력에 의하여 분진층을 통과하지 못하고 집진되므로 집진율이 높아지게 된다. 아울러 척력에 의하여 공극이 커지면 함진가스 통과가 쉬워져 압력손실이 낮아지므로 분진층을 두껍게 유지할 수 있어서 탈진주기를 늘릴 수 있다. 탈진주기를 늘리면 여과백의 수명도 길어지고 분진층이 두꺼워지면 집진율도 높아진다. 전기집진기를 단독으로 사용하여 분진을 제진할 때 입경 0.1～1 μm 사이 분진의 집진율은 60～65 % 수준이지만 정전여과포를 이용할 경우 함진가스 유속에 따라 차이는 있지만 대체로 90～95 % 정도로 집진율을 높일 수 있다.

## 연습문제

**01** 전기집진장치에서 먼지에 작용하는 전기력의 종류에 대하여 설명하시오.

**02** 전기집진장치의 효율 $\eta = 1 - \exp\left[-\frac{A_c v_e}{Q}\right]$으로 나타낸다. 처리가스 유량 $Q$= 1,000 m$^3$/min이고, 반경 15 cm, 길이 15 m인 집진극의 수는 50개이다. 유입분진의 농도 500 mg/m$^3$, 출구농도 10 mg/m$^3$일 때 분진입자의 겉보기 이동속도 $v_e$(m/sec)는 얼마인지 구하시오.

**03** 집진판(극)의 간격이 20 cm인 평판형 전기집진장치가 있다. 방전극과 집진극 사이의 유효전압은 70 kV이고, 평균가스속도는 0.5 m/sec이다. 이를 통과하는 가스 내 먼지입자의 직경은 2.0 μm이고, 온도는 373 K이다. 집진극으로 끌려가는 입자의 겉보기 이동속도(m/sec)를 구하시오. (단, 입자의 겉보기 이동속도는 $v_e = \frac{1.1 \times 10^{-14} PE^2 d_p}{\mu_g}$이고, P = 2, $\mu_g$ = 0.0863 kg/m · hr이다.

**04** 전기집진장치에서 정상적인 집진효율을 얻기 위해서 입자의 비저항은 $10^4 \sim 10^{11}$ $\Omega$ · cm 범위로 알려져 있다. 여기에서 $10^4$ $\Omega$ · cm 이하인 저비저항일 때와 $10^{11}$ $\Omega$ · cm 이상인 고비저항일 때 발생되는 현상을 각각 설명하시오.

**05** 처리가스량이 10 m$^3$/s인 전기집진장치를 설계하려고 한다. 입자의 겉보기 이동속도와 입경과의 관계는 $2 \times 10^5 \cdot d_p$라면, 입경 $d_p$가 0.5 μm인 입자를 90 % 제거하는 데 필요한 집진판의 면적(m$^2$)을 구하시오. (단, 위의 겉보기 이동속도식에서 $v_e$의 단위는 m/s, $d_p$의 단위는 m로 했을 경우이다.)

**06** 전기집진장치의 효율을 증가시키기 위한 방법을 서술하시오.

**07** 평판형 전기집진장치가 있다. 집진판 사이의 간격은 20 cm, 배출가스 유속은 1.0 m/sec, 입자 이동속도는 15 cm/sec이고 층류영역이라 가정할 때, 이 입자를 100 % 제거하기 위해 요구되는 이론적 집진극의 길이(m)를 구하시오.

**08** 길이가 2.0 m이고 직경이 20 cm인 원통형 전기집진장치에 1.2 m/sec의 속도로 가스가 유입되고 있다. 입자의 이동속도가 10 cm/sec일 때 이 집진장치의 효율을 구하시오.

**09** 전기집진기로 함진가스량 120,000 $m^3$/hr가 유입되고 있다. 집진효율이 99 %, 집진판 길이 3 m, 높이 3 m, 입자의 이동속도가 20 cm/sec일 때 필요한 집진판의 개수는? 단, 가장자리 집진판은 안쪽, 중간 집진판은 양면에 집진된다

**10** 폭 4 m, 높이 4.5 m, 두 개의 집진판 간격 20 cm, 농도가 3,000 mg/$m^3$인 가스 30 $m^3$/min, 이동속도가 15 cm/s일 때 집진효율과 집진된 먼지량(kg/d)을 구하라.

**11** 분진입자의 이동속도 10 cm/sec, 처리가스 유입유속이 0.7 m/sec, 집진기 길이 2 m, 반경 20 cm인 관형전기집진기의 집진효율(%)은 얼마인가?

**12** 전기집진기의 효율을 90 %에서 99.9 %로 높이려면 집진면적은 몇 배 증가시켜야 하는가?

**13** 높이 3 m, 길이 4 m 두 개의 집진판 사이의 중간에 방전극이 있다. 이 집진기에 처리공기 1.5 $m^3$/sec가 유입된다. 집진효율이 90 %일 때 $v_e$(m/sec)는?

**14** 집진극 사이의 거리가 30 cm인 평판형 전기집진기에서 높이 4 m, 길이 5 m인 집진판으로 처리하고자 한다. 입구 더스트 농도 6 g/$m^3$, 출구 더스트 농도 0.02 g/$m^3$가 되도록 운전하려고 한다. 배기 수평 유속을 1.3 m/sec로 할 때 입자가 집진극으로 이동하는 속도(m/sec)를 구하라.

# 3.11 세정집진기(Wet Scrubber)

세정집진기는 함진가스 중 분진을 미세한 액적과 충돌시켜 집진하는 장치이며 친수성 가스상 오염물질 제거도 가능하다. 세정집진기 종류에는 분무탑(spray tower), 원심력 세정집진기(cyclonic scrubber) 및 벤투리스크러버(Venturi scrubber) 등이 있다. 세정집진기에서 분진을 집진하기 위한 세정액으로는 대부분 물을 사용한다.

## 1. 집진원리

분진이 미세한 수적에 집진되는 메커니즘에는 여과집진기와 동일하게 관성충돌(inertial impaction), 직접차단(direct interception), 확산(diffusion) 등이 있다.

### (1) 관성충돌 및 직접차단

입경이 1 μm 이상인 분진은 대부분이 미세한 수적(물방울, water drop)에 관성충돌하거나 직접차단 되어 집진된다.

### (2) 확산에 의한 제거

입경이 0.1 μm 이하인 분진은 함진가스 내에서 불규칙한 브라운운동(Brown motion)을 하다가 수적과 충돌하여 제거되는데 이것을 확산에 의한 제거라고 한다. 확산에 의하여 분진이 수적에 부착되는 정도는 확산계수에 비례하게 되는데 표 3-11은 분진의 입경에 따른 확산계수를 나타낸 것이다. 표를 보면 확산계수는 입경에 반비례하는데, 이것은 분진의 입경이 작을수록 확산계수가 커 분진이 수적에 대한 충돌효과가 커진다는 것을 의미한다.

입경 1 μm 이상인 분진의 대부분은 수적과 관성충돌 및 직접차단에 의하여, 입경 0.1 μm 이하 분진의 대부분은 확산에 의하여 제거되지만 입경 0.1 ~ 1 μm 사이의

**표 3-11 입경별 확산계수**

| 입경 [μm] | 확산계수 $D$ [cm²/sec] |
|---|---|
| 0.5 | $6.4 \times 10^{-7}$ |
| 0.1 | $6.5 \times 10^{-6}$ |
| 0.01 | $4.4 \times 10^{-4}$ |
| 0.001 | $4.1 \times 10^{-2}$ |
| $SO_2$ 가스분자 | $11.8 \times 10^{-2}$ |

분진은 관성충돌, 직접차단 및 확산에 의하여 제거되지만 주된 제거 메커니즘이 없어 제거효율이 모든 입경범위 분진 중에서 가장 낮다.

### (3) 증습에 의한 응결 및 입자간 응집

세정집진기에서 세정액은 물을 사용하므로 노즐로 물을 분사하면 증습에 의하여 함진가스의 습도가 높아지고 습도가 높아지면 미세입자 표면에 수증기가 응결(condensation)된다. 수증기가 응결된 분진은 부착력이 커져 분진 상호 간에 응집(coagulation)이 잘 일어나고 그 결과 분진의 성장속도가 빨라진다. 증습에 의한 응결과 응집으로 분진의 입경이 커지면 집진율도 높아진다.

## 2. 특징

0.1 μm 이하 미세입자의 처리도 가능하며, 집진효율 및 압력손실은 세정집진기의 종류에 따라 다르다. 세정집진기의 장·단점은 다음과 같다.

### (1) 장점

① 미세한 분진의 제거가 가능하고 가스와 입자를 동시에 제거할 수 있다.
② 집진효율이 우수하다.
③ 고온다습한 함진가스나 연소성 및 폭발성 가스의 처리가 가능하다.
④ 점착성 및 조해성 분진의 처리가 가능하다.
⑤ 전기집진기, 여과집진기보다 협소한 장소에 설치할 수 있고 제작비가 저렴하다.
⑥ 습식이므로 분진의 재비산 문제가 없다.

### (2) 단점

① 습식이기 때문에 부식의 문제가 있으므로 재질 선택 시 내부식성 재료 사용하여야 한다.
② 압력손실이 커서 동력비가 많이 든다.
③ 세정액으로 인한 수질오염 문제가 발생하므로 수처리 시설이 필요하며, 동절기에는 동파방지시설이 필요하다.
④ 함진가스 온도가 낮아지므로 굴뚝에서 처리된 함진가스의 확산이 어렵다.
⑤ 소수성 분진의 제거율이 낮다.
⑥ 다량의 세정수가 필요하므로 수도료, 펌프 동력비 등 유지비가 많이 소요된다.

## 3. 장치의 종류 및 구성

수적 생성방법에 따라 가압수식과 회전식으로 나누어진다.

### (1) 가압수식

세정액을 가압하여 노즐로 분사시킴으로 함진가스와 충돌시키는 방식으로 벤투리스크러버, 사이클론스크러버, 분무탑과 충전탑 등이 있다.

#### 1) 벤투리스크러버(Venturi scrubber)

세정집진기 중 집진율이 가장 높아 광범위하게 사용되고 있다.

**① 원리**

그림 3-65와 같이 함진가스를 벤투리의 목(throat)부에서 60～90 m/sec 정도의 유속으로 통과시키고 목에 함진가스 통과방향과 직각으로 노즐을 설치하여 세정액을 분사시키면 생성된 상대속도 차에 의하여 분진이 수적에 충돌된다. 분진이 수적에 충돌된 후 벤투리 후단에 디미스터(demister)로 사이클론을 설치하여 미세한 수적을 제거한다.

**② 액가스비**

액가스비(주수율)은 분진의 입경이 작고, 소수성(hydrophobic)이 클수록 커지는데 10 μm 이상의 큰 분진이나 친수성(hydrophilic) 분진은 약 0.3 ℓ/m³ 정도, 10 μm 이하의 미세분진이거나 소수성 분진일 경우 1.5 ℓ/m³ 정도로 운전한다.

**③ 압력손실**

300～800 $mmH_2O$로 집진기 중 압력손실이 가장 크다.

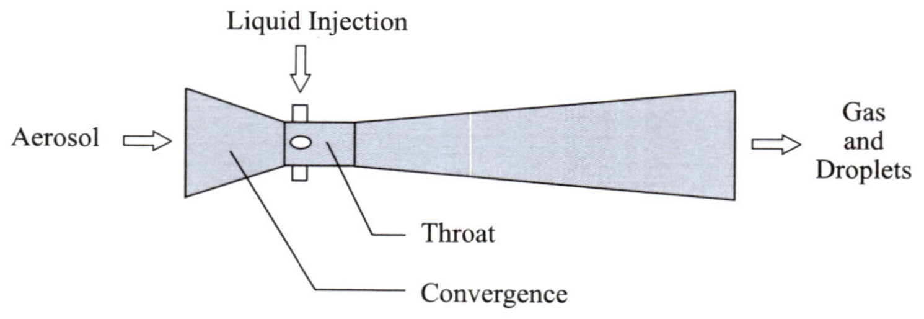


그림 3-65 벤투리스크러버

### 2) 사이클론스크러버(Cyclone scrubber)

① **원리**

그림 3-66과 같이 사이클론과 세정집진기를 결합시킨 것으로 사이클론 중심부에서 사이클론 벽면방향을 향하여 노즐로 세정억을 분사시켜 분진과 가스상 오염물질을 동시에 제거시키는 기술이다.

② **액가스비** : 0.5 ~ 1.5 ℓ/$m^3$

③ **압력손실** : 120 ~ 150 $mmH_2O$

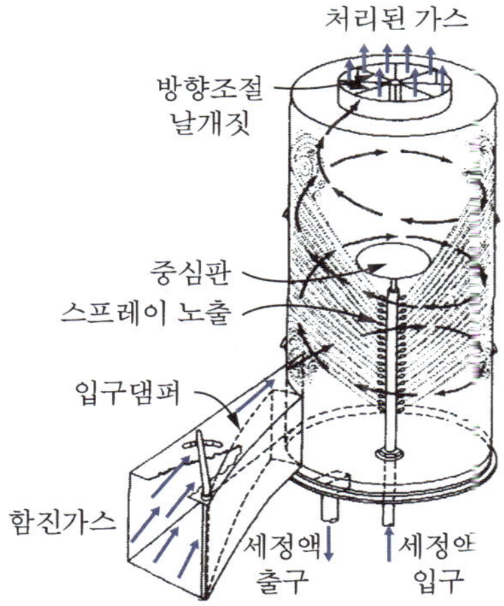


**그림 3-66** 사이클론스크러버의 구조

## (2) 회전식

빠른 속도로 회전하는 분무컵의 원심력을 이용하여 수적을 생산·공급하여 함진가스 중 분진과 수적을 충돌시켜 제거하는 방식이다.

## 4. 집진성능

세정집진기 중 벤투리스크러버가 대표적인 집진기이므로 집진성능은 벤투리스크러버를 중심으로 설명하도록 한다.

### (1) 충돌효율(collision efficiency, $\eta_i$)

함진가스 중의 분진과 수적간의 충돌횟수가 많을수록 수적에 의한 집진율은 높아지며, 충돌수 $N_i$는 아래 식 (3-123)과 같다.

$$N_i = \frac{x_s}{d_w} \tag{3-123}$$

여기서 $x_s$ : 정지거리 (분진이 집진기 내로 유입된 후 수적과 충돌하여 집진될 때까지 이동하는 거리)

$d_w$ : 수적의 직경

함진가스의 흐름이 층류영역(Stokes 영역)이라 가정하면 분진에 작용하는 두 힘, 즉 관성력과 분진의 이동을 방해하는 항력의 평형식은 다음과 같다. 이 때 함진가스는 수적과 같은 방향으로 움직이므로 항력은 (−)가 된다.

$$F_i + F_d = 0$$

$$ma + 3\pi\mu_g d_p v = 0 \tag{3-124}$$

여기서 $v$ : 수적에 대한 분진의 상대속도

가속도 $a$와 분진을 구형이라 가정하였을 때 분진의 질량 $m$은 다음과 같다.

$$a = \frac{dv}{dt} = \frac{dx}{dt}\frac{dv}{dx} = v\frac{dv}{dx}$$

$$m = \frac{1}{6}\pi d_p^3 \rho_p$$

이것을 식 (3-124)에 대입하면 다음과 같이 된다.

$$ma + 3\pi\mu_g d_p v = \frac{1}{6}\pi d_p^3 \rho_p v \frac{dv}{dx} + 3\pi\mu_g d_p v = 0 \tag{3-125}$$

식 (3-125)에서 공통항을 제거하고 $dx$에 대하여 정리하면 다음과 같다.

$$dx = -\frac{d_p^2 \rho_p}{18\mu_g} dv \tag{3-126}$$

식 (3-126)의 좌변을 0에서 정지거리 $x_s$까지 적분하고, 우변을 함진가스 유입 시 분진과 수적의 초기상대속도인 $v_o$에서 충돌하였을 때 분진과 수적의 상대속도인 0까지 적분하여 정리하면 식 (3-127)과 같이 된다.

$$\int_0^{x_s} dx = -\int_{v_o}^{0} \frac{d_p^2 \rho_p}{18\,\mu_g} dv = -\frac{d_p^2 \rho_p}{18\,\mu_g} \int_{v_o}^{0} dv \tag{3-127}$$

$$x_s = \frac{d_p^2 \rho_p v_o}{18\mu_g} \tag{3-128}$$

식 (3-128)을 식 (3-123)에 대입하면 충돌수(impaction number) $N_i$는 다음과 같이 주어진다.

$$N_i = \frac{d_p^2 \rho_p}{18\mu_g} \cdot \frac{v_o}{d_w} \tag{3-129}$$

여기서 $\rho_p$ : 분진의 밀도 [kg/m$^3$]
$d_p$ : 분진의 직경 [m]
$v_o$ : 분진과 수적의 초기상대속도 [m/sec]
목부에서 함진가스 유속($v_t$)와 동일.
$\mu_g$ : 함진가스 점도 [kg/m · sec]
$d_w$ : 수적의 직경 [m]

만약 분진의 직경이 1 μm 이하이면 식 (3-129)에 커닝험 보정계수 $C_c$를 곱해 주어야 한다. 세정집진기에서 분진의 관성력에 의한 충돌효율($\eta_i$)은 충돌수($N_i$)를 사용하여 계산한다.

$$\eta_i = \frac{1}{1 + \dfrac{0.65}{N_i}} \tag{3-130}$$

위 식에서 충돌수 $N_i$가 클수록 관성력에 의한 충돌효율($\eta_i$)은 커진다. 그림 3-67은 충돌효율과 충돌수와의 관계를 나타낸 것이다.

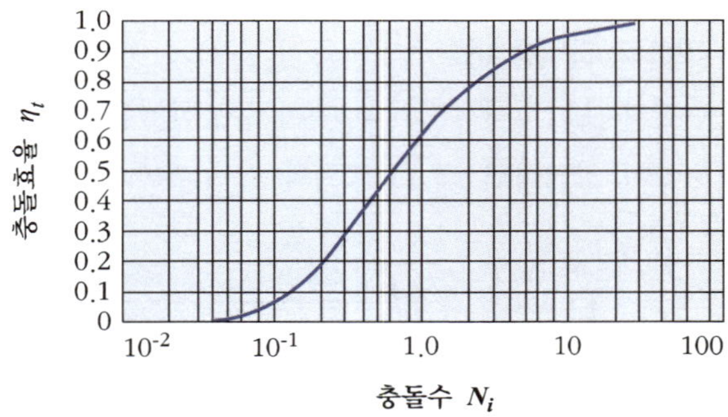


**그림 3-67 충돌수와 충돌효율 사이의 관계**

식 (3-129)와 (3-130)에서 충돌수($N_i$)를 크게 하여 충돌효율($\eta_i$)을 높이는 방법으로는

① 분진의 입경($d_p$)이 커야 한다.

② 분진의 밀도($\rho_p$)가 커야 한다.

③ 함진가스와 세정액적의 초기상대속도($v_o$), 즉 목부에서 함진가스의 유속($v_t$)가 커야 한다.

④ 함진가스의 점도($\mu_g$)가 낮아야 한다. 함진가스의 점도는 온도가 낮을수록 낮고 온도가 높을수록 커진다.

⑤ 수적경($d_w$)이 작아야 한다.

수적경($d_w$)과 함진가스와 수적의 초기상대속도($v_o$)를 제외한 나머지 요소는 함진가스의 배출조건에 의하여 거의 일정하므로 집진기의 집진율을 높이기 위해서는 분무노즐(nozzle)에 의해 생성된 수적경과 벤투리 목부에서 함진가스의 속도, 즉 함진가스와 수적의 초기상대속도($v_o$), 즉 목부에서 함진가스의 유속($v_t$)가 중요하다. 이것은 여러 가지 식에 의해 추정되고 있으나 주로 다음 식들이 사용되고 있다.

세정집진기에서 미세한 수적을 만드는 방법과 수적경을 추정하는 방법에는 두 가지가 있다.

### 1) 함진가스 유속에 의하여 수적을 만드는 방법(Nugeyama 식)

$$d_w = \frac{585}{v_t}\sqrt{\frac{T}{\rho_l}} + 597\left(\frac{\mu_l}{\sqrt{T\rho_l}}\right)^{0.45} L^{1.5} \tag{3-131}$$

여기서 $v_t$ : 목부에서 함진가스의 유속 [m/sec]

$T$ : 세정액의 표면장력 [dyne/cm]

$\rho_l$ : 세정액의 밀도 [g/cm$^3$]

$\mu_l$ : 세정액의 점도 [g/cm · sec]

$L$ : 액가스비 [$\ell$/m$^3$]

세정액으로 20℃ 물을 사용할 경우 식 (3-131)은 간단하게 아래 식과 같이 쓸 수 있다.

$$d_w = \frac{5,000}{v_t} + 29L^{1.5}\ [\mu\text{m}] \tag{3-132}$$

위 식으로부터 목부(throat)의 함진가스 속도($v_t$)가 클수록, 액가스비($L$)가 작을수록 보다 미세한 수적경을 만들 수 있다는 것을 알 수 있다. 그러나 액가스비가 적은 경우 수적의 생성량이 적어 분진과 수적간의 충분한 접촉이 일어나지 않게

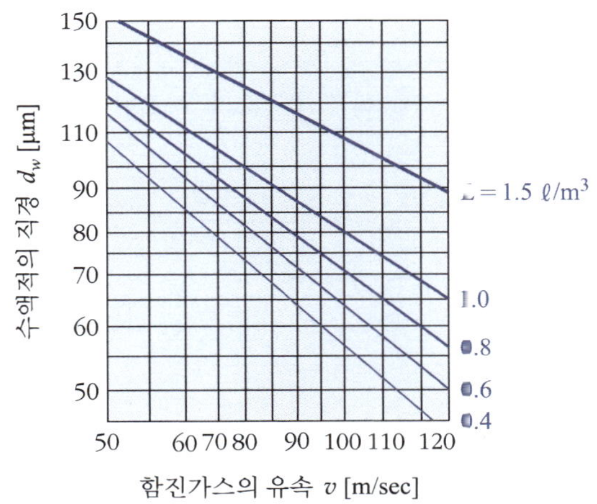


**그림 3-68 목부의 함진가스 유속과 액가스비에 따른 수적경의 변화**

되어 집진율은 감소하게 된다. 따라서 액가스비를 적당히 조절하면서 함진가스 유속을 크게 하는 것이 좋다. 충돌효율이 최적이 되는 수적경과 분진의 직경 비는 150 : 1 전후이며 이보다 지나치게 크거나 작아지면 충돌효율이 저하되어 집진율은 감소한다.

그림 3-68은 상온의 대기를 처리가스로 했을 때 벤투리스크러버의 목부에서 생성된 수적경을 나타낸 것이다. 목부의 함진가스 유속이 클수록, 그리고 액가스비가 적을수록 수적은 미세하게 된다.

### 2) 세정액이 분무컵에 의하여 미립화될 경우

$$d_w = \frac{2 \times 10^5}{N\sqrt{R}} \, [\mu\text{m}] \tag{3-133}$$

여기서 $N$ : 분무컵의 분당 회전수 [rpm]
$R$ : 분무컵의 반경 [m]

**Example 3-35**

20℃에서 목부에서 함진가스 유속 $v_t = 50$ m/sec이고 액가스비 $L = 1.0$ ℓ/m³이라면 생성된 액적의 직경(μm)은?

**풀이** $d_w = \dfrac{5{,}000}{v_t} + 29L^{1.5} \, [\mu\text{m}] = \dfrac{5{,}000}{50} + 29 \times 1^{1.5} = 129 \, \mu\text{m}$

**Example 3-36**

반경이 4 cm인 회전원판을 3,600 rpm으로 회전시켜 분진포집용 수적을 만들 때 생성된 수적의 직경(μm)은?

**풀이** $d_w = \dfrac{2 \times 10^5}{N\sqrt{R}} \, [\mu\text{m}] = \dfrac{2 \times 10^5}{3{,}600\sqrt{0.04}} = 278 \, \mu\text{m}$

### (2) 집진효율(collection efficiency, $\eta$)

세정집진기의 집진율은 분진과 수적 사이의 충돌수($N_i$) 또는 충돌효율($\eta_i$)로 구할 수 있다.

**1) 충돌수($N_i$)로 계산**

$$\eta = 1 - \exp(-KL\sqrt{N_i}) \tag{3-134}$$

여기서 $K$ : 장치계수

$L$ : 액가스비 [$\ell$/m$^3$]

$N_i$ : 충돌수 $\left(= \frac{d_p^2 \rho_p v}{18\mu_g d_w}\right)$

**2) 충돌효율($\eta_i$)로 계산**

$$\eta = 1 - \text{통과율} = 1 - P \tag{3-135}$$

여기서 $P$ : 통과율

분진의 통과율($P$)과 충돌효율($\eta_i$) 사이의 관계는 다음 식과 같다.

$$P = \exp\left(\frac{-3\times 10^{-3}\eta_i x_s L}{2d_w}\right) \tag{3-136}$$

이 식을 식 (3-135)에 대입하면 집진율($\eta$)은 충돌효율($\eta_i$)의 함수로 나타낼 수 있다.

$$\eta = 1 - P = 1 - \exp\left(\frac{-3\times 10^{-3}\eta_i x_s L}{2d_w}\right) \tag{3-137}$$

여기서 $\eta_i$ : 수적의 충돌효율

$x_s$ : 정지거리 [m]

$L$ : 액가스비 [$\ell$/m$^3$]

$d_w$ : 수적의 직경 [m]

**Example 3-37**

20℃에서 평균 직경이 1 μm이고 분진밀도가 2 g/cm$^3$인 함진가스가 200 m$^3$/min으로 배출되고 있다. 벤투리스크러버로 분진을 제거할 때 최적수적경 150 μm, 액적 충돌효율 30 %, 세정액량 0.3 m$^3$/min, 함진가스의 기류에 대하여 수적이 이동하는 정지거리를 0.9 m 라고 한다면 집진율은 얼마인가?

**풀이**

$$\eta = 1-\exp\left(\frac{-3\times10^{-3}\eta_i x_s L}{2d_w}\right)$$

$$\eta_i = 0.3 \qquad x_s = 0.9\ \mathrm{m} \qquad d_w = 150\times10^{-6}\ \mathrm{m}$$

$$L = \frac{0.3\ \mathrm{m^3/min}}{200\ \mathrm{m^3/min}} = \frac{300\ \ell/\mathrm{min}}{200\ \mathrm{m^3/min}} = 1.5\ \ell/\mathrm{m^3}$$

$$\therefore\ \eta = 1-\exp\left(\frac{-3\times10^{-3}\times0.3\times0.9\times1.5}{2\times150\times10^{-6}}\right) = 0.9825$$

### (3) 압력손실(pressure drop, $\Delta P$)

벤투리스크러버에서 압력손실은 액가스비가 압력손실에 비례하므로 다음과 같은 실험식으로 구할 수 있다.

$$\Delta P = FP_v = (a+bL)\frac{\gamma_g v_t^2}{2g}\ [\mathrm{mmH_2O}] \tag{3-138}$$

여기서 $L$ : 액가스비 [$\ell$/m$^3$]

$\gamma_g$ : 함진가스의 비중량 [Kg/m$^3$]

$v_t$ : 벤투리스크러버 목부에서 함진가스 유속 [m/sec]

식 (3-138)에서 내부가 매끈한 경우 $a=0.25$, $b=0.8$, 내부가 거친 경우 $a=0.5$, $b=1.0$을 사용한다. 그리고 벤투리스크러버에 cyclone을 demister로 사용한 경우 $a=b=1.0$이다. 그러나 일반적으로 $a=0.5$, $b=1.0$을 사용한다.
또 다른 실험식(Kimura 식)으로는 식 (3-139)가 있다.

$$\Delta P= FP_v = \left(\frac{0.033}{\sqrt{R_{HT}}} + 3.0R_{HT}^{0.3}L\right)\frac{\gamma_g v_t^2}{2g}\ [\mathrm{mmH_2O}] \tag{3-139}$$

여기서 $R_{HT}$ : 목부의 상당수력반경

$$\left( = \frac{\text{목부분의 단면적}}{\text{목부분 둘레의 길이}} = \frac{\pi \frac{D_t^2}{4}}{\pi D_t} = \frac{D_t}{4} \right)$$

$L$ : 액가스비 [ℓ/m³]

$\gamma_g$ : 함진가스 비중량 [Kg/m³]

$v_t$ : 벤투리스크러버 목부에서 함진가스 유속 [m/sec]

세정액을 분무할 때 수압은 높을수록 미세한 수적이 다량 생성되는데 수적이 작을수록 표면적이 커지므로 집진율은 높아진다. 또 벤투리스크러버의 각 치수와 노즐의 개수, 수압 사이에는 다음과 같은 관계가 성립된다.

$$n\left(\frac{d}{D_t}\right)^2 = \frac{v_t L}{100\sqrt{P}} \tag{3-140}$$

여기서 $D_t$ : 목부의 직경 [m]

$d$ : 노즐의 직경 [m]

$n$ : 노즐의 개수

$P$ : 노즐에서 수압 [$mmH_2O$]

$v_t$ : 목부에서 함진가스 유속 [m/sec]

$L$ : 액가스비 [ℓ/m³]

**Example 3-38**

어떤 공장의 공정라인에서 평균 입경이 1 μm인 분진을 함유한 함진가스가 200 m³/min (20℃ 공기)으로 배출되고 있다. 이 함진가스 중의 분진을 액가스비 1.5 ℓ/m³, 목부분에서 함진가스 유속이 50 m/sec인 벤투리스크러버를 사용하여 집진하려고 할 때 목부직경과 압력손실을 구하시오. 단, 이 온도에서 함진가스의 밀도는 1.2 g/cm³이고 압력손실을 구하는 식은 다음과 같다.

$$\Delta P = FP_v = \left(\frac{0.033}{\sqrt{R_{HT}}} + 3.0 R_{HT}^{0.3} L\right)\frac{\gamma_g v_t^2}{2g} \ [\mathrm{mmH_2O}]$$

**풀이**

목부의 직경 $D_t$는 $Q = Av_t = \frac{\pi D_t^2}{4} \cdot v_t$이므로

$$D_t = \left(\frac{4Q}{\pi v_t}\right)^{\frac{1}{2}} = \left(\frac{4 \times 200}{\pi \times 50 \times 60}\right)^{\frac{1}{2}} = 0.29 \text{ m}$$

$$R_{HT} = \frac{D_t}{4} = \frac{0.29}{4} = 0.0725 \text{ m}$$

$$\therefore \ \Delta P = \left(\frac{0.033}{\sqrt{0.0725}} + 3.0 \times 0.0725^{0.3} \times 1.5\right) \times \frac{1.2 \times 50^2}{2 \times 9.8} = 332.2 \text{ mmH}_2\text{O}$$

**Example 3-39**

벤투리스크러버의 목부의 직경이 0.2 m, 수압이 $2 \times 10^4$ $mmH_2O$, 목부에서 함진가스 유속이 60 m/sec이며, 노즐의 직경은 3.8 mm이다. 노즐의 개수를 6개로 할 경우 초당 요구되는 물의 양을 구하시오. 단, 노즐의 직경과 노즐수 사이에는 다음 식이 성립한다.

$$n(d/D_t)^2 = v_t L/100\sqrt{P}$$

**풀이** $n$(노즐의 개수) : 6

$d$(노즐의 직경) : $3.8 \times 10^{-3}$ m

$D_t$(목부의 직경) : 0.2 m

$v_t$(목부에서 함진가스 유속) : 60 m/sec

$L$(액가스비) : $x$ [$\ell/m^3$]

$P$(노즐로 분사되는 세정액 수압) : $2 \times 10^4$ $mmH_2O$

$$6 \times \left(\frac{3.8 \times 10^{-3}}{0.2}\right)^2 = \frac{60x}{100\sqrt{2 \times 10^4}} \qquad x = 0.51 \ \ell/m^3$$

$$\text{함진가스 유량 } Q = \pi r^2 v = \pi\left(\frac{D}{2}\right)^2 v = 3.14 \times \left(\frac{0.2}{2}\right)^2 \times 60 = 1.884 \text{ m}^3/\text{sec}$$

$$\text{액가스비 } x\,[\ell/\text{m}^3] = \frac{\text{세정액량}[\ell]}{\text{처리가스량}[\text{m}^3]}$$

∴ 세정액량 = 액가스비 × 처리가스량 = 0.51 $\ell/m^3$ × 1.884 $m^3$/sec = 0.96 $\ell$/sec

### (4) 소요동력과 유지비

세정집진기의 소요동력은 다음 식으로 구할 수 있다.

$$L = \frac{\Delta PQ}{102\eta}\,[\text{kW}] = \frac{\Delta PQ}{76\eta}\,[\text{HP}] \qquad (3\text{-}141)$$

여기서 $\Delta P$ : 압력손실 [$mmH_2O$ 또는 $Kg/m^2$]

$Q$ : 함진가스 유량 [$m^3$/sec]

## 연습문제

**01** Venturi scrubber 적용 시 액가스비를 크게 하는 이유(장치 내에 물 공급을 증가시키는 이유)를 서술하라.

**02** 어떤 공장에서 평균입경이 1 μm인 먼지를 함유한 함진가스 150 $m^3$/min(20℃ 공기)를 배출한다. 먼지를 액가스비 2.0 ℓ/$m^3$, 목부분의 가스유속이 70 m/s인 벤투리스크러버로 제진할 경우 벤투리스크러버의 목부직경과 압력손실은?

**03** 분무컵에 의한 회전식 세정집진장치에 의하여 발생되는 세정액적의 크기를 250 μm로 만들기 위하여 직경 10 cm인 분무컵의 분당 회전수(rpm)은 얼마로 하여야 하나?

**04** 20℃에서 벤투리스크러버 목부의 함진가스 유속 $v_t$= 75 m/sec이고 액가스비가 1.5 ℓ/$m^3$이라면 생성된 액적의 직경(μm)은?

**05** 벤투리스크러버의 목부의 직경이 0.15 m, 수압이 $2\times10^5$ $mmH_2O$, 목부에서 함진가스 유속이 75 m/sec이며, 노즐의 직경은 4 mm이다. 노즐의 개수를 6개로 할 경우 함진가스 처리 시 요구되는 세정액량(ℓ/min)을 구하라.

**06** 18.5℃에서 평균 직경이 3.5 μm이고 분진밀도가 200 mg/$cm^3$인 함진가스가 600 $m^3$/min으로 배출되고 있다. 벤투리스크러버로 분진을 제거할 때 최적수적경 150 μm, 액적 충돌효율 35 %, 세정액량 1.5 ℓ/ $m^3$, 수적의 정지거리를 0.9 m라고 한다면 집진율은 얼마인가?

**07** 작업장에서 배출되는 600 $m^3$/min 함진가스의 먼지를 제거하기 위하여 압력손실이 650 mmAq인 벤투리스크러버를 사용할 때 송풍기 효율을 60 %라고 하면 소요되는 동력은 얼마인가?

## 참고문헌

1. 환경부, 대기오염공정시험기준, 제4장 환경기준시험방법, 2013.
2. 金熙江, 金信道, 李濟根, 任濟彬, 大氣汚染과 制御, 동화기술, 1992.
3. 井伊谷鋼一, 金弘在譯, 集塵裝置, 大光書林, 1988.
4. 任薺彬, 田炳英, 安熙官, 丁泰燮, 林桂圭, 대기오염과 방지기술, 동화기술, 1996.
5. 강석호, 류필조, 최희규, 분체의 입도 측정법, 영남대학교 출판부, 2012.
6. William C. Hinds, Aerosol Technology, John Wiley & Sons, 1982.
7. US EPA, Air Pollution Engineering Manual, 2nd Edition.
8. 松本俊次, 電氣集塵裝置, 中央技能啓發研究社, 1977.
9. 천만영, 대기오염 방지기술, 안성산업대학교 출판부, 1995.
10. 한국전력공사 환경실·환경기술부, 전기집진기의 이론 및 실제, 1988.
11. Martin Crawford, Air Pollution Control Theory, McGraw-Hill, 1976.
12. 천만영, 강공언, 강병욱, 신은상, 대기오염 방지기술, 신광문화사, 2016.
13. Louis Theodore and Victor De Paola, "Predicting Cyclone Efficiency", Journal of the Air Pollution Control Association, 30(10), 1980.
14. 대기오염제어공학, 이우근, 선우영 공역, 동화기술, 1999.

CHAPTER 4

# 유해가스처리

오염발생원으로부터 배출되는 대기오염물질 중 가스상 오염물질을 제거하기 위하여 가장 많이 이용되는 방법으로는 흡수법, 흡착법, 연소법이 있다. 이들 방법 중 본 장에서는 흡수법에 대하여 공부하기로 한다.

## 4.1 흡수(absorption)

흡수(吸收)란 기체가 용매에 용해되는 현상을 말하며 대기오염물질 제거분야에서는 특정 기체를 용매에 용해시켜 제거하는 것을 말한다. 흡수에 사용되는 용매는 물이 거의 대부분이므로 흡수는 공기 중에 포함되어 있는 수용성 대기오염물질을 제거하는 데에 응용되고 있다.

### 1. 이중경막설

흡수에서 기체와 액체가 접할 때 두 상(phase)이 접한 경계면의 양측에 경막이 존재한다는 가정을 Lewis-Whitman의 이중경막설(double film theory)이라 하며, 이 때 확산을 일으키는 추진력(driving force)은 두 상에서의 확산물질의 농도차 또는 분압차이며 주어진 온도, 압력에서 평형상태가 되면 물질의 이동은 정지한다.

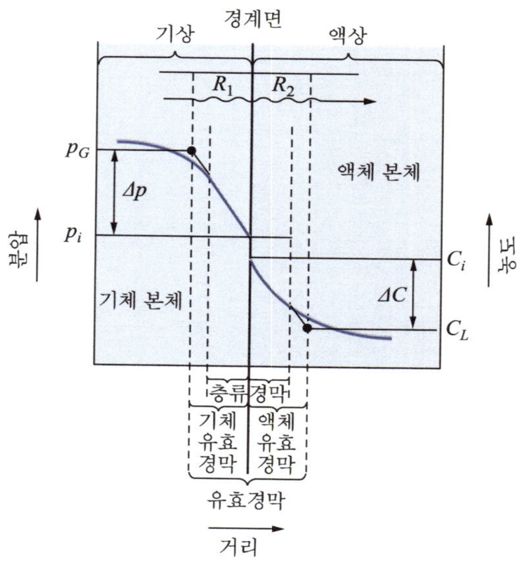


**그림 4-1** 기-액 이중경막설

액상으로 가스가 흡수되는 것은 그림 4-1과 같이 기-액 두 상(phase)의 본체에서 확산물질의 농도 기울기는 거의 없으나 기-액의 각 경막 내에서는 농도 기울기가 있으며 이것은 두 상의 경계면에서 압력(분압)이나 농도가 평형에 도달하려고 하기 때문이다. 그림 4-1의 기-액 본체에 있어서 압력 또는 농도를 각각 $p_G$ [atm], $C_L$ [kg-mol/m$^3$], 경계면의 기체 및 액측 농도를 $p_i$ [atm], $C_i$ [kg-mol/m$^3$]로 하여 평형상태를 나타낸다. 유효경막 내의 확산에는 경막의 두께를 확산거리로 생각한다. 이후 경막이라 하는 것은 유효경막을 의미한다. 액상으로의 가스흡수를 생각하고 확산가스가 기-액 양 경막으로 확산할 때 다음 조건을 성립시키는 것으로 한다.

① 기-액의 계면(interface)에서는 저항이 없고 순간적으로 평형이 성립되며 계면에 있어서 확산가스의 분압 $p_i$ [atm]와 확산가스의 농도 $C_i$ [kg-mol/m$^3$] 사이에는 Henry의 법칙이 성립한다.

$$C_i = Hp_i \tag{4-1}$$

여기서 $H$ : Henry 상수 [kg-mol/m$^3$ · atm]

헨리의 법칙(Henry's law)이란 임의의 온도에서 일정량의 용매에 녹는 기체의 질량은 기체의 압력에 비례한다는 것으로 용해도가 크지 않은 기체에 대하여 비교적 낮은 압력에서 적용되는 법칙이다. 일반적으로 용매는 물을 사용하는데 물에 대한 용해도가 크지 않은 기체로는 $H_2$, $N_2$, $O_2$, $CO_2$, CO 등이 있고 물에 대한 용해도가 큰 기체로는 $NH_3$, $SO_2$, HCl, $HNO_3$ 등이 있다. 현장에서 흡수공정으로 제거되는 가스상 대기오염물질은 물에 대한 용해도가 큰 가스상 대기오염물질이지만 Henry의 법칙을 사용하여도 별 문제가 없다.

일반적으로 기체의 용해도(용질 100 g에 녹는 용질의 최대 그람수)는 온도가 낮을수록 크고 온도가 높아질수록 작아진다. 그러나 고체의 용해도는 기체와 반대로 온도가 높을수록 용해도가 커지고 온도가 낮을수록 작아진다.

② 확산가스의 기상분압 $p$, 액상 농도 $C$, 경막 내의 분압분포 및 농도분포는 시간적으로 변화가 없고 정상상태에 있다고 한다. 확산가스 $A$의 경막으로의 흡수량을 단위시간, 단위면적당의 물질이동량 $N_A$ [kg-mol/hr · m$^2$]으로 정의할 때 확산량은 같기 때문에 다음 식이 성립한다.

$$\text{기상경막 내} \quad N_A = k_g(p_{A_1} - p_{A_2}) = k_g(p_G - p_i) \tag{4-2}$$

$$\text{액상경막 내} \quad N_A = k_l(C_{A_1} - C_{A_2}) = k_l(C_i - C_L) \tag{4-3}$$

$$N_A = k_g(p_G - p_i) = k_l(C_i - C_L) \tag{4-4}$$

$$-\frac{k_l}{k_g} = \frac{(p_G - p_i)}{(C_L - C_i)} \tag{4-5}$$

여기서 $k_g$ : 기상물질전달계수(gas-phase mass transfer coefficient) [kg-mol/m$^2$ · hr · atm]

$k_l$ : 액상물질질전달계수(liquid-phase mass transfer coefficient) [kg-mol/m$^2$ · hr · (kg-mol/m$^3$) 또는 m/hr]

기-액 계면에서 $p_i$와 $C_i$가 평형에 있으나 실제는 흡수가 완료되지 않고 진행 중에 있기 때문에 가스 본체 중의 확산가스 분압 $p_G$는 계면에 있어서 확산가스 분압 $p_i$보다는 크다($p_i < p_G$). 또한 확산가스가 가스측으로부터 액측으로 진행하기 위해서는 확산가스의 계면농도 $C_i$가 액본체의 농도 $C_L$보다 크지 않으면 안 된다($C_i > C_L$). 따라서 가스본체에 있어서 확산가스의 분압이 $p_G$, 액체본체에 있어서 농도가 $C_L$일 경우, 이와 접하고 있는 계면에서의 분압 $p_i$와 농도 $C_i$는 실험으로는 구할 수 없고 작도로 구해야 하는데, 그림 4-2에 표시한 것과 같이 조작선 상의 점 $P(C_L,\ p_G)$로부터 기울기$(-k_l/k_g)$인 경사선(tie line)과 평곡선과의 교점 $Q$를 구한다.

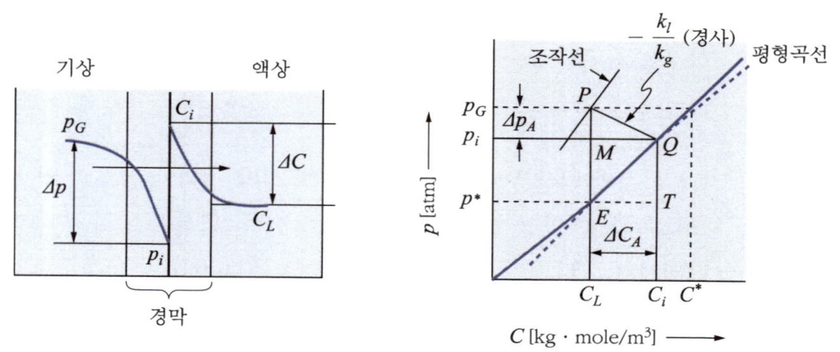


그림 4-2 기-액 계면에서 $C_i$와 $p_i$ 농도

## 2. 총괄물질전달계수

가스경막과 액경막의 경계면에 있어서 저항은 확산저항에 비하여 대단히 적기 때문에 대개 이를 무시한다. 보통 표시되는 평형 값은 경계면에서의 값이며, 가스 흡수의 경우도 경계면에서는 그 때 온도에서 $p_i$ [atm], $C_i$ [kg-mol/m$^3$] 사이에 순간적으로 평형이 되어 Henry 법칙의 직선 관계가 적용되는 것으로 해석된다.

여기서 $k_g$와 $k_l$값을 안다면 앞서 설명한 바와 같이 작드에 의하여 $p_i$, $C_i$값이 구해지나 이를 알지 못할 때에는 $p_i$, $C_i$를 소거하여 구한다. 식 (4-1)에서 $C_i = Hp_i$이므로 이것을 식 (4-5)의 $C_i$에 대입하고 $p_i$를 구한다. 여기서 구한 $p_i$를 식 (4-4)에 대입하고 정리하면

$$N_A = \frac{k_g k_l (Hp_G - C_L)}{Hk_l + k_g} = \frac{(Hp_G - C_L)}{\dfrac{H}{k_g} + \dfrac{1}{k_l}} \tag{4-6}$$

지금 $p_G$와 평형에 있다고 가정한 액의 평형농도를 $C^*$ [kg-mol/m$^3$]이라 하면

$$C^* = Hp_G \tag{4-7}$$

식 (4-7)을 식 (4-6)에 대입하면

$$N_A\,[\mathrm{kg\text{-}mol/m^2 \cdot hr}] = \frac{(C^* - C_L)}{\dfrac{H}{k_g} + \dfrac{1}{k_l}} \tag{4-8}$$

여기서 $H/k_g$는 가스경막저항, $1/k_l$은 액측 경막저항을 나타낸다.

$$\frac{H}{k_g} + \frac{1}{k_l} = \frac{1}{K_L} \tag{4-9}$$

$1/K_L$은 양경막에 대한 저항을 나타내며, $K_L$을 총괄액상물질전달계수(overall liquid phase mass transfer coefficient)라 한다. 단위는 $k_l$ [m/hr]과 같다. 따라서 식 (4-8)은

$$N_A\,[\mathrm{kg\text{-}mol/m^2 \cdot hr}] = K_L(C^* - C_L) \tag{4-10}$$

또한 $p^*$를 확산기체가 액본체의 농도 $C_L$과 평형에 있다고 가정할 때의 분압이라면 Henry의 법칙에 의하여

$$C_L = Hp^* \tag{4-11}$$

식 (4-11)을 식 (4-6)에 대입하면

$$N_A\,[\text{kg-mol/m}^2\cdot\text{hr}] = \frac{(p_G - p^*)}{\dfrac{1}{k_g} + \dfrac{1}{Hk_l}} \tag{4-12}$$

식 (4-12)의 분모는

$$\frac{1}{k_g} + \frac{1}{Hk_l} = \frac{1}{K_G} \tag{4-13}$$

$1/K_G$는 전저항을 나타내며 $K_G$를 총괄기상물질전달계수(overall gas phase mass transfer coefficient)라 하며 단위는 [kg-mol/m$^2$ · hr · atm]이다. 따라서 식 (4-12)은

$$N_A = K_G(p_G - p^*) \tag{4-14}$$

어떤 물질전달 과정에서 가스측 경막저항과 액측 경막저항 중 어느 것이 지배적인가를 결정하려 할 때에는 $H$의 값, 즉 용해도의 크기를 알아야 한다. 용해도가 대단히 클 경우($H$가 대단히 클 경우) $1/k_g \gg 1/Hk_l$이 되어 식 (4-13) $k_g = K_G$가 된다. 이때를 가스측 경막저항이 지배적이라고 하고 기상총괄물질이동계수가 기상물질이동계수와 같게 되어 물질전달에 있어 저항이 기상물질이동계수에 의해 결정된다는 것을 알 수 있다. 따라서 액분산형 흡수장치를 사용하는 것이 바람직하다.

용해도가 대단히 적을 경우($H$가 대단히 적을 경우), $H/k_g \ll 1/k_g$이 되어 식 (4-9)에서 $k_l = K_L$이 된다. 이때는 액체경막저항이 지배적임을 알 수 있으며 액상총괄물질이동계수가 액상물질이동계수와 같게 되어 물질전달에 있어 저항이 액상물질이동계수에 의해 결정되는 것을 알 수 있다. 따라서 가스분산형 흡수장치를 사용하는 것이 바람직하다.

### Example 4-1

헨리의 법칙이 적용되는 가스가 물속에 2.0 [kg-mol/m$^3$] 농도로 용해되어 있다. 이 가스의 분압은 29 mmHg이다. 이 유해가스의 분압이 18 mmHg가 되었다면 물속의 농도 [kg-mol/m$^3$]는 얼마인가?

**풀이** $C = Hp$

$2.0\ [\text{kg-mol/m}^3] = H \times 29\ \text{mmHg} \qquad H = 0.069\ [\text{kg-mol/m}^3 \cdot \text{mmHg}]$

$C = 0.069\ [\text{kg-mol/m}^3 \cdot \text{mmHg}] \times 18\ \text{mmHg} = 1.242\ [\text{kg-mol/m}^3]$

### Example 4-2

헨리법칙을 이용하여 20℃, 분압 200 mmHg에서 물에 대한 $CO_2$의 용해도(mol/100 g water)를 계산하라. 단, 20℃에서 $CO_2$의 헨리상수는 1×10$^6$ mmHg이며 $CO_2$의 몰분율 $X_{CO_2} = \dfrac{P_{CO_2}}{H}$ 이다.

**풀이**

$$X_{CO_2} = \frac{P_{CO_2}}{H} \qquad X_{CO_2} = \frac{200\ \text{mmHg}}{1 \times 10^6\ \text{mmHg}} = 0.0002$$

$$X_{CO_2} = \frac{CO_2\ \text{몰수}}{\text{전체 몰수(물의 몰수} + CO_2\ \text{몰수)}} = \frac{a}{\frac{100}{18} + a} = 0.0002$$

$a = 1.11 \times 10^{-3}$

전체 몰수는 $\dfrac{100}{18} + 1.11 \times 10^{-3} \fallingdotseq \dfrac{100}{18}$

그러므로 물 100 g에 녹아 있는 $CO_2$ 용해도는 물 100 g에 녹아 있는 $CO_2$ 몰수와 거의 같으므로 $CO_2$ 용해도는 $1.11 \times 10^{-3}$ mol/100 g $H_2O$

### Example 4-3

흡수장치로 전압 1 atm, 온도 20℃에서 공기 중의 $NH_3$를 물에 흡수시켜 제거하고자 한다. $k_g = 1.13$ [kg-mol/m$^2$ · hr · atm], $k_l = 0.38$ [m/hr]일 경우 총괄기상물질전달계수 $K_G$를 구하라. 단, $NH_3$-$H_2O$계에서 $p = 0.0137\,C$이다. 또 기-액 양 경막에서의 저항비는 얼마인가?

**풀이** 1) 총괄물질전달계수 $K_G$

$C = Hp$에서 $H = \dfrac{C}{p}\ [\text{kg-mol/m}^3 \cdot \text{atm}]$

$p = 0.0137\,C$에서 $\dfrac{C}{p} = \dfrac{1}{0.0137}\ [\text{kg-mol/m}^3 \cdot \text{atm}] = 73\ [\text{kg-mol/m}^3 \cdot \text{atm}]$

$k_g = 1.13\ [\text{kg-mol/m}^2 \cdot \text{hr} \cdot \text{atm}], \qquad k_l = 0.38\ [\text{m/hr}]$

$$\frac{1}{k_g} + \frac{1}{Hk_l} = \frac{1}{K_G},$$

$$\frac{1}{1.13} + \frac{1}{73 \times 0.38} = \frac{1}{K_G} \qquad \therefore\ K_G = 1.09\ [\text{kg-mol/m}^2 \cdot \text{hr} \cdot \text{atm}]$$

2) $\text{기체경막 저항비} = \dfrac{\text{기체경막 저항}}{\text{전체 저항}} = \dfrac{\frac{1}{k_g}}{\frac{1}{K_G}} = \dfrac{\frac{1}{1.13}}{\frac{1}{1.09}} = 0.96$

액체경막 저항비 = 1 − 기체경막 저항비 = 1 − 0.96 = 0.04

## 4.2 흡수법

가스상 오염물질을 제거하기 위한 흡수제(absorbent)의 구비조건은 다음과 같다.

① 적은 양의 흡수제로 많은 오염물을 제거하기 위해서는 유해가스의 용해도가 큰 흡수제를 선정한다. 흡수제가 화학적으로 유해가스 성분과 비슷할 때 일반적으로 용해도가 크다.

② 흡수제의 손실을 줄이기 위하여 휘발성이 적어야 한다.

③ 장치의 부식을 막기 위하여 가능하면 부식성이 없는 흡수제를 사용한다.

④ 가격이 저렴하고 사용이 용이해야 한다.

⑤ 흡수율을 높이고 범람(flooding)을 줄이기 위해서는 흡수제의 점도가 낮아야 한다.

⑥ 흡수제는 무독성이고 착화성이 없으며, 화학적으로 안정해야 한다. 또 빙점은 낮고 비점은 높아야 한다.

그러나 실제로 흡수액으로는 거의 대부분 물을 사용하는데, 가스상 대기오염물질 중 $SO_2$, $H_2S$, HCl, $Cl_2$, $NH_3$ 등은 수용성이므로 흡수법으로 제거가 가능하다.

흡수는 기체와 액체가 접촉하여 기체가 액체로 확산되도록 설계한다. 확산율은 ① 기-액 접촉면, ② 용해도, ③ 화학반응, ④ 가스에 포함된 성분의 특성, ⑤ 사용된 장치 등에 따라 달라진다.

흡수장치의 종류는 다음과 같이 크게 두 가지로 나눌 수 있다.

① 액분산형 흡수장치 : 충전탑(packed tower), 분무탑(spray tower), 분무실(spray chamber), 벤투리 흡수장치(venturi scrubber)

② 기체분산형 흡수장치 : 단탑(plate tower), 액체 내로 기체를 분무하는 장치(vessel with sparging equipment)

## 1. 충전탑(packed tower)

충전탑은 그림 4-3과 같이 기-액 접촉면을 크게 하기 위하여 충전제를 사용하며 흡수제가 이 충전제를 타고 내리면(하향류) 충전제에 의하여 용매의 얇은 막이 생긴다. 이때, 유해가스는 상향류로 밑에서 위로 올라가는데, 탑 내에서 기-액이 접촉하여 유해가스 성분을 제거한다. 흡수제와 유해가스는 향류(counter flow)일 때 최대의 흡수율을 나타낸다. 즉 유해가스는 위로 올라갈수록 흡수제에 흡수되어 유해가스성분의 농도는 낮아지지만 흡수제는 위에서 깨끗한 것이 주입되므로 흡수율이 최대가 된다.

### (1) 충전제(packing material)

충전제는 기-액 접촉면을 크게 하기 위하여 사용하는데 충전제의 조건은 다음과 같다.

① 설치시나 운전 시 깨지지 않도록 충분한 기계적 강도를 가질 것

② 화학적으로 불활성일 것

③ 비싸지 않을 것

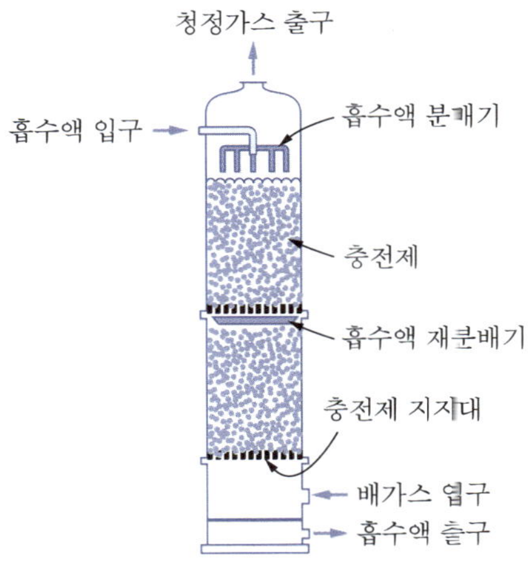


그림 4-3 충전탑의 계략도

이러한 조건을 만족시키는 충전제 재질로는 ceramic, carbon, polyethylene(PE), polypropylene(PP), stainless steel 등이 사용된다.

### (2) 충전제 종류

충전제의 종류는 그림 4-4와 같다.

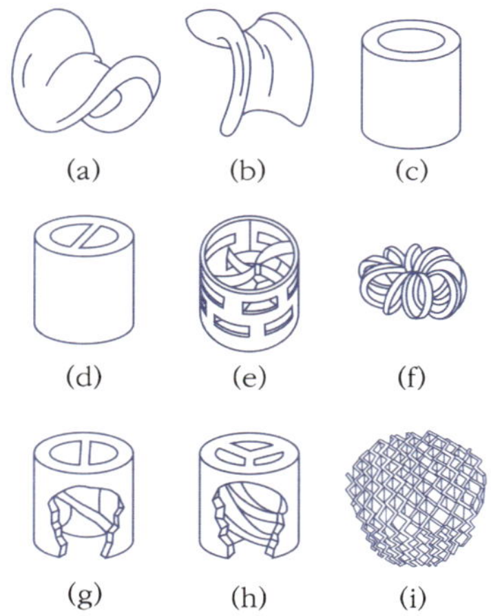


(a) Berl Saddle
(b) Intalox Saddle
(c) Raschig ring
(d) Lessing ring
(e) Pallring
(f) Tellerette
(g) 2중 나선링(double spiral ring)
(h) 3중 나선링(triple spiral ring)
(i) 구조충전물(structured packing material)

**그림 4-4** 여러 가지 충전제

### (3) 충전제 충전방법

① **불규칙적(random)으로 충전하는 방법**

접촉면적은 크나 압력손실이 크다. 충전제의 크기가 1/4～2 inch인 것은 보통 불규칙하게 충전한다(그림 4-4의 a～f).

② **규칙적(regular)으로 충전하는 방법**

압력손실이 적어 더 많은 흡수제(solvent)를 흘릴 수 있으나 설치비가 비싸다. 2～8 inch의 대형 충전제는 보통 규칙적으로 쌓는다(그림 4-4의 g～h).

③ **구조충전물(structured packing materials)**

단위 충전물질을 하나의 구조체로 연결할 수 있도록 제작된 충전물질로 낮은 압력손실, 고효율, 고용량 및 액체의 hold-up을 줄일 수 있지만 가격이 비싸고 흡수액이나 오염가스의 이상 분배에 민감하다는 단점이 있다.

### (4) 액의 분배(liquid distribution)

충전탑의 효율은 액막의 크기(넓이)에 좌우된다. 만약 액의 분배가 잘되지 않으면 충전탑의 한쪽으로만 액이 지나가는 편류현상(channeling effect)이 생겨 효율이 저하된다. 편류 현상은 탑상부에서 흡수액을 잘못 분사하거나 pallring 같은 면구조 충전물을 사용할 때 주로 발생하며 Tellerette 같은 선구조 충전물은 면구조 충전물에 비하여 편류현상이 훨씬 더 적다.

흡수액의 주입량은 충전제를 적실 정도로 충분해야 하지만 넘쳐서(범람, flooding)는 안 되므로 흡수액의 표면속도는 800 lb/hr-ft$^2$이 바람직하다. 원추형 분무노즐(solid-cone spray nozzle)은 분배기로써 아주 좋다. 그러나 충전제는 용제 안에 입자상 물질(부유물질)이 있을 경우 쉽게 막힌다. 충전제를 불규칙하게 채운 탑은 벽쪽의 충전밀도가 낮기 때문에 액이 벽쪽으로 쏠리므로 탑 높이가 높은 탑은 10～15 ft마다 액 재분배기를 설치하거나 선구조 충전물을 사용하여야 한다. 충전제 크기가 탑 직경의 1/8 이하이면 편류효과는 최소가 된다.

### (5) 충전탑의 용량

일정한 양의 흡수액을 흘릴 때 유해가스의 압력손실은 가스속도의 대수값에 비례한다. 가스속도를 증가시키면 파괴점(break point)이 2군데에서 나타나는데, 첫 번째 파괴점이 부하점(loading point)이고 두 번째가 범람점(flooding point)이다. 충전탑내의 작업은 부하점 이상에서는 거의 행하지 않으나 가끔은 부하점을 알기가 힘들므로 flooding point의 40～70 %에서 보통 설계된다. Flooding velocity(flooding point에서의 가스속도)는 충전제를 불규칙하게 쌓았을 때 보다 규칙적으르 쌓았을 때가 더 크다.

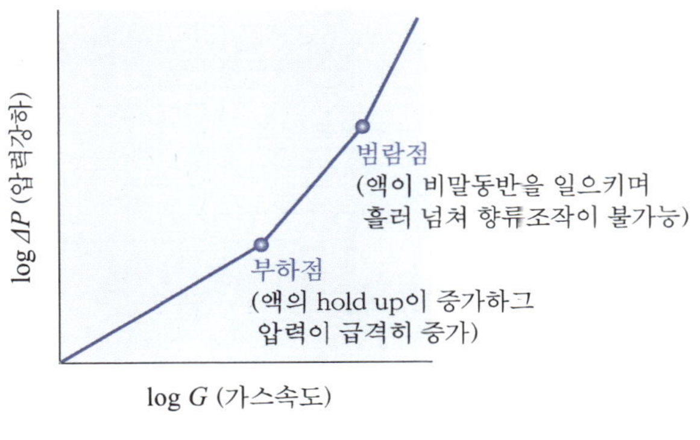


**그림 4-5** 충전탑의 부하점과 범람점

충전탑은 단탑(plate tower 또는 tray tower)과 같은 기준에 의하여 설계된다. HETP(height equivalent to a theoretical plate, 한 이상단과 꼭 같은 성능을 나타내는 충전탑의 높이)를 사용해서 구하는 방법이 있으나 복잡해서 사용하지 않는다. 현재는 이동단위(transfer unit) 개념을 도입해서 쓰고 있다. 중요한 설계 항목으로는 탑의 직경, 이동단위수(NTU, number of a transfer unit), 이동단위높이(HTU, height of a transfer unit), 그리고 압력손실 등이 있다.

### (6) 탑의 직경(tower diameter)

탑 직경은 처리해야 할 오염가스량, 사용되는 흡수액의 양, 그리고 충전제의 충전형태 등에 의하여 달라지는데, 보통 그림 4-6과 같이 Lobo's 상관관계에 의하여 구할 수 있으며 충전계수는 그림 4-7로부터 구할 수 있다. 계산은 아래와 같다.

$$\frac{L'}{V'}\left(\frac{\rho_g}{\rho_l}\right)^{0.5} \tag{4-15}$$

여기서 $L'$ : 흡수액량 [lb/hr]

$V'$ : 유해가스유량 [lb/hr]

$\rho_g$ : 유해가스의 밀도 [lb/ft$^3$]

$\rho_l$ : 흡수액의 밀도 [lb/ft$^3$]

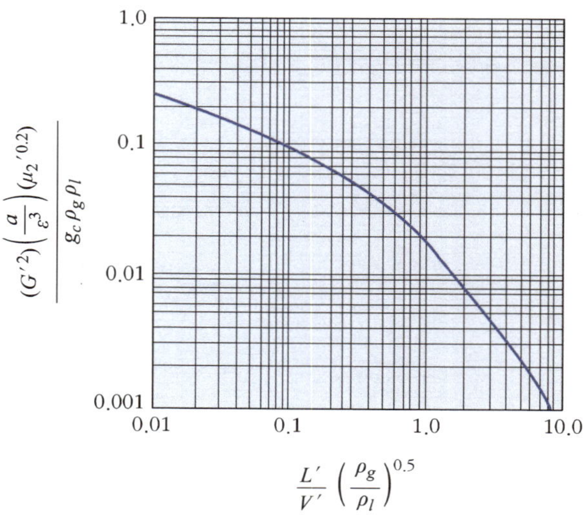


그림 4-6 충전제를 불규칙하게 쌓은 충전탑에서 flooding 속도와의 관계

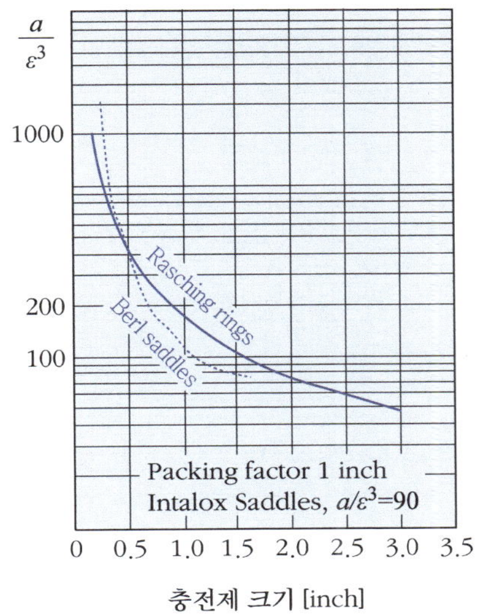


**그림 4-7** Rasching과 Berl Saddle에 대한 충전계수

식 (4-15)에서 구한 값을 이용하여 그림 4-6에서 구하면

$$\frac{(G'^2)\left(\frac{a}{\epsilon^3}\right)(\mu_l'^{0.2})}{g_c \rho_g \rho_l} \tag{4-16}$$

여기서 $G'$ : flooding point에서 탑 단면의 가스유속 [lb/sec · ft$^2$]

$\frac{a}{\epsilon^3}$ : 그림 4-7에서 구한 충전계수(packing factor)

$\mu_l'$ : 흡수액의 점도 [cp]

$\rho_g$ : 가스의 밀도 [lb/ft$^3$]

$\rho_l$ : 흡수액의 밀도 [lb/ft$^3$]

$g_c$ : 중력가속도 [32.2 ft/sec$^2$]

식 (4-16)에서 결정된 factor로부터 flooding point에서의 표면질량 가스속도를 구한다. 아래 식을 사용해서 정해진 flooding velocity의 분율에 대한 탑의 단면적($A$)를 구한다.

$$A = \frac{V'}{G' \times f \times 3,600} \ [\mathrm{ft}^3] \tag{4-17}$$

여기서 $f$ : flooding velocity에 대한 분율

아래 식을 사용하여 탑의 내경 $D_c$를 구한다.

$$D_c = \sqrt{\left(\frac{4A}{\pi}\right)} \qquad \left(cf;\ A = \frac{\pi D_c^2}{4}\right) \tag{4-18}$$

탑 직경은 상부와 하부 둘 다 계산해서 큰 쪽을 택한다.

### (7) 이동단위수(number of transfer units, NTU)

이동단위(transfer unit)는 질량이동의 난이도를 나타낸다. 이것은 오염가스나 흡수액 안에 있는 유해가스(solute gas)의 농도와 용해도의 함수로 다음 두 가지로 설명할 수 있다.

① $N_{OG}$(기상총괄이동단위수) : 흡수속도가 가스경막에 의존할 때
② $N_{OL}$(액상총괄이동단위수) : 흡수속도가 액체경막에 의존할 때

가스측 경막저항은 흡수액에 대한 유해가스의 용해도가 클 때 경막저항을 지배하고, 반대로 액측 경막저항은 용해도가 작을 때 지배한다. 대기오염물질은 보통 공기 중에 소량 포함되어 있고 유해가스의 용해도가 큰 흡수제를 사용하므로 가스측 경막저항이 주로 지배한다.

Baker는 평형선(equilibrium curve)과 조작선(operating line)을 사용하여 NTU를 결정하는 방법을 제안하였다. 주어진 기-액 계에서 만약 온도가 일정하다면 액체내의 유해가스의 농도는 평형농도가 될 때까지 액체로 용해가 될 것이다. 만약 계가 제거되어야 할 용해가스(유해가스 성분), 용해되지 않는 운반가스(carrier gas, 보통 공기) 그리고 흡수제로 구성되어 있다면 계 내의 오염가스의 양이 증가하면 흡수액 내의 오염가스의 평형농도는 증가한다. 그러나 증가량이 비례적인 것은 아니다.

이 평형상태는 무수히 존재하는데, 이것을 $X$-$Y$ 좌표 위에 점을 찍고 각 점들을 연결하면 평형곡선이 된다. 조작선은 탑의 여러 곳에서 운반가스에 포함된 유해가스의 농도와 흡수액 속에 용해된 오염가스농도를 나타낸다. $X$-$Y$ 좌표 상에 용질(mol)/용매(mol) 대 용질(mol)/운반가스(mol)의 점을 찍고 각 점들을 연결하면 직선이 된다. 즉

충전탑 상부 및 하부에서 기상 및 액상의 오염물 농도를 연결하면 직선이 되는데 이것이 조작선이다. 흡수가 일어날 때 조작선은 반드시 그림에서 평형선 위쪽에 있게 된다. 조작선과 평형선 사이에 차이가 있는 것은 탑 조건이 평형과 거리가 멀다는 것을 나타낸다(평형조건은 주어진 조건에서 최대로 용해될 수 있는 값을 나타낸다. 그러나 실제 흡수에서는 평형조건에 도달하지 않는다). 충전탑의 조건이 평형곡선에서 멀어질수록 흡수에 대한 추진력(driving force)은 더 커진다.

그림 4-8은 흡수율이 가스경막에 의하여 정해지는 향류 충전탑에 대한 이동단위수(NTU)를 그림으로 결정하는 방법에 대하여 설명하고 있다.
평형선(곡선 AB)은 실험자료에서 얻으며 조작선은 C와 D를 잇는 직선이다. D점($X_1$, $Y_1$)은 유해가스의 입구($Y_1$)와 흡수액 출구($X_1$)에서 운반가스와 흡수액속에 포함되어 있는 유해가스성분의 농도를 나타낸다. C점($X_2$, $Y_2$)은 탑정에서 운반가스와 흡수액에 포함되어 있는 유해가스성분의 농도이며 EF선은 조작선과 평형선 사이의 수직이등분선을 모두 연결한 것이다. C점에서부터 시작하여 수평선 CH를 긋는데 CG＝GH가 되도록 긋는다. 그리고 수직선 HJ를 조작선으로 긋는다. 여기서, 단(step) CHJ는 하나의 가스이동단위를 나타낸다. 이러한 계단식 작도가 D점까지 계속된다. 그림 4-8은 두 개의 가스이동단을 보여주고 있다. 또는 조작선과 평형선의 수직이등분선 EF를 긋고 조작선의 맨 위의 D점에서 시작하여 수직선 DK를 DL＝LK가 되도록 긋는다. 조작선을 향하여 수평선 KJ를 긋는다. 그리고 이 과정을 조작선 위의 C점에 도달할 때까지 계속한다.

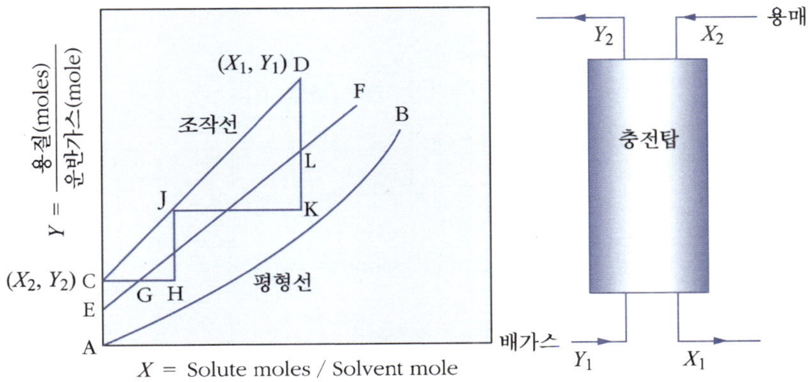


**그림 4-8** 이동단위수 결정법

### (8) 이동단위높이(height of a transfer unit, HTU)

기상이동단위높이($H_G$)와 액상이동단위높이($H_L$)은 식 (4-19)와 식 (4-20)에서 보듯이 충전물의 충전형태, 유해가스와 흡수액의 양에 기초하여 실험적으로 구한다.

$$H_G = \frac{\alpha G'^{\beta}}{L'^{\gamma}} \left( \frac{\mu_g}{\rho_g D_g} \right)^{0.5} \tag{4-19}$$

여기서 $H_G$ : 기상이동단위높이 [ft]

$G'$ : 가스의 표면속도 [lb/hr-ft$^2$]

$L'$ : 흡수액표면속도 [lb/hr-ft$^2$]

$\alpha, \beta, \gamma$ : 충전상수

$\mu_g$ : 기체의 점도 [lb/hr-ft]

$\rho_g$ : 기체의 밀도 [lb/ft$^3$]

$D_g$ : 유해가스의 확산율 [ft$^2$/hr]

$\left( \frac{\mu_g}{\rho_g D_g} \right)$ : Schmidt number

$$H_L = \phi \left( \frac{L'}{\mu_l} \right)^{\eta} \left( \frac{\mu_l}{\rho_l D_l} \right)^{0.5} \tag{4-20}$$

여기서 $H_L$ : 액상이동단위높이 [ft]

$L'$ : 흡수액의 표면속도 [lb/hr-ft$^2$]

$\phi, \eta$ : 충전상수

$\mu_l$ : 흡수액의 점도 [lb/hr-ft]

$\rho_l$ : 흡수액의 밀도 [lb/ft$^3$]

$D_l$ : 흡수액의 확산율 [ft$^2$/hr]

$\left( \frac{\mu_l}{\rho_l D_l} \right)$ : Schmidt number

$H_G$는 액측 경막저항을, $H_L$은 가스측 경막저항을 무시한 것이다. 그러나 실제로는 두 가지의 경막저항이 모두 존재한다. 즉 용해도가 아무리 큰 흡수액이라 할지라도 액측 경막저항이 존재한다.

기상총괄이동단위높이(height of an over all gas transfer unit, $H_{OG}$)는 식 (4-21)과 같다.

$$H_{OG} = H_G + (m)\left(\frac{G_m}{L_m}\right)(H_L) \tag{4-21}$$

여기서 $m$ : 평형선의 기울기
$G_m$ : 가스유량 [lb-mole/hr]
$L_m$ : 흡수액유량 [lb-mole/hr]

$(m) \cdot (G_m/L_m)$을 stripping factor라 하며 보통 0.7(0.5～1.0)을 사용한다.
충전탑의 높이는 이동단위수와 이동단위높이를 사용하여 다음과 같이 구할 수 있다.

$$H = \text{NTU}(\text{이동단위수}) \times \text{HTU}(\text{이동단위높이}) = N_{OG} \times H_{OG} \tag{4-22}$$

### (9) 압력손실(pressure drop through packing)

흡수액의 점도가 크면 압력손실은 더 커진다. 부하점(loading point) 이하에서 Leva의 압력손실 실험식은 아래와 같다.

$$\frac{\Delta P}{H} = m(10^{-8})(10^{nL'/\rho_L})\left(\frac{G'^2}{\rho_g}\right) \tag{4-23}$$

여기서 $\Delta P$ : 압력손실 [lb/ft$^2$]
$L'$ : 흡수액의 표면질량속도 [lb/hr-ft$^2$]
$H$ : 충전탑의 높이 [ft]
$G'$ : 가스의 표면질량속도 [lb/hr-ft$^2$]
$\rho_1$ : 흡수액의 밀도 [lb/ft$^3$]
$\rho_g$ : 가스의 밀도 [lb/ft$^3$]
$m, n$ : 압력손실상수

**표 4-1** 가스 경막이동단위높이 결정에 사용되는 각종 상수들

| 충전제 | $\alpha$ | $\beta$ | $\gamma$ | Range of $G'$ | Range of $L'$ |
|---|---|---|---|---|---|
| Raschig ring | | | | | |
| 3/8 in. | 2.32 | 0.45 | 0.47 | 200~500 | 500~1,500 |
| 1 in. | 7.00 | 0.39 | 0.58 | 200~800 | 400~500 |
| | 6.41 | 0.32 | 0.51 | 200~600 | 500~4,500 |
| 1½ in. | 17.30 | 0.38 | 0.66 | 200~700 | 500~1,500 |
| | 2.58 | 0.38 | 0.40 | 200~700 | 1,500~4,500 |
| 2 in. | 3.82 | 0.41 | 0.45 | 200~800 | 500~4,500 |
| Berl saddles | | | | | |
| 1/2 in. | 32.40 | 0.30 | 0.74 | 200~700 | 500~1,500 |
| | 0.81 | 0.30 | 0.24 | 200~700 | 1,500~4,500 |
| 1 in | 1.97 | 0.36 | 0.40 | 200~800 | 400~4,500 |
| 1½ in. | 5.05 | 0.32 | 0.45 | 200~1,000 | 400~4,500 |
| 3 in. partition rings | 6.50 | 0.58 | 1.06 | 150~900 | 3,000~10,000 |
| Spiral rings(stacked staggered) | | | | | |
| 3 in. single spiral | 2.38 | 0.35 | 0.29 | 130~700 | 3,000~10,000 |
| 3 in. triple spiral | 15.60 | 0.38 | 0.60 | 200~1,000 | 500~3,000 |
| Drip-point grids | | | | | |
| No. 6146 | 3.91 | 0.37 | 0.39 | 130~1,000 | 3,000~6,500 |
| No. 6295 | 4.56 | 0.27 | 0.27 | 100~1,000 | 2,000~11,500 |

**표 4-2** 각종 가스의 확산계수(25℃, 1 atm)

| 물질명 | $D$[cm²/sec] | $\mu/\rho D$ | 물질명 | $D$[cm²/sec] | $\mu/\rho D$ |
|---|---|---|---|---|---|
| Ammonia | 0.236 | 0.66 | *i*-Caproic acid | 0.060 | 2.58 |
| Carbon dioxide | 0.164 | 0.94 | Diethyl amine | 0.105 | 1.47 |
| Hydrogen | 0.410 | 0.22 | Butyl amine | 0.101 | 1.53 |
| Oxygen | 0.206 | 0.75 | Aniline | 0.072 | 2.14 |
| Water | 0.256 | 0.60 | Chloro benzene | 0.073 | 2.12 |
| Carbon disulfide | 0.107 | 1.45 | Chloro toluene | 0.065 | 2.38 |
| Ethyl ether | 0.093 | 1.66 | Propyl bromide | 0.105 | 1.47 |
| Methanol | 0.159 | 0.97 | Propyl iodide | 0.096 | 1.61 |
| Ethanol | 0.119 | 1.30 | Benzene | 0.088 | 1.76 |
| Propyl alcohol | 0.100 | 1.55 | Toluene | 0.084 | 1.84 |
| Butyl alcohol | 0.090 | 1.72 | Xylene | 0.071 | 2.18 |
| Amyl alcohol | 0.070 | 2.21 | Ethyl benzene | 0.077 | 2.01 |
| Hexyl alcohol | 0.059 | 2.60 | Propyl benzene | 0.059 | 2.62 |
| Formic acid | 0.159 | 0.97 | Diphenyl | 0.068 | 2.28 |
| Acetic acid | 0.133 | 1.16 | *n*-Octane | 0.060 | 2.58 |
| Propionic acid | 0.099 | 1.56 | Mesitylene | 0.067 | 2.31 |
| *i*-Butyric acid | 0.081 | 1.91 | | | |
| Valeric acid | 0.067 | 2..31 | | | |

**표 4-3** 액체 경막이동단위높이 결정에 사용되는 각종 상수들

| 충전제 | $\phi$ | $\eta$ | Range of $L'$ |
|---|---|---|---|
| Raschig ring | | | |
| 3/8 in. | 0.00182 | 0.46 | 400~15,000 |
| 1/2 in. | 0.00357 | 0.35 | 400~15,000 |
| 1 in. | 0.01 | 0.22 | 400~15,000 |
| 1½ in. | 0.0111 | 0.22 | 400~15,000 |
| 2 in. | 0.0125 | 0.22 | 400~15,000 |
| Berl saddles | | | |
| 1/2 in. | 0.00666 | 0.28 | 400~15,000 |
| 1 in. | 0.00588 | 0.28 | 400~15,000 |
| 1½ in. | 0.00625 | 0.28 | 400~15,000 |
| 3 in. partition rings | 0.0625 | 0.09 | 3,000~14,000 |
| Spiral rings(stacked staggered) | | | |
| 3 in. single spiral | 0.00909 | 0.28 | 400~15,000 |
| 3 in. triple spiral | 0.0116 | 0.28 | 3,000~14,000 |
| Drip-point grids | | | |
| No. 6146 | 0.0154 | 0.23 | 3,500~30,000 |
| No. 6295 | 0.00725 | 0.31 | 2,500~22,000 |

**표 4-4** 액체 중에서의 확산계수(20℃)

| 물질명[a] | $D\times10^5$ [cm²/sec]$\times10^5$ | $\mu/\rho D$ | 물질명[a] | $D\times10^5$ [cm²/sec]$\times10^5$ | $\mu/\rho D$ |
|---|---|---|---|---|---|
| $O_2$ | 1.80 | 558 | Pyrogallol | 0.70 | 1,440 |
| $CO_2$ | 1.77 | 559 | Hydroquinone | 0.77 | 1,300 |
| $N_2O$ | 1.51 | 665 | Urea | 1.06 | 946 |
| $NH_3$ | 1.76 | 570 | Resorcinol | 0.80 | 1,260 |
| $Cl_2$ | 1.22 | 824 | Urethane | 0.92 | 1,090 |
| $Br_2$ | 1.20 | 840 | Lactose | 0.43 | 2,340 |
| $H_2$ | 5.13 | 196 | Maltose | 0.43 | 2,340 |
| $N_2$ | 1.64 | 613 | Glucose | 0.60 | |
| HCl | 2.64 | 381 | Mannitol | 0.58 | 1,730 |
| $H_2S$ | 1.41 | 712 | Raffinose | 0.37 | 2,720 |
| $H_2SO_4$ | 1.73 | 580 | Sucrose | 0.45 | 2,230 |
| $HNO_3$ | 2.60 | 390 | NaCl | 1.35 | 745 |
| Acetylene | 1.56 | 645 | NaOH | 1.51 | 665 |
| Acetic acid | 0.88 | 1,140 | $CO_2$[b] | 3.40 | 445 |
| Methanol | 1.28 | 785 | Phenol[b] | 0.80 | 1,900 |
| Ethanol | 1.00 | 1,005 | Chloroform[b] | 1.23 | 1,230 |
| Propanol | 0.87 | 1,150 | Phenol[c] | 1.54 | 479 |
| Butanol | 0.77 | 1,310 | Chloroform[c] | 2.11 | 350 |
| Allyl alcohol | 0.93 | 1,080 | Acetic acid[c] | 1.92 | 384 |
| Phenol | 0.84 | 1,200 | Ethylene dichloride[c] | 2.45 | 301 |
| Glycerol | 0.72 | 1,400 | | | |

[a] Solvent is water except where indicated, [b] Solvent is ethanol, [c] Solvent is benzene

**표 4-5 충전탑에서 압력강하에 대한 상수들**

| 충전제 | Normal size [inch] | $m$ | $n$ | Range of $L'$ [lb/hr–ft²] | Range of $\Delta P/Z$ [lb/ft²–ft] |
|---|---|---|---|---|---|
| Raschig rings | 1/2 | 139 | 0.00720 | 300~8,600 | 0~2.6 |
| | 3/4 | 32.90 | 0.00450 | 1,800~10,800 | 0~2.6 |
| | 1 | 32.10 | 0.00434 | 360~27,000 | 0~2.6 |
| | 1½ | 12.08 | 0.00398 | 720~18,000 | 0~2.6 |
| | 2 | 11.13 | 0.00295 | 720~21,000 | 0~2.6 |
| Berl saddles | 1/2 | 60.40 | 0.00340 | 300~14,100 | 0~2.6 |
| | 3/4 | 24.10 | 0.00295 | 360~14,400 | 0~2.6 |
| | 1 | 16.01 | 0.00295 | 720~78,800 | 0~2.6 |
| | 1½ | 8.01 | 0.00225 | 720~21,600 | 0~2.6 |
| Intalox saddles | 1 | 12.44 | 0.00277 | 2,520~14,400 | 0~2.6 |
| | 1½ | 5.66 | 0.00225 | 2,520~14,400 | 0~2.6 |
| | | 1.045 | 0.00214 | 3,000~17,000 | 0~0.5 |

**Example 4-4**

공기 90 %, $NH_3$ 10 %(V)인 혼합가스에서 $NH_3$를 95 % 제거하려고 한다. 혼합가스량은 68°F, 1기압에서 80 lb-mol/hr이다. 흡수액으로써 사용되는 $H_2O$는 $NH_3$를 포함하고 있지 않으며, 충전제는 1″ Raschig ring을 사용한다. 충전탑은 flooding point의 60 %에서 운전하며, 68°F 등온상태라 가정한다. $H_2O$는 재순환되지 않는다. 이때, $H_2O$의 유량, 탑 직경, 충전탑 높이, 그리고 탑의 압력강하를 구하라.

**풀이** 1) 먼저 다음과 같이 $H_2O$의 유량을 계산한다.

$H_2O$-$NH_3$계에 대한 평형자료는 다음과 같다.

| $Y$ | 0.0158 | 0.0240 | 0.0329 | 0.0418 | 0.0660 | 0.0920 | $[mol_{NH_3}/mol_{air}]$ |
|---|---|---|---|---|---|---|---|
| $X$ | 0.0206 | 0.0310 | 0.0407 | 0.0502 | 0.0735 | 0.0962 | $[mol_{NH_3}/mol_{H_2O}]$ |
| $Y/X\ (=m)$ | 0.77 | 0.77 | 0.81 | 0.83 | 0.89 | 0.96 | |

그림 4-9에 보인 것과 같이 평형곡선을 그린다. 평형곡선은 실제로는 곡선이나 여기서는 기울기 $m$이 0.75인 직선으로 하자. 이유는 $NH_3$농도가 높을 경우에는 $m$이 커지나 낮아지면 $m$이 작아지므로 $m$이 작은 경우를 기준하여 탑을 설계해야만 원하는 흡수율 이상의 효율을 얻을 수 있기 때문이다.

용매의 농도가 상승하는 것을 무시하면 식 (4-21)에서

$$\frac{G_m(m)}{L_m} = 0.7$$

($G_m(m)/L_m$을 stripping factor라 하며 이 값은 0.5~1.0일 때가 최적이다.)

여기서 $m$ : 평형선 기울기, 0.75

$G_m$ : 가스량 80 lb-mol/hr

$L_m$ : 흡수액량 $= \dfrac{(80)(0.75)}{0.7} = 85.8$ lb-mol/hr

2) 주어진 가스량에서 흡수액량을 계산하고 원하는 흡수율($NH_3$ 95 %)과 탑의 상부와 하부에서 유해가스와 흡수액량의 값을 표로 간든다.

| | lb-mol/hr | lb/hr | Density [lb/ft$^3$] |
|---|---|---|---|
| Inlet gas(탑저), $Y_1$ | 80 | 2,221 | 0.072 |
| Outlet gas(탑정), $Y_2$ | 72.4 | 2,092 | 0.075 |
| Inlet water(탑정), $X_2$ | 85.8 | 1,542 | 62.4 (1 g/cm$^3$) |
| Outlet liquid(탑저), $X_1$ | 93.4 | 1,671 | 62.4 (1 g/cm$^3$) |

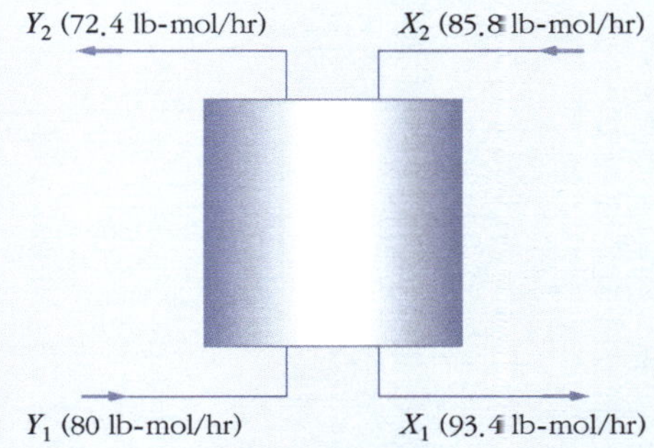


공기량 : 80 lb-mol/hr × 0.9 = 72 lb-mol/hr

$NH_3$ 양 : 80 lb-mol/hr × 0.1 = 8 lb-mol/hr

$NH_3$ 제거량 : 8 lb-mol/hr × 0.95 = 7.6 lb-mol/hr

공기 90 %(72 lb-mol), $NH_3$ 10 %(8 lb-mol)인 가스의 밀도는

가스의 질량 = 72 lb-mol × 29 lb/lb-mol + 8 lb-mol × 17 lb/lb-mol = 2,221 lb이므로

$$\text{밀도 } \rho_g = \frac{m}{V} = \frac{2{,}221 \text{ lb}}{80 \text{ lb-mol} \times 359\,[\text{ft}^3/\text{lb-mol}] \times \dfrac{(460+68)\text{R}}{(460+32)\text{R}}} = 0.072 \text{ lb/ft}^3$$

$$\text{세정액(물) 밀도 } \rho_l = \frac{1\text{ g}}{\text{cm}^3}\bigg|\frac{1\text{ lb}}{454\text{ g}}\bigg|\frac{(30.48\text{ cm})^3}{(1\text{ ft})^3} = 62.4 \text{ lb/ft}^3$$

3) 탑의 직경을 계산한다. 탑의 상부와 하부의 직경을 구해서 큰 쪽을 선택한다.

① 탑 상부에서의 사용조건

㉠ $\left(\dfrac{L'}{V'}\right)\left(\dfrac{\rho_g}{\rho_l}\right)^{0.5} = \left(\dfrac{1{,}542}{2{,}092}\right)\left(\dfrac{0.075}{62.4}\right)^{0.5} = 0.0256$

그림 4-6으로부터 ①의 값이 0.0256일 때

㉡ $$\frac{(G'^2)\left(\frac{a}{\epsilon^3}\right)(\mu_2')^{0.2}}{g_c \rho_g \rho_l} = 0.19$$

㉢ 그림 4-7로부터 1″Raschig ring의 충전계수는 $\frac{a}{\epsilon^3} = 160$

㉣ ㉡에서 flooding point에서의 표면질량가스속도 $G'$를 계산한다.

$$G' = \left[\frac{0.19(g_c)(\rho_g)(\rho_l)}{\left(\frac{a}{\epsilon^3}\right)(\mu_2')^{0.2}}\right]^{0.5} = \left[\frac{(0.19)(32.2)(0.075)(62.4)}{160 \times (1)^{0.2}}\right]^{0.5} = 0.424\ \text{lb/sec-ft}^2$$

㉤ $G_f'$ : flooding point의 60 %

$$G_f' = (G')(0.60) = (0.424)(0.60) = 0.254\ \text{lb/sec-ft}^2$$

㉥ 탑 단면적

$$A = \frac{Q(\text{유량})}{v(\text{속도})} = \frac{2{,}092\ \text{lb/hr}}{(0.254\ \text{lb/sec-ft}^2)(3{,}600\ \text{sec/hr})} = 2.29\ \text{ft}^2$$

② 탑저에서의 사용조건

㉠ $$\left(\frac{L'}{V'}\right)\left(\frac{\rho_g}{\rho_l}\right)^{0.5} = \left(\frac{1{,}671}{2{,}221}\right)\left(\frac{0.072}{62.4}\right)^{0.5} = 0.0256$$

㉡ 그림 4-6으로부터 $$\frac{(G'^2)\left(\frac{a}{\epsilon^3}\right)(\mu_2')^{0.2}}{(g_c)(\rho_g)(\rho_l)} = 0.19$$

㉢ 그림 4-7에서 $\frac{a}{\epsilon^3} = 160$

㉣ $$G' = \left[\frac{0.19(g_c)(\rho_g)(\rho_l)}{\left(\frac{a}{\epsilon^3}\right)(\mu_2')^{0.2}}\right]^{0.5} = \left[\frac{0.19 \times 32.2 \times 0.072 \times 62.4}{160 \times (1)^{0.2}}\right]^{0.5} = 0.415\ \text{lb/sec}$$

㉤ $G_f' = 0.415 \times 0.6 = 0.249\ \text{lb/sec-ft}^2$

㉥ $$A = \frac{2{,}221\ \text{lb/hr}}{0.249\ \text{lb/sec-ft}^2 \times 3{,}600\ \text{sec/hr}} = 2.48\text{ft}^2$$

③ 탑저와 탑 상부에서 구한 값에서 큰 쪽인 2.48 $\text{ft}^2$을 사용

④ 탑 직경

$$D_c = \left[\frac{4A}{\pi}\right]^{0.5} = \left[\frac{4 \times 2.48}{3.14}\right]^{0.5} = 1.78\ \text{ft}$$

4) NTU(이동단위수)를 결정한다.

① 탑의 하부와 상부에서 기-액에서 용질의 mol 분율을 구한다.

㉠ 탑 하부

$$Y_1 = \frac{8}{72} = 0.111\ \text{mol}_{NH_3}/\text{mol}_{air} \qquad X_1 = \frac{7.6}{85.8} = 0.088\ \text{mol}_{NH_3}/\text{mol}_{H_2O}$$

㉡ 탑 상부

$$Y_2 = \frac{0.4}{72} = 0.0056\ \mathrm{mol_{NH_3}/mol_{air}} \qquad X_2 = \frac{0}{85.8} = 0.0$$

② 평형선을 그린 같은 그래프 위에 (a)의 data를 사용하여 조작선을 그린다. 즉 $(X_1, Y_1)$, $(X_2, Y_2)$를 잇는 직선을 긋는다.

③ Baker 방법으로 NTU를 그림 4-9로 결정한다. 여기서, 삼각형의 수는 6개이다.

5) HTU(이동단위높이)를 계산한다.

① 이동단위높이

$$H_G = \frac{\alpha G'^{\beta}}{L'^{r}}\left(\frac{\mu_g}{\rho_g D_g}\right)^{0.5}$$

여기서 가스의 표면유속 $G' = \dfrac{2{,}221\ \mathrm{lb/hr}}{2.48\ \mathrm{ft^2}} = 896\ \mathrm{lb/hr\text{-}ft^2}$

흡수액의 표면유속 $L' = \dfrac{1{,}542\ \mathrm{lb/hr}}{2.48\ \mathrm{ft^2}} = 622\ \mathrm{lb/hr\text{-}ft^2}$

표 4-1에서 $\alpha = 7.00$, $\beta = 0.39$, $\gamma = 0.58$

표 4-2에서 $\left(\dfrac{\mu_g}{\rho_g D_g}\right) = 0.66$

$$H_G = \frac{7.00 \times 896^{0.39} \times 0.66^{0.5}}{622^{0.58}} = 1.92\ \mathrm{ft}$$

② 흡수액의 이동단위높이

$$H_L = \phi\left(\frac{L'}{\mu_l}\right)^{\eta}\left(\frac{\mu_l}{\rho_l D_l}\right)^{0.5}$$

표 4-3에서 $\phi = 0.01$, $\eta = 0.22$, $L' = 622\ \mathrm{lb/hr\text{-}ft^2}$,

$$\mu_l = 1\ \mathrm{cp} = \frac{10^{-2}\ \mathrm{g}}{\mathrm{cm\text{-}sec}}\left|\frac{1\ \mathrm{lb}}{454\ \mathrm{g}}\right|\frac{30.48\ \mathrm{cm}}{1\ \mathrm{ft}}\left|\frac{3{,}600\ \mathrm{sec}}{1\ \mathrm{hr}}\right. = 2.42\ \mathrm{lb/ft\text{-}hr}$$

표 4-4에서 $\left(\dfrac{\mu_l}{\rho_l D_l}\right) = 570$

$$H_L = 0.01 \times \left(\frac{622}{2.42}\right)^{0.22} \times (570)^{0.5} = 0.79\ \mathrm{ft}$$

③ 기상총괄이동단위높이

$$H_{OG} = H_G + (m)\left(\frac{G_m}{L_m}\right)(H_L)$$

$m$ : 평형선의 기울기 $= 0.75$

$G_m$ : 기체유량(gas rate) $= 80$ lb-mol/hr

$L_m$ : 흡수액유량(liquid rate) $= 85.8$ lb-mol/hr

$$H_{OG} = 1.92 + \frac{0.75 \times 80 \times 0.79}{85.8} = 2.47 \text{ ft}$$

6) 충전탑의 높이($H$)를 계산한다.

$$\begin{aligned} H &= NTU(N_{OG}, \text{ 이동단위수}) \times HTU(H_{OG}, \text{ 이동단위높이}) \\ &= 6 \times 2.47 = 14.8 \text{ ft} \end{aligned}$$

7) 탑의 압력손실을 계산한다.

$$\frac{\Delta P}{H} = m_1 (10^{-8}) (10^{nL'/\rho_L}) \left( \frac{G'^2}{\rho_g} \right)$$

$H$(충전높이) $= 14.8$ ft

표 4-5에서 $m_1 = 32.10$, $n = 0.00434$, $L' = 622$ lb/hr - ft$^2$

$\rho_l = 62.4$ lb/ft$^3$, $G' = 896$ lb/hr - ft$^2$

$\rho_g$(평균가스밀도) $= 0.0736$ lb/ft$^3$이므로 압력손실

압력손실 $\Delta P = (14.8) \dfrac{(32.1 \times 10^{-8}) \left( 10^{\frac{0.00434 \times 622}{62.4}} \right) (896)^2}{0.0736} = 57.2$ lb/ft$^2$

단위를 환산하면 $\left. \dfrac{57.2 \text{ lb}}{\text{ft}^2} \right| \left. \dfrac{0.454 \text{ kg}}{1 \text{ lb}} \right| \left. \dfrac{(1 \text{ ft})^2}{(0.3048 \text{ m})^2} \right| = 279.5 \text{ Kg/m}^2 (\text{mmH}_2\text{O})$

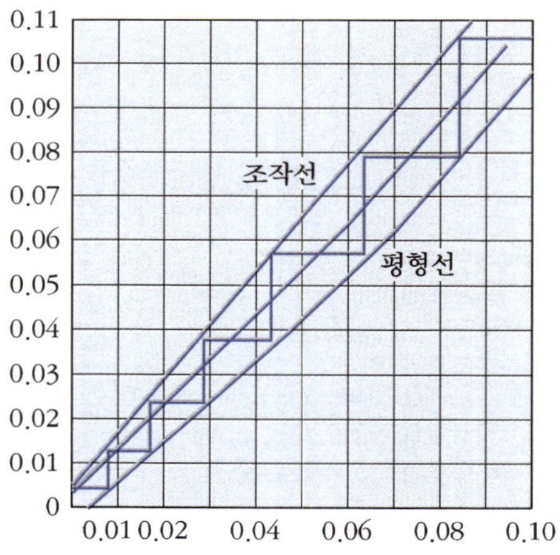


**그림 4-9 이동단위수 결정**

**Example 4-5**

충전탑에서 총괄기상이동단위수($N_{OG}$)와 흡수효율 $\eta$, 흡수탑 입구와 출구 농도 사이의 관계를 구하라.

**풀이** 총괄이동단위수 $N_{OG}=\int_{y_2}^{y_1}\frac{dy}{(1-y)(y-y^*)}$

$y$ : 탑의 임의의 단면에서 오염가스의 몰분율

$y^*$ : 흡수액과 평형에 있다고 가정할 경우 오염가스 중에 포함되어 있는 용질가스(오염물질)의 몰분율.

오염가스 중의 오염물질의 농도가 낮으므로 $1-y \fallingdotseq 1$, $y \gg y^*$이므로 $y-y^* \fallingdotseq y$ ($y \gg y^*$는 오차가 좀 크지만 식을 간단하게 하기 위하여 가정을 하였음)

$$\therefore \int_{y_2}^{y_1}\frac{dy}{(1-y)(y-y^*)}=\int_{y_2}^{y_1}\frac{dy}{y}=\ln y_1-\ln y_2=\ln\frac{y_1}{y_2}$$

참고 $\int\frac{1}{y}dy=\ln y$

여기서 $y_1$ : 탑저(입구)에서의 농도, $y_2$ : 탑정(출구)에서의 농도

흡수율 $\eta=\frac{y_1-y_2}{y_1}=1-\frac{y_2}{y_1}$, $\quad\frac{y_2}{y_1}=1-\eta$, $\quad\frac{y_1}{y_2}=\frac{1}{1-\eta}$

양변에 대수를 취하면 $\ln\frac{y_1}{y_2}=\ln\frac{1}{1-\eta}$ $\quad\therefore N_{OG}=\ln\left(\frac{1}{1-\eta}\right)$

또는 $\eta=\frac{C_i-C_o}{C_i}=1-\frac{C_o}{C_i}\Rightarrow\frac{1}{1-\eta}=\frac{1}{1-\left(1-\frac{C_o}{C_i}\right)}=\frac{C_i}{C_o}$

$$\therefore N_{OG}=\ln\left(\frac{1}{1-\eta}\right)=\ln\left(\frac{C_i}{C_o}\right)$$

참고) Example 4-4에서 $N_{OG}=6$단이었다. 그러나 위에서 구한 식을 사용하면 $N_{OG}=\ln\left(\frac{1}{1-\eta}\right)=\ln\left(\frac{1}{1-0.95}\right)=3$단으로 단수가 2배 차이가 나고 결국 탑의 높이도 2배 차이가 나므로 제거효율이 47.5 %로 떨어진다.

**Example 4-6**

충전탑을 사용하여 배가스 중의 어떤 산성성분을 수산화칼슘 수용액으로 향류로 접촉시켜 흡수시킨다. 이때 99 % 제거시키는데 필요한 탑의 높이를 구하시오. 단, 이 가스의 기상총괄이동단위높이($H_{OG}$)는 0.5 m이며, 흡수액 중 산성성분의 평형분압은 0으로 한다.

**풀이** 충전탑의 높이 $H$

$$H=\text{이동단위높이}(H_{OG})\times\text{이동단위수}(N_{OG})=H_{OG}\times\ln\left(\frac{1}{1-\eta}\right)$$

$$\therefore H=0.5\ \text{m}\times\ln\left(\frac{1}{1-0.99}\right)=2.3\ \text{m}$$

**Example 4-7**

충전탑을 사용하여 연소배출가스 중의 $SO_2$를 NaOH 수용액으로 흡수하여 제거시킨다. 높이 5 m인 흡수탑으로 제거시킨 후 배출되는 $SO_2$ 농도가 0.1 ppm이라면 흡수탑으로 유입되는 $SO_2$의 농도는 얼마인가? 기상총괄이동단위높이($H_{OG}$)는 0.8 m이다.

**풀이** 충전탑의 높이 $H$

$$H = \text{이동단위높이}(H_{OG}) \times \text{이동단위수}(N_{OG})$$

$$= H_{OG} \times \ln\left(\frac{1}{1-\eta}\right) = H_{OG} \times \ln\frac{C_i}{C_o}$$

$$5\text{ m} = 0.8\text{ m} \times \ln\left(\frac{C_i}{0.1}\right) \qquad \therefore\ C_i = 51.8\text{ ppm}$$

일반적으로 흡수탑(충전탑 또는 세정탑)을 사용하여 오염된 가스를 제거할 경우 흡수액(세정액)으로 물만 사용하는 것이 아니고 물에 황산($H_2SO_4$), 수산화나트륨(NaOH), 차아염소산나트륨(NaOCl) 등 산화제를 첨가하여 사용하는데 이렇게 물에 각종 화공약품을 첨가하여 오염가스 제거효율을 높인 충전탑을 약액세정탑 (또는 약액세정법)이라 부른다. 일부 오염가스는 순수한 물에 대한 용해도는 비교적 낮지만 특정 pH 이하 또는 이상에서는 황산($H_2SO_4$), 수산화나트륨(NaOH), 차아염소산나트륨(NaOCl) 등 약액(화공약품)과 반응이 일어나 제거가 가능해지기도 한다.

## 2. 단탑(plate tower)

충전탑은 유해가스와 흡수제가 충전상 전체를 통하여 접촉하지만 plate tower(또는 tray tower)는 계단식으로 되어있는 많은 plate 위에 있는 액체층과 가스가 접촉하여 확산한다. Plate의 수는 물질이동(기체의 용해도)의 난이도와 원하는 흡수율 등에 따라 다르다.

### (1) Plate의 형태

Bubble cap plate가 가장 일반적인 것으로 plate tower에 가장 많이 사용된다. 그 외에도 perforated tray, turbogrid tray, flexitray 등이 있다.

그림 4-10은 bubble cap tray tower의 개략도이다. 각 plate에는 bubble cap이 올려져 있는 구멍(vapor riser)이 있다. 전형적인 bubble cap은 그림 4-11과 같다.

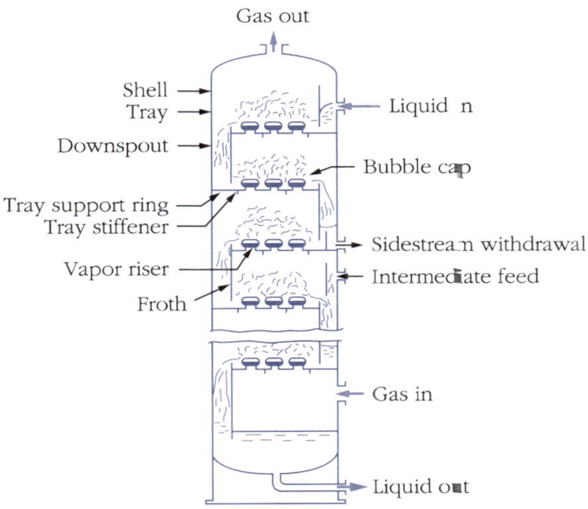


**그림 4-10** 단탑의 개략도

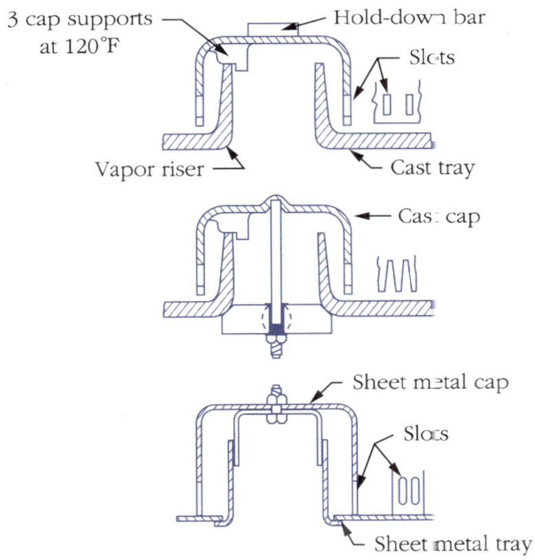


**그림 4-11** 전형적인 bubble cap

유해가스는 탑하부에서 탑상부로 상승하여 plate의 구멍과 bubble cap의 외면에 있는 구멍(slot)을 통해서 지나간다. 이 slot은 plate 위에 있는 액에 잠겨 있으며 plate를 흐르는 액의 흐름은 여러 가지의 웨어(weir)에 의해서 조절된다. Tray에 뚫어져 있는 slot은 1/16″ 직경을 3/4″ 삼각형의 정점에 뚫는 것이 보통 사용된다. 단탑의 단점은 유해가스의 이동속도가 낮을 때는 액이 하단으로 이동하도록 한 홈통(down spout) 대신 slot(1/16″)으로 흡수액이 흘러내리는 경향이 있다. 또 tray는 완전히 수평으로 설치되어야 한다. 반면 perforated tray 비용은 같은 양의 유해가스를 처리하는데 있어서 bubble cap plate의 60∼70 % 비용만이 소요된다. 그러므로 같은 탑의 직경으로 perforated tray는 bubble cap tower보다 10∼40 % 정도 더 많은 양의 가스를 처리할 수 있다.

Turbogrid tray는 그림 4-12에서 보는 바와 같이 평행으로 설치한 막대기 사이의 공간을 통하여 유해가스가 탑상부로 이동하며 tray 위의 흡수액 수위는 tray 밑의 유해가스 압력에 의해서 유지된다. 흡수액이 하단으로 흘러내리는 통로는 별도로 설치하지 않고 유해가스가 위로 흐를 때 같은 구멍으로 하부로 흘러내린다. Turbogrid tray는 소량의 부유물질이 섞여 있는 다량의 유해가스를 처리할 때도 높은 효율을 나타낸다. 예를 들면, 기존 탑 안에 있는 bubble cap을 turbogrid tray로 교체했더니 처리용량이 50 % 정도 증가했다고 보고되었다.

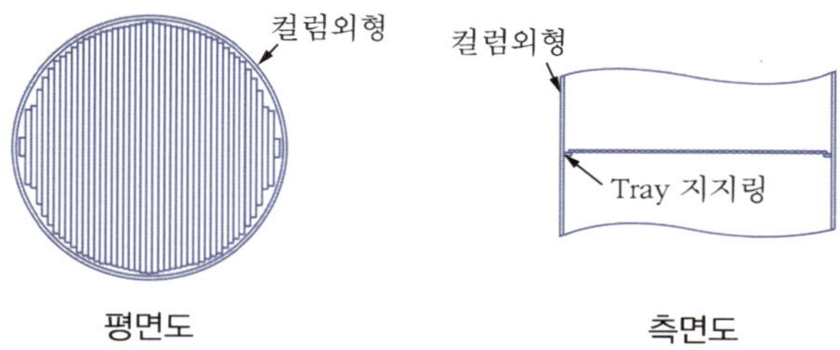


**그림 4-12** Turbogrid의 개략도

Flexitray는 유해가스 유량이 변함에 따라 가스 구멍이 변하는 floating cap을 가지고 있다. 상이한 무게를 cap 위에 올려놓을 수 있어서 slot는 오염가스 유량이 적을 경우는 조금만 열리고 많을 경우는 많이 열린다. 이 tray는 액 횡단흐름(cross flow)에 대하여 상대적으로 낮은 저항을 가진다. 그리고 큰 column이나 흡수액량이 다량 요구되는 운전에서는 bubble cap tray보다 더 많은 이점이 있다. Flexitray는 bubble cap plate보다 12∼50 % 정도 처리용량이 많고 비용은 같은 양을 처리할 때에 60∼80 % 정도밖에는 소요되지 않는다.

비록 여러 형태의 tray가 장점을 가졌다 할지라도 아직까지는 bubble cap plate가 산업용으로는 가장 많이 쓰이는 표준형이다.

## (2) Bubble cap plate tower 설계

### 1) 액의 흐름

Bubble cap plate를 가로질러 흐르는 흡수액의 흐름은 보통 다음과 같다.

① 그 다음 plate에서는 반대 방향으로 흐르는 횡단흐름(crossflow) [그림 4-13(a)]
② 모든 plate에서 같은 방향으로 흐르는 횡단흐름 [그림 4-13(b)]
③ 두 방향으로 흡수액의 흐름이 갈라지는 흐름(split-flow) [그림 4-13(c)] 등

그림 4-14는 서로 다른 bubble cap tray에 대한 흡수액의 흐름을 tray 위에서 본 것이다. 직사각형 weir를 가진 single pass plate는 그림 4-14(a)에 그려져 있는 것이 가장 일반적인 것이다. 이것은 plate의 많은 부분이 가스와 접할 수 있도록 한 것이고, 반면에 그림 4-14(b)에 보인 것은 plate의 면적이 액체와 더 많이 접할 수 있도록 한 것이다. Split flow tray는 홈통면적과 액의 용량이 많으면 많을수록 tray 입구에서 월류(over flow)웨어까지 거리가 더 가까워진다. 이리하여 splitflow tray는 많은 흡수액을 취급하는 큰 직경의 탑에 알맞다. Cascade tray는 그림 4-13(d)와 그림 4-14(c)에서 보듯이 tray를 횡단하는 흡수액의 양이 부위별로 차이가 날 때 일정한 깊이로 흡수액 수위를 유지하기 위하여 사용되는데 이것은 아주 직경이 큰 tower에 사용한다. 그림 4-14(f)의 radial 흐름은 보통 큰 직경의 tower에 사용한다.

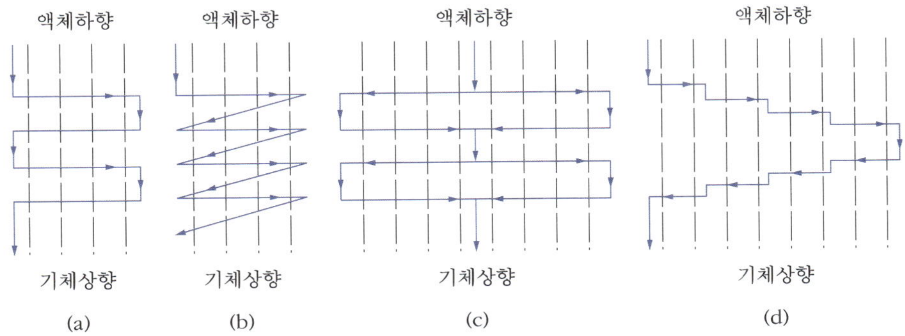


(a) One-pass tray bubble plate column, liquid crossflow, opposite direction on alterate plates.
(b) One-pass tray bubble plate column, liquid crossflow, same direction all plates.
(c) Two-pass tray bubble plate column, slit liquid crossflow, opposite direction on alterate plates.
(d) One-pass cascade tray bubble plate column, slit liquid crossflow, opposite direction on alterate plates.

**그림 4-13** Bubble cap plate tower에서 기-액 흐름

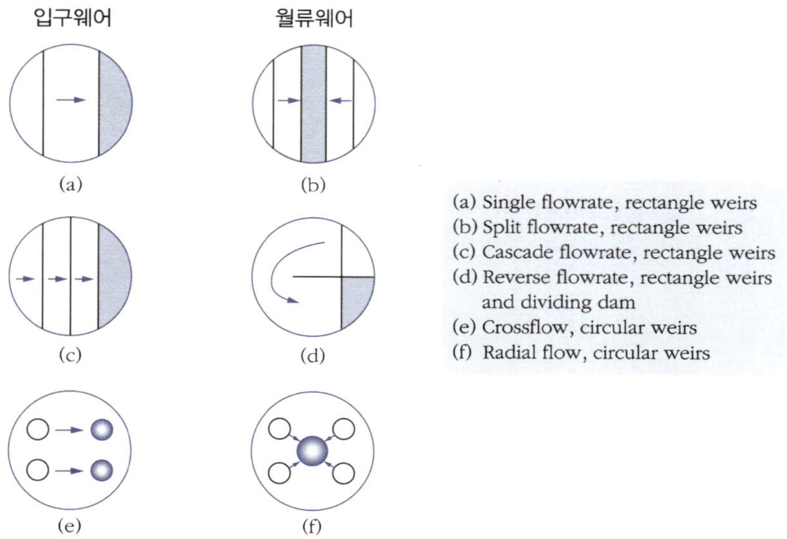


**그림 4-14 전형적인 bubble cap plate tower에서의 흡수액의 흐름**

### 2) Plate 설계와 효율

Plate 위의 흡수액 높이가 높으면 흡수액과 유해가스의 접촉시간이 길어 효율은 높아지나 압력 손실이 커진다. 압력손실의 한계값 이내에서 유해가스의 속도가 크면 난류가 생성되어 기-액간의 접촉이 더 좋아지지만 압력 손실은 크다.

표 4-6은 bubble cap tray tower의 각 운전조건에 따른 치수를 나타낸 것이다. 여기서, liquid seal은 bubble cap slot을 덮고 있는 액의 높이다. 각 tray(plate)는 각각 별도의 단(單, plate)이며, 기-액은 각 tray 조건에서 평형이 되어서 각 tray를 떠나는데 이것이 이론단(theoretical plate)이다. 그러나 실제로 이 이론단은 존재하지 않기 때문에 원하는 흡수율을 얻기 위해서 tray의 실제단수는 이론단수보다 훨씬 많아야 한다. plate tower의 전체 효율은 유해가스로부터 유해가스 성분의 제거에 필요한 이론평형단수로 같은 운전을 위하여 요구되는 실제 tray의 단수를 나눈 것으로 정의된다. 즉 이론평형단수/실제단수이다.

### 3) 범람(flooding)

Plate에서 흡수액량이 과다해지면 홈통(down spout)이 꽉 차게 되고 더 증가하면 액이 역류되어 탑이 액으로 가득 찰 때까지 액의 수위는 계속 높아진다. 이것이 flooding 현상인데 이 점에서 tray의 효율은 매우 떨어진다. 그리고 유해가스흐름은

**표 4-6** Bubble cap tray tower의 각 운전조건에 따른 치수

| Tray spacing | Tower diameter [ft] | Tray facing [in.] |
|---|---|---|
| | 4 or less | 6 minimum |
| | 4 or less | 18 ~ 20 |
| | 4 ~ 10 | 24 |
| | 10 ~ 12 | 30 |
| | 12 ~ 24 | 36 |
| Liquid seal | Pressure | Liquid seal $h_s$, in. |
| | Vacuum | 0.5 |
| | Atm | 1 |
| | 500 lb/in$^2$ | 3 |
| Liquid flow | a. Not over 0.22 ft$^3$/sec · ft diameter for single-pass crossflow trays. | |
| | b. Not over 0.35 ft$^3$/sec · ft weir length for others. | |
| Superficial slot velocity | 3.4 /$\rho_g$, 0.5 ft/sec minimum | |
| | 12 /$\rho_g$, 0.5 ft/sec maximum | |
| Skirt clearance | 0.5 in. minimum; 1.5 in. for dirty liquids | |
| Cap spacing | 1 in. minimum(low slot velocities); | |
| | 3 in. maximum(high slot velocities) | |
| Downspout holdup | Minimum of 0.5 sec | |
| Downspout seal | 0.5 in. minimum at no liquid flow | |
| Weir length | Straight rectangular weirs for crossflow trays, 0.6 ~ 0.8 of tower diameter | |
| Liquid gradient | 0.5 in.(1 in. maximum) | |
| Pressure drop per tray | pressure | pressure drop |
| | Atm | 0.07 ~ 0.12 lb/in$^2$ |
| | 300 lb/in$^2$ | 0.15 lb/in$^2$ |

비정상적이 되고 흡수액은 탑상부의 유해가스의 토출구로 밀려나오게 된다. Flooding은 거품이 잘 생기는 흡수액일 경우 더 빨리 생긴다. 탑을 설계할 때 예상되는 운전 변동 조건하에서 flooding을 방지하기 위하여 충분한 홈통과 tray간의 간격을 두어야 한다. 만약 아무런 문제도 없다면 홈통은 상대적으로 비용이 적게 드는 항목이므로 홈통을 크게 설계하는 것이 좋다. 왜냐하면 잠재적인 flooding 문제가 중요하기 때문이다.

### 4) Plate 위에서 액의 구배

Plate 위에서 흡수액 구배는 입구에서 출구로 갈수록 액깊이가 감소하는데 그 원인은 bubble cap과 vapor riser에 의하여 액흐름이 방해를 받기 때문이다. 이렇게

되면 흡수액의 깊이가 최소가 되는 곳에서 bubble cap을 통하여 더 많은 가스가 흐르게 된다. 최악의 경우에 흡수액 입구 근처의 cap은 완전히 가동이 안 될 것이며 액은 riser를 통하여 아래로 흘러내릴 것이다. 이것을 "unstable plate"라 부른다. 흡수액의 구배 문제는 직경이 큰 탑에서 더 잘 생긴다. 그리고 이 경우 가스 분배는 two-pass, split-flow, cascade 또는 radial type tray에 의하여 조절된다.

### 5) Plate 간격

운전면에서 plate간의 간격은 원하는 흡수액의 수위에서 비말의 동반없이 기상과 액상의 분리에 필요한 공간을 더한 값 이상이 되도록 설계해야 한다. 그러므로 plate 간격은 가스속도와 밀접한 관계가 있다. Plate 간격은 흡수액의 범람을 방지할 수 있을 정도의 충분한 간격이 되어야 한다. 만약 짧은 시간이라도 범람이 생긴다면, plate 간격이 좁은 탑은 흡수액이 넘칠 것이다. 그러나 실제적으로 청소나 보수를 용이하게 하기 위하여 어느 정도는 간격을 띄우며, 탑 높이에 제한이 없다면 plate를 좁게 설치하지 않아도 된다. 비록 탑 직경이 아주 작다하여도 plate 간의 간격은 6″는 된다. 그리고 직경이 4 ft 탑까지는 18～24″가 보통이다.

### 6) 표면가스속도

보통 과도한 비말동반이 일어나지 않을 정도의 가스의 표면속도(superficial linear gas velocity)는 다음 식에 의하여 구할 수 있다.

$$v = K\left(\frac{\rho_l - \rho_g}{\rho_g}\right)^{0.5} \tag{4-24}$$

여기서 $\rho_l$ : 흡수액의 밀도 [lb/ft$^3$]

$\rho_g$ : 유해가스의 밀도 [lb/ft$^3$]

$K$ : 실험 상수

상수 $K$는 그림 4-15에서 구한다. 식 (4-24)로 계산된 속도는 탄화수소 흡수탑을 제외하고는 다 적용되며 Perry에 의하면 탄화수소의 가스속도는 계산된 값의 65～80 %로 설계해야 한다고 한다. 이 계산된 속도로부터 체적가스유량(volumetric gas flow rate)이 알려지면 직경은 쉽게 결정된다. 대부분의 경우 이 방법으로 결정된 탑의 직경은 공급되는 흡수액량을 취급하기에 적당하다. 잘 설계된 single pass cross-flow tray는 보통 흡수액이 과잉의 구배만 되지 않는다면 탑 직경 1 feet당 100 g/min까지는 취급이 가능하다.

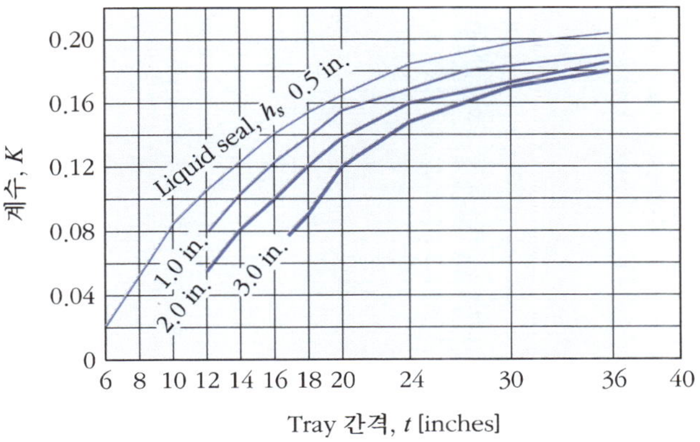


**그림 4-15** Bubble cap tower의 표면유해가스처리속도와 plate 간격 상수

### 7) 이론단수(number of theoretical plates)

이론적인 plate 수는 충전탑에서 설명한 조작선과 평형선에서 그림으로 결정된다. 대부분의 대기오염물질이 그렇듯이 운반가스 중의 더기오염물의 농도와 흡수액 중의 오염물의 농도가 낮으면 조작선과 평형선은 거의 직선이 되어 해석적인 해가 사용될 수 있다. Sherwood와 Pigford는 이러한 관계를 다음과 같이 정립했다.

$$N_p = \ln \frac{\left(1 - \frac{mG_m}{L_m}\right)\left(\frac{Y_1 - mX_2}{Y_2 - mX_2}\right) + \left(\frac{mG_m}{L_m}\right)}{\ln\left(\frac{L_m}{mG_m}\right)} \quad (4\text{-}25)$$

여기서 $N_p$ : 이론단수

$m$ : 평형선의 기울기

$G_m$ : 가스의 유량 [lb-mol/hr-ft²]

$L_m$ : 흡수액량 [lb-mol/hr-ft²]

$Y_1$ : 향류흐름 시 탑저에서 운반가스 중 유해가스의 mol농도

$Y_2$ : 향류흐름 시 탑정에서 운반가스 중 유해가스의 mol농도

$X_2$ : 향류흐름 시 탑정에서 흡수액 중 유해가스의 mol농도

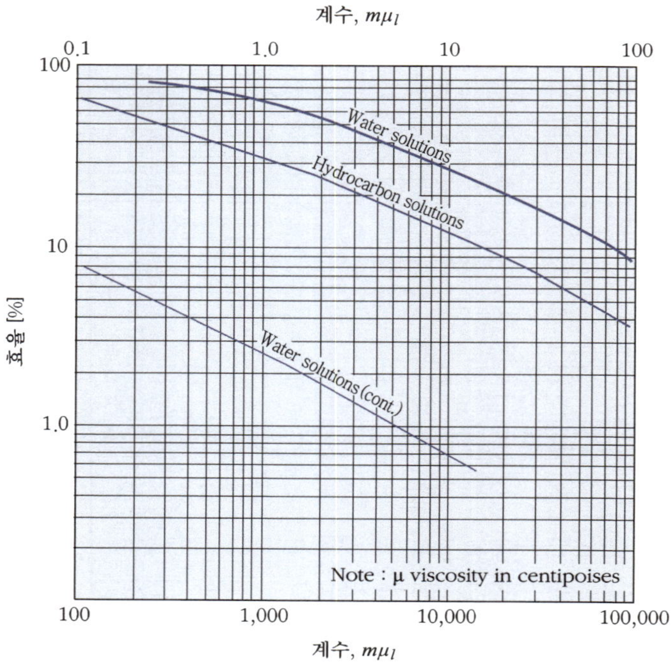


**그림 4-16 흡수액의 점도와 plate 효율과의 관계도**

## Example 4-8

1기압, 68°F에서 $NH_3$ 10 %(V %)와 90 % 공기로 구성되어 있는 가스가 600 lb-mol/hr로 흐르고 있다. 이 가스에서 90 % $NH_3$를 제거하기 위한 bubble cap plate tower의 실제단수와 직경을 결정하라. 용질 mol/용매 mol로써 표현된 용매량은 설명에서 보여준 바와 같이 실질적으로 평형곡선과 치환된 조작곡선으로부터 얻어진다. 용매량은 68°F 물 900 1b-mol/hr로 선택하였다. 탑은 24″ tray 간격과 1″ liquid seal을 가지며 등온에서 가동된다.

| 구 분 | 유량 [lb-mol/hr] | 유량 [lb/hr] | 밀도 [lb/ft³] |
|---|---|---|---|
| 유입가스($Y_1$) | 600 | 16,680 | 0.0722 |
| 출구가스($Y_2$) | 546 | 15,762 | 0.0750 |
| 흡 수 액($X_2$) | 900 | 16,200 | 62.3 |
| 출구흡수액($X_1$) | 954 | 17,118 | 62.3 |

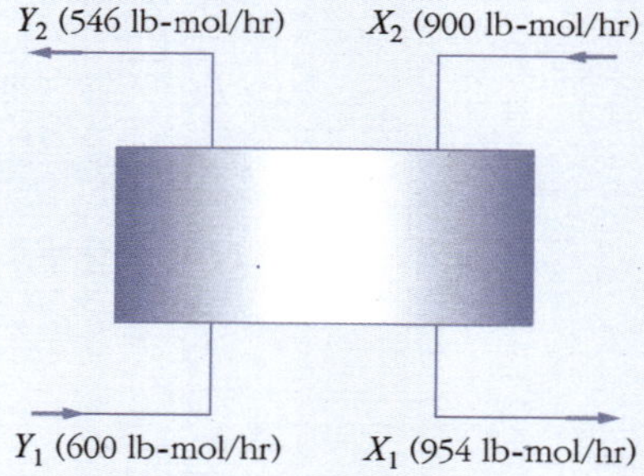

**풀이** 1) 탑 상부와 탑저에서 가스와 물에 대한 용질의 mol수를 구한다.

탑 하부에서의 mol 비

$$Y_1 = \frac{60}{540} = 0.111\ \text{mol}_{NH_3}/\text{mol}_{air}$$

$$X_1 = \frac{54}{900} = 0.06\ \text{mol}_{NH_3}/\text{mol}_{H_2O}$$

탑 상부에서 mol 비

$$Y_2 = \frac{6}{540} = 0.0111\ \text{mol}_{NH_3}/\text{mol}_{air}$$

$$X_2 = 0$$

2) 위에서 결정된 탑의 상부와 하부에서의 조건으로부터 그림과 같이 조작선을 그린다. 점 $X_1$, $Y_1$, $X_2$, $Y_2$간에 직선이 그려진다.

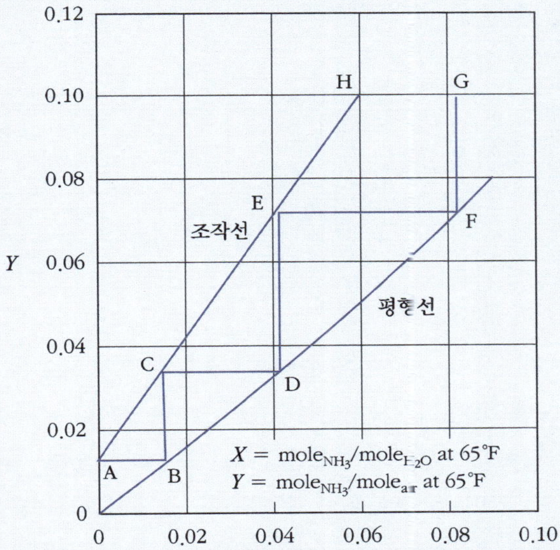


3) $NH_3$ - $H_2O$ 평형곡선을 예제 4-3에서 주어진 $NH_3$ - $H_2O$ 평형자료와 Leva(1953)로부터 주어진 자료를 이용하여 같은 그래프 위에 그린다.

4) 이론 plate수

탑정($X_2$, $Y_2$)에서 조작선에서 평형곡선까지 수평선 AB를 긋는다. 다시 평형곡선에서 조작선까지 수직선 BC를 그린다. △ABC가 한 이론단이다. 조작선이 끝날 때까지 이 방법을 계단식으로 계속 반복한다 그 결과 이론단수는 2.45개이다.

5) 실제 plate수

물의 점도($\mu_l$) 1 cp와 평형곡선의 기울기 $m=0.75$로부터 $m\,\mu_l=0.75\times1=0.75$

그림 4-16에서 총 plate 효율은 72 %, 그러므로 실제 요구되는 plate수는

$\frac{2.45}{0.72}=3.4$, 4단의 bubble cap tray를 사용

6) 가스표면속도

그림 4-15에서 24″plate 간격과 1″liquid seal의 $k=0.17$

① 탑의 하부에서 가스의 표면속도(superficial linear gas velocity)식 (4-24)에서

$$v = 0.17\left(\frac{62.3-0.0722}{0.0722}\right)^{\frac{1}{2}} = 5.00\ \text{ft/sec}$$

② 탑 하부에서의 체적유량(volumetric flow rate)

$$\frac{600\ \text{lb-mol}}{\text{hr}}\left|\frac{359\ \text{ft}^3}{1\ \text{lb-mol}}\right|\frac{1\ \text{hr}}{3{,}600\ \text{sec}}\left|\frac{460+68\ \text{R}}{460+32\ \text{R}}\right. = 64.2\ \text{ft}^3/\text{sec}$$

③ 탑 면적

$$\frac{64.2\ \text{ft}^3/\text{sec}}{5.00\ \text{ft/sec}} = 12.84\ \text{ft}^2$$

④ 탑 직경

$$A = \frac{\pi D^2}{4}, \qquad D = \left(\frac{4A}{\pi}\right)^{\frac{1}{2}} = \left(\frac{4\times12.84}{3.14}\right)^{0.5} = 4.04\ \text{ft}$$

위에서 살펴본 것은 단지 한 가지 물질의 흡수에 관한 것이다. 혼합물질(multicomponent)의 흡수는 천연가솔린, 석유, 그리고 석유화학공업에서 아주 중요하다. 방출되는 배출가스에 용매증기가 포함되어 있을 때에는 흡착이나 소각에 의한 제거가 아마 흡수에 의한 것보다 더 경제적일 것이다. 여러 가지 혼합된 유해가스의 흡수에 관한 것은 복잡하므로 이 장에서 취급하지 않았다.

### 8) 충전탑과 plate tower의 비교

혼합기(agitated vessel), 살수탑(spray tower), Venturi absorber는 사용에 제한이 있기 때문에 흡수 장치는 주로 충전탑과 plate tower 중에서 선택한다. 두 장치는 많은 요인으로 인하여 장점과 단점이 있다. 예를 들면 가스와 흡수액의 유량이라든가 또는 흡수액에 의한 장치의 부식 등이다. 선택은 아래 사항을 참고하여 결정한다.

① 직경이 2 ft 이하인 탑의 경우 재질이 내식성이어야 하는 곳에서는 충전탑이 plate tower보다 비용이 덜 든다.
② 처리해야 할 가스량이 같을 때 충전탑이 plate tower보다 압력손실이 적다.
③ 포말성 흡수액일 경우 충전탑이 유리하다.
④ 충전탑이 흡수액의 머무름 현상(hold up)이 적다.
⑤ 흡수액에 부유물(suspended solids)이 포함되어 있을 경우 plate tower를 사용하는 것이 더 좋다. 충전탑은 쉽게 막힌다.
⑥ Plate tower는 편류효과를 최소화시키고 무게를 감소시키므로 큰 규모의 tower에 더 좋다. 직경이 크고 높이가 높은 충전탑은 편류현상을 방지하기 위하여 일정한 간격으로 재분산기를 설치해야 한다.
⑦ 온도 변화에 의한 팽창과 수축이 충전탑 내의 충전제를 손상시킬 수 있기 때문에 운전 시 큰 온도변화가 있는 곳에는 plate tower를 쓴다.
⑧ 운전 시 용매에 의하여 발생하는 용해열을 제거하여야 할 경우 냉각 오일을 설치하기 쉬운 plate tower가 더 좋다.
⑨ 수용성이 비교적 낮은(H가 적은) 가스상 처리에는 가스분산형 흡수장치인 plate tower 제거율이 더 높다.

## 3. 액중 가스분산장치

흡수를 위하여 액체 내에 가스를 분산시키는 가장 간단한 방법은 구멍이 뚫린 pipe나 다공분산관(sparger)을 흡수액 속에 넣고 유해가스를 불어넣는 것이다. 만약 다공분산관의 구멍이 크면 기포가 너무 커서 흡수를 위한 기-액 계면이 상대적으로 작아진다. 만약 다공분산관이 작은 기포를 만들도록 설계된다면 작은 구멍으로 유해가스를 분사해야 하기 때문에 에너지가 많이 소모된다. 확산을 크게 하기 위해서는 큰 거품을 잘게 부술 수 있는 회전 프로펠러 밑으로 가스를 주입시키면 된다. 교반이 잘되면 용기 전체에서 가스의 확산이 균일하게 되어 액체 내의 농도가 일정하게 되므로 향류가 별 필요가 없게 된다.

### (1) 분무탑(spray tower)

분무탑에서 기-액 간의 접촉은 분무액 속을 유해가스가 통과함으로 이루어진다. 접촉면적을 크게 하기 위하여 분무 때의 액적 직경은 500~1,000 μm가 되어야 한다. 그러나 미세한 액적을 만들기 위해서는 큰 압력손실이 요구되며 유해가스속도가 느릴 경우를 제외하고는 비말동반의 위험이 있다.

흡수분무액은 위에서 아래로 분무되고 가스는 위로 올라가는 간단한 향류 분무탑에서의 흡수는 한 이론단의 효율과 같으며, 탑의 직경 대 길이 비가 매우 작은 경우가 아니라면 가스는 분무액과 잘 혼합될 것이다. 분무탑은 입자상의 물질 제거에 주로 사용되어 왔으나 이 설비들이 순수하게 가스 흡수를 위하여 사용될 때에는 공기조화(ventilation)나 물의 탈기(deaeration) 등 아주 작은 이동단위가 요구되는 곳에 한정되어 사용된다. 분무실은 제거 효율이 낮아도 되는 큰 용해도를 가진 가스제거에 주로 사용될 수 있다.

### (2) Venturi scrubber

분무탑과 같이 Venturi scrubber 원리를 이용하는 장치는 입자상물질의 제거에 주로 사용되지만 가스흡수에도 응용된다. Venturi scrubber에서 필요한 기-액 경막의 접촉은 유해가스와 액체입자의 서로 다른 속도에 의하여 얻어진다. Venturi scrubber는 비말동반을 방지하기 위하여 기-액 분리장치가 필요하며 기-액 분리장치로는 주로 cyclone을 사용한다.

Venturi scrubber는 기-액을 아주 잘 혼합하지만 상대적으로 접촉시간이 짧다는 단점도 있다. $SO_2$나 $NH_3$와 같이 용해도가 매우 큰 기체는 흡수 효율이 높지만 $NO_2$는 흡수효율이 낮아서 효율은 단지 1～3 % 정도이다. Venturi scrubber는 입자제거에는 아주 효율이 높다. 그리고 용해성이 큰 가스가 포함되어 있는 유해가스 제거에는 사용할 만하다. 그러나 압력손실이 커서 동력소모가 많다는 큰 결점이 있다.

## 연습문제

**01** 어떤 유해가스의 기상에서 분압이 200 $mmH_2O$일 때 액상(물)에서의 농도가 1.5 kg-mol/$m^3$이었다. 유해가스의 분압이 25 mmHg일 때 액상에서의 농도(kg-mol/$m^3$)를 구하라. 단, 수온은 20℃이고 분압을 제외한 다른 조건은 일정하다.

**02** 충전탑을 설계하기 위하여 Pilot plant를 만들어 측정가스를 흡수 실험한 결과가 아래와 같았다. 동일 조건 하에서 처리효율이 90 %인 충전탑을 설계할 때 충전탑의 높이 $H$[m]를 구하라.

- 액가스비 : 1.0 ℓ/$m^3$
- 처리효율 : 80 %
- 공탑속도 : 0.6 m/sec
- 충전재 : Raschig ring
- 초기조건에서 충전탑의 높이 : 1.0 m

**03** 액분산형 흡수장치에 대하여 설명하라.

**04** 50 ppm의 HF를 함유한 배기가스를 NaOH 수용액으로 흡수 처리하는 탑이 있다. 기상총괄이동단위높이($H_{OG}$)는 0.7 m, 흡수탑의 높이 $H$가 2.8 m일 때 HF의 출구농도(ppm)는 얼마인가?

**05** 충전탑에서 다음 용어를 설명하라.

1) 홀드업(hold-up)
2) 부하점(loading point)
3) 범람점(flooding point)

**06** 유해가스와 물이 20℃에서 평형상태에 있다. 유해가스 분압이 25 mmHg이며, 수중의 유해가스의 농도가 1.5 kg-mol/$m^3$이었다. 헨리상수를 구하라.

**07** 흡수에 관한 다음 물음에 답하라.

1) 헨리의 법칙을 설명하라.
2) 흡수탑으로 유입되는 HF농도가 80 ppm이고, 처리 후 HF농도가 3 mg/Sm$^3$일 때 이 흡수탑의 이동단위수를 구하라

**08** 충전탑에서 충전층 높이가 3 m이고 기상총괄이동단위높이 $H_{OG}$가 0.6 m일 때 충전탑으로 유입되는 HF의 농도는 70 ppm이다. HF의 출구농도(mg/Sm$^3$)를 구하라.

**09** 불화수소를 함유하는 배기가스를 기상총괄 이동단위높이가 0.7 m인 충전탑을 사용하여 수산화나트륨 수용액으로 흡수 제거할 때 불화수소의 처리효율은 99 %이었다. 충전층의 높이는 몇 m인가?

# 4.3 흡착(adsorption)

흡착은 다공성(porous) 고체표면에 가스나 증기분자가 부착되는 현상으로 물리적 흡착(physical adsorption)과 화학적 흡착(chemisorption)이 있다.

물리적 흡착은 van der Waals 흡착이라고도 하는데 기체분자와 흡착제(adsorbents)간에는 물리적인 결합력, 즉 van der Waals 결합력으로 약하게 결합되어 있다. 물리적 흡착은 발열반응이며 van der Waals 흡착은 온도가 증가하거나 압력이 감소하면 흡착력이 약해지므로 흡착제를 재생할 수 있다. 화학적 흡착은 흡착제와 흡착질(adsorbate)간의 화학적 반응에 의하여 흡착되며 흡열반응이고 비가역적 반응이므로 흡착제를 재생할 수가 없지만 흡착제가 촉매역할을 하는 장점을 가지고 있으며 첨착활성탄이 여기에 속한다.

흡착은 선택적이기 때문에 가스와 가스의 분리, 공기 중에 포함되어 있는 용제 증기의 제거, 액체 중 콜로이드의 분리(탈색, 용액의 정제 등), 용액 중에 포함되어 있는 이온의 분리 및 용액 중에 녹아 있는 가스의 제거 등에 이용할 수 있다. 대기오염방지분야에서 흡착은 주로 dry cleaning, 탈지(degreasing), 페인트 분무(paint spraying), 탱크 청소(tank dipping) 및 용매추출(solvent extracting)에서 발생되는 유기용제의 증기를 제거하는데 사용된다.

## 1. 흡착제

흡착제(adsorbents)의 종류는 여러 가지가 있으나 단위질량당 표면적이 큰 것이 좋은데, 흡착제의 표면적이란 흡착제 내부의 기공면적을 의미한다. 흡착제는 단위 질량당 표면적도 커야 하지만 그 외에도 흡착탑 내에서 가스의 흐름에 대한 저항 또는 압력강하가 너무 크지 않아야 하고 어느 정도의 강도도 가져야 한다.

표 4-7은 각종 흡착제의 성상과 용도를 나타낸 것이다. 표 4-7에서 보듯이 활성탄, 알루미나 및 보크사이트는 혼합가스 중의 특정가스를 선택적으로 흡착하는데 사용된다. 활성탄(activated carbon, AC)은 혼합가스내의 유기성 가스 흡착에 주로 사용하고 알루미나와 보크사이트의 용도는 주로 탈수에 이용된다. 본 차, Fuller's earth 및 마그네시아는 용액내의 불순물 제거에 주로 사용된다. 활성탄은 흡착제로 가장 많이 사용되며 실제로 용매회수 설비에 쓰이는 흡착제의 대부분을 차지한다. 흡착제와 관련된 활성(activated)이란 용어의 의미는 특수처리공정으로 증가된 표면적을 의미한다. 활성탄은 코코넛 껍질, 나무, 석탄 등으로 만들 수 있으나 대부분의 산업용 활성탄은 역청탄으로 만들어지며 표면적은 500～1,500 $m^2/g$이고 기공의 크기는 1～50 nm

**표 4-7 각종 흡착제의 성상 및 용도**

| 흡착제의 종류 | 표면적[$m^2/g$] | 용 도 |
|---|---|---|
| 활성탄(activated carbon) | 500~1,500 | 용제회수, 악취제거, 가스정화 |
| 활성탄소섬유(ACF) | 1,000~2,500 | 용제회수, 악취제거, 가스정화 |
| 알루미나(alumina) | 200~300 | 가스, 공기 및 액체의 건조 |
| 보크사이트(bauxite) | | 석유 중의 유분제거, 가스 및 용액의 건조 |
| 본 차(bone char) | 100 | 설탕의 탈색 |
| Fuller's earth | 60~700 | 윤활유, 지방, 왁스의 정제 |
| 마그네시아(magnesia) | 200 | 휘발유 및 용제정제 |
| 실리카겔 | 320 | 용액 중 불순물제거 |

범위이다. 공기 중에 혼합되어 있는 휘발성 유기화합물(volatile organic compounds, VOCs) 흡착을 위해서는 코코넛 껍질 등 식물성 재료로 제조된 미세기공(micropore, 1~2 nm)의 활성탄을 이용하고 분자량이 큰 다이옥신/퓨란(polychlorinated dioxins/furans, PCDD/Fs), 폴리염화비페닐(polychlorinated biphenyls, PCBs), 다환방향족 탄화수소(polycyclic aromatic hydrocarbons, PAHs) 등을 흡착할 경우에는 석탄으로 제조된 중기공(mesopore, 2~50 nm)의 활성탄을 이용한다. 활성탄은 비극성이므로 비극성물질인 유기용제 증기를 흡착·제거하는데 큰 효과가 있으며 극성물질인 무기성 가스 흡착률은 낮다. van der Waals 결합력은 분자량이 클수록 커지므로 활성탄으로 제거할 수 있는 유기성 가스의 분자량은 45 이상이어야 하며 분자량이 커질수록 흡착이 잘된다.

활성탄은 비극성이므로 극성물질인 $NH_3$, $SO_2$, $H_2S$, NOx, $CO_2$ 등 무기성 가스에 대한 흡착률은 매우 낮다. 첨착활성탄(impregnated activated carbon)은 극성물질인 무기성 가스상 오염물질의 흡착률을 높이기 위하여 활성탄에 극성물질과 반응할 수 있는 $Na_2CO_3$, KOH, NaOH, $H_3PO_4$, $H_2SO_4$, $CuCl_2$, KI 등 여러 가지 화학물질을 첨착시켜 화학적 흡착률을 높인 것이다. 화학적 흡착은 무기성 오염가스와 활성탄에 첨착된 화학물질의 화학적 반응에 의하여 무기성 오염가스를 제거하므로 흡열반응이며 온도가 높을수록 흡착률이 높아진다. 그러나 첨착활성탄은 무기성 오염가스와 첨착물질의 화학적 반응뿐만 아니라 활성탄의 물리적 흡착에도 의존하므로 일정 온도 이상으로 승온하면 오히려 흡착량이 줄어들고 흡착된 오염가스가 탈착된다. 그러므로 첨착활성탄으로 오염물질을 제거하고자 할 경우에는 최적의 흡착온도를 찾아야 한다. 활성탄에 화학물질의 첨착, 미세기공 증가 공정, 플라즈마를 이용하여 관능기 생성 등을 통하여 오염물질의 흡착능을 높이는 것을 개질(modified)이라 한다. 액상에서 금속이온물질을 흡착하고자 할 경우에는 주로 표면에 산성 관능기[functional group, 페놀기($C_6H_5OH$-), 카르복실기(COOH-), 하이드록실기(OH-), 카르보닐기(CO-) 등]를 가진 개질 활성탄을 이용한다.

활성탄소섬유(activated carbon fiber, ACF)는 직경 10～20 μm의 핏치계, PAN (peroxyacetyl nitrate)계, 레이온계, 페놀계, 셀룰로오즈계 등의 섬유를 원료로 제조된다. 그림 4-17과 같이 활성탄은 미세기공이 내부에 형성되어 있는 반면 활성탄소섬유의 미세기공(1～2 nm)은 표면에 형성되어 있어서 활성탄에 비하여 흡착속도와 흡착량이 훨씬 더 크며 흡착열도 적게 발생한다. 또 수십 번까지 재생하여 사용할 수 있으며 섬유이므로 작업이 편하고 분진이 발생되지 않는 장점이 있다. 그러나 아직 활성탄에 비하여 가격이 비싸지만 여러 가지 장점 때문에 하이테크분야를 중심으로 계속 활용분야가 증가하고 있다.

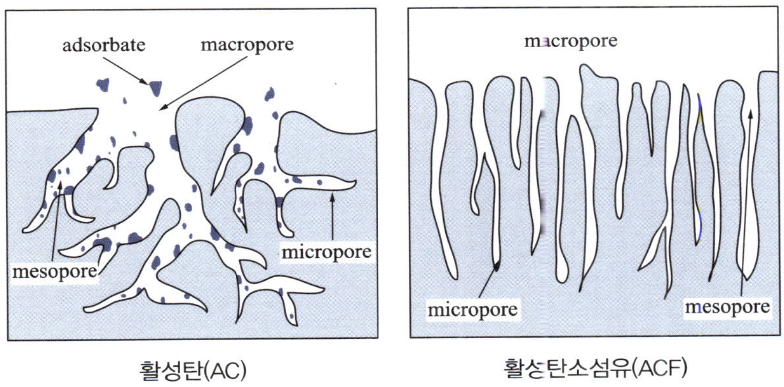


**그림 4-17** 활성탄과 활성탄소섬유의 미세기공 분포도

## 2. 흡착능(capacity of adsorption)

흡착제의 흡착능과 관련된 것에는 포화(saturation), 보전력(retentivity), 파과점(break point) 등이 있다.

### (1) 포화(saturation)

흡착제가 흡착질(adsorbate)을 최대로 흡착할 수 있는 능력을 의미한다.

### (2) 보전력(retentivity)

흡착질로 포화된 흡착제를 주어진 온도와 압력 하에서 순수한 공기를 통과시킬 때 흡착제로부터 탈착되지 않고 활성탄 내에 남아 있는 흡착질의 양으로서, 탈착되지 않고 흡착제에 남아 있는 가스의 무게를 흡착제의 무게로 나눈 값을 의미한다.

### (3) 파과점(break point)

유해가스 성분이 포함된 배출가스를 흡착제에 투입시키면 처음에는 흡착률이 매우 높아서 출구가스 중에서 유해가스 성분이 측정되지 않지만 시간이 흘러 흡착제가 포화상태가 되면 출구가스 중에 유해가스 성분의 농도가 높아져서 흡착탑의 입구에서와 출구에서의 유해가스 농도가 같아진다. 그림 4-18과 같이 출구가스 중에 유해가스 성분의 농도가 나타나기 시작하는 점을 파과점이라 한다. 여러 가지 유기증기가 혼합되어 있는 배출가스를 흡착할 때 흡착률은 균일하지 않으며 이것은 이들 증기의 휘발성에 역비례한다.

활성탄 흡착상(activated carbon bed)에 유기혼합증기가 통과되면 최초에는 증기의 종류에 관계없이 같은 양의 증기가 흡착되지만 시간이 경과함에 따라 활성탄에 흡착되는 증기 중 비점이 높은 물질의 흡착량이 많아지고 저비점 휘발성 유기증기의 재증발량은 더욱 증가한다.

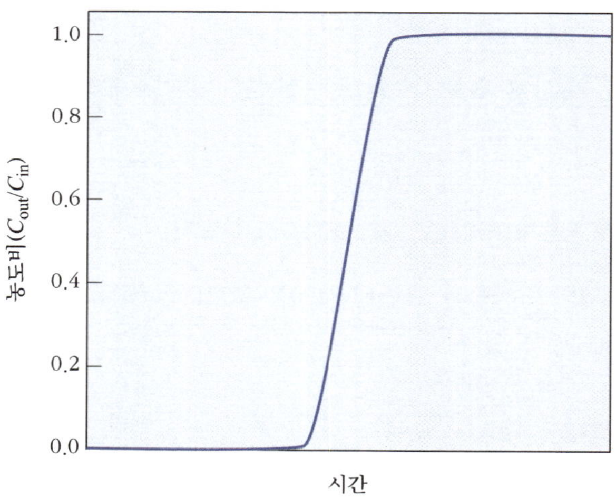


그림 4-18 파과점

흡착량이 많아져서 파과점을 넘어서면 출구가스에는 저비점 휘발성 유기증기의 양이 많아지는데 이것은 고비점 유기증기가 저비점 유기증기를 몰아내기 때문이다. 활성탄의 이러한 성질을 이용하면 비점이 낮은 탄화수소를 분리할 수 있다. 그림 4-19는 세 가지 유기성 증기가 함유된 공기를 활성탄 흡착상을 통과시켰을 때 흡착률을 나타낸 것이다. 증기흡착률이 일정한 것은 저비점 유기성 증기가 고비점 유기성 증기로 치환되기 때문에 생기는 것이다. 또 흡착 시에는 발열반응을 하는데 발열량은 흡착질의 비점, 분자량, 농도, 압력 및 온도의 함수다. 흡착질의 농도가 낮을 경우는 발열이 흡착률에 미치는 영향이 크지 않지만 고농도일 경우는 흡착률이 저하되므로 냉각을 해 주어야만 한다.

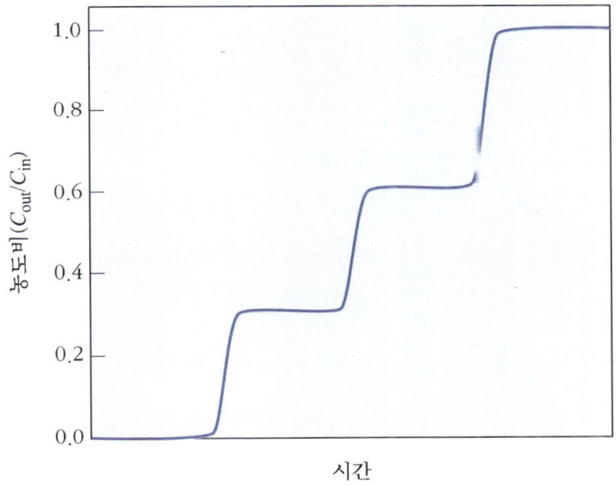


**그림 4-19 세 가지 유기성 증기가 혼합된 공기의 파과곡선**

## 3. 흡착식

일정한 온도에서 피흡착물질의 평형압력을 변화시킬 때 흡착제에 흡착된 흡착질(피흡착 물질)의 양을 온도함수로 표시한 것을 흡착등온선(adsorption isotherm)이라 하고 흡착등온선을 나타내는 식을 흡착등온식이라 한다. 흡착등온식에는 다음과 같이 여러 가지가 있다.

### (1) Langmuir 식

흡착상이 단분자층을 형성한다고 가정하고 유도한 식으로 흡착량을 $Q$ (kg/kg 흡착제), 흡착질의 평형압력을 $P$ [atm]라 하면

$$Q = aP(1+bP)^{-1} \qquad (\text{단, } a,\ b : \text{실험상수}) \tag{4-26}$$

### (2) Freundlich 식

이 식은 이론적으로도, 실험적으로도 유도가 가능하며 많은 흡착평형식이 이 식과 근사하다.

$$Q = \frac{X}{M} = kP^{\frac{1}{n}} \qquad (\text{단, } k,\ n : \text{실험상수}) \tag{4-27}$$

여기서 $X$ : 흡착된 흡착질의 양 [kg]
$M$ : 흡착제의 양 [kg]
$P$ : 흡착평형 상태에서 배출가스 중에 잔류하는 흡착질의 양 [kg]

### (3) B.E.T(Brunauer-Emmett-Teller) 식

흡착층이 다분자층을 형성한다고 가정하고 유도된 식이다.

$$\frac{P}{V(P_o - P)} = \frac{1}{CV_m} + \frac{C-1}{CV_m}\frac{P}{P_o} \qquad (\text{단, } C : \text{상수}) \tag{4-28}$$

여기서 $V$ : 평형흡착량($N$, $T$, $P$로 용적)
$V_m$ : 단분자흡착층을 형성하는데 필요한 흡착질의 용적
$P_o$ : 평형온도에서 흡착질의 포화증기압

### (4) Harkins-Jura 식

$$\log(P/P_o) = A - BV^{-2} \qquad (\text{단, } A,\ B : \text{실험상수}) \tag{4-29}$$

**Example 4-9**

벤젠($C_6H_6$)을 제거하기 위하여 활성탄을 사용한다. $C_6H_6$ 농도가 63 ppm인 배출가스에 활성탄 10 kg을 주입하였더니 $C_6H_6$이 23 ppm이 되었고, 활성탄 20 kg을 주입하였더니 10 ppm이 되었다. 배출가스 중의 $C_6H_6$ 농도를 1 ppm으로 낮추기 위해서는 활성탄 몇 kg을 주입해야 하는가? 단, 배출가스의 온도는 270℃, 처리가스량은 3,600 m³/hr이다. 이 때 흡착은 Freundlich 식을 따른다.

**풀이**

$$Q = \frac{X}{M} = kP^{\frac{1}{n}}$$

1) 활성탄 10 kg 주입 시 $C_6H_6$ 흡착량 $X_1$ 및 배출가스 중 $C_6H_6$ 잔존량 $P_1$

$$X_1 = \frac{(63-23)\ \text{m}\ell}{\text{m}^3} \times \frac{3{,}600\ \text{m}^3}{\text{hr}} \times \frac{273\ \text{K}}{(273+270)\ \text{K}} \frac{78\times10^{-3}\ \text{kg}}{22{,}400\ \text{m}\ell} = 0.252\ \text{kg/hr}$$

$$P_1 = \frac{23\ \text{m}\ell}{\text{m}^3} \times \frac{3{,}600\ \text{m}^3}{\text{hr}} \times \frac{273\ \text{K}}{(273+270)\ \text{K}} \frac{78\times10^{-3}\ \text{kg}}{22{,}400\ \text{m}\ell} = 0.145\ \text{kg/hr}$$

$$\frac{X_1}{M_1} = \frac{0.252}{10} = k\times 0.145^{\frac{1}{n}} \qquad (1)$$

2) 활성탄 20 kg 주입 시 $C_6H_6$ 흡착량 $X_2$ 및 배출가스 중 $C_6H_6$ 잔존량 $P_2$

$$X_2 = \frac{(63-10)\ \text{m}\ell}{\text{m}^3} \times \frac{3{,}600\ \text{m}^3}{\text{hr}} \times \frac{273\ \text{K}}{(273+270)\ \text{K}} \frac{78\times10^{-3}\ \text{kg}}{22{,}400\ \text{m}\ell} = 0.334\ \text{g/hr}$$

$$P_2 = \frac{10\ \text{m}\ell}{\text{m}^3} \times \frac{3{,}600\ \text{m}^3}{\text{hr}} \times \frac{273\ \text{K}}{(273+270)\ \text{K}} \frac{78\times10^{-3}\ \text{kg}}{22{,}400\ \text{m}\ell} = 0.063\ \text{kg/hr}$$

$$\frac{X_2}{M_2} = \frac{0.334}{20} = k\times 0.063^{\frac{1}{n}} \qquad (2)$$

(1)을 (2)로 나누면 $1.509 = \left(\frac{0.148}{0.063}\right)^{\frac{1}{n}}$, $\quad n = 2.026$

식 (1)에 $n = 2.026$을 대입하면

$$\frac{0.252}{10} = k\times 0.14^{\frac{1}{2.026}}, \qquad k = 0.065$$

3) $C_6H_6$을 1 ppm으로 낮출 때 $C_6H_6$ 흡착량 $X$, 배출가스 중 $C_6H_6$ 잔존량 $P$ 및 필요한 활성탄량 $M$은

$$X = \frac{(63-1)\ \text{m}\ell}{\text{m}^3} \times \frac{3{,}600\ \text{m}^3}{\text{hr}} \times \frac{273\ \text{K}}{(273+270)\ \text{K}} \frac{78\times10^{-3}\ \text{kg}}{22{,}400\ \text{m}\ell} = 0.391\ \text{kg/hr}$$

$$P = \frac{1\ \text{m}\ell}{\text{m}^3} \times \frac{3{,}600\ \text{m}^3}{\text{hr}} \times \frac{273\ \text{K}}{(273+270)\ \text{K}} \frac{78\times10^{-3}\ \text{kg}}{22{,}400\ \text{m}\ell} = 0.0063\ \text{kg/hr}$$

$$\frac{X}{M} = kP^{\frac{1}{n}} \Rightarrow \frac{0.391}{M} = 0.065 \times 0.0063^{\frac{1}{2.026}} \quad \therefore M = 73.4 \text{ kg/hr}$$

**Example 4-10**

Toluene($C_6H_5CH_3$, M.W=92.14) 증기 100 ppm을 함유하는 공기 200 $m^3$/min을 활성탄 1,000 kg을 사용하여 흡착하는 시설이 있다. 이 흡착제가 포화되는데 소요되는 시간[hr]은? 단, toluene의 활성탄에 대한 흡착률은 0.25 kg/kg, toluene 증기의 흡착률은 90 %이며 toluene 함유 배출가스의 온도는 25℃이다.

**풀이** 배출가스 중에 포함되어 있는 toluene의 양

$$\frac{100 \text{ m}\ell}{\text{m}^3} \times \frac{200 \text{ m}^3}{\text{min}} \Big| \frac{60 \text{ min}}{1 \text{ hr}} \times \frac{273 \text{ K}}{(273+25) \text{ K}} \Big| \frac{92.14 \times 10^{-3} \text{ kg}}{22{,}400 \text{ m}\ell} = 4.522 \text{ kg/hr}$$

활성탄 1,000 kg이 toluene을 흡착할 수 있는 양

$1{,}000 \text{ kg} \times 0.25 \text{ kg(톨루엔)/kg(활성탄)} = 250 \text{ kg}$

$250 \text{ kg} = 4.522 \text{ kg/hr} \times 0.9 \times t$

$\therefore t = 61.43 \text{ hr}$

## 4. 활성탄 재생

활성탄의 재생(regeneration)은 활성탄의 재사용과 경제성 있는 흡착질을 회수한다는 측면에서 매우 유용하다. 활성탄 재생법으로는 ① 수세 탈착법 ② 수증기 탈착법 ③ 감압진공 탈착법 ④ 고온공기 탈착법 ⑤ 불활성가스에 의한 탈착법 등이 있으나 일반적으로는 900℃, 0.3 Kg/$cm^2$ 정도의 과열수증기를 처리가스의 흡착방향과 반대방향으로 처리가스 통과속도의 1/5～1/10 정도로 통과시켜 흡착질을 탈착시켜 활성탄을 재생한다. 고온공기 탈착법은 150～170℃의 고온공기를 20～30분 정도 흡착방향과 반대방향으로 활성탄을 통과시키면 활성탄이 재생된다. 첨착활성탄도 고온공기 탈착법으로 재생이 가능하며 재생온도는 첨착물질에 따라 다소 차이가 있지만 250～350℃ 정도에서 대부분이 탈착된다. 탈착된 흡착질이 유기성 증기일 때는 경제성이 있을 수도 있다. 활성탄소섬유(ACF)는 100～200℃의 수증기나 온풍으로 탈착이 가능하며, 수십 번 반복하여 재생이 가능하다.

활성탄상(activated carbon bed)에 흡착된 흡착질의 농도분포를 보면 처리가스 입구 쪽에서는 농도가 높고 출구 쪽에서는 낮다. 따라서 활성탄 재생 시 과열수증기를 처리가스와 반대방향에서 주입시키면 출구 쪽에 흡착되어 있는 유기증기가 탈착됨과

동시에 곧바로 입구 측에서도 포화상태로 흡착된 유기증기가 탈착되므로 비교적 적은 양의 과열수증기로도 충분히 활성탄을 재생시킬 수 있다.

과열수증기로 유기증기를 탈착시키면 활성탄은 온도드 높고 수증기로 포화되어 있으므로 깨끗하고 찬 공기를 불어넣어 수증기를 탈착 건조시킨다.

## 5. 흡착장치

흡착장치는 흡착탑 내에 활성탄을 넣고 처리가스를 통과시켜 오염물질을 처리하는 장치로서 고정상 흡착장치(fixed bed adsorber), 이동상 흡착장치(movable bed adsorber) 및 유동상 흡착장치(fluidized adsorber) 등이 있다.

### (1) 고정상 흡착장치

고정상 흡착장치는 그림 4-20과 같이 지지물(support)안에 활성탄을 넣고 오염물을 제거하는 방식이다. 처리가스량이 적을 경우는 수직형이 유용하지만 처리가스량이 많으면 수평형이나 실린더형 같이 접촉면이 큰 형태가 더 유리하다. 또 처리가스를 연속적으로 처리하려고 할 경우에는 회분식(batch type) 흡착장치 두 개를 병렬로

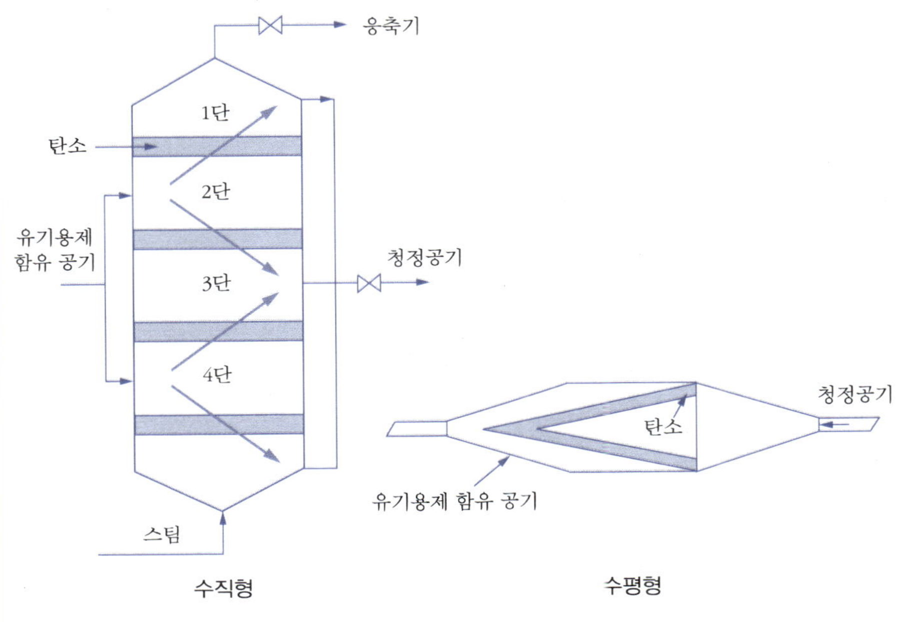


**그림 4-20** 고정상 흡착장치

연결하여 흡착과 재생을 교대로 한다. 흡착기를 3개로 하면 흡착, 탈착, 냉각을 교대로 할 수 있기 때문에 더 효과적이다.

활성탄의 재생은 흡착된 오염물질의 탈착, 활성탄 냉각 및 재사용의 3단계로 구분하는데 이 3단계를 탈착주기(stripping period)라 한다. 활성탄의 재생 시 탈착된 유기성 증기는 회수하여도 경제성이 없는 경우가 대부분이므로 소각처리한다. 보통 고정상 흡착장치의 단면속도는 9～30 m/min (15～50 cm/sec), 체류시간은 0.6～6초 정도이고, 활성탄 충진높이는 발열량 때문에 보통 40～50 cm 이내로 한다.

### (2) 이동상 흡착장치

활성탄은 충전상태로 상부에서 하부로 이동시키고 처리가스는 하부에서 상부로 이동시켜 활성탄과 처리가스를 향류(counter flow)로 접촉시키는 흡착방식을 말하는데 활성탄은 연속적으로 흡착부로부터 탈착부로 이동해서 탈착, 재생된다. 항상 포화된 활성탄을 탈착부로 이동시킬 수 있고 또 탈착에 필요한 에너지도 절약할 수 있는 장점이 있지만 활성탄이 이동하므로 손상되는 단점이 있다.

이동흡착장치의 일종으로 연속흡착장치(continuous adsorber)가 있다. 연속 흡착장치는 활성탄이 들어있는 회전하는 이중통으로 되어 있어 처리가스는 이중통의 상부로 주입되어 흡착된 후 통 중간에 있는 출구로 나오게 된다. 활성탄의 재생은 처리가스 입구 반대편에 있는 통 중간으로 수증기가 주입되어(처리가스와 향류) 통 아래쪽으로 배출된다.

### (3) 유동상 흡착장치

유동층에서 흡착질이 흡착제에 흡착되는 방식으로 고정상보다 많은 양의 처리가스를 처리할 수 있으며 유동상태로 흡착되기 때문에 흡착제와 흡착질이 접촉이 잘되어 흡착률이 높다는 장점이 있으나 유동에 의한 흡착제끼리의 충돌로 흡착제의 마모가 큰 단점이 있다. 또 최근에는 유동층에서 흡착이 끝난 흡착제는 하단으로 보내어 재생 및 냉각을 시켜 다시 유동층으로 투입시키는 연속식 유동상 흡착장치도 생산 판매되고 있다.

# 4.4 소각(incineration)

소각법은 가연성 오염가스 및 악취물질을 연소시켜 제거하는 방법으로 배출가스의 양이 비교적 적고 오염가스의 농도가 높을 때 주로 사용된다. 소각은 주로 악취물질의 제거, 연무질(aerosol)의 재연소, smog의 원인이 되는 유기가스의 연소 등에 이용된다.

소각법은 종류에 관계없이 가연성 기체오염물질을 거의 완전히 제거할 수 있고, 배출가스의 유량변동 및 오염물 농도변화에도 민감하지 않으며, 폐열을 회수하여 재이용할 수 있다는 장점을 가지고 있다. 그러나 설비비와 운전비용이 다소 비싸며 소각에 의한 또 다른 대기오염물질을 배출할 가능성이 있다. 소각방법에는 가열소각(thermal incineration)과 촉매소각(catalystic incineration)이 있다.

## 1. 가열소각

가열소각은 오염물질을 직접 불꽃으로 소각(direct flame incineration)하는 방법으로 after burner법이라고도 하며 탄화수소(HC), $H_2$, $NH_3$, HCN 및 기타 유독가스 제거에 널리 이용되고 있는 방법으로 99 % 이상 제거가 가능하다. 가열소각법은 오염기체의 농도가 낮을 경우 보조 연료가 필요하며 보통 경제적으로 오염가스의 농도가 연소하한치(LEL: lower explosion limit)의 50 % 이상일 때 적합한 방법이다.

가열소각법은 고온 상태에서는 NOx가 발생되기 쉽고 오염가스가 불완전 연소될 경우에는 CO 및 HCHO 등이 생성되므로 연소실 설계 시에는 배출가스의 양, 온도, 습도, 배출가스 중의 산소농도 등을 충분히 고려하여 설계하여야 하는데 보통 연소실 내의 온도는 650~850℃, 체류시간 0.2~0.7초 정도로 설계하고 있다. 직접연소장치에서는 종종 그을음이나 검댕이 발생하는 경우가 있는데 그을음은 연료 중의 C/H비가 3 이상일 때 발생되므로 수증기의 주입으로 C/H비를 낮추면 이 문제는 해결할 수가 있으며, 또 수증기의 주입은 불꽃근처에서 난류를 형성시키므로 산소와 연료의 접촉을 증진시켜서 연소효율을 향상시키는 역할도 한다. 탈취효과가 뛰어나서 가연성 악취성분 제거법으로 널리 적용될 수 있으나 연료소비가 많아 운전비용이 다소 많이 소요되므로 폐열을 회수하여 이용하는 것이 바람직하다.

축열식 연소법(regenerative thermal oxidizer, RTO)은 휘발성유기화합물(volatile organic compounds, VOCs) 가열소각 시 발생하는 연소폐열을 세라믹 축열재로 회수하여 재사용하는 기술로 약 95 % 정도의 폐열을 회수할 수 있으나 초기 투자비 때문에 경제성 분석이 필요하다.

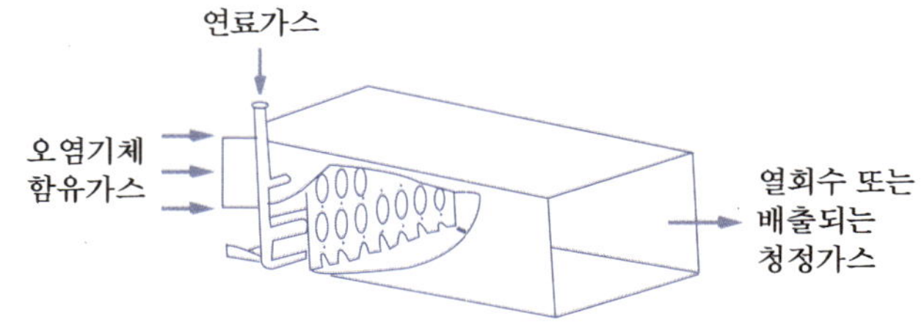


**그림 4-21 가열소각**

## 2. 촉매소각

촉매소각은 오염가스를 Pt, Co, Ni 등의 촉매를 사용하여 250～450℃ 정도에서 수백분의 1초 동안에 소각시키는 방법으로, 배출가스를 가열소각에서처럼 높은 온도로 예열할 필요가 없고 NOx의 발생을 걱정할 필요도 없다. 촉매소각법의 소각효율은 95～98 % 정도로 효율이 높고 비용이 적게 들며 압력손실이 작다는 장점이 있으나 Zn, Pb, Hg, S 및 분진과 같은 촉매독 때문에 촉매의 수명이 짧아지는 단점이 있다. 보통 촉매소각은 배출가스 유량이 많고 VOCs의 농도가 LEL의 약 10 % 이하일 때 적용한다.

축열식 촉매연소법(regenerative catalytic oxidizer, RCO)은 VOCs 촉매소각 시 발생하는 연소폐열을 세라믹 축열재로 회수하여 재사용하는 기술로 약 95 % 정도의 폐열을 회수할 수 있으나 초기 투자비 때문에 경제성 분석이 필요하다.

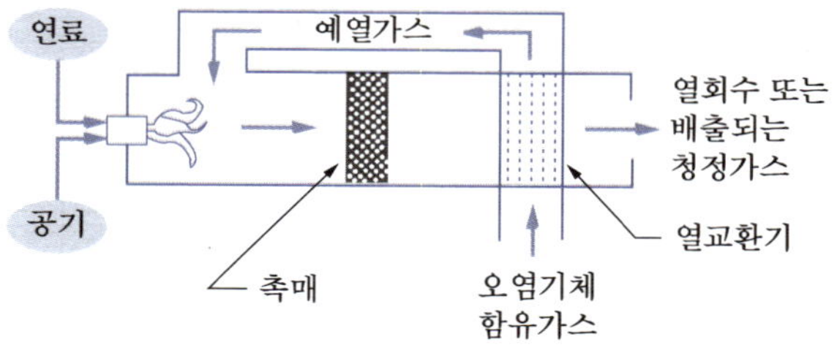


**그림 4-22 촉매소각**

### 3. 농축촉매연소

농축촉매연소법(concentration and catalytic oxidizer, CCO)은 농도가 낮은 VOCs를 활성탄 등 흡착제에 흡착시키고 흡착된 VOCs를 250～400℃에서 열탈착하여 원래 배기가스의 농도보다 10～20배 정도 농축하여 촉매연소장치를 이용 연소처리하는 기술이다. 활성탄은 고온 열풍이나 스팀으로 재생한다.

## 4.5 플라즈마를 이용한 유해가스처리

플라즈마 탈황/탈질 공법은 80년대 초 미국, 일본, 이태리 등지에서 본격적으로 개발되기 시작한 새로운 기술이다. 탈황/탈질의 첫 단계는 방전화학과정으로 고전압 펄스로 에미팅와이어(emitting wire)에 포지티브 스트리머코로나(positive streamer corona)를 발생시키면 배출가스 내의 산소, 질소, 수분 및 주입된 암모니아($NH_3$) 등은 O, OH, H, N, $NH_2$ 등의 라디칼(radical)을 생성하고 이때 발생된 라디칼은 배출가스 내의 아황산($SO_2$) 및 일산화질소가스(NO)를 황산($H_2SO_4$), 질산($HNO_3$) 등으로 바꾸게 된다. 황산 및 질산은 매우 크기가 작은(1 μm 이하) 액상으로 존재하는데, 이들은 주입된 암모니아에 의해 중화되어 최종적으로 고체상의 작은 입자형태인(1 μm 정도) $(NH_4)_2SO_4$ 및 $NH_4NO_3$로 바뀌게 된다. 이때 생성되는 고체 입자는 전기집진기를 이용하여 집진한다.

이상의 플라즈마 탈황 탈질공정의 개념에서 중요한 사항은 플라즈마 탈황 탈질공정은 배출가스의 온도에 그 성능이 매우 크게 좌우된다는 사실이다. 80년도 초반에 수행된 대부분의 소규모 탈황/탈질 실험은 배출가스의 온도가 상온이었는데, 이때 얻어진 99 % 이상의 탈황/탈질 제거율은 실제 사업소에서 배출되는 배출가스온도인 130℃ 이상에서는 황산 및 질산 에어로졸의 성장속도가 매우 느리기 때문에 탈황/탈질률은 10～15 % 이하로 저하된다. 따라서 탈황/탈질률을 각각 90 % 및 70 % 이상으로 높이기 위한 여러 가지 연구가 수행되고 있다.

## 연습문제

**01** 물리적 흡착의 특성에 대하여 설명하라.

**02** 활성탄의 재생방법을 설명하라.

**03** 벤젠($C_6H_6$ = 78) 증기 230 ppm을 함유하는 공기 500 $m^3$/min을 활성탄 500 kg을 사용하여 흡착하는 시설이 있다. 이 흡착제가 포화되는데 소요되는 시간(min)은? 단, 벤젠의 활성탄에 대한 흡착률은 0.18 kg/kg, 벤젠의 활성탄 흡착률은 95 %이며 벤젠 함유 배출가스의 온도는 42℃이다.

**04** 톨루엔($C_6H_5CH_3$ = 92.14)을 제거하기 위하여 활성탄을 사용하였다. 온도 270℃, 가스량이 3,600 $m^3$/hr인 배출가스 중 톨루엔농도가 153 ppm일 경우 톨루엔의 농도를 10 ppm으로 낮추기 위해서는 활성탄 몇 kg을 사용해야 하는가?

흡착은 Freundlich 식 $\left(\frac{X}{M} = kP^{\frac{1}{n}}\right)$을 따르며 $k$ = 0.021, $n$ = −6.542이다.

# 4.6 황산화물 처리

연료를 연소시키면 연소과정에서 가연성 황 성분은 대부분 $SO_2$로 산화되고 황분의 1~5% 정도가 $SO_3$로 산화된다. $SO_3$는 배출가스 중의 수증기와 반응하여 황산이 되며 배출가스의 온도가 낮을 경우 황산 mist가 생성된다. 또한 $SO_2$는 물에 잘 용해되어 아황산($H_2SO_3$)을 생성하며 대기 중에 $SO_2$가 3~5 ppm 이상이 혼재하면 냄새를 감지할 수 있다.

$$SO_2 + H_2O \rightarrow H_2SO_3$$
$$SO_3 + H_2O \rightarrow H_2SO_4$$

배출가스 중에 포함되어 있는 황산화물을 처리하는 방법(FGD; flue gas desulfurization)에는 건식법과 습식법이 있다.

| | 건식법 | 습식법 |
|---|---|---|
| 종류 | • 석회석 주입법<br>• 활성 산화망간법<br>• 활성탄 흡착법<br>• 산화법 등 | • NaOH 및 $Na_2SO_3$ 수용액에 의한 흡수법<br>• $NH_4OH$에 의한 흡수법<br>• $CaCO_3$ 및 $Ca(OH)_2$ 슬러리(slurry)에 의한 흡수법<br>• $Mg(OH)_2$ slurry에 의한 흡수법<br>• $CH_3COONa$ 수용액에 의한 흡수법<br>• 염기성 황산알루미늄 수용액에 의한 흡수법 등 |
| 장점 | • 배출가스의 온도 저하 없음<br>• 연돌에서 배출가스 확산 양호 | • 반응 효율이 높음<br>• 장치의 규모가 작음 |
| 단점 | • 반응 효율이 낮음<br>• 장치 규모가 큼 | • 배출가스 온도저하로 연돌에서 확산이 잘 안됨<br>• 수질오염 |

## 1. 건식법

### (1) 석회석 주입법

석회석($CaCO_3$) 주입법은 석회석 분말을 보일러의 연소실에 직접 주입하는 방법으로 초기의 투자비가 적게 들어 소규모의 보일러나 노후된 보일러에 추가로 설치할 때 사용된다. 주입된 석회석은 1,000℃ 이상에서 분해되어 생석회(CaO)의 분말로 되고 이것이 연소 가스 중의 $SO_2$ 및 $O_2$와 반응하여 $CaSO_4$가 된다.

$$CaCO_3 \rightarrow CaO + CO_2 \quad \text{(소성반응)}$$

$$CaO + SO_2 \rightarrow CaSO_3 \quad \text{(흡수반응)}$$

$$CaCO_3 + SO_2 \rightarrow CaSO_3 + CO_2$$

$$CaSO_3 + \frac{1}{2}O_2 \rightarrow CaSO_4 \quad \text{(산화반응)}$$

위의 반응들을 종합하면

$$CaCO_3 + SO_2 + \frac{1}{2}O_2 \rightarrow CaSO_4 + CO_2$$

석회석 주입법은 석회석의 가격이 저렴하기 때문에 재생하여 사용할 필요가 없어서 석회석의 분쇄와 주입에 필요한 장비만 소요되며 건식법이므로 배출가스의 온도가 떨어지지 않아 연돌에서 확산이 잘되는 장점을 가지고 있다. 그러나 $SO_2$의 제거 효율이 낮고 석회석 분말이 연소로에 달라붙어 열전달률을 떨어뜨리며 $SO_2$와 반응하지 못한 석회석 분말이 집진기의 성능을 저하시키는 단점도 있다.

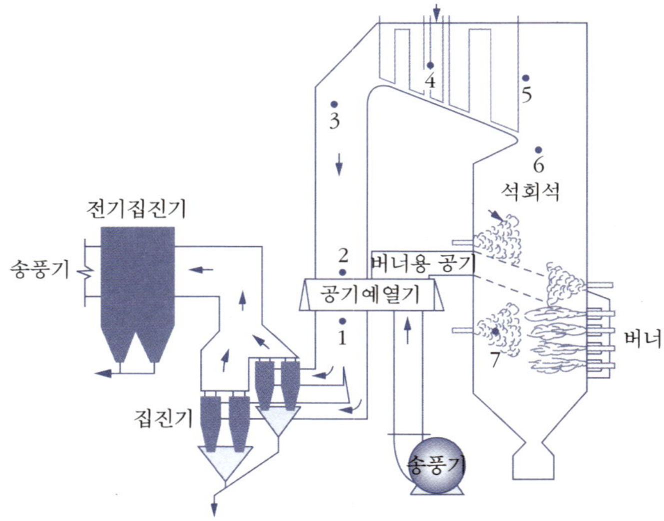


**그림 4-23** 석회석에 의한 $SO_2$의 제거

**Example 4-11**

황성분 1.3 % 중유를 10 ton/hr로 연소하는 보일러의 배출가스를 $CaCO_3$로 탈황하고, 황을 $CaSO_4$ 로 회수하고자 할 때 회수하는 무수석고($CaSO_4 = 136.14$)의 양은? 단, 탈황률은 100 %이다.

**풀이** 중유 속에 함유된 총 S의 양 = 10 ton/hr × 0.013 = 0.13 ton/hr = 130 kg/hr

중유 속에 S이 130 kg/hr 포함되어 있을 때 발생되는 $SO_2$는 260 kg/hr

$SO_2$ 64 kg당 $CaSO_4$ 136.14 kg이 생성되므로

$$CaCO_3 + SO_2 + \frac{1}{2}O_2 \rightarrow CaSO_4 + CO_2$$

$$64\text{ kg} : 136.14\text{ kg}$$

$$260\text{ kg/hr} : x$$

$$\therefore\ x = \frac{136.14\text{ kg} \times 260\text{ kg/hr}}{64\text{ kg}} = 553.1\text{ kg/hr}$$

**Example 4-12**

100 $Sm^3$/hr의 배출가스를 방출하는 연소로를 건식석회법으로 $SO_2$를 처리하고자 한다. 이때 배출가스의 $SO_2$ 농도가 2,000 ppm일 때 제거에 필요한 석회석($CaCO_3 = 100$)의 양은? 단, 석회석의 순도는 95 %, 석회석과 $SO_2$의 반응률은 60 %이다.

**풀이** 배출가스 중 $SO_2$의 양. ppm = $m\ell/m^3$이므로

$$\frac{2{,}000\text{ m}\ell}{\text{Sm}^3} \times \frac{10{,}000\text{ Sm}^3}{\text{hr}} \left| \frac{1\text{ m}^3}{10^6\text{ m}\ell} \right. = 20\text{ m}^3/\text{hr}$$

$$CaCO_3 + SO_2 + \frac{1}{2}O_2 \rightarrow CaSO_4 + CO_2$$

$$100\text{ kg} : 22.4\text{ Sm}^3$$

$$x : 20\text{ Sm}^3/\text{hr}$$

$$x = \frac{100\text{ kg} \times 20\text{ Sm}^3/\text{hr}}{22.4\text{ Sm}^3} = 89.3\text{ kg/hr}$$

석회석의 순도는 95 %, 석회석과 $SO_2$의 반응률은 60 %이므로

$$\therefore\ \text{총 필요한 석회석의 양} = \frac{89.3\text{ kg/hr}}{0.95 \times 0.6} = 156.7\text{ kg/hr}$$

## (2) 활성산화망간법

분말상의 산화망간($MnO_x \cdot aH_2O$)을 배출가스 내에 주입시키면 이것이 $SO_2$와 반응하여 황산망간($MnSO_4$)을 생성하며 여기에 다시 $NH_3$을 가하면 $(NH_4)_2SO_4$가 생성된다.

$$MnO_x \cdot aH_2O + SO_2 + \left(1-\frac{x}{2}\right)O_2 \rightarrow MnSO_4 + aH_2O$$
$$MnSO_4 + 2NH_4OH \rightarrow Mn(OH)_2 + (NH_4)_2SO_4$$
$$Mn(OH)_2 + \frac{1}{2}(x-1)O_2 + (a-1)H_2O \rightarrow MnO_x \cdot aH_2O$$

### (3) 전자빔에 의한 제거

전자빔(electron beam) 가속기로 전자빔을 배출가스에 조사하면 산소, 수분 등은 전자와 충돌하여 O·, OH·, $HO_2$· 등의 산화력이 매우 강한 radical이 생성되는데 이 radical과 $SO_2$가 반응하여 $H_2SO_4$가 생성되며 여기에 $NH_3$를 투입하여 $(NH_4)_2SO_4$의 고체입자로 만들어 $SO_2$를 제거하는 방법이다. 흔히 사용하는 전자빔은 가속전압이 300～600 kV이며, 전류는 약 10～100 mA이다. 전자빔 조사에 의하여 $SO_2$가 제거되는 메커니즘은 아래와 같다.

$$O_2,\ H_2O + e \rightarrow O\cdot,\ \cdot OH,\ HO_2\cdot \qquad \text{(radical 생성)}$$

$$SO_2 \xrightarrow{+\,O\cdot} SO_3 \xrightarrow{+\,H_2O} H_2SO_4$$
$$SO_2 \xrightarrow{+\,\cdot OH} HSO_3 \xrightarrow{+\,\cdot OH} H_2SO_4 \qquad (H_2SO_4 \text{ 생성})$$

$$H_2SO_4 + 2NH_3 \rightarrow (NH_4)_2SO_4$$

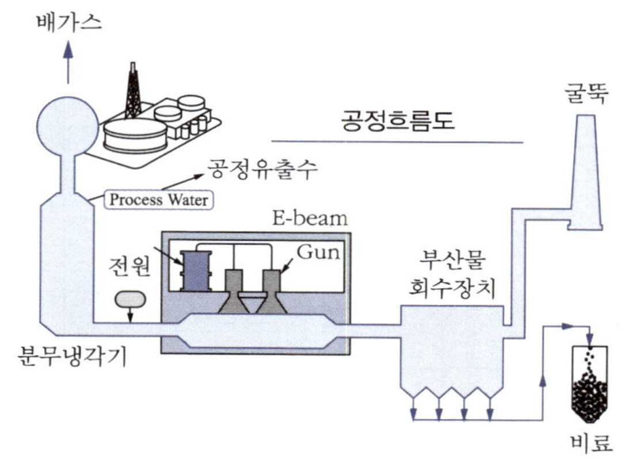


그림 4-24 전자빔을 이용한 $SO_2$ 제거

그러나 이 방법은 전자빔의 가격이 고가이므로 아직 실용화되지는 못하고 있다.

### (4) 산화구리법

산화구리법은 CuO를 사용하여 $SO_2$를 $CuSO_4$로 고정한 다음 $H_2$와 $CH_4$ 등의 환원제를 써서 $CuSO_4$를 Cu와 $SO_2$로 재생하는 방법이다.

$$Cu + \frac{1}{2}O_2 \rightarrow CuO$$

$$CuO + SO_2 + \frac{1}{2}O_2 \rightarrow CuSO_4$$

$$CuSO_4 + 2H_2 \rightarrow Cu + SO_2 + 2H_2O$$

$$CuSO_4 + \frac{1}{2}CH_4 \rightarrow Cu + SO_2 + \frac{1}{2}CO_2 + H_2O$$

### (5) $Al_2O_3$–$Na_2O$계 흡수제를 이용하는 방법

$Al_2O_3$와 $Na_2O$의 조성비를 64 : 31로 조합해서 입경 8～25 mesh(체눈크기 0.710～2.38 mm) 정도의 고체상 흡수제를 만들고 이것을 흡수탑 내로 자유로이 투하시켜서 $SO_2$와 향류(counter flow)로 접촉시키면 $SO_2$는 $Na_2SO_4$ 형태로 고정된다. 여기에 $H_2O$, 천연가스 또는 발생로가스 등을 650℃ 정도에서 작용시키면 $Na_2SO_4$가 $H_2S$ 형태로 배출되고 흡수제는 재생된다. 여기에서 $H_2S$의 일부를 연소시켜 $SO_2$를 만들어 $SO_2$와 $H_2S$가 1 : 2가 되게 하고 Claus법으로 황(S)을 생성시킨다.

$$H_2S + \frac{3}{2}O_2 \rightarrow H_2O + SO_2$$

$$SO_2 + 2H_2S \rightarrow 3S + 2H_2O$$

이 방법은 $SO_2$ 제거율은 우수하나 재생 시 고온의 환원성 가스가 필요하며 Claus 공정의 비용이 비싼 단점이 있다. 최근에는 상온·상압에서 $SO_2$와 $H_2S$가 반응하는 Claus 공정이 개발되어 설치비 및 운전비용을 대폭 낮추었으나 Claus 공정은 석유탈황공정에 사용되는 기술이고 FGD에는 사용하지 않는 기술이다. 발생로가스는 석탄, 목탄 등을 불완전 연소시킬 때 얻어지는 가연성 가스를 말한다. 주성분은 $N_2$(50～60 %), CO(20～30 %), $H_2$(7～8 %), $CO_2$(1～7 %) 등이다.

## 2. 습식법

$SO_2$는 수용성(용해도 10.5 g/100 g $H_2O$, 20℃) 산성가스이므로 알칼리 물질을 사용하여 습식법으로 제거하면 좋은 결과를 얻을 수 있는데 미국, 일본, 독일 등 대부분 국가에서 대용량 발전설비의 90 % 이상이 습식법을 채택하고 있다. 습식배연탈황법의 흡수제로는 석회석(limestone, $CaCO_3$), 소석회[hydrated lime, $Ca(OH)_2$], NaOH, $Mg(OH)_2$ 등을 사용하지만 경제성, 연료의 황함유량, $SO_2$와 반응성, 2차 오염여부 등을 감안하여 가장 적절한 것을 선택하여 사용한다. 소석회[$Ca(OH)_2$]는 $SO_2$와 반응성은 석회석($CaCO_3$)보다 우수하지만 석회석을 900℃ 이상으로 가열하여 제조하기 때문에 가격이 약 4배 정도 더 비싸며 NaOH, $Mg(OH)_2$ 등은 수용성이므로 $SO_2$와 반응성과 제거율은 우수하나 이 역시 가격이 비싸고 폐수 처리 등의 단점이 있다. 그러므로 연소배출가스의 배출양, 배출가스에 포함된 $SO_2$ 및 $SO_3$의 농도 등 여러 가지 면을 종합적으로 고려하여 가장 적절한 흡수제를 선택하여야 한다. 다음은 현재 습식배연탈황법으로 사용되고 있는 몇 가지 방법에 대하여 살펴보기로 한다.

### (1) 석회석 – 석고법

석회석-석고법(wet type limestone-gypsum process)은 우리나라 대부분의 화력발전소 등 대규모 무연탄이나 B-C유를 사용하는 시설에서 채택하고 있는 방법으로 $SO_2$의 약 95 % 정도(최대 96 %)를 제거할 수 있으며 석회석을 slurry 상태로 만들어 배연탈황에 이용하는 방법이다. 아래 반응은 석회석으로 $SO_2$를 제거하는 반응식을 나타낸 것이다.

$$CaCO_3 + CO_2 + H_2O \rightarrow Ca(HCO_3)_2$$

① pH 5 이하에서 $SO_2$의 반응

$$Ca(HCO_3)_2 + 2SO_2 \rightarrow Ca(HSO_3)_2 + CO_2$$
$$Ca(HSO_3)_2 + O_2 \rightarrow CaSO_4 + H_2SO_4$$
$$H_2SO_4 + CaCO_3 \rightarrow CaSO_4 + CO_2 + H_2O$$
$$CaSO_4 + 2H_2O \rightarrow CaSO_4 \cdot 2H_2O$$

② pH 5 이상에서 $SO_2$의 반응

$$Ca(HCO_3)_2 + SO_2 + \frac{1}{2}H_2O \rightarrow CaSO_3 \cdot \frac{1}{2}H_2O + 2CO_2 + H_2O$$

총괄반응식은 아래와 같다.

$$CaCO_3 + SO_2 + \frac{1}{2}O_2 + 2H_2O \rightarrow CaSO_4 \cdot 2H_2O + CO_2$$

석회석-석고법에서 $SO_2$ 제거효율에 가장 큰 영향을 미치는 것은 흡수액의 pH와 액가스비(L/G)이다. 흡수액의 pH가 높아지면 $SO_2$ 제거효율은 높아지나 석회석 생성과 산화반응속도는 늦어지므로 spray tower 방식에서는 pH를 4.5～5.5 정도로 운전한다. L/G 비율도 매우 중요하다. 일반적으로 L/G 비율이 커지면 흡수효율은 높아지지만 동력비와 흡수탑의 압력손실도 증가하므로 유지비용이 많이 든다. 흡수제로 이용되는 석회석의 양은 이론적으로는 $SO_2$ 1당량에 $CaCO_3$ 1당량(Ca/S 비)이 필요하지만 실제로는 1.2 이하이며 최근에는 Ca/S 당량비를 보통 1.02 정도로 하고 있다. 부산물로 생성된 석고(gypsum, $CaSO_4 \cdot 2H_2O$)는 건축재료로 재사용한다.

석회석은 물에 대한 용해도가 낮아 325 mesh 체를 95 % 통과한 미세한 분말을 사용하며 순도는 부산물로 발생하는 석고를 건축자재로 재활용하기 위하여 93 % 이상인 것을 사용한다. 석고의 순도는 시멘트용은 90 % 이상, 보드용은 95 % 이상이 되어야 한다. 그러나 석고에 의한 스케일(scale)과 막힘현상(plugging)이 발생하는 등의 단점이 있다.

**Example 4-13**

S이 2 % 포함된 B-C를 시간당 100 kg 소비하는 보일러에서 배출되는 연소배가스 중 $SO_2$를 석회석-석고법으로 제거하는데 소요되는 석회석($CaCO_3$ = 100) 양과 발생되는 석고($CaSO_4 \cdot 2H_2O$ = 172.3)는 시간당 몇 kg인가? 단, S의 95 %만이 $SO_2$로 배출되며 Ca/S = 1.2, $CaCO_3$ 순도는 95 %이다.

**풀이** 1) 1시간에 100 kg의 B-C를 연소하므로 연료 중에 포함되어 있는 S의 양

100 kg/hr × 0.02 = 2 kg/hr

95 %만이 $SO_2$로 산화되므로 $SO_2$로 산화되는 S의 양 = 2 kg/hr×0.95 = 1.9 kg/hr

2) 연소 시 발생하는 $SO_2$의 양

$$S + O_2 \rightarrow SO_2$$

32 kg : 64 kg

1.9 kg/hr : $a$ kg

$$a = \frac{64\text{ kg} \times 1.9\text{ kg/hr}}{32\text{ kg}} = 3.8\text{ kg/hr}$$

3) 소요되는 순도 100 % $CaCO_3$ 이론소요량

$$CaCO_3 + SO_2 + \frac{1}{2}O_2 + 2H_2O \rightarrow CaSO_4\ 2H_2O + CO_2$$

100 kg : 64 kg

$b$ : 3.8 kg/hr

$$b = \frac{100\text{ kg} \times 3.8\text{ kg/hr}}{64\text{ kg}} = 5.94\text{ kg/hr}$$

Ca/S = 1.2, $CaCO_3$ 순도가 95 %이므로 실제 소요되는 $CaCO_3$ 양은
(5.94×1.2)/0.95 = 7.5 kg/hr

4) 발생되는 석고의 양
생성되는 석고($CaSO_4 \cdot 2H_2O$)량은 순도 100 % $CaCO_3$ 이론소요량에 의존한다.
순도 100 % $CaCO_3$ 이론소요량은 5.94 kg/hr이므로

$$CaCO_3 + SO_2 + \frac{1}{2}O_2 + 2H_2O \rightarrow CaSO_4 \cdot 2H_2O + CO_2$$

100 kg : 172.3 kg
5.94 kg/hr : $c$ $\quad c = \dfrac{172.3 \times 5.94\ \text{kg/hr}}{100} = 10.2\ \text{kg/hr}$

### (2) 석회세정법

석회세정법(wet lime scrubbing)은 흡수제로 소석회[$Ca(OH)_2$]를 사용하여 배연탈황을 하는 방법이다. 소석회와 $SO_2$의 반응식은 아래와 같다. 석회석($CaCO_3$)을 900℃ 이상으로 가열하여 생석회(burnt lime, CaO)를 만들고 생석회에 물을 반응시켜 소석회[$Ca(OH)_2$]를 제조한다.

$$Ca(OH)_2 + CO_2 \rightarrow CaCO_3 + H_2O$$
$$CaCO_3 + CO_2 + H_2O \rightarrow Ca(HCO_3)_2$$
$$Ca(HCO_3)_2 + 2SO_2 \rightarrow Ca(HSO_3)_2 + CO_2$$
$$Ca(HSO_3)_2 + O_2 \rightarrow CaSO_4 + H_2SO_4$$
$$H_2SO_4 + CaCO_3 \rightarrow CaSO_4 + CO_2 + H_2O$$
$$CaSO_4 + 2H_2O \rightarrow CaSO_4 \cdot 2H_2O$$

총괄반응식은 아래와 같다.

$$Ca(OH)_2 + SO_2 + H_2O + \frac{1}{2}O_2 \rightarrow CaSO_4 \cdot 2H_2O$$

석회석-석고법과 마찬가지로 석회세정법도 부산물로 석고가 발생하므로 스케일(scale)과 막힘(plugging) 현상이 발생하는 단점이 있다. $SO_2$ 제거율은 95 % 정도이다. 석회석-석고법과 석회세정법의 $SO_2$ 제거율은 약 95 % 정도로 비슷하지만 석회석 가격이 소석회의 약 1/4 정도이므로 현재는 대부분 석회석-석고법을 사용하고 있으며 석회세정법은 반건식법에만 적용하고 있다. 우리나라 화력발전소의 탈황공정에 사용되고 있

는 석회석은 순도 95 % 이상인 것을 사용한다.

### (3) $Mg(OH)_2$법

$Mg(OH)_2$는 원광석에 포함된 MgO나 해수 중 $MgCl_2$로부터 얻을 수 있다. $Mg(OH)_2$ slurry와 $SO_2$를 반응시켜 $MgSO_4$를 얻는데 $MgSO_4$는 용해도가 크고 해수 중에 존재하므로 수용액으로 방류할 수도 있다는 장점이 있다. $Mg(OH)_2$의 탈황률은 약 55～60℃ 전후에서 가장 우수하므로 연소배출가스를 냉각시켜야 하는데 이 때 냉각수로 용수가 다른 흡수제에 비하여 많이 필요하다는 단점이 있다. 또 탈황률은 $Mg(OH)_2$ slurry의 pH가 6～7에서 가장 우수하다. $Mg(OH)_2$를 흡수제로 사용하는 배연탈황법은 대규모 화력발전소 보다는 주로 열병합발전소 등 중소규모 보일러의 배연탈황에 많이 사용되며, 저유황 연료보다는 고유황 연료에 적합하고 탈황률은 95～96 % 정도이다.

#### ① 흡수공정

$$Mg(OH)_2 + SO_2 \rightarrow MgSO_3 + H_2O$$
$$Mg(OH)_2 + SO_2 + H_2O \rightarrow Mg(HSO_3)_2$$
$$Mg(HSO_3)_2 + Mg(OH)_2 \rightarrow 2MgSO_3 + 2H_2O$$

#### ② 산화공정

$$MgSO_3 + \frac{1}{2}O_2 \rightarrow MgSO_4$$
$$Mg(HSO_3)_2 + O_2 \rightarrow MgSO_4 + H_2SO_4$$
$$MgSO_4 + Mg(OH)_2 \rightarrow MgSO_4 + 2H_2O$$

총괄적인 반응식은 아래와 같다.

$$Mg(OH)_2 + SO_2 + \frac{1}{2}O_2 + H_2O \rightarrow MgSO_4 + 2H_2O$$

### (4) NaOH법

$SO_2$를 NaOH와 반응시켜 $Na_2SO_3$로 제거하는 방법이다. $Na_2SO_3$를 포함한 폐수는 폐열 등을 이용하여 물을 증발시키고 고형물을 처리하면 습식법이지만 폐수 발생이

없는 시스템 구성이 가능하다. 또 석회석-석고법과 $Mg(OH)_2$ 배연탈황법에 비하여 장치가 소규모이므로 적은 부지와 설비 투자비가 소요된다.

$$2NaOH + SO_2 \rightarrow Na_2SO_3 + H_2O$$

## 3. 반건식법

반건식(semi-dry absorber, SDA)은 폐수발생이 없는 건식법과 제거효율이 높은 습식법의 장점을 살린 배연탈황법으로 소석회[$Ca(OH)_2$] 슬러리를 분무탑 상부로 선회류 상태로 유입되는 고온의 연소배출가스에 미세한 액적상태로 분사시키면 산성가스인 $SO_2$는 알칼리성인 소석회 액적에 흡수되어(습식법) 제거된다. 소석회 액적은 중력 때문에 낙하되며 일정한 시간 후에는 고온의 연소배출가스에 의하여 수분은 증발되고 고형분만 남게 된다(건식법). $SO_2$가 소석회 액적에 흡수되어 제거되고 액적에서 수분이 증발되어 건조되기 위해서는 흡수탑 내에서 일정시간 이상 액적이 침강되지 않고 부유하여야 하는데 이를 위하여 연소배출가스는 선회류 상태로 분무탑에 주입시킨다. 고형분은 비산재, 미반응 소석회와 반응생성물을 포함하고 있으며 고형분은 사이클론과 여과집진기 또는 전기집진기에 의하여 집진된 후 청정가스는 대기로 배출된다. 반건식법에 의한 $SO_2$ 제거율은 약 80 % 정도인데, 집진기로 전기집진기보다 여과집진기를 채택할 경우 여과집진기 표면에 집진되어 있는 미반응된 소석회와 분무탑 내에서 제거되지 않은 $SO_2$의 건식반응으로 $SO_2$ 제거율은 3 ~ 5 % 더 높아진다. 반건식법에서 Ca/S 당량비는 보통 0.7 ~ 1.5 정도로 하며 Ca/S 당량비가 높으면 $SO_2$ 제거율은 높아지지만 노즐이 막히고 폐기물 발생량이 많아지며 운전비용이 약품의 과다사용으로 운전비용이 높아진다.

반건식법에 의한 $SO_2$ 제거율은 약 80 % 정도이므로 배연탈황을 위하여 반건식법을 채택할 경우 황함량이 높은 무연탄이나 B-C유를 사용하는 사업장에는 적합하지 않으며, 연료 중 황함량이 낮은 연료를 사용하는 중소규모 사업장에 더 적합한 기술이다. 현재 우리나라에서 반건식법은 폐기물 소각로에서 PVC 소각 시 발생하는 염화수소(HCl) 제거에 주로 적용하고 있다.

일반적으로 고유황 연료를 사용할 경우 배연탈황법으로는 $Mg(OH)_2$ 또는 석회석-석고법을 사용하고 저유황 연료를 사용할 경우에는 NaOH, 석회석-석고법과 반건식법을 사용한다.

## 4. 중유탈황

연소배출가스는 양이 많기 때문에 배연탈황법(FGD)보다는 원유 증류 시에 정유공장에서 탈황을 하는 것이 더 유리하다. 그러나 원유를 탈황 하더라도 중유 중에는 황분이 어느 정도는 잔류하므로 배연탈황도 병행하여야 한다. 중유의 탈황법에는 아래와 같은 방법이 있다.

### 1) 직접탈황법

Co-Ni-Mo을 수소첨가촉매로 하여 250～450℃에서 30～150 Kg/cm$^2$의 압력을 가하면 S가 $H_2S$, S, $SO_2$ 형태로 제거된다.

### 2) 간접탈황법

간접탈황법은 상압증류에서 얻은 증유를 감압증류시켜 다시 경유를 얻고 이 경유를 수소화탈황법으로 탈황하며 이 탈황된 경유와 감압잔유를 혼합하여 황이 적은 제품을 생산하는 방법이다.

### 3) 중간탈황법

중간탈황법은 상압증류에서 얻은 증류를 감압증류시켜 경유와 감압잔유를 얻고 감압잔유를 프로판 또는 프로판보다 분자량이 더 큰 탄화수소를 사용하여 아스팔트분과 잔유로 분리한다. 이 잔유와 감압경유를 혼합하여 탈황시킨 후 아스팔트분과 다시 혼합하여 저황유를 만든다.

# 4.7 질소산화물 처리

연료의 연소에 의하여 생성되는 질소산화물 중 약 95 %는 NO이고 나머지는 $NO_2$이며 연소불꽃온도가 높을수록 NO 발생이 많아진다. 그리하여 연소효율이 높으면 불꽃온도가 높아져 배출가스 중에 NOx 농도는 증가한다.

연소열에 의하여 생성되는 NOx는 고온 NOx (thermal NOx), 연료 NOx (fuel NOx), prompt NOx가 있다. 연료 NOx는 연료 중에 불순물로 포함되어 있는 질소화합물의 연소에 의하여 생성된 것을 말한다. 연료 중의 질소화합물은 일반적으로 석탄에 많고 중유, 경유, 휘발유, 천연가스 순으로 적다. Prompt NOx는 연료가 풍부하고 비교적 저온이며 체류시간이 짧은 초기연소 조건에서 일시적으로 HCN, CN 등의 중간생성물이 산화되어 생성되는 NO를 말한다. 고온 NOx는 고온에 의하여 대기 중의 $N_2$와 $O_2$가 결합하여 생성된 것으로 연소 시 생성되는 NOx의 대부분은 바로 고온 NOx이다.

**표 4-8 불꽃온도에 의한 NO의 평형농도**

| 온도 [℃] | NO 농도 [ppm] |
|---|---|
| 20 | 0.001 |
| 427 | 0.3 |
| 527 | 2.0 |
| 1,538 | 37,000 |
| 2,200 | 25,000 |

고온 NOx의 생성에 관한 반응메커니즘은 Zeldovich 반응을 일반적으로 사용하고 있다.

$$O_2 \leftrightarrow 2O$$
$$N_2 + O \leftrightarrow NO + N$$
$$N + O_2 \leftrightarrow NO + O$$

총괄반응은 아래와 같다.

$$N_2 + O_2 \leftrightarrow 2NO$$

**Example 4-14**

25℃, 743 mmHg에서 공기 4.3 $m^3$을 포집하였더니 그 중에 $NO_2$(M.W=46)가 340 μg이 포함되어 있었다. 이것을 ppm으로 환산하라.

**풀이** 표준상태(0℃, 760 mmHg)에서 $NO_2$ 340 μg을 부피(mℓ)로 환산하면

$$\frac{NO_2\ 340\ \mu g}{} \left| \frac{1\ g}{10^6\ \mu g} \right| \frac{22,400\ m\ell}{46\ g} = 0.1656\ m\ell$$

ppm은 v/v이므로 반드시 같은 온도, 같은 압력에서의 부피로 계산하여야 한다.

1) 0℃, 760 mmHg의 $NO_2$ 0.1656 mℓ를 25℃, 743 mmHg의 부피로 환산하여 농도를 계산하면

$$\frac{P_1V_1}{T_1} = \frac{P_2V_2}{T_2}, \qquad \frac{760 \times 0.1656}{273} = \frac{743 \times V_2}{273+25}, \qquad V_2 = 0.1808\ m\ell$$

$$\therefore\ C = \frac{0.1808\ m\ell}{4.3\ m^3} = 0.042\ ppm$$

2) 25℃, 743 mmHg의 공기 4.3 $m^3$을 0℃, 760 mmHg의 공기부피로 환산하여 농도를 계산하면

$$\frac{P_1V_1}{T_1} = \frac{P_2V_2}{T_2}, \qquad \frac{760 \times V_1}{273} = \frac{743 \times 4.3}{273+25}, \qquad V_1 = 3.9\ m^3$$

$$\therefore\ C = \frac{0.1656\ m\ell}{3.9\ m^3} = 0.042\ ppm$$

## 1. 연소조절에 의한 NOx 발생의 억제

NOx의 생성에 영향을 미치는 인자는 과잉공기량, 화염온도 및 연소실 체류시간 등이다. 이러한 NOx 생성영향인자를 변화시킴으로 NOx 발생량을 줄일 수 있다.

### (1) 저과잉공기 연소(low excess air, LEA)

연료를 연소시킬 때 연소효율을 향상시키기 위해서 연소에 필요한 이론공기량보다 더 많은 과잉공기를 공급한다. 그러나 연소효율을 위한 과잉공기는 연소 후에도 공기 중의 질소와 반응할 수 있는 산소를 공급하는 것이 되므로 배출가스 중에는 NOx 생성이 많아지게 된다. 그러므로 과잉공기비를 낮추면 NOx 생성량도 줄어들게 된다. 그러나 과잉공기량이 적어지면 불완전연소에 의한 CO 및 그을음이 생성되므로 주의하여야 한다.

그림 4-25는 미분탄 연소 시 과잉공기량에 따른 배출가스 중 NOx 발생량을 나타

낸 것이다. 그림에서 보는 바와 같이 과잉공기량을 줄이면 NOx 발생량을 줄일 수 있다. 저과잉공기 연소로 NOx 발생량을 10～25 % 정도 저감시킬 수 있다.

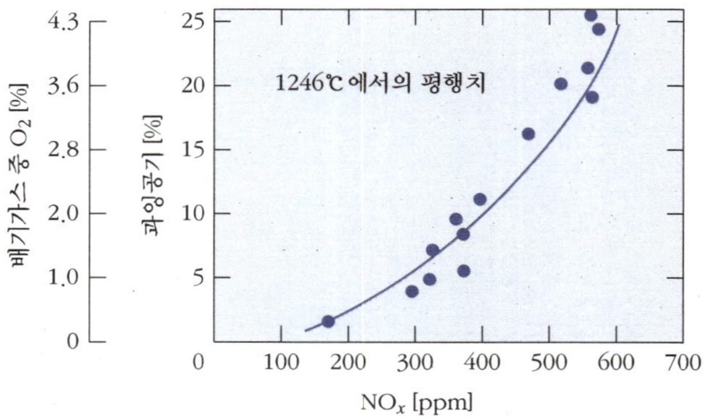


**그림 4-25** 미분탄 연소 시 과잉공기량에 따른 배출가스 중 NOx 발생량

### (2) 연소용 공기의 예열온도 낮춤(reduced air preheat, RAP)

현재 대규모 연소장치의 대부분은 에너지를 절약하기 위하여 연소용 공기를 예열하는데 이것은 연소로 내의 연소온도를 상승시켜 NOx의 생성을 증가시킨다. 따라서 연소용 공기의 예열온도를 조절하여 NOx 배출량을 저감시킬 수 있다. 그림 4-26은 연소용 공기의 예열온도와 NO 발생량을 나타낸 것이다.

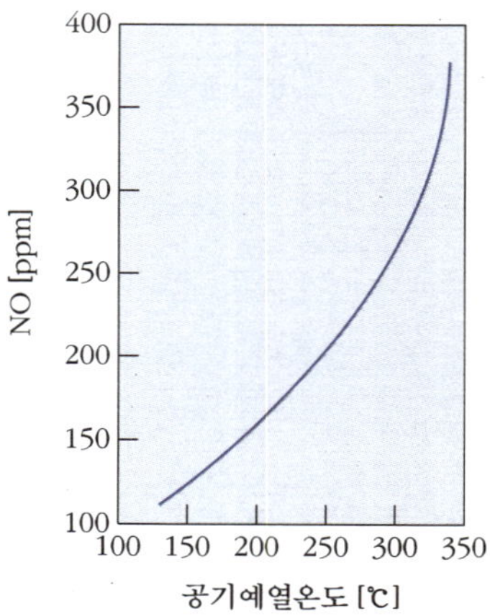


**그림 4-26** 공기예열온도와 NO 발생량

### (3) 연소부분 냉각(water or steam injection, WI)

연소로의 단위면적당 열 방출량이 크면 연소부분의 온도가 높아서 NOx가 많이 생성된다. 연소로의 전열효과를 크게 하거나 물이나 수증기를 주입하여 화염온도를 낮추면 NOx 생성을 줄일 수 있다. 또 연소용 공기의 예열온도를 낮춤으로써 NOx 생성량을 줄일 수 있다.

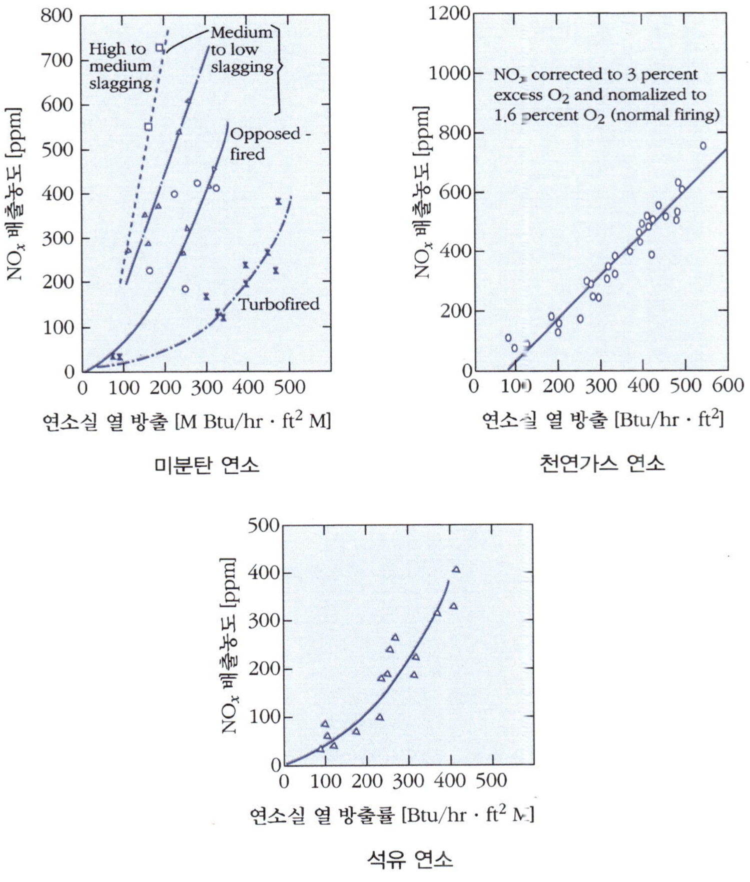


**그림 4-27** 연소실 열 방출량에 따른 NOx 생성량

### (4) 연소배출가스 재순환(flue gas recirculation, FGR)

연소배출가스 재순환은 NOx 방출을 억제시키는 가장 현실적인 방법 중의 하나이다. 연소용 공기에 연소배출가스를 혼합하여 연소실에 공급하면 재순환된 연소배출가스에 의하여 연소용 공기 중의 과잉산소농도가 낮아져서 NOx 생성을 억제시킬 수 있다. 일반적으로 재순환시키는 연소배출가스의 양은 전체 연소용 공기의 10~15 %이며 이때 NOx 생성량은 10~30 % 정도가 감소된다. 연소배출가스 재순환법은 기존 보일러를 개조할 경우는 비용이 많이 들기 때문에 새로운 설비를 설계할 때 주로 적용되는 방법이다. 그림 4-28은 연소배출가스의 재순환량에 따른 NOx 감소율을 나타내었다. 디젤자동차에서도 NOx 배출을 줄이기 위하여 연소배기가스를 재순환시키고 있는데 디젤자동차에서는 EGR(exhaust gas recirculation)이라고 한다.

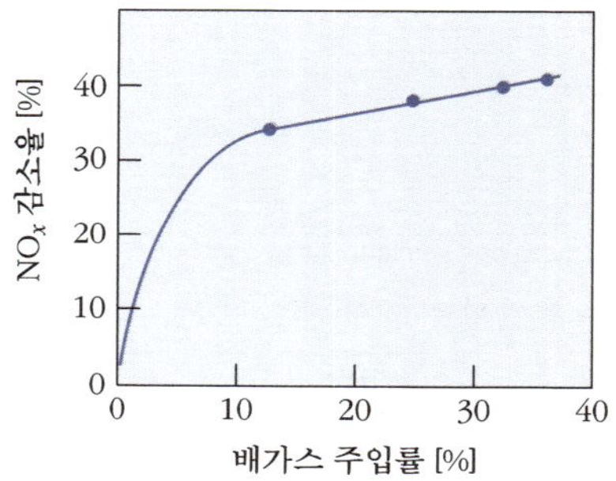


**그림 4-28** 천연가스 연소 중 연소배출가스의 재순환량에 따른 NOx 감소율

### (5) 가스 재연소(gas reburning, GR)

NOx 저감을 위해서는 공기비와 연소온도를 낮추어야 한다. 연소영역에 공급하는 공기를 이론공기량 정도만을 공급하면 공기 중 산소가 거의 소모되어 환원성 분위기가 만들어지고 연료의 미연소와 불완전 연소로 연소로는 비교적 저온이 된다. 연소영역 후단에 연소성이 좋은 탄화수소 계열의 재연소용 가스연료(전체 연료의 약 20 % 정도)를 공급하여 연소를 시키면 환원성 분위기와 저온을 유지하면서 연소가 되므로 NOx 생성을 억제한다. 그러나 이 경우 연소용 공기가 부족하여 미연소와 불완전 연소생성물이 존재한다. 그러므로 후단에서 추가로 공기를 공급하여 미연소와 불완전 연소된 물질 및 재연소용 가스연료를 저온상태에서 완전연소 시키는데, 이 기술을 가스 재연소법이라 한다. 가스 재연소법은 Fuel staging 기술이다.

가스 재연소법 중 연료희박 재연소(fuel lean gas reburning) 방식은 전체 연료의 약 5~15 % 정도의 적은 양의 재연소 연료를 사용하므로 연소로 내에서 연료희박상태를 유지할 수 있어 추가적인 공기 공급 없이 미연소 HC, CO의 발생을 억제하는 기술이다. 가스 재연소법으로 약 30~60 % 정도의 NOx를 저감할 수 있다.

### (6) 버너 및 연소실의 구조 개량

버너 및 연소실의 구조를 개량함으로써 NOx 생성량을 저감시킬 수 있다. 사이클론형 버너는 화염온도가 높아서 NOx 발생량이 많으므로 피하는 것이 좋다. 또 연소실 내에서 온도분포를 균일하게 하고 고온부를 없애면 NOx 생성량을 줄일 수 있다. 실제 접선방향 연소법은 일반 연소법에 비하여 NOx가 50~60 % 정도 적게 배출된다. 표 4-9는 보일러의 종류와 연료에 따른 NOx 배출계수를 나타낸 것이다.

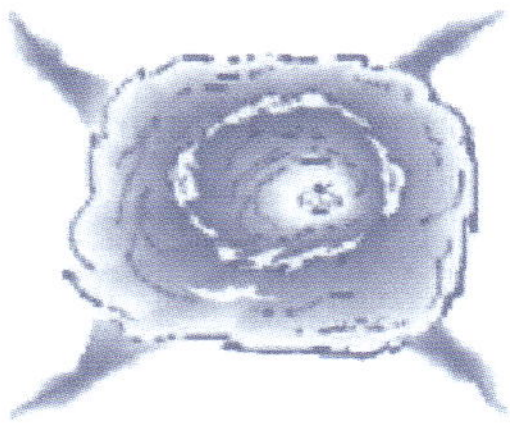

수직분사방식(wall fired)

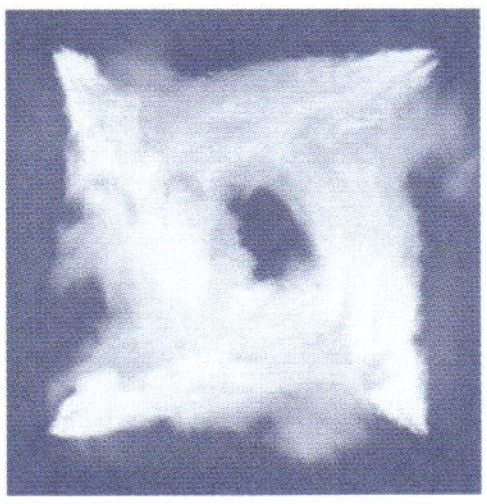

접선유입방식(tangential fired)

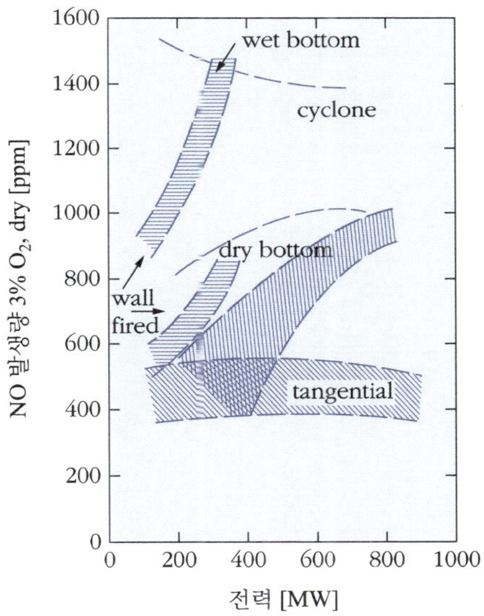


**그림 4-29** 버너 위치에 따른 연소방식(좌)과 석탄연소 보일러의 버너 위치에 따른 NOx 발생량(우)

**표 4-9** 보일러의 종류와 연료에 따른 NOx 의 배출계수

| 보일러 종류 | 연료의 종류 | NOx 배출계수 [kg NOx/ton coal] |
|---|---|---|
| 미분탄 | 무연탄 | 9 |
| 미분탄 | | |
| 건조하부(고형의 재를 제거) | 역청탄과 아역청탄 | 10.5(7.5) |
| 습식하부(용융재를 제거) | 역청탄과 아역청탄 | 17 |
| 사이클론(분쇄탄) | 역청탄과 아역청탄 | 18.5 |
| 미분탄 | 갈탄 | 6~7(4) |
| 전력용 보일러 | | |
| 접선유입연소 | 잔류유 | 5 |
| 수직연소 | 잔류유 | 12.6 |
| 기타 | 천연가스 | 8,800 |
| 산업용 보일러 | 잔류유 | 6.6 |
| | 증류유 | 2.4 |
| | 천연가스 | 2,240 |

(　　)안은 접선유입식 연소장치에 관한 것

### (7) 2단 연소(two stage combustion)

버너에 연소용 공기를 이론공기량보다 약간 적게 공급하여 불완전 연소를 시키시고 불완전 연소된 연료나 연소생성물은 버너의 후단에서 부족분의 연소용 공기를 공급하여 추가로 연소를 시키면 NOx의 생성량을 많이 줄일 수 있다. 연료를 불완전 연소

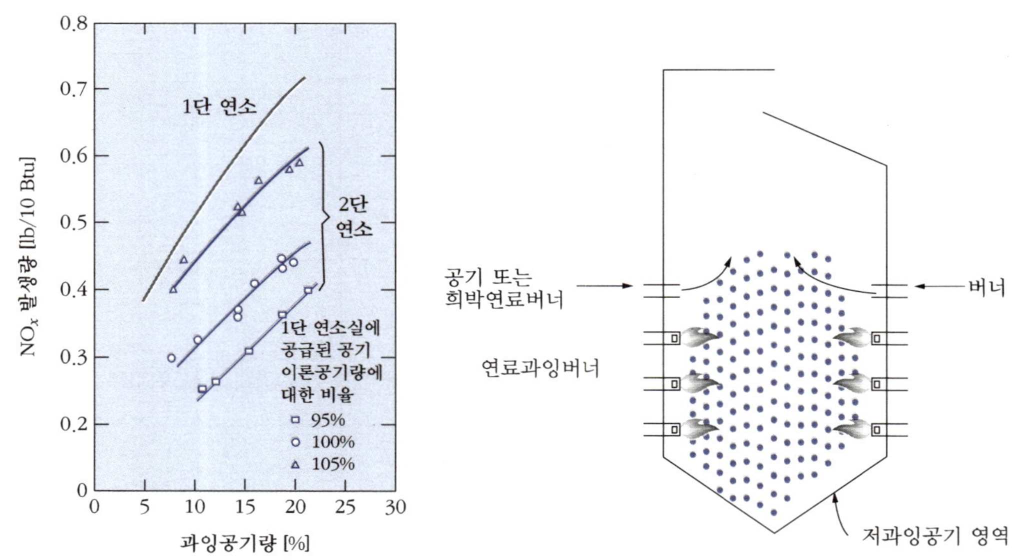


**그림 4-30** 2단 연소법에 의한 NOx의 감소량과 BOOS 연소법

시키면 화염온도가 낮아 NOx 생성이 줄어드는데, 2단 연소법은 NOx 생성을 줄일 수 있는 좋은 방법 중의 하나이다. 최근에는 2단 연소뿐만 아니라 3단 연소법도 개발하여 적용하고 있다. 2단 연소법을 Overfire air (OFA), Separated overfire air (SOFA) 또는 Air staging이라고도 한다.

OFA를 응용한 것으로 Burners out of service (BOOS)가 있는데 BOOS는 여러 버너가 있을 때 연소실 전단에는 연료가 풍부한 버너들을 배치하고 후단에는 공기만 공급하거나 또는 공기가 많고 연료가 희박한 버너들을 배치하여 NOx 발생을 줄인 기술이다. OFA나 BOOS법으로 NOx 발생량을 10～30 % 정도 감소시킬 수 있다.

### (8) 저녹스 버너(low NOx burner, LNB)

저녹스 버너는 위에서 설명한 연소조건이나 연소방법을 활용하여 Thermal NOx를 적게 발생시키는 버너를 말하며 NOx 저감률은 약 30～50 % 정도이다. LNB는 비교적 적은 초기투자비용과 별도의 운영비용 없이 NOx를 저감할 수 있으므로 정부에서는 2006년부터 중소규모 연소시설에서 배출되는 NOx를 저감하기 위하여 저녹스 버너 설치지원사업을 시행하고 있다.

## 2. 배출가스 중의 NOx 제거

배출가스 중의 NOx를 제거할 때에는 연소조절에 의한 제어법보다 더 높은 NOx 제거효율이 요구되는 경우나 연소방식을 적용할 수 없는 경우에 사용된다. 배출가스 중의 NOx 제거방법에는 건식법과 습식법이 있다.

### (1) 건식법

#### ① 촉매환원법(catalytic reduction)

촉매환원법 중 가장 진보한 방법이 선택적 촉매환원법(selective catalytic reduction, SCR)인데 이것은 $V_2O_5$-$Al_2O_3$, $V_2O_5$-$TiO_2$, $V_2O_5$-$WO_3$ 촉매에 $NH_3$, $H_2$, CO, $H_2S$, 요소[$(NH_2)_2CO$, Urea] 등의 환원제를 작용시켜 NOx를 $N_2$로 환원시키는 방법이다. 환원제로는 대부분 $NH_3$나 $(NH_2)_2CO$를 사용한다.

연소 시 생성되는 NOx 중 고온 NOx (thermal NOx)가 대부분이고 고온 NOx 중 95 % 이상이 NO이다. 또 연소배기가스 중에는 과잉산소가 존재한다. 그러므로 연소배기가스 중 NOx의 촉매환원반응에서 주반응은 $O_2$ 존재 하에서 NO와 $NH_3$가 반응하는 것이다.

$$4NO + 4NH_3 + O_2 \rightarrow 4N_2 + 6H_2O \quad \text{(주반응)}$$
$$2NO_2 + 4NH_3 + O_2 \rightarrow 3N_2 + 6H_2O$$

그러나 부반응으로 아래와 같은 환원반응도 일부 일어난다.

$$6NO + 4NH_3 \rightarrow 5N_2 + 6H_2O \quad \text{(부반응)}$$
$$6NO_2 + 8NH_3 \rightarrow 7N_2 + 12H_2O$$
$$NO + NO_2 + 2NH_3 \rightarrow 2N_2 + 3H_2O$$

SCR 촉매의 최적온도 범위는 300～400℃이며 90 % 정도까지 NOx를 저감시킬 수 있다. 환원제는 보통 기체 암모니아보다 암모니아수 또는 요소수를 사용한다. 암모니아 가스나 고농도 암모니아수는 독성, 폭발 및 부식의 위험성이 있으므로 최근에는 SCR의 환원제로 요소수를 많이 사용하고 있다. 요소수를 배기가스에 분사하면 약 180°C 이상에서는 가수분해 되어 $NH_3$를 발생한다.

$$(NH_2)_2CO + H_2O \rightarrow 2NH_3 + CO_2$$

환원제로 요소수를 이용할 때 SCR에 의한 NO와 $NO_2$ 총괄제거 반응식은 아래와 같다.

$$4NO + 2(NH_2)_2CO + O_2 \rightarrow 4N_2 + 4H_2O + 2CO_2 \quad \text{(주반응)}$$
$$2NO_2 + 2(NH_2)_2CO + O_2 \rightarrow 3N_2 + 4H_2O + 2CO_2$$

유로6 디젤엔진자동차는 질소산화물 배출량을 대폭 강화하였으므로 엔진제작 기술만으로는 목표로 하는 농도까지 질소산화물을 저감시킬 수가 없어 배기가스 후처리 기술인 SCR시스템을 도입하고 있다. 디젤엔진자동차 SCR의 환원제로서 암모니아수는 독성과 폭발의 위험성 때문에 사용하지 않고 요소수를 사용하고 있다. 차량용 요소수는 탈이온수에 요소를 32.5 %(w/w) 혼합한 것으로 DEF(Diesel exhaust fluid)라고도 한다. 차량용 요소수를 위한 국제표준(ISO 22241)이 제정되어 있으며 독일자동차공업협회(German association of the automotive industry, VDA)에서는 차량용 요소수 품질을 위하여 국제적인 인증제도(AdBlue)를 도입하여 운영하고 있다.

② **선택적 비촉매환원법**(selective noncatalytic reduction, SNCR)

900~1,000℃에서 촉매 없이 NOx를 $N_2$로 환원시킬 수 있다. $NH_3$ : NOx 몰농도 비가 1 : 1~1 : 2인 경우 약 40~60 %의 NOx를 감소시킬 수 있다. 만약 40~60 % 정도의 NOx 감소가 필요하다면 간단학과 경제성 때문에 SNCR법은 SCR법보다 더 바람직한 방법이 될 수도 있다. 단점으로는 배출가스가 고온이어야 한다는 것과 온도가 낮을 경우 미반응된 $NH_3$가 배출되며 온도가 너무 높을 경우 $NH_3$는 NO로 산화되는 등 몇 가지 문제점도 있다.

**Example 4-15**

중유를 연료로 사용하는 보일러에서 10,000 $Sm^3$/hr의 연소배가스가 배출되고 있으며, 연소배가스 중에는 NO 190 ppm, $NO_2$ 10 ppm이 포함되어 있다. SCR법으로 NO와 $NO_2$를 처리하려고 한다. 환원제를 암모니아수나 요소수를 사용하고자 할 경우 이론적으로 필요한 환원제 양을 각각 계산하라. 암모니아수 중 $NH_3$는 27 %(w/w), 요소수 중 요소 $[(NH_2)_2CO]$는 32.5 %(w/w) 포함되어 있다.

**풀이** 1) NO와 $NO_2$ 제거에 필요한 암모니아수량

- NO 배출량 $= \dfrac{190\ m\ell}{Sm^3} \times \dfrac{10{,}000\ Sm^3}{hr} \left| \dfrac{30\times10^{-3}\ kg}{22{,}400\ m\ell} \right. = 2.545\ kg/hr$

- NO 제거에 필요한 $NH_3$ 양

| | | |
|---|---|---|
| 4NO | + | $4NH_3$ |
| NO | : | $NH_3$ |
| 30 kg | : | 17 kg |
| 2.545 kg | : | *a* kg |

$$a = \frac{17\times2.545}{30} = 1.442\ kg/hr$$

- $NO_2$ 배출량 $= \dfrac{10\ m\ell}{m^3} \times \dfrac{10{,}000\ m^3}{hr} \left| \dfrac{46\times10^{-3}\ kg}{22{,}400\ m\ell} \right. = 0.21\ kg/hr$

- $NO_2$ 제거에 필요한 $NH_3$ 양

| | | |
|---|---|---|
| $2NO_2$ | + | $4NH_3$ |
| $NO_2$ | : | $2NH_3$ |
| 46 kg | : | 2×17 kg |
| 0.21 kg | : | *b* kg |

$$b = \frac{2\times17\times0.21}{46} = 0.155\ kg/hr$$

- NO, $NO_2$ 제거에 필요한 총 $NH_3$ 양 = 1.442 + 0.155 = 1.597 kg/hr

암모니아수 중 $NH_3$는 27 %(w/w)이므로

필요한 암모니아수의 양 $= \dfrac{1.597\ kg/hr}{0.27} = 5.915\ kg/hr$

2) $NO$와 $NO_2$ 제거에 필요한 요소수량

- $NO$ 제거에 필요한 $(NH_2)_2CO$ 양

$$4NO \quad + \quad 2(NH_2)_2CO$$

$$2NO \quad : \quad (NH_2)_2CO$$

$$2\times30\ \text{kg} \quad : \quad 60\ \text{kg}$$

$$2.545\ \text{kg} \quad : \quad c\ \text{kg} \qquad c = \frac{60\times2.545}{2\times30} = 2.545\ \text{kg/hr}$$

- $NO_2$ 제거에 필요한 $(NH_2)_2CO$ 양

$$2NO_2 \quad + \quad 2(NH_2)_2CO$$

$$NO_2 \quad : \quad (NH_2)_2CO$$

$$46\ \text{kg} \quad : \quad 60\ \text{kg}$$

$$0.21\ \text{kg} \quad : \quad d\ \text{kg} \qquad d = \frac{60\times0.21}{46} = 0.274\ \text{kg/hr}$$

- $NO$, $NO_2$ 제거에 필요한 총 $(NH_2)_2CO$ 양 $= 2.545 + 0.274 = 2.819$ kg/hr

  요소수 중 $(NH_2)_2CO$ 양은 32.5 %(w/w)이므로

  $$\text{필요한 요소수의 양} = \frac{2.819\ \text{kg/hr}}{0.325} = 8.674\ \text{kg/hr}$$

**③ 흡착법**

흡착제로서 활성탄, 활성알루미나, 실리카겔, molecular sieve 등이 사용되며 $NO_2$는 흡착이 되지만 $NO$는 흡착이 되지 않으므로 $NO$는 $NO_2$로 산화하여 흡착한다. 흡착 시는 배출가스 온도를 낮추어야 하고 수증기 등 방해성분을 제거해야 하므로 현실성은 희박한 편이다. 그러나 첨착활성탄으로는 제거가 가능하다.

**④ 전자빔에 의한 제거**

전자빔 가속기로 전자빔을 배출가스에 조사하면 산소, 수분 등은 전자와 충돌하여 O·, OH·, $HO_2$· 등의 산화력이 매우 강한 라디칼이 생성되는데 이 라디칼과 NOx가 반응하여 $HNO_3$가 생성되고 여기에 $NH_3$를 투입하여 $NH_4NO_3$의 고체입자로 만들어 NOx를 제거하는 방법이다.

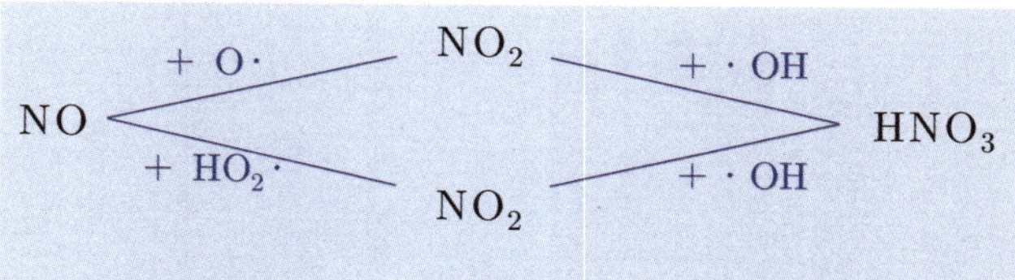


$$HNO_3 + NH_3 \rightarrow NH_4NO_3$$

### (2) 습식법

NOx 중 NO는 표 4-10에서 보는 바와 같이 물에 대한 용해도가 매우 낮으며 $NO_2$ 역시 37℃에서 물에 대한 용해도가 0.549 g/100 g $H_2O$ 정도로 물에 대한 용해속도가 매우 느리다. 그러므로 세정법으로는 제거가 잘 되지 않지만, 세정액의 pH 조정이나 약액첨가 등으로 용해도를 증가시킬 수 있다.

**표 4-10** NO의 물에 대한 용해도(NO g/100 g $H_2O$)

| 온도[℃] | 용해도 | 온도[℃] | 용해도 |
|---|---|---|---|
| 0 | 0.00983 | 60 | 0.00324 |
| 10 | 0.00756 | 70 | 0.00267 |
| 20 | 0.00617 | 80 | 0.00198 |
| 30 | 0.00517 | 90 | 0.00113 |
| 40 | 0.00439 | 100 | 0.00000 |
| 50 | 0.00376 | | |

### (3) 액상촉매법

Fe(II)-chelate 형태의 액상촉매를 이용한 습식법(주로 충전탑으로 제작)으로 배기가스 중 NO와 $SO_2$를 동시에 제거할 수 있다. 액상촉매로는 주로 0.03 M 정도의 Fe(II)-EDTA(Ethylene-diaminetetraacetic acid, $C_{10}H_{16}N_2O_8$)을 사용하며 액상촉매의 산화를 억제시키는 안정제로는 adipic acid($C_6H_{10}O_4$), ascorbic acid($C_6H_8O_6$), sodium sulfite($Na_2SO_3$) 등을 사용한다. 세정액의 pH는 약 5～6 정도, 온도는 약 35℃에서 운전하며 운전 중 촉매가 손실되므로 보충해 주어야 한다. 액상촉매법으로 $SO_2$는 약 95 %, NO는 80 % 정도 제거가 가능하다. 이 때 생성된 $SO_3^{2-}$ 또는 $SO_4^{2-}$는 $Ca(OH)_2$로 침전시켜 제거하며, Ca/S 당량비는 약 1.5 정도로 한다.

$$NO(g) \leftrightarrow NO(aq)$$
$$NO(aq) \leftrightarrow Fe(II)\text{-}EDTA\text{-}NO$$
$$SO_2(g) + H_2O \rightarrow HSO_3^- + H^+$$
$$HSO_3^- \rightarrow H^+ + SO_3^{2-}$$
$$2Fe(II)\text{-}EDTA\text{-}NO + 2SO_3^{2-} \rightarrow 2Fe(II)\text{-}EDTA + N_2 + 2SO_4^{2-}$$
$$Ca(OH)_2(aq) \rightarrow Ca^{2+} + 2OH^-$$
$$Ca^{2+} + SO_3^{2-} \rightarrow CaSO_3(aq)$$
$$CaSO_3(aq) + 1/2\ H_2O \rightarrow CaSO_3 \cdot 1/2\ H_2O(s)$$
$$CaSO_3(aq) + 2H_2O + 1/2\ O_2 \rightarrow CaSO_4 \cdot 2H_2O(s)$$

## 연습문제

**01** 황산화물 흡수 처리하는 경우 건식법이 습식법에 비하여 어떤 장점이 있는지 기술하라.

**02** 연소배가스 중 $SO_2$ 농도가 300 ppm이고 처리가스량이 100,000 $m^3$/hr인 어느 연소시설에서 배기가스 중의 $SO_2$를 석회석을 이용한 습식세정법으로 처리하고 있다. 석고($CaSO_4 \cdot 2H_2O$)의 생성량(kg/hr)과 이 때 필요한 석회석의 양을 구하라. 단, 흡수처리에 사용되는 석회석의 순도는 질량기준으로 85 %이다.

**03** 1,000 ℓ/hr 중유를 연소 시 $SO_2$ 가스를 배출하는데 NaOH로 세정하여 부산물로 $Na_2SO_3$를 만든다. $SO_2$ 가스를 제거하는데 소요되는 NaOH(kg/day)는? 단, 중유의 비중은 0.7, 중유 중 황성분 2.0 %, 탈황효율 90 %, 일일 10시간 가동을 기준으로 한다.

**04** 황함량이 0.3 %인 중유를 시간당 10톤 사용하는 보일러에서 배출되는 $SO_2$를 석회석을 이용하여 건식법으로 처리하고자 할 때 요구되는 탄산칼슘의 양(kg/hr)은 얼마인지 구하라. 단, 석회석의 순도는 83 %이다.

**05** 배기가스량 80,000 $Sm^3$/hr, $SO_2$이 1,000 ppm일 때 배출되는 $SO_2$량($Sm^3$/min)을 구하라.

**06** C : 93 %, H : 4 %, S : 3 %인 중유를 1.0 kℓ/hr로 완전연소 하였더니 배출가스 중의 $SO_2$ : 1,000 ppm, $O_2$ : 4 %였다. 이를 NaOH 수용액으로 탈황하여 아황산나트륨($Na_2SO_3$)으로 회수하려고 할 때 한 달간 필요한 NaOH 용액량(ton)을 구하라. 단, 중유의 비중은 0.7, 공장은 하루 10시간 가동하며, 한 달은 30일로 하고, 연소가스량은 건조연소가스 기준이며, $SO_2$는 NaOH에 100 % 흡수된다.

**07** 습식석회세정법에 의한 배연탈황장치로부터 24시간당 10 ton의 석고이수염($CaSO_4 \cdot 2H_2O$ = 172)이 회수된다. 처리 배기가스량이 100,000 $Sm^3$/hr일 때 탈황장치의 탈황효율은 90 %이었다. 배출가스 중 아황산가스의 농도(ppm)는? 단, Ca = 40.

**08** 배출가스량이 120,000 $m^3$/hr인 연소시설이 있다. 배출가스를 암모니아 접촉배연탈질법으로 탈질하고자 할 때 필요한 암모니아의 양(kg)은 얼마인지 구하라. 단, 산소가 공존하며, NO의 농도는 50 ppm, 효율은 85 %이다.

**09** NO 150 ppm, $NO_2$ 12 ppm을 함유한 배기가스 100,000 $m^3$/hr를 $NH_3$로 선택적 접촉환원법에 의해 처리할 경우 NOx를 제거하기 위한 $NH_3$의 이론량(kg/hr)을 구하라.

**10** NOx은 반응된 질소기원과 이질소를 산화시키는 연소반응에 의해 분류될 수 있다. 질소산화물의 생성기구에 대해 설명하라.

**11** 질소산화물 생성억제를 위한 연소조절법에 대하여 설명하라.

**12** NO 220 ppm을 함유한 배기가스 30,000 $Sm^3$/hr를 SCR법으로 처리할 경우 환원제로 암모니아수나 요소수를 사용한다. NO를 제거하기 위한 환원제의 이론량(kg/hr)을 각각 구하라. 시중에서 판매하는 암모니아수 중 $NH_3$는 27 %(w/w), 요소수 중 요소[$(NH_2)_2CO$]는 32.5 %(w/w) 포함되어 있다.

**13** 25℃ 대기 중 $SO_2$ 농도가 150 ppb이다. 이것을 μg/$m^3$로 환산하라.

# 4.8 기타 유해가스 처리법

## 1. CO 처리

CO는 연료의 불완전 연소로 생성된다. 연료가 불완전 연소하는 경우는 다음과 같다.

① 연료가 과잉으로 공급되어 산소가 부족한 경우

② 연료에 비하여 산소가 과잉으로 공급되지만 연료와 산소의 혼합이 불완전한 경우

③ 연소온도가 높은 곳에서는 화학적 평형에 의하여 $CO_2$가 분해되어 CO가 생성되는 경우 등이다.

CO는 무색, 무취의 물에 대한 용해도가 매우 낮은 기체로서 배출가스 처리방법에 의해서는 제거하기가 곤란한 물질이므로 생성을 방지하는 것이 더 효과적이다. 그러나 이 방법도 간단한 것은 아니다. 왜냐하면 CO와 NOx의 생성메커니즘은 서로 상반되기 때문에 CO 생성량을 줄이면 NOx가 많이 생성되고 NOx 생성을 줄이면 CO가 많이 배출되기 때문이다. 그러므로 고정연소시설에서 생성되는 CO를 줄이기 위한 가장 실질적인 방법은 연소시설을 적절히 설계, 설치, 운영 및 유지하는 것이다.

CO는 연소시설 뿐만 아니라 비연소 생산공정에서도 배출된다. 여러 가지 공정에서 생성되는 CO를 수집하여 afterburner에서 소각하고 그 폐열을 이용할 수도 있으나 보통 CO 농도가 낮아서 보조연료가 필요하므로 경제성은 없다.

배출가스 중에서 CO를 제거하는 가장 실질적이고 확실한 방법은 CO를 백금계 촉매를 사용하여 무해한 $CO_2$로 산화시키는 것이다.

$$CO + \frac{1}{2}O_2 \rightarrow CO_2$$

배출가스를 300～350℃ 정도까지 예열하고 촉매층을 통과시키면 CO는 $CO_2$로 완전 산화된다. 이때 배출가스 중에 Hg, Pb, Sn, Zn, As, S, 할로겐(F, Cl, Br), 분진 등이 포함되어 있으면 촉매독으로 작용하므로 미리 제거해야 한다.

## 2. $Cl_2$ 및 HCl 처리

염소와 염소화합물은 물에 대한 용해도가 매우 크기 때문에 물에 용해시켜 제거하는 것이 가능하다.

### (1) $Cl_2$ 처리

$Cl_2$는 물에 대한 용해도가 대단히 커서 충전탑(약액세정탑)으로 세정하여 제거한다.

$$Cl_2 + 2H_2O \rightleftarrows HOCl + H^+ + Cl^-$$

또 $Cl_2$는 산성가스이므로 $Ca(OH)_2$, NaOH 등의 알칼리용액에 흡수시켜 제거하기도 한다.

$$2Ca(OH)_2 + 2Cl_2 \rightarrow CaCl_2 + Ca(OCl)_2 + 2H_2O$$
$$2NaOH + Cl_2 \rightarrow NaCl + NaOCl + H_2O$$

**Example 4-16**

$Cl_2$ 농도가 0.4 %인 배출가스 5,000 $Sm^3$/hr를 $Ca(OH)_2$(M.W = 74.1)현탁액으로 세정하여 $Cl_2$(M.W = 71)를 제거하려 할 때 이론적으로 필요한 $Ca(OH)_2$ 양(kg/hr)은 얼마인가?

**풀이** 배출가스 중 총 $Cl_2$ 농도 = 5,000 $Sm^3$/hr × 0.004 = 20 $Sm^3$/hr

$2Cl_2$ + $2Ca(OH)_2$

$Cl_2$ : $Ca(OH)_2$

22.4 $Sm^3$ : 74.1 kg

20 $Sm^3$/hr : $x$ kg

$$\therefore\ x = \frac{74.1 \times 20}{22.4} = 66.2\ \text{kg/hr}$$

### (2) HCl 처리

HCl도 물에 대한 용해도가 매우 커서 충전탑(약액세정탑)으로 수세하여 제거한다. HCl 가스는 용해열이 크므로 충분히 냉각하여야 한다.

**Example 4-17**

220 ppm의 HCl (M.W = 36.5)을 함유하는 300 $Sm^3$/hr의 배출가스를 처리하기 위하여 액가스비 1 $\ell/Sm^3$의 수세탑을 세웠다. 이 탑의 폐수를 중화하는데 필요한 0.5 N NaOH (M.W = 40)용액의 소요량은? 단, HCl은 100 % 흡수된다.

**풀이** 배출가스 중의 HCl의 양

$$\frac{220\ m\ell}{Sm^3} \times \frac{300\ Sm^3}{hr} \bigg| \frac{36.5\ g}{22,400\ m\ell} = 107.5\ g/hr$$

액가스비가 1 $\ell/Sm^3$이므로 HCl 107.5 g이 물 300 $\ell$에 용해되었다.

$$\text{이때 HCl의 농도}\ \frac{\dfrac{\text{HCl } 107.5\text{ g}}{} \Big| \dfrac{1\text{ mol}}{36.5\text{ g}}}{300\ \ell} = 0.01\ \text{mol}/\ell\ (\text{M})$$

$N_1V_1 = N_2V_2 \qquad 0.01 \times 300 = 0.5V_2 \qquad V_2 = 6\ \ell/\text{hr}$

**Example 4-18**

어떤 연도에서 배출되는 배출가스량은 1,000 $Sm^3$/hr이고 그중 HCl은 450 ppm이었다. 10 $m^3$ 물을 순환 사용하는 분무탑(spray tower)에서 이 배출가스 중의 HCl을 제거하는 경우 10시간 후 순환수의 pH는 얼마인가? 또 세정액을 중화시키기 위한 필요한 30 %(w/w)의 NaOH양은 얼마인가? 단, 물의 증발손실은 없으며 탑효율은 100 %이다.

**풀이** 1) 배출가스 중의 HCl량

$$\frac{450\ \text{m}\ell}{\text{Sm}^3} \times \frac{1{,}000\ \text{Sm}^3}{\text{hr}} \Big| \frac{36.5\ \text{g}}{22{,}400\ \text{m}\ell} \times 10\ \text{hr} = 7{,}333\ \text{g/hr}$$

$$\frac{\text{HCl } 7{,}333\ \text{g}}{} \Big| \frac{1\ \text{mol}}{36.5\ \text{g}} = 200.9\ \text{mol}$$

$$[\text{H}^+] = [\text{HCl}] = \frac{200.9\ \text{mol}}{10{,}000\ \ell} = 0.02\ \text{M}(\text{mol}/\ell)$$

HCl 200.9 mol이 $H_2O$ 10 $m^3$(10,000 $\ell$)에 용해되었기 때문에 저농도(0.02 M)이며 강산이므로 HCl은 거의 100 % $H^+$와 $Cl^-$로 전리(이온화)된다. 그러므로 HCl 몰농도(M, mol/$\ell$)는 $H^+$의 몰농도와 같다.

$\therefore\ \text{pH} = -\log[\text{H}^+] = -\log(0.02) = 1.7$

2) 중화에 필요한 30 %(w/w)의 NaOH양

$\text{HCl} + \text{NaOH} \rightarrow \text{NaCl} + H_2O$

36.5 g : 40 g

7,333 g : $x$ $\qquad x = \dfrac{7{,}333\ \text{g} \times 40\ \text{g}}{36.5\ \text{g}} = 8{,}036.2\ \text{g} = 8.04\ \text{kg}$

필요한 NaOH 30 %(w/w) 용액의 양 $y$

$$y = \frac{8.04\ \text{kg}}{0.3} = 26.8\ \text{kg}$$

## 3. $F_2$ 및 HF 처리

### (1) $F_2$ 처리

$F_2$를 NaOH 용액과 반응시켜 제거한다.

$$2NaOH + F_2 + 2H_2O \rightarrow 2NaF + 3H_2O + \frac{1}{2}O_2$$
$$2NaF + Ca(OH)_2 \rightarrow CaF_2 + 2NaOH$$

$F_2$ 함유가스는 5～10 % NaOH 용액에 흡수시켜 제거한 후 흡수액은 소석회[$Ca(OH)_2$]와 반응시켜 형석($CaF_2$)으로 만든다. $CaF_2$는 미세한 입자이므로 응집제를 가하여 침전지에서 침전시켜 제거하고 폐수는 재사용하거나 방류시킨다. 폐수는 알칼리성이므로 방류 시는 pH를 조정해야 한다.

### (2) HF 처리

HF는 물 또는 NaOH 용액에 흡수되어 제거된다. 또 흡수액은 $Ca(OH)_2$와 반응하여 입자상 물질인 $CaF_2$로 제거한다.

$$2HF + Ca(OH)_2 \rightarrow CaF_2 + 2H_2O$$
$$HF + NaOH \rightarrow NaF + H_2O$$
$$2NaF + Ca(OH)_2 \rightarrow CaF_2 + 2NaOH$$

배출가스 중 $CaF_2$ 제거는 $F_2$ 제거 시와 동일하다.

**Example 4-19**

HF 농도가 880 ppm인 배출가스를 970 $Sm^3$/hr로 배출하는 공장이 있다. 이 HF를 제거하기 위하여 $Ca(OH)_2$ 용액을 순환시켜 흡수하는 세정탑을 설치하여 5시간 가동할 경우 HF를 제거하기 위한 $Ca(OH)_2$(M.W = 74.1)의 이론양[kg]은? 단, 세정탑의 제거율은 93 %이다.

**풀이** 배출가스 중의 HF양은

$$\frac{880\ m\ell}{Sm^3} \times \frac{970\ Sm^3}{hr} \times \frac{1\ Sm^3}{10^6\ m\ell} \times 5\ hr = 4.268\ Sm^3$$

| 2HF | : | $Ca(OH)_2$ |
|---|---|---|
| $2 \times 22.4\ m^3$ | : | 74.1 kg |
| $4.268\ m^3$ | : | $x$ kg |

$$x = \frac{74.1 \times 4.268}{2 \times 22.4} = 7.06\ kg$$

세정탑의 제거율이 93 %이므로 7.06 kg × 0.93 = 6.6 kg

**Example 4-20**

연도 배출가스 중 HF(M.W = 20)는 250 ppm이었다. 이 때 배출가스량 1,000 $Sm^3$/hr인 가스를 10 $m^3$의 물로 10시간 세정할 경우 순환수의 pH는 얼마인가? 단, HF의 전리도(이온화도)는 0.29이다.

**풀이** 배출가스 중의 HF 농도

$$\frac{250\ m\ell}{Sm^3} \times \frac{1{,}000\ Sm^3}{hr} \left| \frac{20\ g}{22{,}400\ m\ell} \right. \times 10\ hr = 2{,}232.1\ g/hr$$

$$\frac{HF\ 2{,}232.1\ g \mid 1\ mol}{\mid 20\ g} = 111.61\ mol$$

순환수 10 $m^3$(10,000 ℓ) 중의 HF 몰농도 $= \dfrac{111.61\ mol}{10{,}000\ \ell} = 0.011\ M\ (mol/\ell)$

$HF \rightarrow H^+ + F^-$

HF는 약산이어서 HF의 전리도(이온화도)가 0.029이므로 $H^+$의 농도는

$[H^+] = 0.011\ M \times 0.29 = 3.19 \times 10^{-3}\ M$

$pH = -\log[H^+] = -\log(3.19 \times 10^{-3}\ M) = 2.5$

## 4.9 휘발성 유기화합물(VOCs) 처리

대기 중에 수많은 종류의 유기화합물이 있으며 여러 가지 명칭으로 불리고 있다. 유기화합물 중 대체로 증기압이 $10^{-2}$ kPa(1 atm = 1.013×$10^5$ Pa) 이상인 물질을 휘발성 유기화합물(volatile organic compounds, VOCs)라 부르고 있다.

휘발성 유기화합물은 방향족탄화수소와 할로겐화탄화수소와 같이 화합물 자체로서도 환경 및 건강에 직접적으로 유해하거나 지방족탄화수소와 같이 주로 대기 중의 광화학반응에 참여하여 광화학산화물 등의 2차 오염물질을 생성할 수 있다. 환경부는 1999년 3월 31일 VOCs 배출시설의 종류, 규모 및 방지시설기준 등에 관한 규정에 따라 석유화학정제업, 저유소는 99년 말까지, 페인트제조업, 자동차제조업, 선박 및 대형철구조물제조업, 기타제조업, 자동차정비업, 지정폐기물처리업, 세탁시설은 2000년 말까지, 주유소는 2004년 말까지 방지시설 설치를 의무적으로 설치하도록 하였다. 휘발성 유기화합물질을 배출하는 시설의 종류 및 규모는 표 4-11과 같다.

**표 4-11** 휘발성 유기화합물질 배출시설의 종류 및 규모

| 구분<br>(업종) | 배출시설 | |
|---|---|---|
| | 시설명 | 규 모 |
| 1. 석유정제 및 석유화학제품제조업 | 가. 원유정제 등 제조시설 | 모든 시설 |
| | 나. 저장시설 | 저장용량 40 $m^3$ 이상 |
| | 다. 출하시설 | 모든 시설 |
| 2. 저유소 | 가. 저장시설 | 저장용량 20 $m^3$ 이상 |
| | 나. 출하시설 | 모든 시설 |
| 3. 주유소 | 가. 저장시설 | 저장용량 20 $m^3$ 이상 |
| 4. 세탁시설 | 가. 세탁시설 | 처리용량 30 kg 이상(합계) |
| 5. 유기용제 및 페인트 제조업 | 가. 반응시설 | 용적 3 $m^3$ 이상 |
| | 나. 혼합시설 | 용적 3 $m^3$ 이상 |
| | 다. 희석신나 제조시설 | 용적 3 $m^3$ 이상 또는 동력 50 HP 이상 |
| | 라. 유기용제, 용기용제 함유물질 유류저장시설 | 저장용량 10 $m^3$ 이상 |
| | 마. 페인트 저장시설 | 저장용량 50 $m^3$ 이상 |
| 6. 선박 및 대형 철구조물제조업 (10 m×10 m 이상인 대형구조물에 한함) | 가. 세정시설(탈지시설 포함) | 용적 1 $m^3$ 이상 |
| | 나. 도장시설(건조시설 포함) | 용적 5 $m^3$ 이상 또는 동력 3 HP 이상 |
| | 다. 유기용제, 유기용제 함유물질저장시설 | 저장용량 10 $m^3$ 이상 |
| | 라. 유류저장시설 | 저장용량 10 $m^3$ 이상 |
| 7. 자동차 제조업 | 가. 도장시설(건조시설 포함) | 모든 시설 |
| | 나. 유류, 유기용제 및 유기용제 함유물질 저장시설 | 저장용량 10 $m^3$ 이상 |
| 8. 기타 제조업 | 가. 세정시설(탈지시설 포함) | 용적 1 $m^3$ 이상 |
| | 나. 도장시설(건조시설 포함) | 용적 5 $m^3$ 이상 또는 동력 3 HP 이상 |
| | 다. 유류, 유기용제 및 유기용제 함유물질 저장시설 | 저장용량 10 $m^3$ 이상 |
| 9. 폐기물 보관·처리시설 (폐기물관리법시행령 제3조 별표에 의한 폐유, 폐유기용제 및 폐농약) | 가. 보관시설 | 저장용량 10 $m^3$ 이상(합계) |
| | 나. 파쇄·분쇄·절단시설 | 동력 20 HP 이상 |
| | 다. 소각시설 | 1일 처리능력 10 ton 이상 |
| | 라. 고온열분해시설 | 1일 처리능력 5 ton 이상 |
| | 마. 건류시설 | 1일 처리능력 5 ton 이상 |
| | 바. 용용시설 | 동력 10 HP 이상 |
| | 사. 증발·농축·반응시설 | 1일 처리능력 5 ton 이상 |
| | 아. 정제시설 | 1일 20 km 이상(고온열분해 또는 감압증류는 1일 24시간 기준으로 기타의 경우에는 1일 8시간 기준으로 산정 |

| | | |
|---|---|---|
| | 자. 유수분리시설 | 1일 처리능력 5 ton 이상 |
| | 차. 응집·침전시설 | 1일 처리능력 5 ton 이상 |
| | 카. 건조시설 | 시간당 처리능력 0.15 $m^3$ 이상 |
| 10. 자동차 정비시설 | 가. 도장시설(건조시설 포함) | 용적 5 $m^3$ 이상 혹은 동력 3 HP 이상 |

비고 : 1. 제4호 세탁시설 중 물세탁기 등 VOC 배출이 없는 기기는 합계에서 제외한다.
2. 제8호 기타제조업은 한국표준산업분류에 따른 중분류 20, 27, 28, 29, 30, 32, 33, 36에 해당되는 제조업을 말한다.

휘발성 유기화합물의 처리방법은 크게 분류하면 다음과 같다.

- 원료를 비휘발성 유기화합물(non-VOC)로 대체/공정의 변경
- 휘발성 유기화합물의 누출(leak) 방지
- 흡착제를 이용한 흡착(adsorption)
- 연소(combustion)
- 응축(condensation)

### (1) 원료의 대체/공정의 변경

페인트, 코팅, 프린트 등의 과정에 유성페인트를 사용할 경우에는 다량의 VOC를 배출하게 되므로 유성페인트 대신에 수성페인트를 사용하게 되면 상당한 정도의 VOC 배출감소 효과를 얻을 수 있다. 따라서 일반 가정에서 페인트를 사용할 경우 유성페인트 대신에 수성페인트로 대체할 경우 많은 VOC 배출감소 효과를 얻을 수 있다. 또한 용제의 사용 시에도 독성이 강한 용제를 사용하는 대신에 독성이 덜한 용제로 대체하는 것도 좋은 대책이 된다. 차량연료인 가솔린 대신에 천연가스 또는 프로판으로 대체할 경우 취급과정이나 연소 시에 배출되는 VOC의 배출을 줄일 수 있는 방법이다. VOC 발생을 방지하거나 억제하기 위한 공정변경은 기타의 여러 가지 제어방법에 비하여 가장 경제적인 방법이라고 할 수 있다. 솔린 연료를 사용하는 자동차를 전기자동차로 교체하는 것은 자동차에서 배출되는 CO와 NOx의 배출뿐만 아니라 VOC 배출량을 줄이는 공정변경의 한 예로 볼 수 있다.

### (2) 누출 방지(Leakage Control)

VOC를 함유한 액체를 저장하는 용기에서는 온도나 대기압의 변화에 의해서 뿐만 아니라 용기에 채우거나 비우는 과정에서 증기상태의 VOC를 배출하게 된다. 액체가 저장용기 내로 들어가게 되면 저장용기 내의 수위가 상승하게 되고 이 때 용기의 빈 공간을 채우고 있던 증기들이 배기구를 통해서 대기 중으로 배출되게 된다.

저장용기에서 배출되는 VOC를 최소화시키기 위해서는 용기의 배기구에 일명 증기보전밸브라 불리는 압력 - 진공밸브를 부착시키는 방법이 있다. 이러한 밸브는 보통 0.5(positive pressure)～0.062 psi(negative pressure)의 작은 압력차이가 발생할 때 밸브가 자동으로 잠기며 용기에 액체를 채우거나 비우는 경우에만 밸브가 열리기 때문에 VOC 배출을 억제할 수 있다.

### (3) 흡착(Adsorption)

흡착은 가스가 다공성의 고체를 통과하는 동안에 VOC 분자가 물리·화학적 흡착에 의해 제거되는 현상으로 대기오염제어방법 중의 하나로 널리 사용되어 왔다. 흡착과정은 물리적 흡착과 화학적 흡착으로 구분되며 물리적 흡착은 VOC 분자가 van der Waals 결합에 의해 흡착제에 부착될 때 일어나며, 이 결합은 가역적으로 높은 온도나 압력에서 탈착이 일어난다. 화학 흡착의 경우에는 VOC 분자가 강한 결합력에 의해 흡착제와 화학결합을 이루어 부착되며, 이 결합은 일반적으로 비가역적이다.

일상적인 생활에서 접할 수 있는 흡착의 가장 일반적인 예로서는, 담배연기에 포함된 유해물질을 활성탄 필터를 이용하여 포집하는 것을 들 수 있다. 산업현장의 예로서는 페인트 분무 또는 용매세정작업장과 같이 용매에 노출되는 작업장에서 근로자의 경우 교환가능한 얇은 활성탄 상(bed)이 들어있는 마스크를 쓰고 작업하는 경우를 들 수 있다. 용매증기를 포함한 공기는 이 마스크를 통하여 폐로 흡인된다. 이 밖에도 대규모 페인트 건조시설이나 출판시설 등에서 발생되는 용매증기를 포집하는 시설에서 활성탄을 이용한다.

흡착제로는 다양한 물질이 사용될 수 있으나, 가장 보편적으로 사용되는 흡착제로는 활성탄을 들 수 있으며 800～1,200 $m^2$/g의 표면적을 가지며 기공의 직경은 4～30Å 범위이다. 활성탄에 쉽게 흡착되지 않는 물질의 경우에는 화학물질을 함유하는 활성탄이 사용된다. 흡착시스템에는 여러 가지가 있으나 VOC의 흡착에는 일반적으로 고정상 흡착기와 유동상 흡착기가 사용된다.

### (4) 연소(Combustion)

오염물질 중 대부분의 물질은 연소시켰을 때 원래보다 위해성이 줄어들거나 무해한 물질을 생성하는 경우가 많다. 이러한 물질들로는 탄소, 수소, 산소, 질소 및 황 화합물로 크게 구분할 수 있다. 대부분의 VOC는 이 항목에 포함된다.
연소에 의해 유해한 물질을 유해성이 적거나 무해한 물질로 전환하는 것은 VOC 배출 문제를 해결하는 가장 경제적이고 실용적인 방법이다.

일반적인 예로서, 일산화탄소를 연소시킬 경우 무해한 이산화탄소를 생성하는 경우와 벤젠을 연소시켰을 경우 이산화탄소와 물을 생성하는 반응 등이 좋은 예라고 할 수 있다. 이와 같이 반응성 유기화합물, 스모그 전구물질(precursor), 발암물질 등을 연소과정은 통해서 무해한 물질로 전환할 수 있다.

### (5) 저온응축(Condensation)

공기나 가스 중의 VOC 대부분은 저온으로 냉각시켰을 때 액체상태로 응축되며 응축된 액체는 중력에 의해 가스 중에서 쉽게 분리할 수 있다.

VOC 응축제어방법이 가장 폭넓은 적용되는 분야로는 가솔린 저장소를 들 수 있다. 응축과정은 크게 두 단계로 구분되며 첫 번째 단계는 대부분의 물과 일부의 가솔린을 제거하기 위해 물의 어는점까지 냉각시키는 과정이고, 두 번째 단계는 나머지 가솔린을 제거하기 위해 좀 더 낮은 온도로 냉각시키는 방법을 통해 VOC를 제거한다. 환경부에서는 2004년부터 수도권을 중심으로 유류를 주유소나 저장고 등에 입·출하할 때 발생되는 유증기(VOCs)를 회수하는 장치의 설치를 의무화(Stage I) 하였고, 2009년부터는 자동차에 유류를 주유할 때 발생하는 유증기를 회수하는 장치의 설치를 의무화(Stage II) 하였다. Stage I이나 Stage II에서 유증기를 회수할 때는 유증기를 흡입하여 저온으로 응축한 후 다시 유류저장고로 되돌리는 방법을 사용한다.

## 4.10 악취 처리

악취(offensive odor)란 황화수소($H_2S$), Mercaptane(RSH), Amine($RNH_2$) 등 기타 자극성 있는 기체상 물질이 사람의 후각을 자극하여 불쾌감과 혐오감을 주는 냄새를 말한다. 현재 우리나라에서는 암모니아를 포함한 총 22개 물질을 지정악취물질로 지정하고 있다.

**표 4-12** 22개 지정악취물질 (악취방지법 시행규칙 별표 1)

| | |
|---|---|
| 암모니아 | *i*-발레르알데하이드 |
| 메틸메르캅탄 | 톨루엔 |
| 황화수소 | 자일렌 |
| 다이메틸설파이드 | 메틸에틸케톤 |
| 다이메틸다이설파이드 | 메틸아이소뷰틸케톤 |
| 트라이메틸아민 | 뷰틸아세테이트 |
| 아세트알데하이드 | 프로피온산 |
| 스타이렌 | *n*-뷰틸산 |
| 프로피온알데하이드 | *n*-발레르산 |
| 뷰틸알데하이드 | *i*-발레르산 |
| *n*-발레르알데하이드 | *i*-뷰틸알코올 |

악취는 냄새를 감지하는 사람에 따라 다소 차이는 있으나 대체로 표 4-13과 같은 최소감지농도(threshold concentration)를 갖는다. 악취를 제거하는 방법은 다음과 같이 크게 두 가지로 나눌 수 있다.

**표 4-13** 공기 중에서 악취의 최소감지농도

| 악취 종류 | 최소감지농도[ppm] |
|---|---|
| 초산($CH_3COOH$) | 1.0 |
| 아세톤($CH_3COCH_3$) | 100.0 |
| 메틸아민($CH_3NH_2$) | 0.021 |
| 암모니아($NH_3$) | 3 |
| 이황화탄소($CS_2$) | 0.21 |
| 염소($Cl_2$) | 0.314 |
| 폼알데하이드(CHCO) | 1.0 |
| 황화수소($H_2S$) | 0.00047 |
| 에탄올($CH_3OH$) | 100 |
| 페놀($C_6H_5OH$) | 0.047 |

- 악취를 내는 물질의 농도를 감소시켜 냄새의 강도를 저하시키는 방법으로 악취의 희석, 흡수, 흡착 및 산화 등이 여기에 속한다.
- 다른 냄새가 나는 물질, 즉 향기가 나는 물질 등을 혼합시켜 악취를 위장하는 방법이다. 보통 악취 제거기술은 전자를 말한다.

### (1) 환기 및 희석

악취가 나는 공기를 후드와 덕트를 통하여 수집하고 높은 연돌을 통하여 방출시킴으로써 대기 중에서 악취를 확산, 희석시키는 방법이다. 그러나 악취의 농도가 강하여 지상에서 악취가 감지될 정도가 되면 다른 방법을 강구하여야 한다. 또 연돌로 확산, 희석할 경우 연돌의 높이가 낮아 down draft 현상이 생기지 않도록 연돌의 높이는 주위 건물의 2.5배 이상으로 하여야 하며 또 연돌에서의 토출속도가 풍속의 2배 이상이 되어 down wash 현상이 생기지 않도록 토출속도를 18 m/sec 이상이 되도록 해야 한다. Down draft 및 down wash 현상이 생길 경우 연돌주위에 악취물질의 농도가 높게 된다.

### (2) 흡착

대기 중의 악취물질 제거에는 주로 활성탄을 사용한 물리적 흡착법이 이용된다. 활성탄을 사용하여 악취물질을 제거할 경우에는 일반적으로 표면유속을 112～150 m/min으로 하고 흡착층의 두께는 1～3″ 또는 1～3 feet로 한다.

### (3) 흡수

흡수법으로 악취물질을 제거할 경우에는 악취물질이 흡수액에 잘 용해되어야 하는데 보통 흡수액으로 물이 많이 사용된다. 악취물질 중 물에 대한 용해도가 비교적 큰 악취물질은 황산($H_2SO_4$), 수산화나트륨(NaOH), 차아염소산나트륨(NaOCl) 등 산화제를

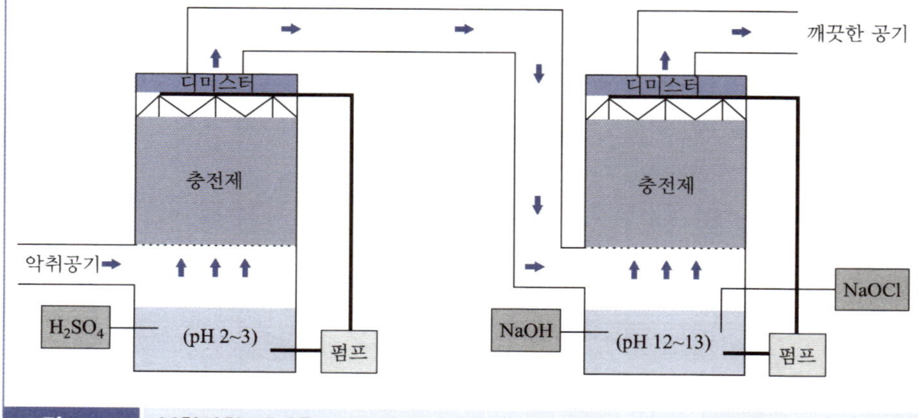


그림 4-31 복합악취 제거용 약액세정탑 모식도

이용한 약액세정법(흡수탑 또는 충전탑)으로 제거가 가능하다. 일부의 악취물질은 순수한 물에 대한 용해도는 비교적 낮아도 특정 pH 이하 또는 이상에서는 약액과 반응이 일어나 제거가 가능해진다. 현재 환경기초시설에서 발생하는 복합악취제거에는 약액세정법이 경제적이며 악취제거효율도 우수하므로 가장 많이 사용되는 방법 중 하나이다. 그림 4-31은 일반적으로 복합악취제거에 이용되는 약액세정탑의 모식도이다.

### (4) 응축

악취물질을 냉각시켜서 응축(condensation)하여 처리하는 방법으로 가스를 직접 냉각하는 직접응축법과 표면응축법이 있다. 응축법은 유기용매증기를 고농도(200 g/$Sm^3$ 이상)로 함유하고 있는 배출가스에 적용되는 방법으로 응축 후 액화된 유기용매는 회수하여 재사용한다. 충전탑 등을 이용하여 직접 응축하는 방법은 악취물질이 흡수액에 용해되어 수질오염을 일으키는 단점이 있고 재사용도 불가능하므로 보통 열교환기를 사용한 표면응축법이 주로 사용된다.

### (5) 불꽃 소각

대부분의 악취물질은 산화가 가능하고 산화시키면 악취가 사라지므로 직접불꽃소각(direct flame incineration)법에 의하여 제거한다. 보통 악취물질의 농도는 대단히 낮기 때문에 보조연료가 필요하며 연소온도는 600～800℃ 정도가 적당하다.

### (6) 촉매 소각

Pt, Pd, 기타 금속(Cr, Mn, Cu, Co 및 Ni 등)산화물 등의 촉매를 사용하여 악취물질을 소각시킬 경우는 250～450℃의 낮은 온도에서도 소각이 가능하다. 보조연료는 필요 없으나 보조연소장치에 의하여 배출가스를 연소 가능온도까지 예열하여야 한다. 연소온도가 불꽃소각법보다 훨씬 낮으므로 연료비는 25～40 % 정도 절약되지만 배출가스 중에 분진, 중금속 및 $SO_2$가 존재하면 촉매독이 되어 촉매의 활성(catalytic activity)이 저하된다.

### (7) 화학적 산화

악취물질은 산화력이 강한 $O_3$, $KMnO_4$, NaOCl, $Cl_2$, ClO 등의 산화제를 사용하여 화학적으로 산화시켜 제거하는 방법이다. 화학적 산화법은 주로 알데하이드(RCHO), 케톤(RCOR'), 아민($RNH_2$), 페놀($C_6H_5OH$), 스타이렌($C_6H_5CHCH_2$), 아크롤레인($CH_2$

CHCHO) 등의 유기물 제거에 이용된다.

### (8) 위장법(masking)

향기를 가진 물질과 악취물질을 혼합하여 악취를 위장시키는 방법으로 인체에 유해한 악취물질의 경우 사용할 수 없다.

### (9) 바이오 필터(Biofilter)

Biofilter는 그림 4-32와 같이 장치 내에 담체를 충전시키고 악취 및 VOCs로 오염된 공기를 장치 내로 통과시키면 담체표면에 형성된 미생물층 및 수막이 오염공기 속에 포함된 악취 및 VOCs와 접촉하게 되며 이 때 악취와 VOCs는 수막에 용해, 미생물에 의한 흡수/흡착 및 산화반응에 의하여 제거된다. 1980년 이전 담체로는 주로 토양(soil), 양토(loam, 모래와 찰흙이 혼합된 흙) 등이 사용되었으나 80년대부터 90년대 초까지는 peatmoss, 나무껍질(bark), 부숙톱밥, 퇴비, 볏짚, 대팻밥 등 유기물 재료가 많이 사용되었다. 그러다가 90년대 중반 이 후는 다공질세라믹, 슬래그, 활성탄, 목탄, fly ash, 활성탄＋지올라이트, 폴리우레탄폼(PUF), 폴리비닐알코올(PVA)＋활성탄, perlite(토양개량제), 질석(vermiculite)등 무기재료와 합성재료가 많이 사용되고 있다. Biofilter의 장단점은 아래와 같다.

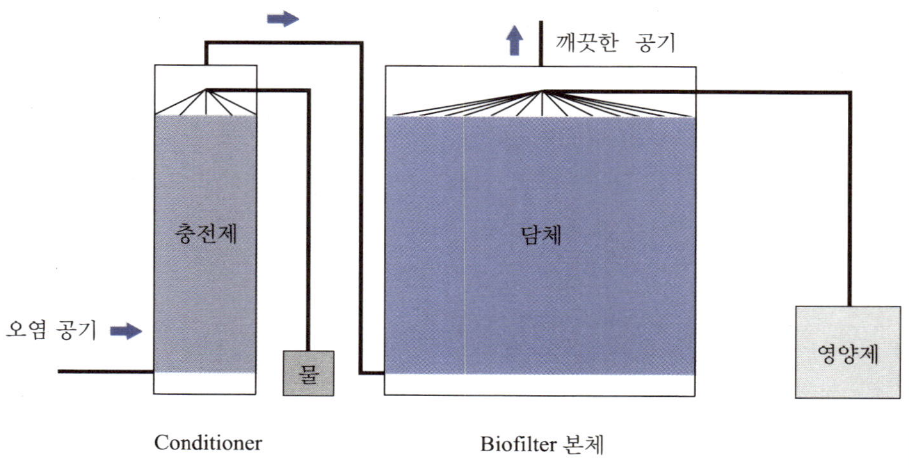


**그림 4-32 바이오필터 시스템 모식도**

**1) 장점**

① 약품의 투입이 불필요하다.

② 타 공정에 비하여 경제적이다.

③ 해로운 부산물이 거의 생성되지 않는다.

④ 제거효율이 높고 안정적이다.

⑤ 내구성이 크다.

⑥ 상온, 상압에서 운전이 가능하다

⑦ 적용범위가 넓다.

**2) 단점**

① 부하변동 시 대처능력이 떨어진다.

② 독성물질 유입에 민감하다.

③ 일부 VOCs에 대해서는 제거효율이 낮다.

④ 미생물이 과도하게 증식할 경우 압력손실이 커진다.

## (10) 액상촉매탈취법

액상촉매탈취법은 Fe(III)-Chelate의 액상촉매로 수용성인 악취물질을 상온에서 산화시켜 제거하며(이때 액상촉매 자신은 환원됨) 액상촉매는 공기 중의 $O_2$에 의해 다시 산화되어 재생되므로 계속 재사용이 가능한 기술이다. 또 악취물질을 완전분해하므로 2차오염이 발생되지 않는다는 장점이 있다. 아래 반응식은 오염가스 중 악취물질인 황화수소($H_2S$)가 액상촉매 2Fe(III)-Chelate에 의하여 제거되고 액상촉매는 재생되는 메커니즘을 나타낸 것이다.

$$H_2S(g) \rightarrow H_2S(aq)$$
$$H_2S(aq) + 2Fe(\text{III})\text{-Chelates} \rightarrow 2Fe(\text{II})\text{-Chelates} + S(s) + 2H^+$$
$$O_2(g) \rightarrow O_2(aq)$$
$$4Fe(\text{II})\text{-Chelates} + 2H_2O + O_2(aq) \rightarrow 4Fe(\text{III})\text{-Chelates} + 4OH^-$$

액상촉매인 Fe(III)-Chelate의 대부분은 Fe(III)-EDTA(ethylenediamine-tetraacetate, $C_{10}H_{16}N_2O_8$), Fe(III)-NTA(nitrilotriacetate, $C_{12}H_{21}NO_6$), Fe(III)-HIDS(hydroxyimino-disuccinic acid, $C_8H_{11}NO_9$)를 사용한다. 촉매의 산화·환원시간은 6~10초 정도이고 악취물질과 액상촉매를 접촉시키기 위하여 약액세정탑과 동일한 세정탑을 설치한다. 특히 황화합물의 경우 황(S)이 생성되는데 황은 고체이므로 이를 제거하기 위하

여 고액분리시설이 필요하다. 염소는 촉매독이므로 제거 후 사용하여야 한다. 그러나 용존산소만으로는 액상촉매의 철산화, 즉 Fe(II)-Chelate를 Fe(III)-Chelate로 산화시키는 것이 한계가 있어 촉매를 오래 사용하면 탈황성능이 저하되므로 주기적으로 액상촉매를 교환해 주어야 한다. 그러므로 최근에는 철산화 미생물을 이용하여 Fe(II)-Chelate를 Fe(III)-Chelate로 산화시키는 기술이 개발되어 액상촉매의 수명을 연장시키고 있다.

## 연습문제

**01** 알루미늄 제조회사의 굴뚝의 배출가스량은 50,000 $m^3$/hr HF의 농도는 30 ppm이다. HF를 순환수로 세정한 다음 $Ca(OH)_2$로 침전시키려고 한다. 하루 10시간, 7일간 운전할 때 필요한 $Ca(OH)_2$(M.W=74)의 이론적 소요량(kg)을 구하라. 단, HF의 90 %가 물에 흡수되며, $Ca(OH)_2$와의 반응률은 87 %이며, 표준상태로 간주한다.

**02** 어느 공장의 배기가스량은 1시간당 80,000 $Sm^3$이고 배기가스 중의 염화수소 농도는 100 ppm이었다. 이때 염화수소를 제거하기 위하여 100 $m^3$의 물을 순환 사용하는 수세탑을 설치하여 1일 10시간씩 7일간 가동하였을 때, 다음 물음에 답하라. 단, 물의 증발손실은 없고, 세정탑의 제거효율은 95 %이다.

1) 순환수 중 염화수소의 규정농도
2) 순환수의 pH

**03** 배출가스량 50,000 $m^3$/hr, 염소농도 2,500 ppm의 오염물질을 수산화칼슘 100 kg으로 처리한 후 배출하고 있다. 배출되는 농도(ppm)는 얼마인지 계산하라.

**04** 염소가스 제거효율이 70 %인 흡수탑 2개를 직렬로 연결하여 염소가스를 제거한다. 유입되는 염소가스의 농도가 100 ppm일 때 유출공기 중의 염소가스농도(ppm)는?

**05** 표준상태에서 염화수소 0.1 %인 배출가스 30,000 $Sm^3$/hr를 수산화칼슘용액으로 처리하여 염소를 제거하고자 한다. 이론적으로 필요한 수산화칼슘량(kg/hr)을 구하라.

**06** 어느 공장 배출구에서 나오는 염소의 농도는 45 mg/$Sm^3$이고 배출량은 20,000 $Sm^3$/hr이다. NaOH 용액으로 처리하여 출구농도를 5 ppm으로 배출하고자 할 때 필요한 NaOH의 양(kg/hr)은? 단, 염소는 NaOH와 100 % 반응한다.

**07** 배출가스량 1,000 $Sm^3$/hr 중에는 HCl이 450 ppm 포함되어 있다. 30 W/W % NaOH 수용액을 사용하여 HCl을 중화하여 제거하는 경우 한 달에 소요되는 NaOH양(kg/month)은 얼마인가? 단, 사업장은 일일 10시간씩, 한 달에는 22일 조업하며 약액세정탑의 제거효율은 98 %이고 Na/Cl 당량비는 1.20이다.

## 참고문헌


1. US EPA, Air Pollution Engineering Manual, 2nd Edition.
2. 천만영, 대기오염 방지기술, 안성산업대학교 출판부, 1995.
3. 천만영, 강공언, 강병욱, 신은상, 대기오염 방지기술, 신광문화사, 2016.
4. 고완석, 심현호, 유일증, 이종집, 허광선, 단위조작, 보문당, 1994.
5. 유희욱, 조경숙, 철-착화물 액상촉매를 이용한 황화수소 가스의 제거방법, 공개특허 특 2002-0060295
6. 차진명, 김맹수, 탈황용 액상촉매 조성물 및 이의 제조방법, 특허 10-1497126.
7. 박영규, 이병관, 철킬레이트 화합물을 이용한 바이오가스내 황화수소 제거, J. of Korea Society of Waste Management, 30(5), pp.453-461, 2013.

# 찾아보기

· 천만영　　전) 한경대학교 토목안전환경공학과
· 강병욱　　한국교통대학교 환경공학과

**대기오염방지공학**　　정가 29,000원

발　행　2025년 9월 10일 4판 1쇄
저　자　천만영 · 강병욱
발행인　정우용
발행처　도서출판 동화기술
경기도 파주시 광인사길 201(문발동, 파주출판도시)
Tel (031)955-4211~6　　donghwapub@nate.com
Fax (031)955-4217　　www.donghwapub.co.kr
(등록) 1977년 12월 19일/9-16호



ISBN 978-89-425-9734-5